北京理工大学"双一流"建设精品出版工程

人工智能

机器学习与神经网络

刘峡壁 马霄虹 高一轩 著

北京理工大学出版社
BEIJING INSTITUTE OF TECHNOLOGY PRESS

图书在版编目（CIP）数据

人工智能：机器学习与神经网络 / 刘峡壁，马霄虹，
高一轩著. -- 北京：北京理工大学出版社，2023.1（2024.12 重印）
ISBN 978 - 7 - 5763 - 2068 - 8

Ⅰ. ①人… Ⅱ. ①刘… ②马… ③高… Ⅲ. ①人工智
能 Ⅳ. ①TP18

中国国家版本馆 CIP 数据核字（2023）第 010723 号

出版发行 / 北京理工大学出版社有限责任公司
社　　址 / 北京市海淀区中关村南大街 5 号
邮　　编 / 100081
电　　话 / （010）68914775（总编室）
　　　　　　（010）82562903（教材售后服务热线）
　　　　　　（010）68944723（其他图书服务热线）
网　　址 / http：//www.bitpress.com.cn
经　　销 / 全国各地新华书店
印　　刷 / 廊坊市印艺阁数字科技有限公司
开　　本 / 710 毫米 × 1000 毫米　1/16
印　　张 / 25.75
彩　　插 / 1
字　　数 / 422 千字
版　　次 / 2023 年 1 月第 1 版　2024 年 12 月第 2 次印刷
定　　价 / 88.00 元

责任编辑 / 钟　博
文案编辑 / 钟　博
责任校对 / 刘亚男
责任印制 / 李志强

前　　言

随着深度学习技术的兴起及其在阿尔法围棋程序（AlphaGo）等实际应用中的精彩表现，人工智能（Artificial Intelligence，AI）再次成为公众热议的话题，AI迅速成为流行词汇，而深度学习也因此成为AI的代名词，为许多专业及非专业人士所关注，他们希望了解这项看似神奇的技术。对此，我们的建议始终是要在机器学习与人工神经网络这两大人工智能实现途径的大背景下学习和研究深度学习。人工神经网络是深度学习之母，机器学习是深度学习之父。待有了机器学习与人工神经网络的基础后，再探索深度学习的理论与方法，才能建构稳固的知识体系，否则终将是没有地基的棚屋，摇摇欲坠，一遇到深层次的问题，便会土崩瓦解。事实上，深度学习只是机器学习与人工神经网络中的一小部分，而机器学习与人工神经网络也只是人工智能诸多拼图中的两块，其他笔者已知拼图还有符号智能、进化计算、计算群智能和行为智能。唯有知晓人工智能之全豹，才可能洞见深度学习这一斑。这自然并非易事，因为人工智能作为人类"认识自身"的学问，其困难程度本身不亚于上九天揽月、下深海擒龙。以深度学习为代表，人类已在探索人工智能的道路上取得诸多辉煌的成就，但即便如此，我们现在也还不过处在人工智能发展的婴儿期，对于人类智能的本质我们还一无所知，对于其外在表现也还不过初窥堂奥，未来还有很长的路要走。对此，真正有志于人工智能学习和研究的人应有清醒的认识和足够的敬畏，方能在人类实现人工智能的伟大事业中保持激情，不因未来必然到来的挫折而沮丧。

本书正是上述认识的产物，在人工智能总体知识的大背景下，阐述我们对于机器学习与人工神经网络技术的理解，主要从算法实现的角度，探讨当前机器学习与人工神经网络领域中的主要问题与解决方案，希冀针对这两个人工智能中紧密联系的分支建构系统完整的知识体系，为读者也为我们自己在认识人类自身的道路上炳一缕烛火、投射一丝中国的智慧，如能达此目标，则创作此书的心血便不算白费。全书内容共分为十二章，具体如下。

第1章为绪论，重到人工智能的总认识下，说明本书拟讨论的机器学习与人工神经网络问题，相应介绍这两项技术的发展简史，为全书内容奠基。

第 2 章介绍机器学习的基础知识：定义机器学习问题，总结归纳学习的主要类型和常见的特定学习概念，分析机器学习算法应解决的主要问题。

第 3~8 章分别围绕监督学习、非监督学习、半监督学习、强化学习这四种归纳学习类型，探讨相应的解决方案。在监督学习部分，以该学习方式目前本质上是函数学习这一点出发，按数据点函数表示形式、离散函数形式、连续函数形式、随机函数形式，围绕优化目标与优化算法这两个关键问题的解决进行阐述。在非监督学习部分，探讨了学习数据分布规律的聚类问题及其算法，以及学习数据之间相互关系的关联规则挖掘问题及其算法，并专门阐述了作为非监督学习基础的相似性计算问题及其解决方法。在半监督学习部分，分析了面向监督任务的半监督学习与面向非监督任务的半监督学习，分别介绍了相应算法。在强化学习部分，围绕学习最优行动策略这一强化学习的根本目标，按照策略、V 值、Q 值这三个关键因素之间的相互关系，阐述了主要的强化学习算法，包括强化学习与深度网络相结合所产生的深度强化学习算法。

第 9 章介绍人工神经网络的基础知识：介绍人工神经网络的源起与定义，说明作为人工神经网络基本构成元素的人工神经元模型，阐述网络结构与学习算法这两个人工神经网络技术中的根本问题。

第 10 章和 11 章分别从前馈网络结构和反馈网络结构两种不同网络结构类型出发，阐述包括深度网络在内的各种主要网络结构模型以及建构在模型之上的学习算法。在前馈网络部分，主要从感知器到多层感知器再到深度网络这样一个发展脉络，探讨感知器、Adaline 网络、反向传播（BP）网络、卷积神经网络、全卷积网络、U 形网络、残差网络、深度信念网络与自编码器网络。此外，还分析了与此技术路线不同但另有特色的另外两种前馈网络：径向基函数网络与自组织映射网。在反馈网络部分，将主要模型总结为稳定型反馈网络与时序型反馈网络两类，在此基础上，阐述霍普费尔德网络与玻耳兹曼机这两种稳定型反馈网络，以及乔丹网络、艾尔曼网络、长短时记忆（LSTM）网络、双向反馈（BRNN）网络等时序型反馈网络。

第 12 章为结语，总结全书内容，给出对未来问题与技术的展望，包括小样本学习、相似度计算、网络结构学习、网络可视化，以及传统方法与神经网络的合流。

本书是以一种近乎矛盾的心态写成的，一种心理是进行知识的整理，这使本书有教材的性质；另一种心理是进行全面独立的思考，对相关技术的现状和未来给出自己的把握，这使本书有著作的性质。这两种思路是需要互补的，没有有序的整理便没有有益的思考，没有有益的思考也就没有有序的整理。因此，请读者也带着这种矛盾的心情阅读本书，或许能因此有更多收获。

我们已尽力确保本书内容的完整性和正确性，但错漏之处仍然难以避免，尤其对于人工智能这样一门年轻的、还很不成熟的学科来说更是如此，为此我们建立了与本书配套的网站以随时纠错补遗，相应网址是 www. knowyourself. xyz，请亲爱的读者们关注。我们热切盼望您对于本书内容的意见和建议，您可以通过上述网址反馈，或将意见和建议发送到以下电子邮箱：liuxiabi@ bit. edu. cn。您的关注和反馈是我们进一步完善本书的动力，诚致谢意！

感谢北京理工大学出版社在本书出版过程中给予的大力支持和帮助。

感谢我们的家人和亲友们给予我们的爱，谨以此书献给你们！

作者
2022 年 7 月于北京

目　　录

第1章 绪 论

人工智能（Artificial Intelligence，AI）似乎快成为一门显学了，在政府的大力推动下，老的少的、懂的不懂的，一夜之间都成了人工智能的摇旗呐喊者。但人工智能目前所处的发展阶段及其发展的历史经验告诉我们：距离人类真正理解人类智能进而完成人工智能还有漫漫长路要走，高潮过后会有低潮。正如所有事物都要经历波浪式的前进历程一样，人工智能自1956年成为一门独立学科以来，同样几经起伏，但始终向前，因为它承载着人类认识自身、探索自身的梦想，正如刻在希腊帕台农神庙上的那句箴言——认识你自己（know yourself），这一过程永远不会停止。

人工智能技术目前还主要停留在算法实现阶段，各种思想和方法最终都是通过计算手段，依托计算平台来实现的，具体表现为计算平台上的人工智能算法程序。本书从算法的视角，阐述机器学习与人工神经网络这两个彼此紧密联系的人工智能技术分支中的问题、思路与方法，希冀在人类探索人工智能的过程中发一点微光，照亮前行的路，如更能因此惠及读者，则福莫大焉。

1.1 人工智能及其实现途径

人工智能是对生物智能，特别是人类智能的模拟。目前，人们对生物智能本身还知之甚少，智能的本质究竟是什么？起源在哪里？对此，人们还缺乏基本的认识。我们只能看到智能的表现，看到人类或其他生物智能体区别于非智能体的能力，而看不到智能本身，就像柏拉图的"洞穴比喻"[1]，人们还只能在洞中观察智能投射在墙壁上的影子，而不知道洞穴外那个真正的智能的样子。终有一天，有人会蓦然回首，转身瞥见洞穴外的真相，到那时或许会推翻今天人们对人工智能的所有认识。

1.1.1 智能的外在表现与模拟

目前，对于智能，我们认为其外在表现主要体现为以下能力。

（1）感知能力。感知能力是指人们通过视觉、听觉、嗅觉、味觉、触觉等感觉器官感知外部世界的能力，人们不仅可以通过该能力获得相应信息，还可以获得对相应信息的理解，能够将所感知到的原始信息认知为相应的语义结果，如认知视觉信息中的物体与场景、理解语言背后的含义等。

（2）行为能力。行为能力是指人们在感知外界信息的基础上，运用语言、表情、肢体、动作等行动手段，对环境变化做出反应的能力，而通过行动，行动者亦使外界环境发生了相应变化，同时行动者可能从外界环境中获得某种收益或产生损失，如行走时摔倒、开车时撞人等。

（3）推理能力。推理能力是指人们从所掌握的事实中获得适当结论的能力，从案件侦办、定理证明等典型推理问题中可获得对这种能力的认识。

（4）问题求解能力。问题求解能力是指人们针对特定问题找出解决方案的能力，如对于典型的问题求解案例——下棋，人们要解决的问题是如何赢棋，针对该问题，寻求最佳的下棋应对策略。

（5）学习能力。学习能力是指人们通过向经验学习、向老师学习、向书本学习等各种学习手段，使自身某一方面的能力和水平或者综合素质越来越强的能力，其最终目标是能够更好地完成任务和适应环境。

（6）社交能力。社交能力是指人们通过群体协作共同解决问题的能力。没有人能孤立地生活在世界上，人类的力量源于群体的力量，离开了人类社会，每个个体都是渺小的，难以战胜自然界中的各种困难，比如虎豹豺狼。除了人类，其他生物也往往是群体性的，甚至群体智慧的重要性要远远超过个体智慧，这在蚂蚁、蜜蜂、大雁等群居性动物中体现得尤为充分。

（7）创造能力。创造能力是指人们能够创造出前所未有的思想或事物的能力：人们能够创作出美妙的乐曲、优美的诗篇；能够发明种种新奇的器物；能够发现这个世界中存在的各种定律、规则；能够提出启发或激励后人的各种思想……。这大概是智能的外在表现中最难以理解和实现的部分。

基于人们还只能了解智能的外在表现这一事实，人工智能的发展主要是在模拟上述能力的过程中发展起来的，并衍生出诸多分支学科，或者与诸多分支学科交叉在一起。对于感知能力的模拟，有计算机视觉、模式识别、自然语言理解等；对于行为能力的模拟，有机器人、自动控制等；对于推理能力的模拟，有自动定理证明、专家系统、知识工程等；对于问题求解能力的模拟，有机器博弈、游戏智能等；对于学习能力的模拟，有机器学习、数据挖掘、知识发现等；对于社交能力的模拟，有分布式人工智能、群智能等。在这些分支学科中各有特殊的问题有待解决，有些不一定与智能直接相关，而只是智能的外围部件，比如与感知能力有关的各种传感器、与行为能力有关的各种效应器等。而人工智能本身则是讨论在模拟这些能力时所需要的与智能紧密相关的部分，尤其是偏重无形思考的部分，或者具象上类似软件的部分。这样逐渐发展出了六大人工智能实现途径：机器学习、人工神经网络、符号智能、行为智能、进化计算、群智能。这六大途径与智能的上述外在表现之间的关系可归纳为以下三类。

（1）对智能外在表现的直接模拟，包括机器学习（学习能力）、群智能（社交能力）、行为智能（行为能力）；

（2）提供模拟智能外在表现的基础支撑，包括人工神经网络（人脑结构）、进化计算（智能进化机制）；

（3）基于现有计算机模拟智能外在表现，如符号智能（基于计算机符号处理的特性）。

本书涉及以上实现途径中的机器学习与人工神经网络，下面对二者做一简要介绍，作为本书内容的起点。关于其他途径，请读者参见相关书籍[2]，笔者亦将在本书的后续姊妹篇中展开对其他途径的论述。

1.1.2 机器学习

学习是人类获取知识、增长智力的根本手段。人们从呱呱落地、一无所知的婴儿，成长为能解决各种问题乃至能创造新生事物的万物灵长，所依靠的正是强大的学习能力。因此，通过机器学习实现人工智能是一种自然的想法和一条必经的道路。可以设想一种起始为婴儿状态的机器（child machine），该机器通过从自我经验中学习、从书本上学习、向老师学习、向他人学习等学习手段，像人一样逐渐成长，逐步地、不断地增长其智力，直至能够很好地解决任务和适应环境。

相信"婴儿机器"的设想最终是能够实现的，但就现状而言，人们对人类学习机理、方法以及如何实现等问题的认识还处在非常初级的阶段，就连婴儿是如何从经验中进行学习的问题，人们也还知之甚少。事实上，赋予机器以学习能力是涉及人类智能本质的根本性问题，自然也是一个非常困难的问题，对这一问题的解决或许意味着真正的人工智能的到来。同时，这也是人工智能中一个难以绕开的问题，在人工智能的诸多分支甚至可以说所有分支中，由于对环境的不可预知、系统的过于复杂、数据量的过于庞大等因素，人们需要依靠机器学习技术来构建和优化系统。因此，随着人工智能各个分支的不断进步，机器学习的应用范围也在不断扩大，其重要程度亦不断上升，相关研究将为"婴儿机器"设想的最终实现奠定理论与技术基础。

就像人类在从婴儿成长为成人过程中的不同阶段会使用不同的学习手段一样，机器学习也具有可与之类比的不同学习方法。首先是强化学习方法，它是一种机器根据自身行动所获得的收益和惩罚来学习最优行为策略的学习方法。这与人类婴幼儿时期的主要学习方法是类似的，在这一时期，婴幼儿的理解能力还不够，只能从外界环境所给予的行为反馈中知道对错，比如获得奖励或者被训挨打等，从而优化自己的行为，趋利避害。其次是监督学习方法，这类似于人类在求学阶段所使用的学习方法，此时进入学校，有老师教育，老师在所讲授的课程中，会告知学生问题和问题的答案，希望学生能建立问题与答案之间的联系，从而学到老师希望学生学到的东西。比如识字时，老师会在黑板上写下文字，此时文字为图像形态，老师再告知学生这是什么字，即语义内容，学生则通过这种对应关系学会了识字，下次碰到同样的文字图像时，便可输出正确的答案。机器的监督学习方法与此相同，这种问题与答案对应的数据被称为标注数据。再次是非监督学习方法，只有输入数据，没有与之对应的标准答案，也没有对与错的反馈，需要机器自动从数据中获得有规律的知识。其分为数据分布规律和数据关联规则两大类知识，第一类对应数据聚类问题，第二类对应关联规则挖掘问题。这与人类大学毕业后走向工作岗位，需要自行摸索工作中的相应规律类似。最后，还可将监督学习与非监督学习方法结合起来使用，先在少量标注数据上进行监督学习，再在大量未标注数据上进行非监督学习，相应方法被称为半监督学习方法。

目前对于机器学习的认识，集中在上述四种学习方法上。

1.1.3　人工神经网络

人工神经网络是以对大脑结构的模拟为核心的人工智能实现途径，它试图在模拟大脑结构的基础上模拟其思考能力，因此是一种自下而上的实现方法，这与符号智能首先关注功能再考虑算法结构的自上而下实现方法正好相反。由于大脑结构是通过大量神经元连接而成的，所以人工神经网络也是通过大量人工神经元相互连接而形成的网络，因此该实现途径也常被称为"连接主义"。

人工神经网络既然是对大脑结构的模拟，因此第一个核心问题是网络结构问题，包括人工神经元如何构造、人工神经元之间如何连接、整体结构如何设计等具体问题。在这些问题上，人工神经元的形态目前基本固定，被认为是一个计算单元，是由一个整合函数与一个激活函数复合而成的计算函数。而在人工神经元的连接与整体结构问题上，则存在较多的探索与变化。首先人工神经网络可分为前馈网络和反馈网络两种大的结构类型，其次前馈网络又可分为感知器、多层感知器、反向传播网络、深度网络、自组织映射网络、径向基函数网络等具体形态；反馈网络又可分为稳定型反馈网络与时序型反馈网络两种子类。目前，深度网络大行其道，在很多应用中表现优异，几乎成为人工神经网络乃至人工智能的代名词。但我们不应因此忽视其他网络类型，尤其是反馈网络，更不应忽视其他人工智能技术。事实上，深度网络虽然是人工智能发展史上的重要里程碑，但与真正的人工智能还相去甚远，只是人工智能发展过程中的一个特定阶段而已。

单有结构，人工神经网络是不能表现出智能能力的。就像人类如果只有大脑，而不通过学习手段来武装自己的大脑，则不能解决任何问题一样，人工神经网络同样需要在结构基础上解决学习问题，这便是该项技术中的第二个核心问题，它甚至比第一个问题更为重要，可以说结构是基础，而学习是灵魂。当然，结构的基础作用也不容小视，结构的好坏在很大程度上影响着学习效果，比如深度网络中的卷积神经网络正是通过结构的改进，使传统的误差反向传播学习算法能够获得理想的深度学习效果。因此，网络结构及其学习这两个方面的问题是相辅相成和密不可分的，人工神经网络的发展既是网络结构的发展，也是学习方法的发展，或者二者的同步发展。人工神经网络的学习技术，本质上说是机器学习技术的一个分支，其学习方式同样可从监督学习、非监督学习、半监督学习、强化学习这四种方式来认识和研究，只不过需要针对人工神经网络的特殊性来设计特定的方法而已。此外，目前对于人工神经网络的学习，主要是指对于网络中神经元之间连接权值的学习，网络结构主要依靠人为经验设计。事实上，网络结构也是可以学习的，通过机器学习技术来获得更为理想的网络结构，实现网络结构的自动设计是可能的，但由于实现和计算复杂，且目前未见有效的学习成果，因此网络结构的学习尚未引起广泛的关注。而人类大脑的网络结构是完全预先确定好来作为学习的基础，还是学习也可能改变人类大脑结构，这还有待更多研究去证实，其真相应是进行网络结构学习的思想基础。

解决了网络结构问题及其学习问题，就能获得处理具体应用任务的人工神经网络模型。对于人工神经网络的认识和研究，应从这两个关键问题入手。

1.3 机器学习简史

如前所述，机器学习与人工神经网络是紧密关联的，尤其从人工神经网络的角度，其与机器学习的发展密不可分，人工神经网络的前进离不开相应机器学习方法的前进，离开了机器学习，也就没有人工神经网络的发展。而反过来，机器学习则不必然与人工神经网络发生关系，机器学习方法可以是针对人工神经网络的，也可以是不针对人工神经网络的。本节介绍除人工神经网络学习以外的机器学习方法的发展，而将人工神经网络的学习归入人工神经网络部分，在下一节介绍。

机器学习的研究从 20 世纪 40 年代开始，到 20 世纪 80 年代逐渐形成一条专门的人工智能实现途径，正如人工智能学科创始人之一 McCarthy 所说："从 20 世纪 40 年代开始，机器学习的思路已被反复提出。最终，这一思路能得到实现。"[3]

1955 年，同为人工智能学科创始人之一的 Samuel 首次在计算机博弈问题中引入监督的记忆学习方法，在经典的极大极小博弈搜索算法中，通过记忆棋局状态对应的倒推值，提高了下棋程序的能力。此后，在计算机博弈中运用机器学习方法遂成为一种有效的技术和验证机器学习方法的常用手段，直至监督学习和强化学习方法在 2016 年引起轰动的 AlphaGo 围棋程序中的成功应用，推动了机器学习技术的普及。1957 年，Bellman 将马尔科夫决策过程（Markov Decision Process，MDP）引入强化学习，形成贝尔曼公式，它成为强化学习的基础。1965 年，Scudder 提出半监督的自学习方法，半监督学习概念开始形成。1967 年，MacQuarie 发明 k – 均值聚类方法，它成为非监督聚类方法中的经典，时至今日，其仍是最主要的聚类算法之一。1977 年，Dempster 提出期望 – 最大化（Expectation – Maximization，EM）算法，它成为重要的解决隐含变量问题的统计学习方法，有着广泛的应用。同年，Vapnik 与 Sterin 提出半监督学习中的转导支持向量机（Transductive SVM）方法，它成为半监督学习中的重要手段。

20 世纪 80—90 年代是机器学习逐渐成长为一门独立人工智能分支的阶段，监督学习、非监督学习、半监督学习、强化学习四大类机器学习方法逐渐形成并得到了较大的发展。1986 年，Quinlan 针对决策树的监督学习，以信息熵为基础，提出了经典的 ID3 算法。1987 年，Kaufman 与 Rousseeuw 提出了 k – 中心点聚类方法，以弥补 k – 均值聚类方法不够鲁棒和易受初值影响的不足。1988 年，Sutton 提出了强化学习中重要的时序差分（Time Difference，TD）算法，它成为一大类强化学习方法的基础。1992 年，Merz 等人总结了半监督学习问题及相关方法，首次提出了"半监督学习"这个术语。同年，在强化学习领域，Watkins 提出了经典的 Q – 学习算法，而 Williams 则提出了基于梯度的策略优化算法 REINFORCE，它成为以后 AlphaGo 中所采用的强化学习方法的基础。1994 年，Rummery 提出了 Saras 强化学习算法。同年，Agrawal 与 Skrikant 发明了 Apriori 算法，它成为关联规则挖掘中的经典算法，至今仍得到广泛采用。1995 年，Vapnik 的统计学习理论以及在该理论指导下所衍生的支持向量机（Support Vector Machine，SVM）学习方法得以成熟，成为当时以及此后一段时期内应用最普及和地位最主流的监督学习思想，直到 2006 年后其统治地位才逐渐被人工神经网络中的深度学习所取代。非监督学习在这一时期亦继续得到长足发展，一些经典的聚类算法和关联规则挖掘算法被提出。在聚类算法方面，层次聚类、基于数据密度的聚类、统计聚类、基于空间网格的聚类等思想及其算法逐渐涌现。1995 年，Cheng Yizong 提出了著名的均值迁移算法，并将其应用于非监督聚类。1996 年，Tian Zhang 提出了 BIRCH 层次聚类算法，其具有递增聚类特性。1996 年，Ester 提出了基于数据密度的经典聚类算法 DBSCAN。Cheeseman 与 Stutz 提出了 AutoClass 统计聚类算法。1997 年，W. Wang、J. Yang 与 Muntz 提出了基于空间网格的聚类算法 STING。1998 年，Guha 提出了 CURE 层次聚类算法，通过采用多个代表数据点表示一个簇来更好地适应数据形状。1998 年，Hinneburg 与 Keim 提出了另一种经典的基于数据密度的聚类算法：DENCLUE。Sheikholeslami、Chatterjee 与 Zhang 提出了 WaveCluster 聚类算法。1999 年，Karypis 发明了结合层次聚类思想与图聚类思想的聚类算法 CHAMELEON。在关联规则挖掘方面，Bayardo 与 Roberto 于 1998 年提出最大频繁项集挖掘算法 Max－Miner；Pasquier 则于 1999 年提出封闭频繁项集挖掘算法 A－Close。此外，在半监督学习方面，1998 年，Blum 与 Mitchell 提出了互学习方法。

进入 21 世纪后，机器学习开始越来越受到人们的重视和广泛应用，并向各个领域迅速渗透，相关技术也得到进一步的快速发展。2000 年，Zaki 提出了频繁项集挖掘算法 Eclat。韩嘉炜发明了 FP－Growth 这一经典的关联规则挖掘方法。2001 年，Blum 与 Chawla 将图论中的最小割方法应用于半监督学习。2002 年，Shi、Ng、Jordan 与 Weiss 将图转化为矩阵，基于矩阵运算，提出了谱聚类算法。同年，Zaki 与 Hsiao 提出了 CHARM 算法。2003 年，Grahne 与 Zhu 提出了 FPclose 关联规则挖掘算法。2005 年，Agrawal、Gehrke、Gunopulos 与 Raghavan 提出了基于数据网格的聚类算法 CLIQUE。2012 年，万玉钗等基于高斯混合模型，提出了 GMMCluster 递增聚类算法。2014 年，Rodriguez 与 Laio 提出了基于密度峰值的聚类方法。同年，Silver 发明了策略梯度强化学习方法。2016 年，Mnih 提出了异步优势行动者－批评家强化学习算法，简称 A3C。

21 世纪，机器学习的另一个重大的和更深入人心的发展是深度学习的出现和普及，它现在几乎成了机器学习的代名词，事实上它只是机器学习中与深度网络学习相关的一个分支，我们将在下一节关于人工神经网络简史的内容中叙述其发展历史。

图 1-1 显示了机器学习的上述演进历史。

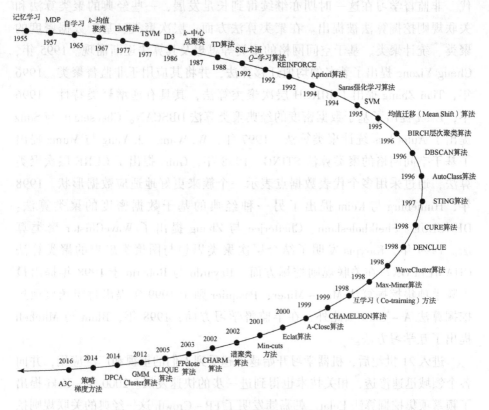

图 1-1 机器学习演进历史

1.3 人工神经网络简史

对人工神经网络的研究始于 1943 年，这一年，美国神经生理学家 McCulloch 与数学家 Pitts 提出了人工神经元模型，简称 M－P 神经元，它成为此后直到现在人工神经网络技术的基础。1957 年，Rosenblatt 基于 M－P 神经元，构造了两层神经网络模型，称为感知器，它作为第一个具有自学习能力的机器，引起了极大的关注。1960 年，Widrow 与 Hoff 采用线性激活函数改进了感知器模型，提出了自适应线性元素网络，相应提出了最小均方误差（LMS）学习算法。两层感知器结构简单，只能表达线性函数，难以解决实际问题，以至于 Minsky 与 Pappet 在 1969 年出版了著名的《感知器》一书来指出其问题，使神经网络研究一时沉寂。

20 世纪 80 年代是人工神经网络发展历史上的重要阶段。在这一时期，误差反向传播网络及其学习算法（通常简称 BP 网络、BP 算法）在 Rumelhart、Hinton、Williams 的努力下横空出世，它将感知器扩展为 3 层以上的多层感知器，并采用 S 型激活函数，最重要的是他们提出了对这种多层感知器进行学习的 BP 算法。其网络结构具有足够的表达能力，其学习算法具有从训练数据中有效学习的能力，为解决复杂的实际问题奠定了基础，目前仍是得到广泛采用的网络之一，也为日后深度学习的发展开辟了方向。时至今日，BP 算法思想仍是大多数深度学习算法的基础。除了 BP 算法外，霍普费尔德（Hopfield）于 1982 年发明的霍普费尔德网络也是这一时期的重要成果。霍普费尔德网络为反馈网络模型，开创了与以 BP 网络为代表的前馈网络完全不同的网络结构类型，在其中引入物理学中的系统稳定性理论进行反馈网络的设计与学习，进而于 1984 年将其用模拟电路实现，使神经网络的实体化成为可能。1986 年，Hinton 与 Sejnowski 进一步将玻耳兹曼 – 吉布斯分布与霍普费尔德网络结合，通过随机优化策略，提高神经网络发现全局最优解的能力。1988 年，Broomhead 与 Lowe 提出了径向基函数网络，从函数逼近的角度获得神经网络结构，在前馈网络与函数表达之间建立了更清晰的联系，为网络结构的设计开辟了另一条道路。

20 世纪 90 年代，反馈网络得到进一步的发展，尤其是时序型反馈网络开始登上神经网络技术的舞台。艾尔曼（Elman）网络（1990 年）、乔丹（Jordan）网络（1997 年）、长短时记忆（LSTM）网络（1997 年）、双向反馈网络（1997 年）等时序型反馈网络相继问世，其中 LSTM 网络更逐渐发展成为近年来炙手可热的网络模型，并因此使人们开始重视人工神经网络中记忆部分的作用。由于时序型反馈网络可按时序展开成非反馈结构，因此对时序型反馈网络的学习可借鉴前馈网络的学习方法，目前主要依靠的仍然是上面所述的 BP 算法，其按时序改造后成为适合时序型反馈网络学习的 BPTT（Back – Propagation Through Time）算法。这也体现了时序型反馈网络可视为一种深度网络，甚至具有无限深度的深度网络。Kohonen 于 1990 年发明的自组织映射网络是 20 世纪 90 年代的另一项重要进展，该网络模拟了人脑神经元的相互竞争与合作机制，为人们实现人工神经网络提供了另一种重要的思路。

1998 年是深度网络崭露头角的一年。在这一年，虽然尚未形成深度网络及其学习的概念，但杨立昆在解决手写体字符识别的过程中发明了 LeNet 结构，奠定了深度网络的重要分支——卷积神经网络（Convolutional Neural Network，CNN）的基础，LeNet 成为后续一系列大行其道的 CNN 的开山鼻祖。2006 年提出的深度信念网络（DBN）与 2007 年提出的自编码器网络（AutoEncoder）与 CNN 交相辉映，同为深度网络上的重大突破，对于如今深度学习的统治地位起到了巨大的推动作用，其中的逐层贪婪学习在 BP 学习之外开辟了另一条不同的学习途径，使人们看到了学习深度网络的希望。而从 2010 年开始，LeNet 得以重新发展，各种 CNN 开始如雨后春笋般出现。首先是 AlexNet（2012 年）与 VGG（2014 年），虽然它们基本是 LeNet 的重新发展和更复杂的版本，但由于在实际问题上的良好表现（AlexNet 在 2012 年的大型 ImageNet 图像库识别中取得第一名的成绩；VGG 通过结构元素上的微调，更取得优于 AlexNet 的效果），起到了推动 CNN 发展热潮的作用，促使人们沿着这条道路不断深入。到 2016 年，出现了残差网络（ResNet）、全卷积网络（FCN）、U 形网络（UNet）、生成对抗网络（GAN）这样四个网络结构上的突破，以及批归一化（Batch Normalization）、丢弃（Dropout）这样两个在学习技巧上的重要创新。

（1）残差网络以残差学习理论为基础，将对原始函数的学习转化为对残差函数的学习，根据这一思想将残差连接引入 CNN 结构，从而改善了网络深度增加后所出现的学习退化问题，有利于构造更深的网络。

（2）全卷积网络去掉了 CNN 中的全连接层，代之以卷积运算，这样网络所有层全部采用卷积层，最后输出结果的维度与输入数据的维度完全相同，使每个输入数据对应于一个输出，从而实现了输入信息到另一种完全相同维度信息的转换，扩大了 CNN 的应用范围，比如可将 CNN 应用于图像分割，实现从图像到对应分割结果的转换。

（3）U 形网络解决了全卷积网络中信息升维时面临的尺度问题，它将 CNN 反向并与正向结合，在升维过程中，可类似降维逐渐降低尺度那样，逐渐提升尺度，这样整体网络结构先是从原始输入开始逐渐降低尺度，然后再逐渐增大尺度，直到恢复成与原始输入同样大小的输出，这样整体上形成了一种 U 形结构。

（4）生成对抗网络在 CNN 分类网络（简称分类器）的基础上，引入一个生成数据的 CNN 子网络（简称生成器），生成器用于根据原始真数据来生成假数据，分类器用于区分真、假数据，通过分类器与生成器的相互对抗来对二者进行学习，使二者的能力均越来越强，这样既获得分类性能好的分类器，又提供了一种数据增强手段，从而可在不能获得大量标注数据的应用中生成大量与真数据接近的训练数据。

（5）批归一化通过批数据统计量（均值、方差）来对数据进行归一化处理，消除数据之间的统计相关性，从而提高学习的鲁棒性，其直接效果便是可提高学习率，加快学习速度，且减小对初始化值的依赖。

（6）丢失策略通过在训练过程中随机简化网络结构，即随机去掉网络中的部分神经元及其连接权值，不使其参与学习过程，部分解决过学习问题。

以上便是人工神经网络的前世今生，其汇总如图 1-2 所示。未来人工神经网络将何去何从，或许我们可以从这一发展脉络中得到一些启示。首先，深度网络虽然发展很快，但主要是在结构和应用上的发展，学习算法的发展相对滞后，基本还是依赖于 BP 算法。逐层贪婪学习是一种不同于 BP 的新的进展，但应用尚不普遍。而且无论 BP 还是逐层贪婪，均需要依靠大数据才能获得好的学习效果。随着应用的不断深广，这一依赖大数据的深度学习途径必将逐渐走向式微，而代之以新的小样本学习方法。事实上，人类本身具有很强的小样本学习能力，仅给一个或极少样例，便能获得理想的学习结果。我们发展人工神经网络技术，还是应该向人这个最根本的老师去学习，去模拟他/她所具有的小样本学习能力。其次，人工神经网络虽然在很多应用中已显示出良好的效果和前景，但其有效性的依据却还很不清楚，其内部的信息与工作过程如同一个黑盒，这使得人工神经网络的可信度和可应用性难免存疑。为此，需要打破神经网络的黑盒，通过热图、数据流图等可视化手段将神经网络分析过程及中间信息呈现出来，便于人们理解神经网络的工作原理，并利于人们以此为依据对神经网络进行改进与完善。

我们将在本书第 12 章（结语）对这些未来发展趋势及其已出现的相关方法进行更详细的阐述与分析。

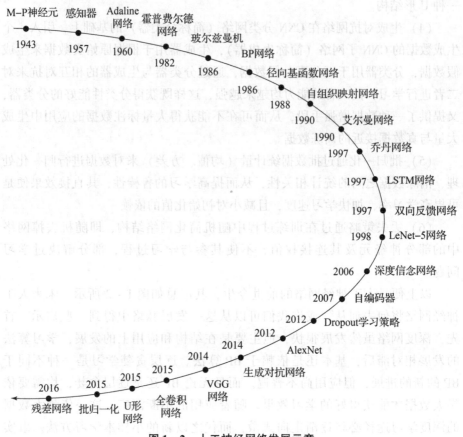

图 1 - 2　人工神经网络发展示意

1.4　本书内容与组织

本书余下内容共分 11 章，其中第 2 ~ 8 章为机器学习技术部分，第 9 ~ 11 章为人工神经网络技术部分，对于人工神经网络的学习方法亦在第 9 ~ 11 章阐述，而不出现在第 2 ~ 8 章中。

第 2 章探讨与机器学习相关的基础知识，包括对机器学习的定义、具有学习能力的智能系统的构成、机器学习的基本方式、归纳学习的主要类型、一些常见的特定学习概念、对机器学习算法的评价等建构机器学习技术的基本认识。

第 3 章论述监督学习方法，从监督学习本质上是函数学习这一认识出发，针对数据点函数表示、离散函数、连续函数、随机函数这四种主要的函数形式，围绕优化目标和实现优化计算这两个监督学习算法的核心要点，分别介绍了一种以上监督学习方法。

第 4 章阐述了非监督学习中的关键问题——相似性度量，根据不同数据类型，分别介绍了相应的数据相似性度量方法以及通过机器学习手段来学习相似性度量的度量学习方法。其中数据类型包括数据向量与数据集合两大类；数据向量又进一步分为连续型、离散型、混合型三种；数据集合则进一步分为简单集合、有序集合、结构集合、模糊集合四种。

第 5 章介绍非监督学习中学习数据分布规律的聚类问题及其解决方法。首先解释了聚类问题，进而分为划分聚类、层次聚类、基于数据密度的聚类、基于空间网格的聚类、基于统计模型的聚类、基于图的聚类六大类型，对主要的聚类算法进行了阐述，另外还介绍了核聚类及递增聚类的基本思想与方法。

第 6 章阐述了非监督学习中的第二个关键问题——关联规则挖掘，定义了该问题，基于相应定义，按照"支持度 – 可信度"这一目前主流的关联规则挖掘计算框架，对关联规则挖掘算法进行了系统的论述。

第 7 章介绍了半监督学习问题及其解决方案，包括面向监督学习任务的半监督学习以及面向非监督学习任务的半监督学习。在监督学习任务方面，阐述了自学习、互学习、基于图的半监督学习、转导 SVM 等主要半监督学习方法；在非监督学习任务方面，阐述了半监督聚类算法，包括种子点 k – 均值、约束 k – 均值、约束层次聚类。

第 8 章阐述了强化学习思想及其主要方法，定义了强化学习问题及其马尔可夫决策模型，围绕策略、V 值、Q 值这三个强化学习关键概念之间的相互关系，论述了 Q – 学习算法、时间差分算法、REINFORCE 算法等主要强化学习算法，以及强化学习与深度网络相结合的深度强化学习算法。

第 9 章为人工神经网络基础，说明了人工神经网络的源起与定义，介绍了构建人工神经网络的人工神经元基础——M – P 计算模型，进而阐述了前馈网络与反馈网络这两大类网络结构的基本思想以及网络学习的基本概念。

第 10 章论述了主要的前馈神经网络模型及其学习方法，主要按照从感知器到深度网络的发展脉络，介绍了感知器、Adaline 网络、BP 网络、卷积网络、全卷积网络、U 形网络、残差网络、深度信念网络、自编码器，此外还介绍了径向基函数网络与自组织特征映射网络这两类不同于感知器类型的前馈网络。

第 11 章分为稳定型反馈网络和时序型反馈网络两部分内容，阐述了主要的反馈神经网络模型及其学习方法［稳定性反馈网络包括霍普费尔德网络与玻耳兹曼机，时序型反馈网络包括乔丹网络、艾尔曼网络、LSTM 网络与双向反馈（BRNN）网络］，同时阐述了在这些网络学习中主要采用的 BPTT 学习算法。

第 12 章为结语，主要展望了机器学习与人工神经网络领域的未来发展趋势，包括小样本学习、相似度计算、网络结构学习、网络可视化及其解释，以及传统方法与人工神经网络的合流。

参 考 文 献

［1］柏拉图. 理想国［M］. 北京：商务印书馆，1998.

［2］刘峡壁. 人工智能导论——方法与系统［M］. 北京：国防工业出版社，2008.

［3］MCCARTHY J. What is Artificial Intelligence?［EB/OL］. http://www - formal. stanford. edu/jmc/whatisai/whatisai. html.

第 2 章 机器学习基础

学习是人类获取知识和技能的根本途径，学习能力是人类智能的关键组成部分之一。因此，不具有学习能力的智能系统难以称为真正的智能系统。甚至可以说，机器智能系统其实都是学习的产物，只是一部分并非来自机器的自动学习，而是来自人类经验的转化，是人类将自己学习的结果以硬件或软件的形式体现在机器上。因此，对于机器学习的研究是人工智能研究中的重要组成部分，其研究目标是理解人类学习的内在机制，在此基础上使机器模拟人类的学习能力，通过学习自动获取知识、改善系统性能，从而不断提高其智能水平，实现自我完善。

本章阐述机器学习的定义、机器学习的方式、最主要的归纳学习方式的类型，以及与机器学习算法评价有关的主要问题。

2.1 机器学习是什么

学习是人们习以为常的概念，人的一生都是在不断学习以适应环境的过程中度过的。那么学习的实质是什么呢？答案是"变化"。人们通过学习，使自身发生改变（如知识结构、思维方式、性格特点等），从而能够更好地适应环境，可以将这一过程通俗地概括为"学习即变化"。人工智能学科的两位创始人——明斯基和西蒙，就是这样定义学习的[1]。

明斯基："学习是我们头脑里有用的变化。"

西蒙："学习是系统中的变化，这种变化使系统在重复同样工作或类似工作时能够做得更好。"

学习导致的变化包含知识获取和能力改善两个主要方面。所谓知识获取是指获得知识、积累经验、发现规律；所谓能力改善是指改进性能、适应环境、实现自我完善。在学习过程中，知识获取与能力改善是密切相关的，知识获取是学习的核心，能力改善是学习的结果。于是，可以如此定义学习：

定义 2.1 学习是一个有特定目的的知识获取和能力增长过程，其内在行为是获得知识、积累经验、发现规律，其外部表现是改进性能、适应环境、实现自我完善。

对于目前的机器来说，其解决问题的基本手段仍然是计算，因此学习后的性能改善可体现在计算效果（effectiveness）和计算效率（efficiency）两个方面（或其中之一）。计算效果的改善是指机器能够解决更多的问题或者能够更好地解决问题，比如人脸识别系统的识别率提高等；计算效率的改善是指机器能够更快地解决问题，比如下棋时确定最佳应对招数所需的计算时间缩短等。以上机器学习目标可形象地归纳为"更多、更快、更好"。

根据定义2.1，具有学习能力的智能系统应包括感知机构、学习机构、执行机构和评价机构四个组成部分，其构成关系如图2－1所示。

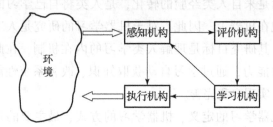

图2－1　具有学习能力的智能系统结构

（1）感知机构类似于人的眼、耳、鼻等感觉器官以及大脑中的感知部分，用于从外部环境获取执行机构运行所需的外部信息以及学习机构所需的对于执行机构性能的评价信息。

（2）执行机构类似于人的四肢、嘴巴等执行器官以及大脑中的行为部分，用于解决问题，从而对外表现智能，其特点是可以影响和改变环境，比如人脸识别系统中确定并给出待识别人脸姓名的部分、下棋系统中确定并执行下棋步骤的部分、无人汽车驾驶系统中控制车辆运行的部分等。

（3）评价机构用于对执行机构的执行效果进行评价，并将评价结果反馈给学习机构，作为学习的依据。显然，这是学习的基础。只有在得到这种反馈的前提下，学习才是有效的，才能使机器变得越来越好。

（4）学习机构是体现系统学习能力的核心部分，以该部分为中心，智能系统的学习过程可概述如下：首先智能系统在对外界环境进行感知的基础上，调用执行机构完成相应的智能功能，比如识别、下棋、开车等；然后评价机构从环境中获得对于机器执行效果的评价结果；最后学习机构根据该评价结果对执行机构进行改变，以使其能够更好地解决问题，获得更好的执行效果，表现出更好的性能。如前所述，学习的实质是"变化"，因此在设计学习机构时，首先要考虑的问题是执行机构中可变的部分是什么，从"可变的部分如何表示"以及"怎样对其进行改变"这一点出发来思考和实现学习方法。

目前在很多实际场合下，机器还不具备准确感知外部环境的能力，因此目前具有学习能力的智能系统大多不具备感知机构，而是由人来输入学习所需要的数据，其不是完全自主的智能系统。

2.2　机器学习方式

智能系统能够对外表现智能的部分是执行机构，而执行机构中的智能核心是对其实施控制的知识，类似于人在其大脑中存储的用于解决问题的各种知识。因此，机器学习的核心问题便是如何根据以往经验对执行机构的控制知识进行改善。该问题可以被认为是一个发现新知识的推理问题，从而可以基于人的推理方式来思考机器的学习方式。而对于人来说，能够用于发现新知识的推理方式主要有两种。

第一种方式为归纳（induction）推理，这是从个别到一般的推理方式，即从足够多的事例中归纳出具有一般性的知识。这种一般性知识可反过来用于帮助人们解决与具体事例相关的问题，尤其是之前未见过的具体事例。比如人们从"所见到的乌鸦都是黑的"这一事实出发，归纳出"天下乌鸦一般黑"这样的知识，从而可利用该知识来预测未见过的乌鸦的颜色。以归纳推理为基础的学习方式被称为归纳学习，其学习的基本过程正是从经验数据中归纳出相应的知识，用于控制智能系统的执行机构。

第二种方式为类比（analogy）推理，其推理基础是不同领域问题之间的相似性。人们利用该推理手段，从已知的某一领域知识得到另一领域中的相似知识。类比推理是人类认识世界的重要方法之一，是人们进行创造性思维，发现新事物、新规律的重要手段，许多重要的科学发现与发明都是通过类比推理获得的。比如，德国植物学家施莱登发现了植物细胞中的细胞核。动物学家施温知道后，根据动植物有机体的相似性，认为动物细胞中也应有细胞核，据此发现了动物细胞的细胞核。基于类比推理的学习方法为类比学习，其基本过程正是实现知识在不同领域之间的迁移。

除了归纳推理和类比推理之外，人类的另一种重要推理方式为演绎（deduction）推理，该推理过程与归纳推理过程正好相反，是从一般到特殊的推理，利用人们已掌握的知识来解决具体问题。显然，这种推理不能像归纳推理那样产生新知识，也不能像类比推理那样对知识的应用领域进行增值，因此不能单独用于学习。但人们通过将演绎推理与归纳推理结合，提出了基于解释的学习（explanation–based learning）方式[2]。这种方式是在领域知识的指导下，通过对单个问题求解例子的分析，构造出对求解过程进行解释的因果结构，从中获取控制知识，用于后续求解类似问题。基于解释的学习虽然不能产生新知识，但实现了知识的再表达，提高了知识运用的效率，从而提高了执行机构的计算效率。

在基于上述三种推理的学习方式中，真正能够用于产生新知识的只有归纳学习。类比学习结果是已有知识在不同领域中的复用，而非新知识的产生。因此，归纳学习是最主要的学习方式，也是机器学习的最主要的手段。

2.3　归纳学习类型

历史经验是归纳学习的基础。对于目前的机器来说，历史经验通常是指人为输入的数据或者机器自主从外界环境中感知到的数据，被称为训练数据。根据学习过程中所使用的训练数据的不同特性，可将归纳学习方法划分为监督学习、非监督学习、半监督学习和强化学习四大类。本节简述这四类学习方法的基本特点，第3章及5~8章分别详细介绍监督学习、非监督学习（聚类及关联规则挖掘）、半监督学习、强化学习的主要方法。

2.3.1　监督学习

在监督学习中，训练数据的特性是：输入执行机构的数据与希望执行机构输出的结果（期望输出）之间的对应关系是已知的。因此，这种数据通常被称为标注数据。当输出只有两种结果时，通常站在其中某一种结果的立场上，把属于该结果的数据称为正样本（positive sample 或 positive example），把属于另一个结果的数据称为反样本（negative sample 或 negative example）。当向智能系统中输入某一数据后，智能系统的执行机构将获得相应的输出，该实际输出与期望输出之间的误差可用于评价智能系统当前的性能，学习机构则根据性能评价对执行机构进行调整。由此可见，在监督学习中，评价机构的工作是在人的协助下完成的。这可以使智能系统的表现符合人的预期，但同时也使学习算法使用者的工作量增大。

监督学习的学习对象是输入与输出之间的对应关系，这在数学上被概括为函数（function）。于是，监督学习问题可被抽象为根据给定的数据点，获得相应函数的问题，这一问题在不同领域往往也被称为估计（estimation）、拟合（fitting）或回归（regression）。另外，从符号智能的角度，系统的输出往往被认为是某种概念，输入则被认为是概念的具体表现。比如，"老虎"是一种概念，在输入对老虎属性的描述后，机器的输出是确定当前所描述的概念是否为老虎。因此，监督学习有时也被称为概念学习（concept learning）。

根据上述监督学习的基本思想可知，其关键问题是函数形式的估计与函数的优化。监督学习方法的设计基本围绕这两个问题展开。因此，本书在介绍各种监督学习方法时，将围绕这两个方面来叙述，并重点阐述其各自在这两个方面的不同处理思路。

2.3.2　非监督学习

在非监督学习中，训练数据的特性是：只有输入执行机构的数据，没有对于输入数据的期望输出。这种数据可被称为未标注数据。因此，非监督学习的主要任务是发现输入数据的分布规律或者输入数据不同组成部分之间相互联系的规律（关联规则），这种分布规律或关联规则将作为执行机构的控制知识在后面的处理中发挥作用，或者输出给人使用。非监督学习是数据挖掘（data mining）、知识发现（knowledge discovery）等机器学习分支的核心问题。

为了进行非监督学习，首先需要考虑学习结果（数据分布规律或关联规则）的表示问题，然后在此基础上进行学习。常用的学习结果表示形式有统计分布、数据分组和符号三种，分别概述如下。

（1）统计分布表示是将数据作为连续或离散随机变量，获得与数据拟合的概率密度函数或概率质量函数。连续概率密度函数有时也可用直方图等离散形式表示。在监督学习中也有类似的学习方法，但在监督学习中是按照输出对训练数据分组后再分别进行学习的，而在非监督学习中训练数据是不分类别混在一起学习的。

（2）数据分组表示是将数据按其相似程度分为不同的组，然后提取组的统计量（如均值、方差等）来描述数据集合的分布情况。这里的关键问题有两个：①如何定义数据之间的相似性以及数据集合之间的相似性；②如何执行分组计算。具体处理策略请见第 4、5 章。

（3）符号表示是按照符号形式来表示数据中蕴含的知识，主要包括两类知识，第一类是概念，即某一类数据所具有的共同特性，比如通过购买行为的共性刻画了产品受好者集合的特性等；第二类是规则，是单元内或不同组成部分之间的关联规则，比如人的身高与体重之间的联系等。

2.3.3 半监督学习

在监督学习中需要对数据进行标注，当数据量大时，学习算法使用者的工作负担很重，因此在很多情况下难以得到大量的标注数据，而未标注数据相对比较容易得到。为了降低标注的难度，同时尽可能利用所掌握的数据，人们提出了半监督学习的思想。半监督学习所使用的数据包括两个部分，一部分是少量标注数据，另一部分是大量未标注数据。其学习过程是通过少量标注数据得到初步的执行机构，然后通过大量未标注数据对执行机构进行进一步的学习。这里第一步中利用标注数据得到初步执行机构的问题就是监督学习问题，可使用相应的监督学习方法解决。关键在于第二步，即如何利用未标注数据进行深入学习。具体途径如下。

（1）生成模型方法。学习目标是获得与输入数据拟合的统计分布，此处将输入数据对应的统计分布看作由不同输出对应的统计分布混合在一起构成的，从而可以将统计分布对于数据的拟合拆分成对于标注数据的拟合与对于未标注数据的拟合两个部分，以使标注数据和未标注数据可以得到综合利用。此处的关键在于如何将输入数据对应的统计分布表示成不同输出对应的统计分布的混合，这通常使用有限混合模型（最常用的是高斯混合模型）来解决。

（2）自学习（self - training）方法。使用在标注数据上得到的执行机构来确定未标注数据对应的输出，即将未标注数据转换成标注数据，这样可以利用新增的标注数据继续对执行机构进行学习。在这一过程中，由于执行结构并非足够理想，可能在处理未标注数据时产生一定的错误，这样再利用错误数据来进行学习将导致错误得到强化。因此，通常需要考虑对于未标注数据的标注可靠度，仅将认为得到可靠标注的未标注数据用于对执行机构进行再学习。这样的过程通常是迭代进行的：根据自动标注的可靠度逐渐增加标注数据来对执行机构进行改善，再利用改善后的执行机构对未标注数据继续进行标注。这两个过程交替迭代进行。

（3）合作学习（co - training）方法。将标注数据分为两个部分，分别训练一个不同的执行机构，然后利用一个执行机构为另一个执行机构从未标注数据中提取数据进行标注，从而增加另一个执行机构的训练数据并对其进行再学习。这种再学习过程与上述自学习方法是类似的，同样需要使根据标注可靠度增加标注数据与分类器再学习这两个过程交替迭代进行。只不过这里的数据标注是在多个执行机构之间交叉进行的。合作学习达到理想学习效果的条件是不同数据子集之间是条件独立的。此外，合作学习的思想可推广至两个以上的执行机构。

（4）基于数据相似度的方法。利用标注数据与未标注数据在输入成分上的相似性，将标注数据的标注结果向未标注数据扩散，此方法的假设在于输入与输出（标注）之间的函数关系是光滑的，不严格地讲，即输入接近，则其输出应接近。表示输入数据之间相似关系的常用数据结构是图，在图表示的基础上可采用最小割（min cuts）或随机游走（random walks）等算法确定未标注数据的标注结果。

无论采用以上何种方法，利用未标注数据的实质都在于确定未标注数据的期望输出，将其转变为标注数据。从以上方法可知，这只能通过执行机构对未标注数据的处理或者标注数据与未标注数据之间的相似性得到，这便可能导致错误的标注，而在错误的数据上继续学习可能导致学习结果恶化。换句话说，半监督学习并不能保证能有效利用未标注数据，最终学习结果不一定优于第一阶段在少量标注数据上执行监督学习后得到的初步结果。

2.3.4　强化学习

在强化学习中，训练数据的特性是：这些数据既不像监督学习中有输入与输出之间的明确对应关系，又不像非监督学习中只有输入而没有关于期望输出的任何信息，而是给出了对输出结果正确与否的评价，其通常以奖惩的形式给出，即如果输出是对的，则给予奖励，否则给予惩罚。这种奖励和惩罚落实到算法上，可以用不同符号的数值来表示，数值的符号反映奖励或惩罚，数值的大小反映奖励或惩罚的大小。这种反馈使机器明确了输出正确与否，但并不清楚理想的输出结果是什么。由机器自己在此基础上根据趋利避害原则调整其执行策略，以期获得尽可能多的奖励以及尽可能多地避免惩罚。

奖励和惩罚是有延迟特性的，通常不是在机器输出某一结果后立即给出，而是在一定时间之后才能得到。一个典型的例子是下棋。下棋时并不能马上知道某一步正确与否，只有到最后分出胜负时才能得到奖励或惩罚，这时才能知道中间步骤是否合理，进而对决策手段进行调整。因此，强化学习中强调累计收益，而不只是眼前利益，希望执行机构的输出策略能够保证机器的长期收益最大化。形式化地说，监督学习面对的是输入与输出之间的直接对应关系问题。与此不同，强化学习面对的是输入序列与输出序列的对应关系问题。因此，强化学习中对执行机构的调整便需要考虑机器所处的不同状态之间的关系，而不能仅考虑每个孤立的状态。

强化学习通常不是一次学习完成，而是伴随机器运行过程，根据其所获得的奖励和惩罚不断对其执行机构进行调整，有终身学习的特点。而且强化学习来源于自动化和控制学科，最初主要用于对自主机器（如机器人）的执行机构进行学习，因此在理想的强化学习过程中，奖励和惩罚应是机器自动从环境中观察得到的。

2.3.5 各学习类型的特点与共性

对于强化学习、监督学习和非监督学习，可以用人在成长过程中不同阶段的学习特性来进行类比。强化学习类似于人在幼小时期的学习过程，这时幼儿还缺少对事物的理解能力，家长便只能使用奖励和惩罚手段来使其认识到孰对孰错，利用其趋利避害的天性对其进行教育。监督学习类似于人在学校期间的学习过程，这时学生在解答教师的问题时，教师不仅会告诉学生对错，还会告诉学生标准答案。据此调整自己的思维方式和学习过程，以使自己的解答能够与教师给出的标准答案一致。非监督学习类似于人在工作期间的学习过程，这时没有家长和教师的引导，需要自己从大量工作经验中总结出有利于自己开展工作的方式方法等。因此，监督学习和非监督学习往往也被形象地称为"有教师监督的学习"和"无教师监督的学习"。

这些归纳学习的不同类型，在训练数据特性与学习目的上有所不同，但从计算的角度，则可以被认为是一致的，都可以被归结为一个优化问题，即在一定的优化目标下通过某种优化算法获得理想的学习结果的问题，其中的两个关键子问题如下。

（1）如何定义学习目标（learning objective）？此即确定理想的学习结果应该是什么的问题。比如，在监督学习中希望实际输出与期望输出之间的误差最小化；在非监督聚类中希望数据到聚类中心的距离最小化；在强化学习中希望累计收益最大化；等等。在不同的学习方法中对学习目标有不同的定义，通常以目标函数的形式出现，其对机器学习的推广性和收敛性及收敛速度有根本性的影响。

（2）如何执行优化计算？或者说，使用何种优化算法来达到所定义的学习目标？这是人工智能与数学的核心问题之一，在人工智能中被称为搜索（search）问题，在数学中被称为最优化（optimization）问题，目前已有比较多的解决途径，可应用于机器学习方法中。在本书所涉及的机器学习方法内容中，将会分别阐述相应的优化算法，而对于此问题的全面认识，请参考数学和人工智能的相应文献[3-4]。

2.4 特定学习概念

除了以上所阐述的学习方式外，人们还从不同角度提出了一些学习概念，下面择要叙述如下。需要指出的是，这些学习概念是对特定学习方法或问题的总结，但从根本原理上说，仍包含在以上所述的学习方式中。

2.4.1 生成学习与判别学习

根据在学习过程中是否基于不同输出之间的关系来定义学习目标，可将学习方法分为生成学习（generative learning）和判别学习（discriminative learning）两大类。

（1）生成学习的学习对象是反映训练数据分布特性的统计模型，其学习目标是最优化数据统计模型与数据集合之间的拟合程度，相应统计模型被称为生成模型（generative model），表示数据可以根据该模型来生成。比如，可以将数据拟合成高斯分布，然后可以根据得到的高斯分布生成相应的数据。生成学习可以是监督学习，也可以是非监督学习。即使用在监督学习中，生成学习方法也不直接考虑输入与输出之间的对应关系，而是在每种输出对应的数据上分别进行拟合，通过贝叶斯统计决策原理（详见本书第 3 章），间接达到使实际输出与期望输出之间的误差最小化的目标。

（2）判别学习方法则需要考虑输入与输出之间的对应关系以及不同输出之间的区分，因此只能用于监督学习。判别学习的学习目标有经验风险最小化（empirical risk minimization）与结构风险最小化（structural risk minimization）两种，其中经验风险指的是在训练数据上实际输出与期望输出之间的误差所导致的风险（比如诊断疾病时，"有病误诊为无病"和"无病误诊为有病"的风险），经验风险最小化就是试图使该风险最小化。结构风险则不仅考虑上述风险，还考虑所学习到的函数的复杂性（比如函数参数数量的大小），试图同时达到经验风险小和函数简单两个目标，以避免本章第 2.5.1 节谈到的过学习问题。

2.4.2 度量学习

在实际应用中，存在许多需要通过计算物体（数据）之间的相似度来解决的问题，比如在模式识别中，同类事物之间的相似性和不同类事物之间的差别（不相似性），是区分类别的关键。此处所述度量（metric）便是指计算物体（数据）之间相似度的方法。在这样的应用中，度量函数起着至关重要的作用，可以说有了好的、有效的度量函数，相应问题就基本可以得到解决。怎样根据训练数据来获得理想的度量函数，避免人为设计的不足，正是度量学习[5]需要解决的问题。本书将在第 4 章关于相似性度量的内容中，对度量学习方法进行介绍。

2.4.3　在线学习与递增学习

在传统学习方法中，训练数据一般是以离线（offline）方式获取的，即首先获得训练数据，然后在训练数据上进行学习，训练数据的获取与学习是分离的，机器的学习和执行也是分离的。在线学习[6]则是将机器的学习与执行结合在一起，在机器执行任务的过程中，同时获取训练数据，并对机器进行持续的学习。

与针对同一问题的非在线学习方法相比，在线学习方法的学习目标是不变的，比如对于分类问题来说，同样可以将目标设定为使分类错误率最低，其不同点在于数据观测方式的不同。在线学习是逐个或逐批对数据进行学习，而非在线学习则是一次性学习完。注意，在非在线学习中为了提高计算效率，也有逐个或逐批学习的方式，比如人工神经网络学习中常用的批处理学习方法，但即使采用逐个或逐批学习的方式，整个数据集还是预先准备好的。而在线学习面临的问题则是数据并非预先全部准备好的，而是随着时间推移逐渐形成数据，并在此过程中还可能伴随着数据的删除和更新等其他变化，比如：①在视频数据跟踪中，对于跟踪对象的视觉模型，需要随着视频帧的变化，对其进行在线学习，以保证跟踪的精度；②对于互联网电商系统，其每天都在产生大量的商品买卖信息，需要对其进行持续的数据挖掘。在类似这样的应用中，如果每次数据增加、删除或改变时，都在已有的全部数据上用传统方法进行再学习，则学习负担将变得很重，因此在线学习方法通常需要考虑在原有学习结果的基础上继续进行递增学习，而不是推倒重来，因此这样的在线学习方法也被称为递增学习，其主要需要研究的问题是在这种学习方式下的优化计算方法，即如何利用这种在线和递增学习的模式达到原有的学习目标，其中通常需要增加前、后两次学习结果应该尽量接近的约束，以保持学习结果稳定。

2.4.4　反馈学习

在前面的学习方法中，学习所需的训练数据通常是由人一次性提供给机器或者如在线学习一样在机器执行过程中逐渐自动获取，在学习过程中人不再干预。反馈学习则将人纳入机器学习循环过程，即所谓 "human – in – loop"，通过人与机器的交流，将人对机器的表现或学习状态的评价结果反馈给机器，从而使机器得到经验数据，以这种方式逐步干预或指导机器的学习过程，得到更好的学习结果。这种学习场景有时也被称为社交学习（social learning）或现场学习（situated learning）。例如，在信息检索中，可采用一种被称为相关反馈（relevance feedback）的技术手段来提高检索精度，即用户对系统返回的检索结果进行评价，指出其中相关与不相关的结果；机器根据用户的反馈对信息系统中计算结果相关度的执行机构进行调整，进而重新计算检索结果并返回；此过程可多次重复进行。再例如，在一种基于社交引导的机器学习场景[7]中，机器和人就像孩子和大人一样交往。机器利用姿态、表情等手段表达其学习状态（比如是否理解、注意力是否集中等），人根据其行为推测其内在的学习状况并进行相应指导，利用这种自然的社会交往方式来引导机器进行学习，提高其处理特定问题的能力。

2.4.5　多任务学习

多任务学习[8]在一次学习中同时完成多个彼此存在关联的任务，比如同时学习多个不同的分类器、同时解决目标的检测与识别等。这样，每个任务对应不同的学习目标，在多任务学习中将这些不同任务对应的学习目标汇集在一起，再考虑其彼此之间的约束，综合形成一个总的学习目标。通过对该目标的优化，同时完成其中每个子目标的优化，获得对多任务的处理能力。多任务学习能够成功的一个关键因素在于各个任务之间要有关联，不是要求各个任务一定相似，而是至少在一定的语义层次上具有共享的表达。

2.4.6　深度学习

深度学习是目前引起广泛关注的机器学习方式，甚至在人工智能学界之外也广为人知，可以说机器学习之所以成为当前的一门显学，主要是深度学习的成功所致。这是人们对人工智能技术，特别是机器学习技术高度期待和深度学习技术在实际应用中表现出良好的应用前景两方面作用的结果。但深度学习毕竟不等于机器学习的全部，它只是机器学习的一个分支，是指针对深度神经网络的学习理论与方法，以及在此基础上发展起来的一系列计算工具与平台等[9]。本书将在人工神经网络部分进一步介绍目前主要的深度学习方法。

目前已有的深度学习方法要想获得好的学习效果，需要海量的训练数据和高性能的计算与存储设备。深度学习目前所取得的成就既和学习理论与方法的发展有关，也受益于大规模带标注训练数据（比如著名的 ImageNet[11]）及 CUDA 等高性能并行计算设备的推动。当然，依赖数据也成为目前制约深度学习技术进一步发展的瓶颈。一方面，带标注训练数据不可能无限增长，甚至在很多领域难以得到足够量的训练数据，比如在医疗领域，由于有经验医生的数量有限，就较难得到大量良好的带标注数据；另一方面，数据量的继续增长并不能必然带来性能的提高。因此，关键还在于深度学习理论与方法的进一步突破，在这方面小样本深度学习是值得关注的问题，甚至可以说是深度学习能否真正走向实用的关键问题，或许解决好这一问题，就能更好地探寻人类学习能力的本质。

2.4.7　迁移学习

前面曾提到作为学习基础的推理方式有归纳推理和类比推理。目前学习方法主要基于归纳推理，而迁移学习[9]则可视为基于类比推理的学习方式，它根据不同领域之间的相似性，将某一领域中的学习结果迁移到另一领域中，比如将图像领域中的学习结果迁移到视频领域中、将一种数据集上的训练结果迁移到另一种数据集上等。该学习方式目前在深度学习中受到较广泛的关注。如上所述，目前深度学习通常需要海量的训练数据才能得到理想的结果，而通常较难获得大量良好的带标注训练数据，因此实际应用中经常面对标注数据量少导致深度学习不理想的局面，在这种情况下，采用迁移学习手段将大数据集上的学习结果迁移到小数据集上是一种可行的手段，比如可将 ImageNet 上的学习结果迁移到医学图像数据上。

2.4.8　流形学习

人们采集到的原始数据通常是高维的，但高维数据往往又是可以由少量自由度来决定的，也就是说可以将高维数据降维到低维空间，这样不仅使数据表达更加简洁，而且数据之间的区分更可以用简单的欧氏距离方式来度量，这样一种低维且局部为欧氏特性的拓扑空间便是流形。换句话说，可以认为在高维空间中的数据是位于嵌入高维空间中的流形之上的。如果能找到这样的流形，便可以对数据进行降维，以方便后面的计算，且计算更为精确。比如在三维空间中的一个球面可以认为是其中的一个流形，如果数据都分布在这一个球面上，则找出该球面后，可将该球面展开成一个平面，则数据便从三维降到二维，在降维得到的二维平面上，用欧氏距离来度量数据之间的区分才真正符合数据的分布，而在原始三维空间中采用欧氏距离来度量数据之间的区分则可能产生较大的偏差，因为数据之间的区分是其在球面上的位置，在球面上离得越远则区分越大，但在原始三维空间上用欧氏距离显然不能反映这种现象。

流形学习[12]正是从训练数据中找到从高维空间到低维流形空间的映射函数的学习方法，该映射函数实现对高维数据的降维，而不必明确地求出流形。为了计算准确，需要考虑数据中可能存在的噪声。经典的流形学习方法包括线性方法（如 MDS、PCA）和非线性方法（如 LLE、ISOMAP、LTSA）两大类。

2.4.9 多示例学习

在某些应用中，一个训练数据是由若干个子数据组成的，这样的数据称为包（bag），其中的子数据称为示例（instance）。比如在确定分子是否适合制造药物的应用中，一个分子存在很多不同的低能形状。对于一个适合制造药物的分子，它的某种低能形状可以被紧密绑定到药物的目标区域上；而对于一个不适合制造药物的分子，它却没有任何可以被紧密绑定到药物目标区域上的低能形状。这里一个分子就是一个包，而它的一个低能形状就是一个示例。这样，一个包中存在多个示例，只要其中一个示例为正样本（比如适合制造药物），则可以认为该包为正样本；反之，如果所有示例均为反样本（比如均不适合制造药物），则认为该包为反样本。这样的数据便是多示例数据，在这样的数据之上进行学习以对未见过的包进行正确预测便是多示例学习[13]。

多示例学习与其他学习方式的关键区别在于一个正样本（包）的组成部分（示例）并非具有统一的特性，其中存在作为正样本的组成部分，也存在作为反样本的组成部分。这样在学习时，虽然正样本包是由其中具有正样本特性的示例来定义的，却不能以示例作为学习对象，而要以整个包作为学习对象，并且要排除正样本包中的反样本示例的影响。不同的多示例学习方法基本都是围绕这个关键问题的解决来提出的

2.5 对学习算法的评价

目前，机器解决问题的基础是计算，解决方案均体现在算法上。因此，从工程实践的角度，研究机器学习的目标是得到有效的机器学习算法。而如何评价待研究对象的优劣，对于相关技术的发展会起到重要的指向性作用。对于机器学习算法的评价来说，以下各节所述的问题是需要考虑的。

2.5.1 过学习与泛化

机器学习的基础是经验数据。通过使用某种学习算法在经验数据上学习之后，机器可能在经验数据上表现出更好的性能，但对于经验数据之外的数据（即在训练中未见过的数据）却表现出性能下降的现象，这一问题被称为过学习（overfitting）问题。相应地，机器学习算法对未知数据的预测能力则被称为它的泛化能力（generalization ability），有时也常被翻译为推广能力。形象地说，可将过学习后的机器类比为"书呆子"，经过学习之后，它只能处理学习中见过的问题，对于学习之外的问题反而更显呆滞。

对于经验数据来说，只要机器的执行机构足够复杂便能够在经验数据上达到所要求的任意精度，至少可以提供这样一种极端的学习结果：给每个输入指定一个与期望输出相同的输出，这样便能在输入数据上得到100%的处理准确率，这自然也是一种学习结果，并且是易于做到的，但并不能保证这样的执行机构能在未知数据上达到同样好的处理效果，而学习的主要目的正是要使机器通过对已知数据的学习来较好地处理未知数据。可见，执行机构不是越复杂越好，越复杂，表示其越局限于训练数据，向未知数据的泛化能力就会下降，从而导致过学习问题。因此，需要尽可能降低机器执行机构的复杂度，但仅考虑其复杂度而忽视经验数据显然也是不合理的，需要同时尽可能提高机器在经验数据上的处理精度，通过在这两个有矛盾的目标之间取得均衡来解决过学习问题。这种均衡总结在一种被称为奥坎姆剃刀（Occam's Razor）的处理原则上，该原则在支持向量机、最小描述长度等有影响的学习思想中均有体现。

奥坎姆剃刀原则可概括为"如无必要，勿增实体"，即在满足要求的前提下，应优先选择简单的结果。与之相似，爱因斯坦亦曾说"尽可能简单，但别太简单"（as simple as possible, but not too simple）。将这一思想原则落实到机器学习上，就是在对经验数据处理足够有效的前提下，优先选择尽可能简单的执行结构。以图 2 - 2 为例，图中 "×" 符号代表标注好的经验数据，给出了若干个输入以及相应的输出，我们希望能够学习到相应的函数，从而当给定任意一个 x 值时，能给出其对应的输出。图中的一条直线和三条曲线分别是根据该数据集学习得到的函数，显然曲线越复杂表示对应函数越复杂。该图表明随着函数的复杂度增加，函数对数据的拟合程度得到提高。但从图中各条函数曲线所反映的美感可直观地感受到并非函数越复杂越好，拟合程度足够好的简单函数更为理想，甚至不应该要求函数对所有数据都能符合，因为其中部分数据可能是噪声，如图 2 - 2 中最下方的那个数据很可能就是一个噪声数据，如是则该图中灰色所示曲线应为最好的学习结果，而要从以上四种结果中选择它便需要综合考虑函数的复杂度与函数对数据的拟合程度这两个因素。

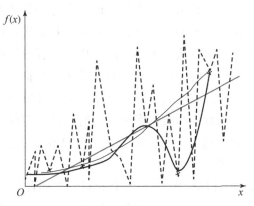

图 2 - 2　奥坎姆剃刀原则示例

从实验的角度来说，在学习算法的研究和设计中，考虑到过学习问题的存在，通常把经验数据分为训练集（training set）和测试集（test set）两个部分。在训练集上对执行机构进行学习，在测试集上对执行机构的学习效果进行评价，只有在测试集上达到好的效果才能认为学习算法是有效的。有时为了更客观地评价学习算法，在整个数据集上分别取不同的训练集和测试集，分别进行训练和测试，对若干次测试效果进行统计分析（如最差学习效果、平均学习效果等）以评判学习算法，这称为交叉验证（cross validation）方法。比如可将数据集平均划分为 k 组，分别将其中一组作为测试集，将其余组作为训练集，从而进行 k 次训练和测试，这称为 k - 交叉验证（k - fold cross validation）。相应地，一种消除过学习现象的实验方法是：在训练数据集之外，再增加一个验证集（validation set），当学习得到的执行机构在验证集上的执行效果开始下降时便停止学习，以避免过学习问题的出现。这里，验证集实际上仍然是训练数据的一部分，最终的学习效果还是需要在测试集上来检验的。

2.5.2 偏置

如前所述，机器学习问题可以被归结为优化问题，即机器的执行机构可以有多种甚至无数种可能的选择，不同的选择体现为不同的机器结构或者相同结构上的不同参数，机器学习的目标是在这些不同的选择中确定一个最佳结果。那么对于这些不同的可能性，机器学习算法是否存在一定的偏好，是否会优先选择某种结果？这就是学习算法的偏置问题。存在偏置的学习算法称为有偏的，否则称为无偏的。相比有偏算法，无偏算法的优点是可以保证所需要的最好结果一定在算法的搜索范围内，而有偏算法则可能漏掉所需要的结果。但尽管如此，与人们的直观认识不同，我们应该选择有偏算法，因为无偏算法几乎是无用的算法。无偏算法意味着所有可能的学习结果具有同等的选择概率，由此带来两个严重的问题：①必须在整个选择空间上进行搜索，当选择空间很大时，需要的计算量是惊人的；②更重要的是泛化能力很弱，学习后的结果不能对未知数据做出有效的处理，需要在训练时提供所有可能的数据才行，显然这是不可能做到的，而且在提供所有数据的前提下，学习算法已失去了意义。

学习算法的偏置可以分为绝对偏置和相对偏置两种[14]，其中绝对偏置是指机器的学习结果被限制在某个特定的范围内；相对偏置是指机器的部分学习结果相对其他结果有优先权。有些偏置是在设计学习算法时明确给出的，比如函数的选择被明确界定在一个函数族（如多项式函数）范围内，或者统计分布的选择被明确界定在某个分布形式（如高斯分布）下，等等。

对于学习算法的偏置情况，需要利用统计手段进行分析。一种方式[14]是将经验数据划分为不同的数据集，分别在每个数据集上进行学习，得到相应的学习结果，然后计算这些学习结果的均值和方差。结果均值与理想结果之间的差别（称为统计偏差）以及结果方差反映了算法的偏置程度。如果统计偏差大，说明学习算法的绝对偏置是不适当的，即它不能将学习结果限定在一个合适的范围内。如果学习结果的方差较小，说明学习算法的相对偏置很强，它对搜索范围内的函数有所偏好，这样能保证其学习效果。综上，良好的学习算法应保证在学习结果上有较小的统计偏差和方差，从此点出发考虑学习算法的改进策略是一种可行的途径。此外，注意这里的分析手段与下面一节提到的分析数据鲁棒性的部分手段类似，但目的是不一样的，这里是要确定学习算法本质上的偏置情况，而不是数据对学习结果的影响。但数据对偏置的度量也确实存在一定的影响，如当数据量增加时，统计偏差可能减小。

2.5.3　数据鲁棒性

经验数据是机器学习的基础，数据的数量和质量对学习效果有较大影响。对于学习算法，这种影响能到什么程度是需要考虑的重要问题。具体可以分为三个方面。

（1）训练数据的规模对学习结果的影响。实验上，这种影响可以通过学习曲线来反映，即在不同数量的训练数据下分别进行学习，并记录各自的学习效果，从而得到学习效果随训练数据量变化的曲线。理论上，数据量越大，结果越理想。但由于获取大量数据通常比较困难，尤其是标注数据，所以小样本（small sample）学习问题，即是否能够在少量数据下学习到足够有效的结果的问题，在早期是比较受人关注的。这方面的一个典型代表是支撑支持向量机的统计学习理论。近年来随着网络技术和信息检索技术的发展，人们有可能获取大量数据，于是开始对大数据（big data）学习问题感兴趣，比如目前流行的深度学习方法通常需要大数据才能获得好的学习效果。大数据学习的关键问题之一是学习效率问题。另外，精确的数据标注费时费力，因此有时能获得的大数据并非得到严格标注的数据，所以未标注数据的有效利用以及跨媒体数据的综合利用也是值得关注的问题。

（2）训练数据的变化对学习结果的影响，即针对来自同一问题的不同数据，机器学习算法能否保证其学习结果是一致的，这可以反映学习算法的可靠性。实际中通常使用上面所述的交叉验证实验手段来验证算法的这一特性。

（3）数据噪声对学习结果的影响。训练数据中可能存在噪声（比如实际应该为正样本的数据被误标注为反样本等），学习算法是否能够容忍噪声的影响，当噪声数据达到什么规模时，会导致不能接受的学习结果，这也是很重要的学习性能问题。实验上，通常通过人为制造噪声并观察学习算法的反应来确定其影响。

（4）数据不平衡对学习结果的影响。有时在训练数据中，不同输出对应的数据量存在区别。例如在分类问题中，属于不同类别的数据量可能是不一样的。这就需要考虑能否在这种不平衡的数据条件下得到理想学习结果的问题。有时算法不仅不受这种数据不平衡性的影响，而且可以利用数据不平衡性达到理想的结果。比如在著名的 Viola – Jones 人脸检测算法[15]中，在学习区分人脸区域与非人脸区域的二分类器时，为了保证尽可能涵盖不同的背景，非人脸区域的数量便远远多于人脸区域的数量。而当数据不平衡确实对学习结果存在影响时，可以考虑的处理策略有重复采样、减少采样、忽视数据量少的数据类型等[16]，其中重复采样是指在数据量较少的数据类型上随机重复多次抽样，使其数据总数与其他类型的数据总数接近；减少采样是指在数据量较多的数据类型上随机抽取与其他类型数据量接近的样本；对于忽视数据量少的数据类型的处理策略，可以以两类分类问题为例来说明，当某一类数据量少时，可将学习目标从区分两类数据改为鉴别某一类数据而忽视另一类数据，这里的一个例子[17]是将机器的输出由两类标识改为正样本的重构，经过机器的处理后，正样本应该可以在输出端得到正确的重构，而反样本则不行，据此实现分类。

2.5.4 计算复杂性

对于算法，需要关注算法的计算性能问题。机器学习算法的计算性能可以从三个维度来考察。第一个维度是程序，考察算法的时间复杂度和空间复杂度；第二个维度是数据，考察算法的可伸缩性（scalability）；第三个维度是优化，考察算法的收敛性和收敛速度。

（1）时间复杂度与空间复杂度分别反映了一个算法的计算效率和对存储空间的消耗与问题规模之间的关系。根据其复杂度，可将算法分为多项式级算法和指数级算法两大类，即算法对资源的消耗与问题规模之间的函数关系是多项式级的还是指数级的。随着问题规模的增长，指数级算法对资源的消耗将迅速变为不能接受，因此多项式级算法才是满足可计算性的算法。但即便是多项式级算法，也并不能保证算法在实际的大规模问题中一定是可行的，其复杂度应越低越好。关于时间复杂度与空间复杂度的细节与计算方法，可参见计算理论的相关书籍[18]。除了理论上的计算，实验上常用在给定计算平台上的资源消耗来直观反映其计算性能。另外，时间和空间开销能相互转化，可以通过增加空间开销来提高计算速度，反过来，也可以通过降低计算速度来减小对空间资源的消耗。"以空间换时间"或"以时间换空间"在设计算法时是经常考虑的策略。

（2）可伸缩性指的是训练数据的规模对算法性能的影响。在实际应用机器学习算法时，有时要面对大规模数据，尤其对于非监督学习来说。机器学习算法能否在面对大量数据时保持良好的计算性能是一个很重要的问题。这实质上可以看作一种特定的计算复杂度指标。随着大数据学习问题的兴起，这一问题显得更为重要。对于算法可伸缩性的度量，可以考察数据规模与算法计算时间和空间消耗之间的变化关系，进而确定这种关系是多项式级还是指数级。

（3）收敛性和收敛速度。如前所述，学习问题是一个优化问题，学习算法是一种优化算法，因此需要考虑其优化的收敛性和收敛速度。收敛性是指算法能否收敛，即经过一定时间的迭代后，算法能否搜索到一个最优解。这里最优有局部最优（local optimization）和全局最优（global optimization）之分。局部最优解是指在一个局部搜索范围内的最优值，全局最优解是指在整个搜索范围内的最优值。全局最优解通常较难得到，多为寻找局部最优解。收敛速度是指满足收敛性的算法在达到最优解之前的计算效率，这与搜索空间的大小相关，实质上同样可看作一种特定的时间复杂度指标。此外，最优化算法如采用迭代形式求解，则收敛性和收敛速度可以用迭代值与最优值之间的差别来进行度量。关于收敛性和收敛速度的更多细节，请参见最优化理论与方法的有关书籍[3-4]。

2.5.5 透明性

机器学习算法的透明性通常也被称为可解释性（interpretability），指的是对于机器的学习过程和结果，外部人员能否理解，理解的容易程度如何。透明性的重要性体现在以下几个方面。

（1）在机器没有学习能力时，机器的执行机构只能人为确定，因此人是完全了解并能够控制机器的运行的。但当机器有了自我学习能力时，这样的情况便不一定成立了，从而存在机器脱离人的控制的风险。因此，保证机器学习方法的高透明性，可保证人对机器的控制。这是一个科学伦理问题。

（2）在知识发现系统中，需要使学习得到的知识能够为人所理解，这样人才能有效地利用所发现的知识来解决相关问题。由于知识通常体现在规则（rule）上，而规则的透明性则体现在规则的数量、复杂度与一致性上，所以，提高知识透明性的方法往往是从学习得到的大量规则中筛选出较小的子集。

（3）在反馈学习模式中，人是否理解机器的学习行为或者机器在学习过程中所处的状态，对于人正确引导机器的学习过程从而导致学习结果的提升是重要的。

小结

本章探讨了与机器学习相关的基础知识，其要点如下。

（1）学习是一个有特定目的的知识获取和能力增长过程，其内在行为是获得知识、积累经验、发现规律，其外部表现是改进性能、适应环境、实现自我完善。其中的核心概念是"变化"：学习即变化，通过自身的变化，使过去不可能的事情变为可能。从这一点来说，在设计学习算法时，首先需要确定系统中可变的部分是什么以及可以怎样对其进行改变。

（2）具有学习能力的智能系统由感知机构、执行机构、学习机构和评价机构四个部分组成，其中执行机构对外表现智能功能；评价机构对执行机构的性能进行评价；学习机构根据性能评价对执行机构进行改变；感知机构为以上各部分提供输入。

（3）机器学习的基本方式包括归纳学习、类比学习和解释学习，分别以归纳推理、类比推理和演绎推理为基础。其中归纳学习产生新知识，类比学习将已有知识向新领域推广，解释学习实现知识的再表达，提高知识运用的效率。

（4）归纳学习类型包括监督学习、非监督学习、半监督学习和强化学习四种。四种学习类型对应的训练数据特性不同，其中监督学习中的训练数据是输入–输出数据对（标注数据）；非监督学习中的训练数据只有输入（未标注数据）；半监督学习则综合利用标注数据与未标注数据进行学习；强化学习中的训练数据是输入以及反映机器输出正确与否的奖惩。这些学习类型尽管在数据特性与学习目标上存在不同，但在计算上都可被归结为函数优化问题，包括优化目标和寻优算法两个基本问题。

（5）在基本学习方式的基础上，人们针对某一类学习问题的共性还提出了一些特定的学习概念，包括生成/判别学习、度量学习、在线/递增学习、反馈学习、多任务学习、深度学习、迁移学习、流形学习、多示例学习等。

（6）对机器学习算法的评价对机器学习的发展至关重要。对于机器学习算法的评价，需要考虑的重要问题包括过学习与泛化问题、偏置问题、数据鲁棒性问题、计算复杂性问题以及透明性问题。其中，过学习与泛化指机器能否通过在已知数据上的学习达到在未知数据上的良好处理效果；偏置指学习算法是否会优先选择某些学习结果，分为绝对偏置和相对偏置两种；数据鲁棒性指数据规模、变化、噪声、不平衡等因素对算法学习效果的影响程度；

透明性指算法学习过程和结果能否为人所理解；计算复杂性与算法的计算效率和资源消耗有关，常用指标有时间复杂度、空间复杂度、可伸缩性、收敛性、收敛速度。

参 考 文 献

[1] MICHALSKI R. Understanding the nature of learning：issues and research directions. In MICHALSKI R S，CARBONELL J G，MITCHELL T M（Eds.），Machine learning：an artificial intelligence approach II[M]. Los Altos：Morgan Kaufmann Publishers，1986.

[2] ELLMAN T. Explanation – based learning：A survey of programs and perspectives[J]. ACM Computing Surveys，1989，21(2)：163 –221.

[3] 袁亚湘,孙文瑜. 最优化理论与方法[M]. 北京：科学出版社,1997.

[4] 汪定伟,王俊伟,王洪峰,等. 智能优化方法[M]. 北京：高等教育出版社,2007.

[5] KULIS B. Metric learning：a survey[J]. Foundations and Trends in Machine Learning,2012,5(4)：287 –364.

[6] SHALEV – SHWARTZ S. Online learning and online convex optimization[J]. Foundations and Trends in Machine Learning,2011,4(2)：107 –194.

[7] THOMAZ A L,BREAZEAL C,BARTO A G,et al. Socially guided machine learning [J]. Computer Science Department Faculty Publication Series,2006：183.

[8] ZHANG Y,YANG Q. A survey on multi – task learning,arXiv：1707. 08114v2 [cs. LG],2018.

[9] L DENG. A tutorial survey of architectures,algorithms,and applications for deep learning[J]. SIP,2014,3：e2.

[10] SINNO J P,YANG Q. A survey on transfer learning[J]. IEEE Transactions on Knowledge and Data Engineering,2010,22(10).

[11] DENG J,DONG W,SOCHER R,et al. ImageNet：a large – scale hierarchical image database, in Computer Vision and Pattern Recognition, 2009. CVPR 2009. IEEE Conference on,2009,248 – 255.

[12] LAWRENCE C. Algorithms for manifold learning[R]. Univ. of California at San Diego Tech. ,2005.

[13]ZHOU Z H. Multi – instance learning：a survey[R]. Nanjing Univ. ,2004.

[14]THOMAS G D,EUN B K. Machine learning bias,statistical bias,and statistical variance of decision tree algorithms[R]. Department of Computer Science, Oregon State Univ. ,Corvallis,OR 97331 – 3202.

[15]VIOLA P,JONES M J. Robust real – time face detection[J]. International Journal of Computer Vision,2004,57(2):137 – 154.

[16]JAPKOWICZ N. Learning from unbalanced data sets：a comparison of various strategies [EB/OL]. http://www. researchgate. net/publication/2628420 _ Learning_from_Imbalanced_Data_Sets_A_Comparison_of_Various_Strategies. html.

[17]JAPKOWICZ N, MAYERS C, GLURK M. A novelty detection approach to classification[C]. Proceedings of the 14th Joint Conference on Artificial Intelligence (IJCAI),1995:518 – 523.

[18]严蔚敏,吴伟民. 数据结构[M]. 北京：清华大学出版社,1992.

第3章　监督学习

如本书第 2 章所述，监督学习中的训练数据为标注数据，即输入－输出数据对，其具有输入与期望输出之间的对应关系。这说明通过监督学习得到的结果是与标注数据中输入与输出之间对应关系相符合的映射关系。从计算的角度来看，输入与输出之间的映射关系是函数，因此从计算实质上来说，监督学习问题是函数的学习问题，即从预先给定的输入与输出数据之间的对应关系，获得与之符合的最优函数，以便针对任意输入，特别是没有见过的输入，机器能输出理想的结果。在数学等相关领域，这样的问题往往也被称为函数估计（estimation）、拟合（fitting）或回归（regression）。

从学习最优函数的角度来说，监督学习方法的设计要素中需要考虑的问题如下。

（1）函数的形式如何？比如，是确定型函数还是随机型函数？是离散函数还是连续函数？是多项式函数还是三角函数？等等。限定了函数形式，实际上就使学习算法具有了第 2 章所提到的绝对偏置。另外，函数形式并非越复杂越好，其原因请参见第 2 章第 2.5.1 节关于过学习问题的阐述。

（2）函数的优化如何达到？其包括函数形式的优化（自动确定）和已确定函数形式中的参数优化两个方面。目前函数形式优化还较难实现，人们主要进行参数优化。函数优化问题可进一步分为两个基本子问题：①优化目标如何确定？②优化算法如何设计？

本章在上述认识的基础上，围绕函数形式设计与优化计算这两个关键问题，首先说明有哪些函数表达形式和优化目标，然后分别针对四种典型的函数表达形式——数据点形式、离散函数形式、连续函数形式、随机函数形式，各自阐述一种相应的监督学习方法案例，包括记忆学习、决策树学习、支持向量机和贝叶斯学习，具体请见下面各节的叙述。此外，人工神经网络中的许多学习算法，如 BP 算法等，也属于监督学习范畴，而人工神经网络本身也是一种特定的函数表达形式，即本章第 3.1 节所述的隐式表示形式。这些将在本书的人工神经网络部分进行深入阐述，本章不予叙述。

3.1 函数形式

对于函数形式，最直观的是形如 $y = f(x)$ 的形式。事实上，除了这种显式表示形式外，还存在隐式表示形式和数据点表示形式。

3.1.1 显式表示形式

这是最直观的函数表示形式，用人们熟悉的离散或连续函数形式进行显式表达，既有确定型的函数，如线性函数、分段线性函数、多项式函数、指数函数等；也有随机型的函数，如离散的概率质量函数、连续的概率密度函数等。

实际应用中，在缺乏先验信息的情况下，通常不太好确定具体的函数形式，此时通常采用基函数（basis function）加权求和的形式进行表达：

$$y = \sum_{i=1}^{K} k_i B_i(x) \tag{3-1}$$

其中，$B_i(x)$ 为第 i 个基函数，通常采取比较简单的函数形式；k_i 为第 i 个基函数对应的权重。$B_i(x)$ 可以为确定型函数（比如直线函数）或随机型函数（比如高斯函数），以分别在总体上表达复杂的确定型映射关系或随机型映射关系。

上述基函数加权求和形式是最灵活的，也是最常用的显式函数表达形式，得到了广泛的应用，比如：①模式识别中的 AdaBoost 学习方法即采用直线函数的加权求和来表达复杂的可将两类样本分开的曲线函数，其中直线函数的参数及其权重从样本中学习得到[1]；②在统计分布的学习中常采用由若干个高斯分布加权求和的高斯混合模型（Gaussian Mixture Modeling，GMM 或 Mixture of Gaussian，MOG）形式[2]，从数据中学习 GMM 模型中的每个高斯分布中的参数以及对应的权重；③人工神经网络也可视为基函数加权求和思想的一种体现，虽然对于复杂的人工神经网络来说，很难将其还原成具体的显式函数形式，但人工神经网络的神经元为简单函数，神经元的组合便为简单函数的加权求和以及简单函数加权求和函数的不断复合，这在人工神经网络的结构上充分地体现出来，甚至还可通过显式函数形式来反推人工神经网络的结构（径向基函数网络即这样来构造的），这些将在人工神经网络部分做更清楚的阐述。

3.1.2 隐式表示形式

隐式表示形式是用某种形式隐含地表达出函数形式，即采用一种非直观的形式来给出函数，通常以图结构的形式来表达，其典型代表是决策树、贝叶斯信念网、人工神经网络等。图 3-1 所示为用决策树、人工神经网络、贝叶斯信念网表达了函数 A xor B、$A \wedge \neg B$、P(Client，Network，SLE)。具体表示原理请见第 3.4 节关于决策树、第 10 章第 10.1 节关于单层感知器以及第 3.8 节关于贝叶斯信念网的叙述。

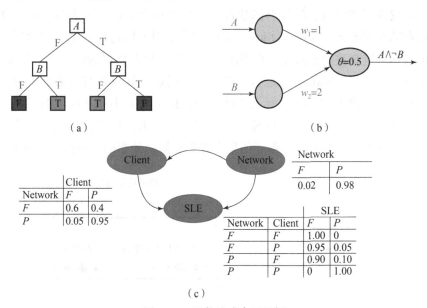

图 3-1　函数隐式表示示例

（a）用决策树表示函数 A xor B；（b）用人工神经网络表示函数 $A \wedge \neg B$；
（c）用贝叶斯信念网表示函数 P(Client,Network,SLE) $= P$(Network)
P(Client｜Network)P(SLE｜Client,Network)

　　采用这种隐式表达形式之后，通常从训练数据中学习得到相应结构中的参数甚至学习理想的结构，而具体的函数形式并不需要再明确地表达出来，这样更加灵活，适用性更加广泛。

3.1.3　数据点表示形式

　　数据点表示形式是用离散的输入-输出数据点来表达待求解的函数。这样，对于某输入数据，通常寻找与之相近的一个或若干个已存储好的输入点，根据这些存储好的输入点对应的输出值，确定当前输入数据的输出值。图 3-2（a）所示为用数据点表示一条直线，如图所示，当数据点密度足够大时，可以达到足够好的拟合精度，但由此也带来占用大量存储容量的问题以及是否能收集到足够多样本的问题，因此需要根据实际情况确定是直接采用数据点表示形式还是将数据点进一步拟合成显式的或隐式的函数形式。

采用数据点表示形式的应用案例很多，比如模式识别中的最近邻或 k - 近邻方法[3]，该方法存储每一类的一个或 k 个样例，对于未见数据，根据其到类别样例的距离进行分类。本章第 3.3 节所谈到的记忆学习也是数据点表示形式的一个案例。

不仅确定型函数，随机型函数也可用数据点表示形式来表达。信号处理中经典的粒子滤波（particle filter）方法的核心即采用这种数据点表示形式来近似表达给定观测数据后隐藏在观测数据背后的状态数据的后验概率分布[4]，其中所谓的粒子（particle）是指带权重的数据点，其权重与该数据点对应的概率相关。在图 3 - 2（b）所示的例子中，粒子的大小即其权重的反映，在后验概率大的地方权重大，所显示的粒子尺寸就大，反之粒子尺寸就小。这样反映概率分布的带权重的粒子的集合即后验概率分布的一种离散化的表达。

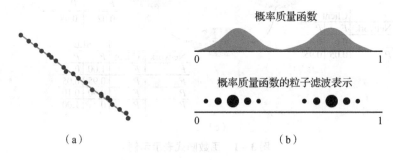

图 3 - 2　函数数据点表示示例

（a）用数据点表示直线；（b）用带权重的数据点（粒子）表示概率质量函数

粒子滤波方法也称为序列蒙特卡洛（Sequential Monte Carlo，SMC）方法，它是更一般的马尔可夫链蒙特卡洛（Markov Chain Monte Carlo，MCMC）方法的一个特例。在 MCMC 方法中，人们用离散数据点对应的概率密度大小来建模整个概率密度函数，对概率密度函数的学习就是对离散的概率密度值的学习[5]。我们将在第 8 章第 8.5.2 节关于 AlphaGo 博弈策略的介绍，以及第 10 章第 10.6 节关于深度信念网络的介绍中看到蒙特卡洛方法的应用。

3.2　优化目标

如前所述，设计函数的学习算法关键在于设计以下两个要素。

（1）优化目标（optimization objective），或称为优化准则（optimization

criterion），在人工神经网络的学习中，也常称为损失（loss）；

（2）优化算法（optimization algorithms）。

这两个关键要素又是紧密关联在一起的，不是完全彼此独立的，根据优化目标的不同，可能需要选用或设计不同的优化算法。本节主要阐述优化目标的设计，优化算法的设计则在对具体机器学习算法的介绍中逐渐展开。

对于优化目标，第 2 章第 2.5.1 节所述的奥坎姆剃刀原则应是一个需要满足的基本原则，即为了获得良好的学习效果，需要在函数对训练数据的拟合程度与函数的复杂度之间取得良好的平衡，应使学习得到的函数既能在训练数据上获得令人满意的计算效果，又能在未知数据上获得令人满意的推广性能，这是一个比较困难的问题，因此不是所有的学习算法都考虑奥坎姆剃刀原则，在很多应用场合下，人们往往仅考虑函数对训练数据的拟合程度，由此得到相应的优化目标。

如果不考虑函数复杂度，仅考虑函数对训练数据的拟合程度，相应优化目标也被称为第 2 章第 2.4.1 节所述的经验风险最小化（empirical risk minimization）。所谓经验风险就是在训练数据上发生计算错误所导致的风险值。当不考虑不同类型计算错误可能导致的不同风险时，风险值与计算错误率是一致的。但如果不同类型计算错误可能导致的风险不同，则需要考虑为不同类型计算错误可能导致的风险赋予不同的权重。比如在疾病诊断中，"有病被误诊为没病"与"没病被误诊为有病"这两类错误所导致的风险是不同的，需要为它们赋予不同的权重，则此时风险值与计算错误率不完全一致。不管怎样，经验风险最小化不考虑函数的复杂度，只要能使在训练数据上发生计算错误所导致的风险最小化，即便函数复杂度非常高，仍然是最好的学习结果。这种目标有利于在训练数据上取得非常好的效果，但可能导致学习结果在未知数据上的推广性能很差，因此并不是特别理想的学习方法。尽管如此，经验风险最小化仍然是最常用的学习目标之一，原因在于：①方法较简单，较易理解；②计算效率较高；③当训练数据足够理想或足够多时，也能取得较理想的推广性能。

如果考虑奥坎姆剃刀原则，相应优化目标也被称为第 2 章第 2.4.1 节所述的结构风险最小化（structural risk minimization），在上述经验风险最小化的基础上增加对函数复杂度的考虑，综合考虑函数对训练数据的拟合程度与函数的复杂度，称其为结构风险，将该风险最小作为最优函数的标准。

基于上述原理，下面叙述几种常用的具体优化目标。

3.2.1　最小平方误差

最小平方误差（Minimum Squared Error，MSE）是最常用的优化目标之一，它试图使学习得到的函数在训练数据上的计算误差最小化，设 x_i，d_i 分别为第 i 个数据及其期望输出，$f(\cdot)$ 为当前待训练的函数，训练数据总数为 N，则平方误差计算公式为

$$e(f) = \frac{1}{2} \sum_{i=1}^{N} \| f(x_i) - d_i \|^2 \qquad (3-2)$$

上述公式中增加 1/2 是为了在利用梯度下降算法最小化该误差时，求导后可以减少一个 2 倍的乘法运算。式（3-2）所表达的误差是随着待学习函数的变化（目前主要指函数参数的变化）而变化的，所以可以认为待学习函数是该误差函数的自变量。最小平方误差目标即寻找能使上述平方误差最小化的函数 f^*：

$$f^* = \arg \min_f e(f) \qquad (3-3)$$

式（3-3）的形式常见于优化计算中，包括本书后面的诸多叙述中。该公式中的 arg 意为 argument，表示需要求解的是函数参数，min（或 max）则表示最优参数应使所计算出的函数数值最小化（或最大化）。

3.2.2　最小化熵

信息熵（entropy）是信息论中的基础概念，反映了信息的确定程度。在机器学习中，可利用熵来表达训练数据在当前函数下的确定程度，通常是对训练数据做分类的确定程度。设有 K 种不同的数据类别，在训练数据中，每种类别数据出现的概率为 $P(c_k)\big|_{k=1}^{K}$，则熵的计算公式如下：

$$H(c) = \sum_{k=1}^{K} - P(c_k) \log P(c_k) \qquad (3-4)$$

这里对数运算的底可以是 2、e（自然对数）或 10，相应的熵值单位分别为比特（bit）、纳特（nat）、哈特（hart）。

根据式（3-4），熵值范围为 [0，1]，熵值越小信息越确定，当熵值为 0 时，所有训练数据同属于一类，确定程度最高；当熵值为 1 时，属于各个不同类别的训练数据的个数相同，整体上的确定程度最低。对于待学习的函数来说，可以认为函数对数据进行划分，以使划分后的数据子集的熵值为 0。本章第 3.4 节所述学习决策树的 ID3 算法是上述思想的一个例子，它在满足这一条件的函数中再优先选择尽可能简单的函数。

以上熵的计算仅涉及单个随机变量，也有涉及两个随机变量的熵的计算形式，目前常用的涉及两个随机变量的熵的计算形式有交叉熵（cross - entropy）和互信息（mutual information）。

1. 交叉熵

交叉熵[6]目前在基于人工神经网络的分类函数的学习中应用广泛，其中分类函数的输出对应于各个类别的分类概率。设分类函数的输出类别数为 K，训练数据总数为 N，$P_d^k(\boldsymbol{x}_i)$ 和 $P_y^k(\boldsymbol{x}_i)$ 分别是输入数据 $\boldsymbol{x}_i$ 对应的属于第 k 类的期望输出概率（0 或 1）和实际输出概率（在 [0，1] 范围内取值），则交叉熵的计算公式为

$$\mathrm{CE} = -\left(\sum_{i=1}^{N} \sum_{k=1}^{K} P_d^k(\boldsymbol{x}_i) \log P_y^k(\boldsymbol{x}_i) + (1 - P_d^k(\boldsymbol{x}_i)) \log(1 - P_y^k(\boldsymbol{x}_i)) \right)$$

$$(3-5)$$

根据式（3-5），交叉熵表达了期望输出概率与实际输出概率之间的交叉相关性。在本书人工神经网络部分（第 10 章第 10.3 节）将看到交叉熵在经典的 BP 学习算法中的应用。

2. 互信息

在介绍互信息之前，首先说明条件熵（conditional entropy）。根据式（3-4），熵值实际上是 $-\log P(c_k)$ 的均值，可以将这一计算方法扩展到两个随机变量的条件概率上，计算对于条件变量来说，条件概率熵值的均值，从而得到条件熵。设 $\boldsymbol{x}$，$\boldsymbol{y}$ 表示两个随机变量，则条件熵的计算公式如下：

$$H(\boldsymbol{x} | \boldsymbol{y}) = -\sum_{y} P(\boldsymbol{y}) \left(\sum_{x} P(\boldsymbol{x} | \boldsymbol{y}) \log P(\boldsymbol{x} | \boldsymbol{y}) \right) \qquad (3-6)$$

我们希望在引入条件变量后，系统的确定程度可以提升，因此计算结果以变量的熵值与条件熵值的差来反映其提升程度。

$$\begin{aligned} I(\boldsymbol{x}, \boldsymbol{y}) &= H(\boldsymbol{x}) - H(\boldsymbol{x} | \boldsymbol{y}) \\ &= \sum_{y} P(\boldsymbol{y}) \left(\sum_{x} P(\boldsymbol{x} | \boldsymbol{y}) \log P(\boldsymbol{x} | \boldsymbol{y}) \right) - \sum_{x} P(\boldsymbol{x}) \log P(\boldsymbol{x}) \\ &= \sum_{y} \left(\sum_{x} P(\boldsymbol{y}) P(\boldsymbol{x} | \boldsymbol{y}) \log P(\boldsymbol{x} | \boldsymbol{y}) \right) - \sum_{x} \sum_{y} P(\boldsymbol{x}, y) \log P(\boldsymbol{x}) \\ &= \sum_{x} \sum_{y} P(\boldsymbol{x}, \boldsymbol{y}) \log P(\boldsymbol{x} | \boldsymbol{y}) - \sum_{x} \sum_{y} P(\boldsymbol{x}, \boldsymbol{y}) \log P(\boldsymbol{x}) \\ &= \sum_{x,y} P(\boldsymbol{x}, \boldsymbol{y}) \log \frac{P(\boldsymbol{x}, \boldsymbol{y})}{P(\boldsymbol{x}) P(\boldsymbol{y})} \end{aligned}$$

$$(3-7)$$

该差值即互信息。

当 x，y 完全无关时，$P(x,y)=P(x)P(y)$，则根据式（3-7）可知，此时互信息值为 0，表示引入条件变量 y，对确定 x 的值无任何帮助。比较有用的 y 应能使 $I(x,y)$ 不为 0，且越大越好，因此学习目标为最大化互信息，实际体现的也是最小化熵的目标。最大互信息方法在特征选择中应用较多[7]。

3.2.3　极大似然估计

机器学习中待学习的目标函数既有确定型函数，也有随机型函数。上面所述的熵值最小化方法，虽然采用了随机计算手段，但学习对象还可能是确定型函数。而对于随机型函数的学习来说，需要根据训练样本来拟合与之相应的概率分布。统计学中的极大似然估计（Maximum Likelihood Estimation，MLE）是一种经常采用的拟合概率分布的手段。于是，可将学习目标设定为极大似然估计。该学习目标认为训练数据来自同一个概率分布，在该概率分布下，每个数据出现的可能性都应最大，因此最优概率分布被认为是能够使所有训练数据同时发生的可能性最大的结果。相应地，极大似然估计的形式化描述如下。

设 D 表示由所有训练数据构成的集合，d 表示其中的任意一个数据，$P_w(D)$ 表示所有训练数据在某概率分布下同时存在的概率，则有

$$P_w(D) = \prod_{d \in D} P_w(d) \qquad (3-8)$$

这里 w 表示由概率分布中所有未知参数构成的向量。这样，极大似然估计的学习目标就是获得最优的 w（设为 w^*），以使 $P_w(D)$ 最大化，即

$$w^* = \arg \max_w P_w(D) = \arg \max_w \prod_{d \in D} P_w(d) \qquad (3-9)$$

在极大似然估计中，为了简化计算，通常利用对数运算的单调性以及通过对数操作可将乘法计算转化为加法计算的特性，将式（3-9）的计算目标转化为等价但更易于计算的如下形式：

$$w^* = \arg \max_w \ln P_w(D) = \arg \max_w \sum_{d \in D} \ln P_w(d) \qquad (3-10)$$

3.2.4　极大后验概率估计

在前述极大似然估计中，$P_w(D)=P(D|w)$ 是以 w 为条件、以观测数据为结果的条件概率。极大似然估计是获得能使该条件概率最大化的 w。而实际上，我们是通过观测数据来获得 w，因此更希望得到的应该是以观测数据

为条件、以 w 为结果的条件概率 $P(w|D)$。极大后验概率（Maximum A Posterior，MAP）估计便是试图直接获得该条件概率。根据贝叶斯决策规则（关于该规则，请参见本章第 3.6 节）：

$$P(w|D) = \frac{P(D|w)P(w)}{P(D)} \propto P(D|w)P(w) \qquad (3-11)$$

极大后验概率估计准则为

$$w^* = \arg\max_w \ln P(w|D) = \arg\max_w \left[\ln P(D|w) + \ln P(w) \right] \qquad (3-12)$$

式（3-12）与式（3-10）的区别在于多了关于待学习的参数的先验概率一项。如果先验概率假设为所有 w 对应的先验概率一致，则该项可以去掉，从而变成为极大似然估计，因此极大似然估计可以认为是极大后验概率估计的特例。由于多了先验概率一项，所以在 MAP 估计中，除了设定数据分布函数的形式外，还需设定参数的先验概率函数的形式。

3.2.5 最小描述长度

最小描述长度（Minimum Description Length，MDL）[8]是奥坎姆剃刀原则的一种体现，其特点在于将函数对训练数据的拟合程度以及函数的复杂度均用描述长度来表达，通过最小化两种描述长度之和，达到获取最优函数的目的。

对于目前的计算机来说，问题以及问题的解答都在计算机中以符号编码的方式表示出来。最小描述长度抓住计算机的这种特殊性，通过编码长度反映函数的复杂度以及函数对数据的拟合程度。因此，最小描述长度优化目标是拟合一个数据集的最好函数，应该使下面两项编码长度之和最小：①对该函数进行编码所需要的数据位数（比特数）；②对训练数据集合中不符合该函数的例外数据进行编码所需要的数据位数。其中第一项为函数复杂性的度量，第二项为函数对数据拟合程度的度量。需要注意的是，这里的编码应该统一采用理论上的最短编码方法，否则编码方法不一致，便失去了长度比较的基础。该学习准则将在本章第 3.4 节所述的基于最小描述长度准则的决策树学习算法中得到体现。

3.3 记忆学习

记忆学习（rote learning）是一种简单直观的学习方法，顾名思义，该方法将记忆作为学习手段，通过逐个记住输入与输出之间的映射关系来实现求解，显然，这种记忆结果是函数的一种数据点表示形式。

　　记忆学习的过程是：智能系统的执行机构每解决一个问题，系统就记住这个问题和它的解，当以后面对等待解决的问题时，系统首先在记忆中寻找是否存储过相同或相似的问题，如果存储过，系统就直接输出相应的解答，否则需要重新计算。形式化地说，设 X 表示从环境中得到的输入数据，Y 表示将 X 输入智能系统执行机构后得到的输出结果，则记忆学习过程就是将输入 – 输出数据对 (X, Y) 保存在系统中。当以后在环境中观察到输入 X 时，就直接从存储器中把对应结果 Y 检索出来，而不需要重新进行计算。这里 Y 可以是评价机构评价后的理想输出，也可以是智能系统执行机构曾经输出过的结果。这一问题求解模式也是基于数据点表示形式的基本工作模式。

　　以医生看病问题为例。一个医生经过长期的医疗实践，会从大量的病例中归纳出许多诊断经验。其中，每一条经验都相当于一个输入 – 输出数据对。这样，医生每遇到一个新病人时，便根据已有诊断经验得出相应的诊断结论。

　　通过记忆学习，首先能使系统的计算效率得到提高，因为它实际上是一种用存储空间来换取处理时间的计算方法。当智能系统碰到一个之前处理过的问题时，可以直接从存储的输入 – 输出对应关系中取出相应解答，而不是再执行一次运算。当然，对于一个问题，只有当检索结果的时间短于重新计算结果的时间时，记忆学习才能导致计算效率的提高。从这一点来说，在设计记忆学习方法时要考虑以下三个方面的问题。

　　(1) 存储结构。应尽可能缩短检索时间以提高系统执行效率，为此需要采用适当的存储结构。关于数据的存储和检索，人们已经在数据结构和数据库等领域进行了大量研究，可以借鉴其研究成果来解决记忆学习中的存储结构问题。

　　(2) 环境稳定性。作为记忆学习基础的一个重要假设是：某一时刻存储的信息仍然适用于以后的情况。如果环境信息变化非常频繁，则作为记忆学习基础的这个假设就会失效。因此，记忆学习方法不适用于剧烈变化的问题环境。

　　(3) 记忆与计算的权衡。为了确定是存储已有信息还是以后重新计算，要比较二者的代价，并做相应处理，有以下两种比较和处理方法：一种是代价效益分析法，它在首次得到一个信息时，要考虑该信息以后使用的概率、存储空间和计算代价，以决定是否有必要保存；另一种是最近未使用代替法，它对所保存的内容都加上一个时间标志，当保存够一定的内容以后，每保存一项新的内容，就删除一项最长时间没有使用过的旧内容，从而避免存储空间的不断消耗。

除了计算效率，通过记忆学习，还能使系统的计算效果得到提高。如果所存储的输出是用户标注过的理想结果，则效果的提高不言自明。即使所存储的输出只是执行机构的输出而未经用户标注，在很多场合下，也可使系统的执行效果得到提高，塞缪尔的西洋跳棋程序[9]就是很好的一个例子。在该西洋跳棋程序中，执行机构的核心部分是机器博弈中经典的极大极小搜索算法，通过该算法选择对应当前棋局的最佳走法。与人的下棋过程类似，该算法在确定当前走法时，需要向前考虑棋局的变化，包括自己的可能走法以及对方的可能走法，并且要考虑尽可能多的回合。这种默想的你来我往所导致的棋局状态变化可以用一棵博弈树来表示，博弈树的层数反映了默想的步数。显然，默想的步数越多，即博弈树的层数越多，最后确定的走法越好。构建好博弈树后，需要对于博弈树上各叶节点对应的棋局状态进行评估，其评估值反应棋局状态是对自己有利还是对对手有利以及各自的有利程度如何，进而在此基础上向上倒推确定博弈树中每个节点的评估值，直到根节点。根节点对应当前实际棋局状态，从而最终确定在当前实际棋局状态下的理想走法。下面通过一字棋的例子，解释上述极大极小搜索算法。关于该算法的更多细节，请见符号智能中博弈搜索的相应内容[10]。

例 3-1　一字棋游戏[10]。设有一个三行三列的棋盘，如图 3-3 所示。两个棋手轮流走步，每个棋手走步时往空格上摆一个自己的棋子，先使自己的棋子成三子一线者为赢。设 MAX 的棋子用 × 标记，MIN 的棋子用 ○ 标记，并规定 MAX 先走步。

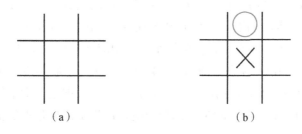

（a）　　　　　　　　（b）

图 3-3　一字棋游戏示例

（a）棋盘；（b）游戏棋局示例

解决上述一字棋游戏的极大极小搜索算法如下。

（1）确定顶点（棋盘状态）的静态估价函数 $e(P)$ 如下。

① 若 P 是 MAX 的必胜局　则 $e(P) = +\infty$。

② 若 P 是 MIN 的必胜局，则 $e(P) = -\infty$。

③若 P 对 MAX、MIN 都是胜负未定局，则 $e(P)=e(+P)-e(-P)$，其中，$e(+P)$ 表示在 P 状态下有可能使×成三子一线的数目；$e(-P)$ 表示在 P 状态下有可能使○成三子一线的数目。显然，该值越大，表示 P 状态对 MAX 越有利。图 3-3（b）所示为一个一字棋游戏的棋盘状态。在该状态下，存在四种可能使○成三子一线的情况，即上起第一行、第三行，以及左起第一列和第三列；而存在六种可能使×成三子一线的情况，即上起第二行、第三行，左起第一列和第三列，以及从左上到右下和从右上到左下两条对角线。因此，$e(P)=6-4=2$。

（2）根据计算资源的限制，确定搜索深度为 2，即从当前棋盘状态出发，扩展两层，得到博弈子树。根据该博弈子树，利用极大极小搜索算法，确定在当前棋盘状态下，MAX 应该采取的走步。具体博弈过程及其搜索方法如图 3-4 所示，图 3-4（a）~（c）所示分别为 MAX 在第一、二、三次走步时生成的博弈子树及其搜索过程，其中顶点旁的数字表示叶顶点的估价函数值和非叶顶点的倒推值。下面以图 3-4（a）为例，叙述博弈子树生成的过程、非叶顶点倒推值计算的过程以及 MAX 选择走步的过程。

首先从当前棋盘状态（空棋盘）出发，生成两层的博弈子树。其生成过程是：以当前棋盘状态为根顶点，以在当前状态下可供 MAX 选择的走步所对应的棋盘状态作为根顶点的子顶点。在各子顶点对应状态下，以可供 MIN 选择的走步所对应的棋盘状态作为各子顶点的子顶点，同时也是叶顶点，从而获得相应的博弈子树。然后，利用上述估价函数对各叶顶点进行评估，评估值列于图 3-4 中各叶顶点旁。最后，从叶顶点向上倒推，按极大极小搜索算法确定各非叶顶点的倒推值。对于 MIN 顶点，即图 3-4 中的第二层顶点，取其所有子顶点，即叶顶点估计值的极小值，相应结果标注于图 3-4 中第二层各顶点旁。对于 MAX 顶点，即图 3-4 中的根顶点，取其所有子顶点估计值的极大值，相应结果标注于图 3-4 中根顶点旁。根据这一倒推结果，在当前棋盘状态（空棋盘）下，MAX 应选择的最好走步是使根顶点倒推值为 1 的子顶点所对应的走步。

图 3-4（b）和图 3-4（c）的极大极小搜索过程不再详细叙述，感兴趣的读者请自行推导。需要说明的是，当 MAX 在图 3-4（c）所示棋盘状态下选择了倒推值最大的走步，即最下方的走步后，已经奠定胜局。此时，无论 MIN 如何应对，都已经无法挽回败局。

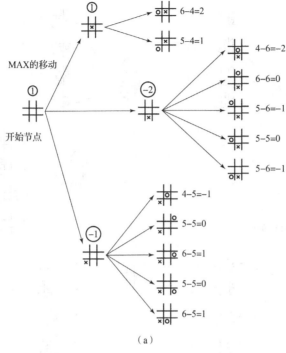

（a）

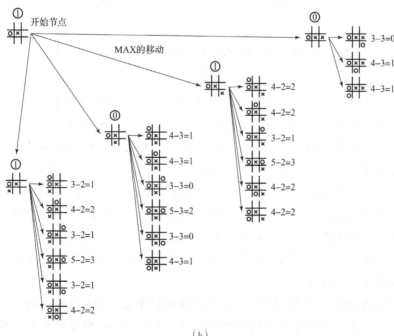

（b）

图 3-4 搜索深度为 2 时一字棋极大极小搜索示意[11]

（a）MAX 第一步时的博弈子树与搜索过程；（b）MAX 第二步时的博弈子树与搜索过程

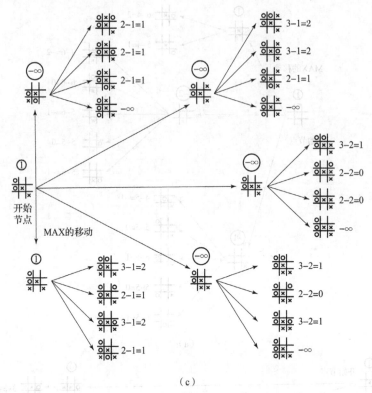

（c）

图 3 – 4　搜索深度为 2 时一字棋极大极小搜索示意[11]　（续）

（c）MAX 第三步时的博弈子树与搜索过程

如第 2 章所述，机器学习的学习对象应是执行结构中的可变部分。在上述极大极小搜索算法中，算法结构是固定的，可变的关键因素是博弈树叶节点棋局状态的评价值，于是可以利用记忆学习方法来记忆当前棋局和通过极大极小搜索过程所获得的倒推值之间的对应关系。这样，在下棋过程中，只要碰到过去出现过的棋局，就可以利用原来记住的通过向前搜索所获得的倒推值，而不是通过静态评估所获得的评价值来决定最佳走步。通过这种方式，首先能提高下棋程序的计算效率；其次，使用之前存储的向前搜索所获得的倒推值，相当于扩大了博弈树的层数，根据上面的说明，这将提高下棋程序的计算效果（博弈水平）。

下面通过图 3 – 5 所示的塞缪尔西洋跳棋程序记忆学习过程示例来进一步说明上述思想。图中博弈树的深度为 4 层，表示在任一棋局状态下，下棋程序将考虑经过一个回合（即自己下一步对方再下一步）后可能出现的所有变化。图 3 – 5（a）所示是在某次下棋过程中，当实际棋局推进到 A 所示状态时，下棋程序默想后的博弈树，根据该博弈树，计算每个叶节点的评估值，然后向上倒推获得 A 处的评估值为 6，此时学习程序记住棋局 A 及其对应的倒推值。在以后的下棋过程中，程序面临某一实际棋局后，同样需要按照这样的过程来构建博弈树。如果所获得的博弈树中有对应于棋局 A 的叶节点，则程序可以直接使用原来记忆的倒推值 6 作为棋局 A 的评估值，而不再对 A 作静态评估。图 3-5（b）所示就是在实际棋局 Q 处碰到了这样的情况，这时在该棋局状态下默想得到的博弈树中的一个叶节点正是 A 所对应的状态，于是从存储中取出所记忆的 A 的倒推值，而不是重新执行静态评估。这不仅缩短了计算时间，而且相当于在 A 处再向下搜索 4 层，这样机器在确定 Q 处对应的最佳走法时，就不只是考虑一个回合，而是考虑两个回合了，显然这样将使所确定的走法更好。

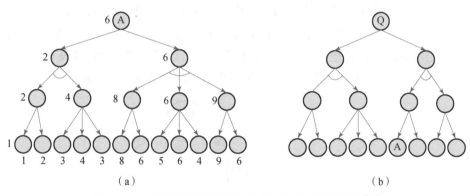

图 3-5　塞缪尔西洋跳棋程序中的记忆学习过程示例[10]

（a）学习（记忆）过程；（b）学习效果

3.4　决策树学习

决策树学习算法是应用广泛的一类监督学习算法，主要用于解决离散的输入与输出映射问题，即对离散函数进行估计，其中离散函数的表示形式为隐式的决策树（decision tree），它是一种树型的数据结构。事实上，决策树可用于表示任意离散函数，任意一棵决策树都可以被转换为相应的离散函数，反过来，任意一个离散函数也可以被转换为相应的决策树。

离散的输入与输出之间的对应关系可以被认为是规则，所以决策树能进一步转化为相应的规则集，事实上从决策树的根节点到叶节点之间的任意一条路径都可被表述为一条"If…Then…"形式的决策规则。

3.4.1 决策树

从外在表现上看，决策树是针对输入数据做出相应决策（输出结果）的树型数据结构。例如，输入对斑马的描述信息，包括"是否哺乳动物""是否有蹄类动物""是否有黑白斑纹"等，根据决策树来判断所描述的物体"是否斑马"。下面结合该例子介绍决策树的构成。

在决策树中：

（1）每个非叶节点对应输入数据的某个组成部分（数据分量），被称为数据的属性（attribute），比如"是否哺乳动物"就是斑马的一种属性；

（2）节点之间的每条边代表属性的一种可能取值，比如"是否哺乳动物"这一属性的可能取值包括"是"与"否"；

（3）每个叶节点对应决策结果，比如"是斑马"或"不是斑马"；

（4）从根节点到叶节点的路径对应一条决策（分类）规则，比如"当某动物是哺乳动物，且是有蹄类动物，且有黑白斑纹时，则该动物是斑马"。

图3-6所示为与这条规则对应的从根节点到叶节点的一条路径。

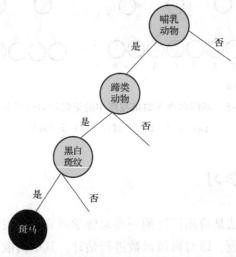

图3-6 决策树示例1（某动物分类决策树中的部分结构，表达了一条规则："当某动物是哺乳动物，且是有蹄类动物，且有黑白斑纹时，则该动物是斑马"）

图3-7所示为一棵完整的根据有关情况确定是否购买商品的决策树。图中黑色所示叶节点对应决策结果；白色所示非叶节点对应进行决策时需要考虑的数据属性。在图3-7中，决策结果是"买"或"不买"。决策时需要考虑的数据属性包括喜欢程度、替代物和急用。喜欢程度有三种可能取值，分

别是"非常喜欢""喜欢"和"不喜欢"。替代物有两种可能取值，分别是"有"（有替代物）和"无"（无替代物）。急用也有两种可能取值，分别是"是"（急用）和"否"（不急用）。当确定了具体的数据属性值以后，即给喜欢程度、替代物和急用三种属性赋予相应的属性值以后，就可以根据图 3 - 7 所示的决策树来确定当前是否购买商品。例如，根据图 3 - 7 可知，如果"喜欢程度 = 喜欢，替代物 = 有"，则不购买商品。显然这是一条从根节点到叶节点的路径，也是一条商品购买规则。事实上，图 3 - 7 中所有从根节点到叶节点的路径都是一条商品购买规则。

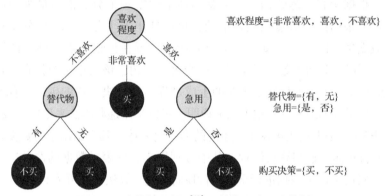

图 3 - 7　决策树示例 2[10]（某商品购买决策树）

如前所述，决策树是离散函数的一种表示形式，在二者之间存在对应关系。可以将给定的任意离散函数表示为决策树，反之亦然。图 3 - 8 就显示了逻辑运算中的异或函数以及与其对应的决策树，可以看出通过该决策树得到的运算结果与异或逻辑运算是一致的。

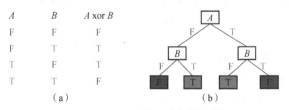

（a）

图 3 - 8　异或运算与对应的决策树

（a）异或运算真值表；（b）对应的决策树

决策树中的决策结果是离散的，即在有限结果集中确定一个结果。如果将每个决策结果视为一个类别，则可以将根据数据属性进行决策的过程视为对数据的分类过程。同时，每个属性的取值也是离散的，以便根据属性对输入数据进行判断可以认为是根据该属性的取值将该数据归入相应的类别。

这样，决策与分类问题可以统一起来。为了表述简便，通常基于分类问题来阐述决策树的学习原理。

3.4.2　基于信息增益的决策树生成算法（ID3 算法）

在应用决策树之前，需要首先根据经过标注的训练数据来学习得到（常被称为生成）合适的决策树，以针对未来数据做出有效的决策。这一学习任务通常采用自顶向下的贪婪策略（greedy strategy）来实现，其过程就像是一棵树从树根开始逐渐向下生长的过程。

首先根据所有训练数据，从数据属性中确定一个分类能力最强的属性作为根节点，根据该根节点的属性取值，可以伸出若干分支，每个分支对应一个训练数据集合的子集。每个子集中的所有数据在该根节点属性上的取值相同；然后可以认为每个数据子集对应一个决策子树，该决策子树挂在上述根节点的相应分支之下，而该决策子树的生成过程与整个决策树的生成过程是一致的，只是数据规模减小了。根据以上说明，可以采用递归算法来生成决策树。

算法 3-1 是上述决策树生成思想的形式化表述，其中给出了对数据进行两类决策的自顶向下递归算法流程，其中分别用正、反表示数据的两种决策结果（类别）。对两类以上数据进行学习的自顶向下递归算法流程可依此类推。

算法 3-1　生成决策树的自顶向下递归算法

输入：Examples（训练样例集合）、Targets（数据类别集合）、Attributes（数据属性集合）
执行： 　Step1 创建树的根节点。 　Step2 如果训练样例的类别都为正（反），返回标注为正（反）的单节点树。 　Step3 如果 Attributes 为空，返回一棵只有根节点的树，根节点取值为 Examples 中对应样例数量最多的类别；否则递归执行如下属性选择与数据分类操作。 　　Step3.1 选择 Attributes 中对样例分类能力最好的属性，假设其为 A。 　　Step3.2 令根节点的决策属性为 A。 　　Step3.3 对于 A 的每个可能属性值 v_i： 　　在根节点下加一个新的分支，对应 $A = v_i$。 　　令 Examples$_i$ 为 Examples 中满足 A 属性值为 v_i 的子集。 　　如果 Examples$_i$ 为空，在这个新分支下加一个叶节点，叶节点取值为 Examples 中对应样例数量最多的类别，否则在新分支下增加一个通过算法 3-1（Examples$_i$，Target，Attributes $-\{A\}$）获得的子树。
输出：所生成的决策树

在算法 3 - 1 中，一个关键问题是如何在 Step3. 1 中选择 Attributes（数据属性集合）中对样本分类能力最好的属性。一种经典的度量属性分类能力的准则为信息增益（information gain），相应的决策树生成方法被称为 ID3 算法[12]。信息增益准则基于信息熵来度量给定属性区分训练样例的能力。如第 3.2.2 节所述，熵在 [0, 1] 区间取值，其大小反映了信息的确定度，熵值越小表示信息的确定度越高。在不考虑有害信息的前提下，任意数据属性的引入即使不能增加有用信息，至少不会减少有用信息，这意味着任意属性的引入都将使熵值至少不增加。当然我们希望熵值减小，并且希望其尽可能快地减小，这样有利于快速做出决策，于是导致熵值减小幅度最大的属性为最理想的属性。在决策树学习中，熵值的减小幅度被称为信息增益，于是该学习目标被称为信息增益最大化。这实际上是前述的最小化熵学习目标的一种实现方式，通过这种方式，最终得到的是导致熵值为 0 的函数，并且是在所有这类函数中最简单的函数。这在一定程度上体现了奥坎姆剃刀原则，但由于要求熵值为 0，也就是要求对训练数据做到完全拟合，因此并不能解决过学习问题。

上述信息增益最大化学习方法的形式化表述如下：设数据集 S 由来自 m 个类的数据组成，其中每个类对应的数据个数相对于 S 中全部数据个数的比例为 $P_i(i=1,2,\cdots,m)$，则如前所述，S 的熵为

$$\text{Entropy}(S) = \sum_{i=1}^{m} - P_i \log_2 P_i \qquad (3-13)$$

当用属性 A 分类数据集 S 后，假设 values(A) 表示 A 的所有属性值构成的集合，根据 A 的属性值 v 所确定的数据子集为 S_v，则数据集 S 的期望熵（expected entropy）变为

$$\text{Entropy}(S,A) = \sum_{v \in \text{values}(A)} \frac{|S_v|}{|S|} \text{Entropy}(S_v) \qquad (3-14)$$

其中 $|\cdot|$ 表示集合的势，即集合中元素的个数。于是，属性 A 的信息增益为

$$\text{Gain}(S,A) = \text{Entropy}(S) - \text{Entropy}(S,A) \qquad (3-15)$$

下面通过例 3 - 2 进一步说明信息增益的计算方法以及 ID3 决策树生成算法。

例 3 - 2[10]　对于图 3 - 7 所示的根据有关情况确定是否购买商品的问题，假设提供训练样例集合如表 3 - 1 所示，其中除了图 3 - 7 中出现过的三种属性（喜欢程度、替代物和急用）之外，还增加了价格属性，其属性取值包括"高""中""低"；"购买"一列则为相应的决策结果（数据类别）。

表 3 - 1 某商品购买问题的训练样例集合

数据序号	喜欢程度	价格	替代物	急用
1	喜欢	高	有	是
2	喜欢	高	有	否
3	非常喜欢	高	有	是
4	不喜欢	中	有	是
5	不喜欢	低	无	是
6	不喜欢	低	无	否
7	非常喜欢	低	无	否
8	喜欢	中	有	是
9	喜欢	低	无	是
10	不喜欢	中	无	是
11	喜欢	中	无	否
12	非常喜欢	中	有	否
13	非常喜欢	高	无	是
14	不喜欢	中	有	否

根据 ID3 算法从表 3 - 1 所示训练样例集合中学习相应决策树的过程如下。

Step1. 利用信息增益，确定根节点所用属性。

该问题中目前可供选择的属性为 4 个，分别计算相应的信息增益。

首先计算属性"急用"对应的信息增益如下。

$$\text{Entropy}(\boldsymbol{S}) = -\frac{9}{14}\log_2\left(\frac{9}{14}\right) - \frac{5}{14}\log_2\left(\frac{5}{14}\right) = 0.940$$

$$\text{Entropy}(\boldsymbol{S}, \text{急用}) = \sum_{v \in \{\text{是},\text{否}\}} \frac{|\boldsymbol{S}_v|}{|\boldsymbol{S}|}\text{Entropy}(\boldsymbol{S}_v)$$

$$= \frac{8}{14}\text{Entropy}(\boldsymbol{S}_\text{是}) + \frac{6}{14}\text{Entropy}(\boldsymbol{S}_\text{否})$$

$$= \frac{8}{14} \times 0.811 + \frac{6}{14} \times 1$$

$$= 0.892$$

$$\text{Gain}(\boldsymbol{S}, \text{急用}) = 0.940 - 0.892 = 0.048$$

同理可得

$$\text{Gain}(S,喜欢程度) = 0.246$$

$$\text{Gain}(S,替代物) = 0.151$$

$$\text{Gain}(S,价格) = 0.029$$

以上计算结果表明属性"喜欢程度"的信息增益最大，因此以"喜欢程度"作为根节点的属性，该属性将把数据集划分为如下三个子集（括号内的数字为数据编号）：

$$S_{喜欢} = \{1,2,8,9,11\}, S_{非常喜欢} = \{3,7,12,13\}, S_{不喜欢} = \{4,5,6,10,14\}。$$

Step2. 针对上述三个子集，分别生成一棵挂在根节点下的子树。

对于数据子集 $S_{非常喜欢}$，其中所有数据的类别一致，均为"买"，表示已可做出唯一的决策，从而无须再分，于是生成一个叶节点，其取值为"买"，挂在根节点下。对于数据子集 $S_{不喜欢}$ 和 $S_{喜欢}$，其中数据的类别不一致，因此从属性集中去掉"喜欢程度"后，在相应数据子集上分别重复 Step1, 2，直至：①所有子集数据类别一致，此时返回相应的叶节点；②无属性可以利用，此时判断数据子集中各类别对应的数据个数，取对应数据个数最多的类别作为叶节点的取值。于是各自生成了一棵子树，其根节点分别作为非叶节点，挂在上述根节点下。以上去掉属性"喜欢程度"的原因是：在决策树的同一条决策路径上，之前已使用过的属性不会再引入更多的信息，因此不应再重复使用。

Step3. 得到图 3 − 7 所示的决策树学习结果。

例 3 − 2 与图 3 − 7 一起说明了并不是训练数据中的所有属性都需要包含在最后学习得到的决策树中，只要选出足够分类所有训练数据的属性子集即可。例如，例 3 − 2 中的属性"价格"没有出现在最终的决策树中。

3.4.3　ID3 算法的过学习问题与对策

ID3 算法存在的最大问题是过学习问题。如第 2 章第 2.5.1 节所述，过学习后的决策树如果继续学习，它在训练数据集上的分类精度与它在测试数据集上的分类精度将呈现相反的发展趋势，即决策树对训练数据的分类性能逐步提高，但对未知数据的分类性能反而逐渐下降。基于信息增益的 ID3 算法无法解决这一问题，究其原因，在于其学习目标是使决策树在训练数据上的分类性能最好，而忽视了对决策树复杂度的考虑，从而当训练数据不够好时，其将导致决策树过于复杂，损失了泛化能力。例 3 − 3 给出了这样的一个例子。

例3-3[10]　对于例3-2所述的商品购买问题，提供新的训练数据如表3-2所示，其中共有24条记录，属性"喜欢程度""价格""替代物""急用"的取值个数分别为3，3，2，3，其中"急用"的属性值集合扩大为{非常急用，急用，不急用}。表3-2仅列出了部分数据的具体取值，其中样例8显然为噪声数据。由于该样例的干扰，利用第3.4.2节所述基于信息增益的ID3算法，将得到图3-9（a）所示的决策树，而如果从表3-2中去掉样例8，则将得到图3-9（b）所示的决策树。显然，在噪声干扰下形成的决策树具有逻辑错误，比如在"不喜欢、不急用、价格高"的情况下决定进行购买。而去掉噪声后学习到的决策树更为合理，这一点在决策树结构上的表现就是其结构相应简单得多，也就是说对应离散函数的复杂度要小得多。

表3-2　某商品购买问题的第二种训练样例集合

数据	喜欢程度	价格	替代物	急用
1	喜欢	高	有	不急用
2	非常喜欢	中	无	非常急用
⋮	⋮	⋮	⋮	⋮
8（噪声）	不喜欢	高	有	不急用
⋮	⋮	⋮	⋮	⋮
24	不喜欢	中	有	非常急用

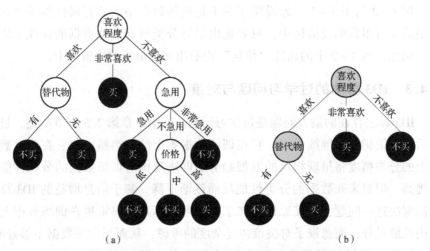

图3-9　训练数据中的噪声对决策树ID3学习算法效果的影响[10]

（a）有噪声数据时生成的决策树；（b）去掉噪声数据后生成的决策树

由以上叙述可知，为了解决决策树的过学习问题，关键是降低决策树的复杂性，这是前述奥坎姆剃刀原则的体现，也进一步说明了该原则的重要性。降低决策树的复杂性，可通过以下两种策略之一来实现。

1. 提前停止策略

在树的生成过程中根据一定的准则来决定是否停止树的生长，这一策略也常被称为预剪枝（pre – pruning）。一种最简单的提前停止方法是限定树的深度，该方法有时能导致良好的效果[13-14]。但更鲁棒的做法还是应该首先估计树的继续生长对决策树性能的影响，然后在此基础之上决定是否停止生长。相应的估计方法有阈值（threshold）法和统计检验（statistical test）法。

阈值法的原理是：在树的生成过程中，当选择某一属性后，数据将根据其属性值被划分成不同的组，对这种数据划分的质量进行评价，如果其质量低于预先给定的阈值，则停止生长。比如在上述 ID3 算法中，以信息增益值反映数据划分的质量，如果最大信息增益值仍然小于阈值，则树在相应分支上不再继续生长，而是直接返回叶节点。

统计检验法的原理是：通过统计检验手段估计对某节点的继续扩展是否能导致在未知数据上的性能提升，比如可以用卡方检验（χ^2 test 或称 chi – square test）来确定所选择的属性的取值与训练数据的分类是否统计无关，如果统计无关，则无须再做扩展[11]，相应方法简述如下。假设属性 A 将数据集合 C（包含 p 个正样本和 n 个反样本）划分成 k 个子集 $\{C_1, C_2, \cdots, C_k\}$，其中 $C_i|_{i=1}^{k}$ 包含 p_i 个正样本和 n_i 个反样本。如属性 A 的取值与 C 中数据的分类无关，则 p_i 的期望值应为 $p_i' = p \cdot \dfrac{p_i + n_i}{p + n}$；同理 n_i 的期望值应为 $n_i' = n \cdot \dfrac{p_i + n_i}{p + n}$，则统计量 $\sum\limits_{i=1}^{k} \dfrac{(p_i - p_i')^2}{p_i'} + \dfrac{(n_i - n_i')^2}{n_i'}$ 服从自由度为 $k - 1$ 的卡方分布（χ^2 distribution）。计算出该统计量后，确定其在相应卡方分布下的概率，如果该概率大于所设定的阈值（比如 1%），则认为不能排除该属性与数据分类是统计无关的可能性，于是停止使用该属性继续对树进行扩展。

2. 剪枝策略

待决策树完全生成以后再剪除其中的节点和边，这一策略也常被称为后剪枝（post – pruning）。剪枝的执行方法有两大类，第一类是在原始的决策树上执行剪枝，将节点连同其下面的子树一起剪除，或者将节点用它下面的子树替换[16]；第二类是将决策树转化为规则集，即将从根节点到叶节点的每条路径对应的规则表示出来，然后对规则集中的规则执行简化，如去掉规则中的前提、对规则排序等[16]。无论怎样执行剪枝，后剪枝策略中的关键问题在于如何判断剪枝后是否能够提升决策树对于未见数据的分类性能。对这一问题的处理可从实验和算法设计两个角度来考虑，或者只采用其中一种手段，或者综合运用两种手段。从实验角度，除了训练集之外，增加第 2 章介绍的验证集。首先在训练集上生成一个完全的决策树，然后在训练集或者验证集上进行剪枝，但是一定要在验证集上对剪枝后决策树的分类性能进行评价。当剪枝不会导致决策树在验证集上的分类性能变差时才执行剪枝；而当存在多个可以选择的剪枝方案时，则优先选择能导致验证集上的性能得到最大幅度提升的方案。从算法设计角度，需要引入奥坎姆剃刀原则来设计学习目标，使其不仅体现决策树对数据的拟合程度应尽可能高的要求，而且体现决策树的复杂度应尽可能低的要求，比如最小代价复杂度（minimal cost - complexity）方法[17]、最小描述长度[18-19]方法等。下一节将详细介绍基于最小描述长度的决策树学习算法。

由于树的生成过程通常是自顶向下的贪婪过程，每一步均是局部寻优，因此很可能出现在某一节点上扩展导致性能下降，但如果进一步扩展又会导致性能上升的情况。显然，提前停止策略是不能处理这种情况的，因此从效果上讲，剪枝策略较优。但提前停止策略不需要生成一棵完全的树，而且没有后处理过程，因此其计算更快速，在大数据应用中也是经常采用的策略。

3.4.4　基于最小描述长度准则的决策树学习算法

如第 3.2.5 节所述，最小描述长度是一种重要的体现奥坎姆剃刀原则（"如无必要，勿增实体"）的学习目标。将第 3.2.5 节所述最小描述长度优化目标套用到决策树学习上，则是：拟合训练数据的最优决策树，应该使下面两项编码长度之和最小。①编码该决策树所需的比特数。这个编码长度反映了决策树的复杂度。②对不能被该决策树正确分类的例外数据进行编码所需要的比特数。如果数据能够被正确分类，说明其已被包含在决策树所表达的概念中，便不需要再对其进行说明；否则需要单独对其进行说明。这个编码长度反映了决策树对数据的拟合程度。以下称这两项编码长度之和为决策树的总编码长度。

下面分别考察图 3-9 所示两棵决策树的编码长度，以进一步说明编码长度的计算方法，同时说明利用编码长度选择决策树的合理性。首先，采用深度优先遍历方法对决策树进行符号描述，其中用 1 表示下一个节点是非叶节点，并记录节点上对应的数据属性；用 0 表示下一个节点是叶节点，并记录对应的数据类别（决策结果）。相应地，图 3 - 9（a）所示决策树的符号描述为：

"1 喜欢程度 1 替代物 0 不买 0 买 0 买 1 急用 0 买 1 价格 0 不买 0 不买 0 买 0 不买"。

该符号描述对应的编码长度的计算方法如下。①对于各数据属性的描述长度，由于在根节点上有 4 种属性可供选择，因此表示根节点上的属性"喜欢程度"需要 $\log_2 4 = 2$（比特）。由于"喜欢程度"已经作为根节点的属性，因此下面可供选择的属性只有 3 种。这说明表示下一层的属性"替代物"需要 $\log_2 3 = 1.585$（比特）。依此类推，表示属性"急用"需要 1 比特，表示属性"价格"需要 0 比特。这样表示属性的比特数总共为 4.585。②对于决策结果的描述长度，由于只有两种结果，所以表示每个结果只需要 1 比特，这样表示决策结果的比特数总共为 8。③同理，表示每个 0 或 1 也只需要 1 比特，这样表示所有 0 和 1 的比特数总共为 12。以上三部分相加，则该决策树本身的描述长度为 24.585 比特。此外，在该决策树下，所有训练数据都能得到正确分类，没有例外数据，于是不需要对例外数据进行编码，其编码长度为 0。综合两项编码长度之和，得到决策树的总编码长度为 24.585 比特。

对于图 3 - 9（b）所示决策树来说，其编码方案同前，则用类似的方法，可计算出该决策树本身的编码长度为 13.585 比特。但由于训练数据集合中存在不能被该决策树正确分类的例外数据（表 3 - 2 中序号为 8 的数据），因此必须对该数据进行单独编码。如前所述，4 种属性的取值个数分别为 3，3，2，3，这表示所有可能数据的总个数为 $3 \times 3 \times 2 \times 3 = 54$。因此，为了编码例外数据，不必编码其中每个属性的取值，只需指定它在 54 种可能数据中的位置即可，这说明需要 $\log_2 54 = 5.75$（比特）来编码 1 个例外数据。于是，综合两项编码长度，可得图 3 - 9（b）所示决策树的总编码长度为 19.335 比特，这小于图 3 - 9（a）所示决策树的 24.585 比特的总编码长度。因此，根据最小描述长度学习目标，将优先选择图 3 - 9（b）所示决策树作为学习结果，从而能排除噪声的干扰。

以上例子也间接说明了基于最小描述长度的决策树学习方法，即采用最小描述长度目标作为选择决策树的依据，可应用在树的生成和剪枝两个方面。首先，在树的生成过程中可采用最小描述长度代替信息增益，作为选择属性的依据，使每次扩展后得到的树的描述长度都是最小的[18]。其次，待树完全生成后，在后剪枝过程中可采用编码长度来度量剪枝效果。不会增加决策树描述长度的剪枝是可以接受的，使决策树描述长度减小最快的剪枝则是最理想的[19]。

3.5　支持向量机

　　支持向量机（Support Vector Machines，SVM）是 Vapnik 统计学习理论[20]
的一种典型体现，同时属于第 2 章第 2.4.1 节所述判别学习方法，是目前判
别学习中的典型代表之一，并且推动了间隔（margin）、核（kernel）、松弛变
量（slack variable）这三种学习策略的发展。

　　SVM 的学习对象是线性判别函数：

$$y = \boldsymbol{w} \cdot \boldsymbol{x} + b = \sum_{i=1}^{n} w_i x_i + b \qquad (3-16)$$

这里 $\boldsymbol{w} \cdot \boldsymbol{x}$ 表示两个向量之间的内积（inner product）。在二维情况下，上述线
性判别函数的图像为一条直线；在三维情况下，为一个平面；在更高维情况
下，则可视为一个超平面（hyperplane）。该超平面是由其中的参数（$\boldsymbol{w}$，b）
决定的，因此可认为（$\boldsymbol{w}$，b）代表了超平面。SVM 的学习目标就是找到一个
能对不同类数据进行最优区分的超平面（以下简称最优超平面）。下面通过图
3-10 所示例子来解释什么是最优超平面。该图中有两类数据，分别用□和○
代表。图中虚线所示为待学习的分类超平面，实线为正样本集和反样本集对
应的边界超平面。边界超平面是由距离分类超平面最近的样本所决定的、且
对称和平行于分类超平面的超平面。这两个边界超平面之间的距离反映了在
相应超平面之下两类数据的间隔，该间隔越大则超平面的泛化性能越好。
图 3-10（a）和（b）分别显示了对应同一组数据的两种不同分类超平面和
边界超平面。相比图 3-10（a）所示超平面，图 3-10（b）所示超平面使正
样本与反样本的间隔更大，因此是更好的超平面。

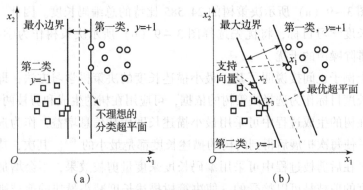

图 3-10　超平面对比示例

（a）较差的超平面；（b）较好的超平面

基于以上对超平面的认识，SVM 学习中对最优超平面的定义是距离正样本和反样本都最远的超平面，以便在对训练样本有效分类的前提下获得最好的泛化能力。SVM 学习算法正是在这种最优超平面定义的基础上发展起来的。

下面各节针对只有两种类别的问题（即线性判别函数只有两种输出的问题）展开 SVM 学习方法的细节。当存在 $n(n>2)$ 种输出时，可在下面所述方法的基础上，通过以下两种策略之一进行处理。

（1）按 n 个两类问题处理，将每类输出对应的数据与其他 $n-1$ 类输出对应的数据区分开来，即每个类别对应将该类别与其他类别区分开的一个线性判别函数。对于输入数据，分别计算该数据在每个类别对应的线性判别函数下的输出值，输出值最大的类别为分类结果。这一策略称为 $1-v-others$ 策略。

（2）按 $n(n-1)/2$ 个两类问题处理，进行两两区分，称为 $1-v-1$ 策略。该策略下最简单的实现方式是统计每一类别在两两分类中作为分类结果的次数，次数最大者为最终识别结果。

3.5.1　基本 SVM 学习目标

对于只有两类输出的问题，超平面 (w, b) 把数据空间划分为两部分，其中一部分属于一类输出，而另一部分则属于另一类输出，这种划分可以形式化地描述为

$$y = \begin{cases} 1, w \cdot x + b > 0 \\ -1, w \cdot x + b < 0 \end{cases} \tag{3-17}$$

上式可简化为

$$y(w \cdot x + b) > 0 \tag{3-18}$$

根据式（3-18），说明存在 $\gamma > 0$，使得

$$y(w \cdot x + b) \geq \gamma \tag{3-19}$$

两边同除以 γ，并令 $w = \dfrac{w}{\gamma}$，$b = \dfrac{b}{\gamma}$，于是有

$$y(w \cdot x + b) \geq 1 \tag{3-20}$$

为了获得数据到超平面的欧氏距离，对式（3-18）进行归一化，得到

$$y\left(\frac{w}{\|w\|} \cdot x + \frac{b}{\|w\|}\right) \geq \frac{1}{\|w\|} \tag{3-21}$$

这里 $\dfrac{w}{\|w\|} \cdot x + \dfrac{b}{\|w\|}$ 即数据到超平面的欧氏距离，称为间隔（margin）。显

然，如果能使该间隔最大化，就意味着数据到超平面的间隔最大，从而能获得尽可能好的泛化能力。

SVM 的学习目标正是在能对数据进行区分的约束条件下，使数据到超平面的间隔最大化，而根据式（3 - 21），这就是使 $\|w\|$ 最小。因此，SVM 的学习目标可表达为如下形式：

$$\min \frac{1}{2} w \cdot w$$

$$\text{subject to } y_i(w \cdot x_i + b) \geqslant 1, \ i = 1, 2, \cdots, N \tag{3-22}$$

这里 $w \cdot w = \|w\|^2$，N 为数据个数。

对于式（3 - 22）的约束优化问题，可采用拉格朗日方法进行优化。首先获得拉格朗日函数如下：

$$L(w, b, \boldsymbol{\alpha}) = \frac{1}{2} w \cdot w - \sum_{i=1}^{N} \alpha_i \{ y_i(w \cdot x_i + b) - 1 \} \tag{3-23}$$

其中，$\alpha_i \geqslant 0$ 为拉格朗日乘子。利用极值的必要条件，可得到

$$\frac{\partial L}{\partial b} = \sum_{i=1}^{N} y_i \alpha_i = 0 \tag{3-24}$$

$$\frac{\partial L}{\partial w} = w - \sum_{i=1}^{N} \alpha_i y_i x_i = 0 \Rightarrow w = \sum_{i=1}^{N} \alpha_i y_i x_i \tag{3-25}$$

将式（3 - 24）和式（3 - 25）代入式（3 - 23），得到只有参数 $\alpha_i \geqslant 0$ 的拉格朗日函数：

$$L(\boldsymbol{\alpha}) = \frac{1}{2} \sum_{i,j=1}^{N} \alpha_i \alpha_j y_i y_j x_i \cdot x_j - \sum_{i,j=1}^{N} \alpha_i \alpha_j y_i y_j x_i \cdot x_j + \sum_{i=1}^{N} \alpha_i$$

$$= \sum_{i=1}^{N} \alpha_i - \frac{1}{2} \sum_{i,j=1}^{N} \alpha_i \alpha_j y_i y_j x_i \cdot x_j \tag{3-26}$$

于是，原始优化问题变为如下对偶问题（dual problem）：

$$\min L(\alpha) = \sum_{i=1}^{N} \alpha_i - \frac{1}{2} \sum_{i,j=1}^{N} \alpha_i \alpha_j y_i y_j x_i \cdot x_j$$

$$\text{subject to } \sum_{i=1}^{N} y_i \alpha_i = 0,$$

$$\alpha_i \geqslant 0, i = 1, 2, \cdots, N \tag{3-27}$$

根据上式解得最优 $\boldsymbol{\alpha}^*$ 后（求解方法将在第 3.5.4 节叙述），根据式（3 - 25）可得 $w^* = \sum_{i=1}^{N} \alpha_i^* y_i x_i$。对于 b^*，则可按照式（3 - 20）求解：

$$y(\boldsymbol{w} \cdot \boldsymbol{x} + b) \geq 1 \Rightarrow \begin{cases} \boldsymbol{w} \cdot \hat{\boldsymbol{x}} + b \geq 1 \\ \boldsymbol{w} \cdot \bar{\boldsymbol{x}} + b \leq -1 \end{cases} \Rightarrow \begin{cases} b \geq 1 - \boldsymbol{w} \cdot \hat{\boldsymbol{x}} \\ b \leq -1 - \boldsymbol{w} \cdot \bar{\boldsymbol{x}} \end{cases} \quad (3-28)$$

这里 $\hat{\boldsymbol{x}}$，$\bar{\boldsymbol{x}}$ 分别表示正样本（$y=1$）和反样本（$y=-1$）。b^* 只需满足这两个约束条件即可。根据上式，对应所有反样本的 $\boldsymbol{w} \cdot \bar{\boldsymbol{x}}$ 的最大值和对应所有正样本的 $\boldsymbol{w} \cdot \bar{\boldsymbol{x}}$ 的最小值能够满足等于约束即可，即 $b^* = 1 - \min \boldsymbol{w} \cdot \hat{\boldsymbol{x}}$ 且 $b^* = -1 - \max \boldsymbol{w} \cdot \bar{\boldsymbol{x}}$，于是可计算 b^* 为这两个组的平均值，即

$$b^* = -\frac{\min \boldsymbol{w} \cdot \hat{\boldsymbol{x}} + \max \boldsymbol{w} \cdot \bar{\boldsymbol{x}}}{2} \quad (3-29)$$

根据拉格朗日优化中的 Karush – Kuhn – Tucker（简称 KKT）条件[24,C8]，以上 $\boldsymbol{\alpha}^*$，$\boldsymbol{w}^*$，b^* 应满足

$$\alpha_i^* \geq 0, \ \alpha_i^* \{ y_i(\boldsymbol{w}^* \cdot \boldsymbol{x}_i + b^*) - 1 \} = 0, i = 1, 2, \cdots, N \quad (3-30)$$

上式说明只有对于 $y_i(\boldsymbol{w}^* \cdot \boldsymbol{x}_i + b^*) = 1$ 的数据，α_i^* 才不为 0，进而根据式（3-25）可知：只有这些数据才能对计算 $\boldsymbol{w}^*$ 产生影响，因此这些数据被称为支持向量（support vector），并且其对应的 α_i^* 反映了其影响程度。这些支持向量也正是正样本集合与反样本集合中距离超平面最近的点，比如图 3-10 中两条实线上的那些数据就是相应的支持向量。更进一步，设 S 表示支持向量的集合，则可以将学习得到的分类超平面用支持向量表示如下：

$$\sum_{i \in S} \alpha_i^* y_i \boldsymbol{x}_i \cdot \boldsymbol{x} + b = 0 \quad (3-31)$$

3.5.2　松弛变量的引入

当数据不是线性可分时，可引入松弛变量（slack variable），以在学习目标中降低数据满足完全可分的约束条件。具体地说，设 $\xi_i \geq 0$（$i = 1, 2, \cdots, N$），N 表示第 i 个数据对应的松弛变量，该变量的大小代表了允许第 i 个数据破坏边界约束条件的程度。显然，该程度应越小越好，这便引入了一个新的优化子目标，因此引入松弛变量后，原始的 SVM 优化问题将变为

$$\min \frac{1}{2} \boldsymbol{w} \cdot \boldsymbol{w} + C \sum_{i=1}^{N} \xi_i$$

$$\text{subject to } y_i(\boldsymbol{w} \cdot \boldsymbol{x}_i + b) \geq 1 - \xi_i \quad (3-32)$$

$$\xi_i \geq 0, i = 1, 2, \cdots, N$$

其中，C 为平衡两个最小化目标的系数；$1 - \xi_i$ 称为软边界（soft margin）。

按类似上节所述拉格朗日优化方法的推导过程，有

$$L(\boldsymbol{w},b,\boldsymbol{\alpha},\boldsymbol{r}) = \frac{1}{2}\boldsymbol{w}\cdot\boldsymbol{w} + C\sum_{i=1}^{N}\xi_i - \sum_{i=1}^{N}\alpha_i\{y_i(\boldsymbol{w}\cdot\boldsymbol{x}_i + b) - 1 + \xi_i\} - \sum_{i=1}^{N}r_i\xi_i$$

$$\frac{\partial L(\boldsymbol{w},b,\boldsymbol{\alpha},\boldsymbol{r})}{\partial \boldsymbol{w}} = \boldsymbol{w} - \sum_{i=1}^{N}\alpha_i y_i \boldsymbol{x}_i = \boldsymbol{0}$$

$$\frac{\partial L(\boldsymbol{w},b,\boldsymbol{\alpha},\boldsymbol{r})}{\partial \xi_i} = C - \alpha_i - r_i = 0$$

$$\frac{\partial L(\boldsymbol{w},b,\boldsymbol{\alpha},\boldsymbol{r})}{\partial b} = \sum_{i=1}^{N}\alpha_i y_i = 0$$

于是获得相应的对偶问题如下：

$$\min L(\boldsymbol{\alpha}) = \sum_{i=1}^{N}\alpha_i - \frac{1}{2}\sum_{i,j=1}^{N}\alpha_i\alpha_j y_i y_j \boldsymbol{x}_i\cdot\boldsymbol{x}_j$$

$$\text{subject to } \sum_{i=1}^{N}\alpha_i y_i = 0, \tag{3-33}$$

$$0 \leqslant \alpha_i \leqslant C, i = 1,2,\cdots,N$$

上式几乎与未引入松弛变量的优化问题一致，只是增加了对 α_i 的最大值的限制。同时，此处的 KKT 条件为

$$0 \leqslant \alpha_i^* \leqslant C, \zeta_i(\alpha_i^* - C) = 0,\ \alpha_i^*\{y_i(\boldsymbol{w}^*\cdot\boldsymbol{x}_i + b^*) - 1 + \zeta_i\} = 0, i = 1,2,\cdots,N \tag{3-34}$$

式（3-34）表明只有对于 $\alpha_i = C$ 的数据，ξ_i 才不为 0，而 $0 < \alpha_i < C$ 的数据则为支持向量。根据这些分析，对 $\boldsymbol{\alpha}^*$，$\boldsymbol{w}^*$ 的求解过程与之前类似。对 b^* 的求解，则选取能够使得所有支持向量满足 $y_i(\boldsymbol{w}^*\cdot\boldsymbol{x}_i + b^*) = 1$ 的值。

3.5.3　核函数的引入

上节所述松弛变量是一种用线性函数解决线性不可分问题的策略。这种策略只是使 SVM 学习可行，但问题本身仍然是非线性的，学习得到的线性函数不能对数据进行完全的区分。

核函数（kernel function）则是另一种处理非线性问题的策略，其思想出发点是：对于低维空间中线性不可分的问题，当将数据变换到高维后，可以变为线性可分。例如，图 3-11 所示为两类数据，分别对应其中的大圆和小圆。显然，这两类数据无法在原始空间中用直线区分，因此线性不可分。但与此同时，二者是可以用一个介于二者之间的二次曲线（比如圆）来区分的。二次曲线的一般函数形式为

$$a_1 x + a_2 x^2 + a_3 y + a_4 y^2 + a_5 xy + a_6 = 0 \qquad (3-35)$$

如令 $u_1 = x$，$u_2 = x^2$，$u_3 = y$，$u_4 = y^2$，$u_5 = xy$，则该式可变换为

$$a_1 u_1 + a_2 u_2 + a_3 u_3 + a_4 u_4 + a_5 u_5 + a_6 = 0 \qquad (3-36)$$

上式是一个在五维空间中的平面方程的形式，这说明在原始二维空间中线性不可分的问题当以适当形式转换到五维空间后，变为线性可分。

上例说明为了解决线性不可分问题，可以首先将数据变换到高维空间，使其在高维空间中线性可分后，再利用前面介绍的 SVM 方法进行学习。注意，这与前述松弛变量作用的区别在于：虽然同为处理线性不可分问题的手段，通过数据向高维空间的映射，将问题变为线性可分。而松弛变量的作用则是在不改变线性不可分的前提下，获得尽可能好的学习效果。很多因素的存在，比如噪声数据等，会造成本质上不可分的问题，如果一定按照线性可分的方式处理，会导致不理想的学习结果。因此，即便能通过数据转换使其线性可分，松弛变量的引入对于获得更鲁棒的学习算法还是必要的。

尽管可以通过将数据变换到高维空间使数据线性可分，但直接进行这样的变换在计算上却是不可行的。一方面，大多数问题涉及的数据维数本身就是很大的，如果再变换到更高维，其计算量将不可接受；另一方面，变换成为线性可分通常并不像图 3-11 所示例子那样直观。通过核函数的引入，则可以在低维空间中完成高维空间中的相应计算，从而解决了这个问题。

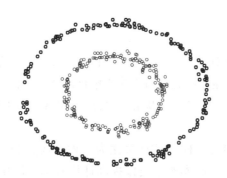

图 3-11 线性不可分数据示例

设 $\varphi(\boldsymbol{x})$ 表示将原始数据变换到高维空间的映射，则核函数 $K(\boldsymbol{x}_1, \boldsymbol{x}_2)$ 是满足以下特性的函数：

$$K(\boldsymbol{x}_1, \boldsymbol{x}_2) = \varphi(\boldsymbol{x}_1) \cdot \varphi(\boldsymbol{x}_2) \qquad (3-37)$$

该说明，通过在原始空间上计算两个数据向量的核函数值，便得到了高维空间中对应数据的内积。这样，在高维空间上的 SVM 学习便是用核函数 $K(\boldsymbol{x}_i, \boldsymbol{x}_j)$ 代替之前优化目标 [式 (3-27)、式 (3-33)] 中的 $\boldsymbol{x}_i \cdot \boldsymbol{x}_j$，从而得到最终的

学习目标：

$$\min L(\boldsymbol{\alpha}) = \sum_{i=1}^{N} \alpha_i - \frac{1}{2} \sum_{i,j=1}^{N} \alpha_i \alpha_j y_i y_j K(\boldsymbol{x}_i, \boldsymbol{x}_j)$$

$$\text{subject to} \sum_{i=1}^{N} \alpha_i y_i = 0, \tag{3-38}$$

$$0 \leqslant \alpha_i \leqslant C, i = 1, 2, \cdots, N$$

在用上述方法学习得到的判别函数［式（3－31）］中，同样需要使用核函数 $K(\boldsymbol{x}_i, \boldsymbol{x}_j)$ 来代替 $\boldsymbol{x}_i \cdot \boldsymbol{x}_j$，从而得到最终的分类超平面：

$$\sum_{i \in S} \alpha_i^* y_i K(\boldsymbol{x}_i, \boldsymbol{x}_j) + b = 0 \tag{3-39}$$

以上存在一个重要问题：如何设计核函数？这需要基于 Mercer 条件来解决，感兴趣的读者请参见文献［21］。目前常用核函数如表 3－3 所示。

表 3－3　常用核函数

名称	形式
多项式函数（Polynomial Function）	$K(\boldsymbol{x}, \boldsymbol{y}) = (\boldsymbol{x} \cdot \boldsymbol{y})^P$
径向基函数（Radial Basis Function）	$K(\boldsymbol{x}, \boldsymbol{y}) = \exp\left(-\dfrac{\|\boldsymbol{x} - \boldsymbol{y}\|^2}{\sigma}\right)$
S 型函数（Sigmoid Function）	$K(\boldsymbol{x}, \boldsymbol{y}) = \tanh(\kappa \boldsymbol{x} \cdot \boldsymbol{y} - \delta)$

3.5.4　优化方法

下面探讨如何对式（3－38）进行优化求解。这是一个二次规划（quadratic programming）问题，有许多求解该问题的方法。本节介绍目前较常用的一种快速算法：序列最小优化（Sequential Minimal Optimization，SMO）算法[22]。

和大多数优化算法一样，SMO 算法为一种迭代算法，并且其尝试在每次迭代中尽可能减少更新的参数数目以提高计算效率。优化目标公式（3－37）中的约束条件 $\sum_{i=1}^{N} \alpha_i y_i = 0$ 说明在每次迭代过程中至少有 2 个 α 值需要得到更新，否则不可能仍然保持结果为 0。因此，SMO 算法在每次迭代过程中，选择两个 α 值（设其为 α_i 和 α_j）来进行更新，其他 α 值保持固定。于是，SMO 算法的计算过程是如下两个子过程的交替迭代：①选择 α_i 和 α_j；②更新 α_i 和 α_j。下面分别说明其解决方案。对于以下公式的推导以及 SMO 算法的伪码，感兴趣的读者请参阅文献［22］。

1. 选择 α_i 和 α_j

对于 α 值的选择，优先选择能使算法更快收敛的值。一个 α 值对应一个数据，因此对 α 值的选择，实际上也是对数据的选择。SMO 算法首先从所有不符合 KTT 条件的数据中，选择任意一个作为第一个数据，相应的 α 值作为 α_i。然后选择第二个数据，目标是试图通过更新这两个数据对应的 α 值，使目标函数值得到最大程度的改善。相应的启发式信息是 $|E_i - E_j|$，其中

$$E_m = \left(\sum_{l=1}^{N} \alpha_l y_l K(\boldsymbol{x}_l, \boldsymbol{x}_m) + b \right) - y_m, m = i, j \qquad (3-40)$$

E_m 实际反映了对于数据 $\boldsymbol{x}_m$ 的超平面输出与其目标类别值之间的差别，因此可选择使 $|E_i - E_j|$ 最大化的数据作为第二个数据，将相应的 α 值作为 α_j。

2. 更新 α_i 和 α_j

设 $\alpha^{(t)}$ 与 $\alpha^{(t+1)}$ 分别表示更新前后的 α 值，令

$$U = \begin{cases} \max(0, \alpha_j^{(t)} - \alpha_i^{(t)}), y_i \neq y_j \\ \max(0, \alpha_j^{(t)} + \alpha_i^{(t)} - C), y_i = y_j \end{cases} \qquad (3-41)$$

$$V = \begin{cases} \max(C, C + \alpha_j^{(t)} - \alpha_i^{(t)}), y_i \neq y_j \\ \max(C, \alpha_j^{(t)} + \alpha_i^{(t)}), y_i = y_j \end{cases} \qquad (3-42)$$

$$\kappa = K(\boldsymbol{x}_i, \boldsymbol{x}_i) + K(\boldsymbol{x}_j, \boldsymbol{x}_j) - 2K(\boldsymbol{x}_i, \boldsymbol{x}_j) \qquad (3-43)$$

首先更新 α_j：

$$\alpha_j^{(t+1)} = \begin{cases} V, \alpha_j' > V \\ \alpha_j', U \leqslant \alpha_j' \leqslant V \\ U, \alpha_j' < U \end{cases} \qquad (3-44)$$

其中

$$\alpha_j' = \alpha_j + \frac{y_j(E_i - E_j)}{\kappa} \qquad (3-45)$$

然后更新 α_i：

$$\alpha_i^{(t+1)} = \alpha_i^{(t)} + y_i y_j (\alpha_j^{(t)} - \alpha_j^{(t+1)}) \qquad (3-46)$$

3.6　贝叶斯学习

以上记忆学习、决策树学习、SVM 学习中的学习对象是确定型函数，它表示输入到输出之间的确定型对应关系，即给定某一输入数据后，对应输出值要么存在，要么不存在，没有中间状态。还有一类函数为随机型函数，其

中输入与输出之间的关系是统计性的，即输出值既非一定存在，也非一定不存在，而是有一个存在可能性的度量。

设 d 表示某一输入数据，h 表示某一输出结果（在离散情况下，常常可被视为某一个类别），则二者之间的统计映射关系可表示为条件概率：$P(h|d)$。对应于这种随机型函数的学习称为统计学习（statistical learning），其学习方式可以分为两类。一类是直接学习 $P(h|d)$；另一类更常用的方式是从当前观察到的不同类输出数据中归纳出各类别数据所服从的统计规律，进而根据统计学的相应原理，利用这些统计规律对 $P(h|d)$ 的绝对大小或相对大小进行推算。以上第二类学习方式主要建构在贝叶斯法则（Bayesian Rule，Bayesian Theorem）之上，相应统计学习方法称为贝叶斯学习（Bayesian Learning）。

3.6.1　贝叶斯法则

贝叶斯法则建立了 $P(h|d)$，$P(h)$ 和 $P(d|h)$ 三者之间的联系如下：

$$P(h|d) = \frac{P(d,h)}{P(d)} = \frac{P(d|h)P(h)}{P(d)} \tag{3-47}$$

（1）$P(h)$ 是根据历史数据或主观判断所确定的 h 出现的概率，该概率没有经过当前情况的证实，因此被称为类先验概率，或简称先验概率（prior probability）。

（2）$P(d|h)$ 是当某一输出结果存在时，某输入数据相应出现的可能性。对于离散数据而言，该值为概率，被称为类条件概率（class - conditional probability）；对于连续数据而言，该值为概率密度，被称为类条件概率密度（Class - conditional Probability Density，CPD），统计学中通常使用 $p(d|h)$ 表示，以示与概率区别。本书为了叙述简便起见，统一采用 P 表示，请读者根据所使用的场合，自行判断其所代表的是概率还是概率密度。

（3）$P(h|d)$ 的意义同前，它反映了当输入数据 d 时，输出结果 h 出现的概率，这是根据当前情况对先验概率进行修正后得到的概率，因此被称为后验概率（posterior probability）。

显然，在进行决策时，需要依据的数据是 $P(h|d)$。对于两个不同的输出结果 h_1 和 h_2，如果 $P(h_1|d) > P(h_2|d)$，表示结果 h_1 的可能性更大，从而最终结果应为 h_1，也就是说，应优先选择后验概率值大的结果，这一决策策略被称为极大后验概率估计（Maximum A Posteriori，MAP），也被称为贝叶斯决策（Bayesian Decision），它是统计意义上的最优策略。设 H 表示结果集，则

MAP 估计的形式化表述为

$$h_{\text{MAP}} = \arg \max_{h \in H} P(h \,|\, \boldsymbol{d}) \qquad (3-48)$$

式 (3-48) 的含义是：最优结果 h_{MAP} 是在所有可能结果中，能够使 $P(h \,|\, \boldsymbol{d})$ 取最大值的结果。

式 (3-47) 所表示的贝叶斯法则的意义在于，根据该法则，可以对式 (3-48) 所表示的 MAP 估计进行如下转化：

$$h_{\text{MAP}} = \arg \max_{h \in H} P(h \,|\, \boldsymbol{d}) = \arg \max_{h \in H} \frac{P(\boldsymbol{d} \,|\, h) P(h)}{P(\boldsymbol{d})} \qquad (3-49)$$

由于 $P(\boldsymbol{d})$ 对于所有类别都是相同的，因此如果计算目的是"比较不同结果值的大小"，则该值不起作用，于是 MAP 策略可简化为

$$h_{\text{MAP}} = \arg \max_{h \in H} P(\boldsymbol{d} \,|\, h) P(h) \qquad (3-50)$$

上式说明：为了进行贝叶斯决策，不必知道准确的后验概率值，只需关心其相对大小即可，也就是说，只要知道了类条件概率（或类条件概率密度）和先验概率，就可以进行贝叶斯决策。当然，在有些场合下，可能不仅需要做决策，而且需要得到后验概率值，则可以利用

$$P(\boldsymbol{d}) = \sum_{h \in H} P(\boldsymbol{d} \,|\, h) P(h) \qquad (3-51)$$

得到

$$P(h \,|\, \boldsymbol{d}) = \frac{P(\boldsymbol{d} \,|\, h) P(h)}{\sum_{h \in H} P(\boldsymbol{d} \,|\, h) P(h)} \qquad (3-52)$$

例 3-4 给出了一个进行贝叶斯决策以及计算后验概率的例子。

例 3-4[10] 一个癌症诊断问题。对于一个人而言，其是否罹患癌症有两种结果：①有癌症；②无癌症。为了确定某人是否患有癌症，需对其进行化验。如果化验结果为阳性，表示病人患有癌症；如果化验结果为阴性，则表示病人没有癌症。但以往的统计数据表明，这种化验结果并不是绝对准确的：对于确实有癌症的人，化验结果为阳性的可能性为 98%；对于确实无癌症的人，化验结果为阴性的可能性为 97%。同时，以往的统计数据还表明：在所有人口中只有 0.8% 的人患有癌症。现假定某个人的化验结果为阳性，那么根据贝叶斯决策来断定该人是否患有癌症的过程如下。

Step1. 首先设 " + "" – " 分别表示化验结果为"阳性"和"阴性"，则问题中给定的事实可概括为如下概率。

$$P(\text{cancer}) = 0.008, P(\neg \,\text{cancer}) = 0.992$$

$$P(\,+\,|\,\text{cancer}) = 0.98, P(\,-\,|\,\text{cancer}) = 0.02$$

$$P(+ | \neg \text{ cancer}) = 0.03, P(- | \neg \text{ cancer}) = 0.97$$

Step2. 根据贝叶斯决策方法，需要分别针对有、无癌症两种结果计算其后验概率的相对大小如下。

$$P(+ | \text{cancer}) \propto P(+ | \text{cancer}) \times P(\text{cancer}) = 0.98 \times 0.008 = 0.007\ 84$$

$$P(\neg \text{ cancer} | +) \propto P(+ | \neg \text{ cancer}) \times P(\neg \text{ cancer}) = 0.992 \times 0.03 = 0.029\ 8$$

Step3. 进行决策。

上面的计算结果表明 $P(\neg \text{ cancer} | +) > P(\text{cancer} | +)$，则按照 MAP 估计策略，应断定该病人没有癌症，即 $h_{\text{MAP}} = \neg \text{ cancer}$。

补充：如果对具体的后验概率值感兴趣，可进一步计算出

$$P(+ | \text{cancer}) = \frac{P(+ | \text{cancer}) \times P(\text{cancer})}{P(+ | \text{cancer}) \times P(\text{cancer}) + P(+ | \neg \text{ cancer}) \times P(\neg \text{ cancer})}$$

$$= \frac{0.007\ 84}{0.007\ 84 + 0.029\ 8} \approx 0.208$$

$$P(+ | \text{cancer}) = 1 - 0.208 = 0.792$$

3.6.2 贝叶斯学习的形式

贝叶斯学习的形式有两种，其基础都在于式（3-47）所示的贝叶斯决策法则，其目标都在于获得理想的贝叶斯决策结果。

第一种形式是将式（3-47）右侧的类条件概率（或类条件概率密度）和类先验概率这两个因素视为相互独立的，分别对其进行学习。对于类先验概率，处理比较简单，一般有两种方式：①在不考虑输入信息的前提下，假设各种结果出现的可能性一样，从而在进行贝叶斯决策时可以不用考虑类先验概率，因此不必学习类先验概率；②统计各种输出结果在训练数据集合中出现的频率，作为相应的类先验概率。对于类条件概率（或类条件概率密度），最优贝叶斯决策要求从每一类训练数据中学习到精确的类条件概率（或类条件概率密度），但由于观察到的数据通常是高维的，直接学习精确的高维数据分布在需要收集的训练数据量以及学习时的计算量方面都存在很大的困难，因此人们一般通过简化高维数据分布的形式，得到一些可能并非最优但实际更具可行性的贝叶斯决策器。下面各节在这样的思路引导下，介绍三种贝叶斯决策器及其学习算法，分别是朴素贝叶斯分类器（Naïve Bayesian Classifier，NB）、贝叶斯信念网（Bayesian Belief Network，BBN）和基于高斯混合模型（Gaussian Mixture Models，GMM）的贝叶斯决策器，它们均在实际问题中得到广泛的应用。

第二种形式是将类条件概率（或类条件概率密度）和类先验概率作为一个整体进行学习，从而可视为直接对后验概率进行学习，即本章第 3.2.4 节所述 MAP 估计，如该节中式（3－12）所示，类先验概率和类条件概率在求解目标中累加，使其累加值最大化，而不是分别优化这两个因素，这是第二种形式与第一种形式的根本区别。本书将在本章第 3.10 节阐述具体的基于 MAP 的学习方法。

3.7　朴素贝叶斯分类器

在朴素贝叶斯分类器中，假设数据向量中各分量相互独立，从而将高维数据分布转化为若干一维数据分布进行处理。设 $\boldsymbol{d} = (d_1, d_2, \cdots, d_n)$，其中 n 为数据维数，则根据各分量相互独立的假设，类条件概率（或类条件概率密度）可表示为

$$P(\boldsymbol{d} \mid h) = P(d_1, d_2, \cdots, d_n \mid h) = \prod_{i=1}^{n} P(d_i \mid h) \qquad (3-53)$$

于是朴素贝叶斯分类器的决策公式简化为

$$h_{\mathrm{NB}} = \arg \max_{h \in H} P(\boldsymbol{d} \mid h) P(h) = \arg \max_{h \in H} P(h) \prod_{i=1}^{n} P(d_i \mid h) \qquad (3-54)$$

式（3－54）表明：只要获得每个数据分量对应的 $P(d_i \mid h)$，便获得了类条件概率（或类条件概率密度）。这样处理将使计算量大大下降，尤其当数据维度很高时，其计算量远远小于不做各分量独立性假设的计算量。例如，设 $\boldsymbol{d} = (d_1, d_2, \cdots, d_n)$ 为离散数据向量，其中每个分量上的可能取值为 m。如果假设各分量相互独立，则只需学习 mn 个概率值；而如果假设各分量彼此相关，则需要考虑所有可能的分量组合，这便需要学习 m^n 个概率值，当 m，n 较大时，这两个数据量之间的差距是惊人的。

在离散情况下，对于 $P(d_i \mid h)$ 的学习通过统计训练数据中各分量取值的频率来实现。在连续情况下，则首先假定 $P(d_i \mid h)$ 的形式（如假设为高斯分布），然后针对训练数据中各分量的取值来拟合其中的参数。下面结合例 3－5，进一步说明如何学习朴素贝叶斯分类器并进行相应决策。

例 3－5[10]　应用朴素贝叶斯分类器，将由 19 个字（不考虑标点符号）组成的文档分成两类，一类是用户喜欢的文档，另一类是用户不喜欢的文档。其处理过程如下。

Step1. 在计算机中表示文档。

可直观地用相应位置上字的集合来表示文档，每个字为该文档的一个属性。字的集合构成一个向量，每个字是该向量的一个分量，它在所考虑的字集合中任意取值。假设考虑5 000个字，则在文档的每个分量上可以有5 000种选择。当每个分量被赋予一个特定值时，就对应一个特定的文档。如文档"北京有许多名胜古迹，如故宫、颐和园、圆明园等。"，将被表示为向量：

（北，京，有，许，多，名，胜，古，迹，如，故，宫，颐，和，园，圆，明，园，等）

Step2. 学习朴素贝叶斯分类器中的类条件概率和先验概率。

首先采集用于训练的文档，并将其标注为用户喜欢或不喜欢两类。假设采集了1 000份文档，其中700份标注为用户不喜欢，另外300份标注为用户喜欢，则可根据该训练集进行学习。

Step（2-1）. 先验概率的学习如下：

$$P(喜欢) = \frac{300}{1\ 000} = 0.3, P(不喜欢) = \frac{700}{1\ 000} = 0.7$$

Step（2-2）. 类条件概率的学习。

为了获得类条件概率，需要对用户喜欢或不喜欢的文档中每个位置上出现的每个字的概率进行估计。如"用户喜欢的文档中第一个字是'北'"的概率、"用户喜欢的文档中第一个字是'南'"的概率、"用户喜欢的文档中第二个字是'京'"的概率、"用户喜欢的文档中第二个字是'城'"的概率……。这样，共需估计"文档类别×文档长度×字的取值范围"个（本例中为2×19×5 000个）概率项。这是一个比较庞大的数字，需要大量的训练文档，且学习所需的计算复杂度高。

为了使学习可行，可以进一步简化问题，只考虑每个字在相应文档中出现的概率，而不考虑字在文档中出现的位置，即考虑这样的概率："用户喜欢的文档中出现'北'字"的概率、"用户喜欢的文档中出现'南'字"的概率、"用户喜欢的文档中出现'京'字"的概率、"用户喜欢的文档中出现'城'字"的概率等。这样，需要估计的概率项可以减小到"文档类别×字的取值范围"个（本例中为2×5 000个）。对这10 000个概率用训练数据中的相应频率来估计，就完成了本例中朴素贝叶斯分类器的学习。

设h_j表示类别，取值为"喜欢"或"不喜欢"，w_i表示字，取值为5 000种字之一，$n_j^{(i)}$表示用于训练的h_j类文档中w_i这个字出现的次数，n_j表示用

于训练的 h_j 类文档中字的总数，则有 $P(w_i|h_j) = \dfrac{n_j^{(i)}}{n_j}$。实际应用时，为了防止在所有训练文档中某字均不出现可能带来的统计量不鲁棒的情况（只要以后出现的未知文档中存在该字，则相应文档的后验概率将被计算为 0），可采用 $P(w_i|h_j) = \dfrac{n_j^{(i)} + 1}{n_j + v}$，其中 v 表示字的类别总数。

Step3. 利用学习后的朴素贝叶斯分类器实现分类。

根据以上所估计的类条件概率和先验概率，利用朴素贝叶斯分类器对文档进行分类。将式（3-54）套用到本例中，可得相应分类公式如下：

$$h_{NB} = \underset{h_j \in \{\text{喜欢, 不喜欢}\}}{\arg\max} \ P(h_j) \prod_{i=1}^{19} P(w_i|h_j)$$

如上述文档"北京有许多名胜古迹，如故宫、颐和园、圆明园等。"将被分类为

$$h_{NB} = \underset{h_j \in \{\text{喜欢, 不喜欢}\}}{\arg\max} \ P(h_j)P(\text{北}|h_j)P(\text{京}|h_j)\cdots P(\text{等}|h_j)$$

3.8　贝叶斯信念网

3.8.1　贝叶斯信念网的形式

朴素贝叶斯分类器假设数据各分量之间均是彼此独立的，这在很多情况下是过于严格的假设。例如，在关于人的描述中，有身高、体重、年龄、籍贯、健康状况等属性，这些属性往往是存在关联的，如身高与体重等。但并不是所有属性都存在关联，如年龄和籍贯就不存在明显的关联。这说明各成分之间完全独立的假设在很多情况下不尽合理，而考虑所有成分彼此之间的关联从而造成计算复杂性的增加亦无必要。贝叶斯信念网正是在上述思想的基础上，对类条件概率分布的形式做了相应的简化，它考虑数据向量中各分量之间的局部依赖关系，即所谓的条件独立性，其定义如下。

定义 3.1　设 x，y，z 分别表示三个随机变量。如果给定 z 时 x 服从的概率分布与 y 无关，即

$$P(x|y, z) = P(x|z) \tag{3-55}$$

则称 x 在给定 z 时条件独立于 y，同时称 x 依赖于 z。

条件独立性可推广到随机变量的集合，即

$$P(x_1,\cdots,x_l\,|\,y_1,\cdots,y_m,z_1,\cdots,z_n) = P(x_1,\cdots,x_l\,|\,z_1,\cdots,z_n) \quad (3-56)$$

其含义是：给定 $Z=\{z_i\}_{i=1}^{n}$ 时，$X=\{x_i\}_{i=1}^{l}$ 服从的概率分布与 $Y=\{y_1\}_{i=1}^{m}$ 无关。

通常将随机向量中某一分量 x_i 所依赖的分量集合称为它的父节点。设 Parents(x_i) 表示分量 x_i 的父节点，则根据条件独立性假设，可以将高维分布的联合概率简化为

$$P(x_1,\cdots,x_n) = \prod_{i=1}^{n} P(x_i\,|\,\mathrm{Parents}(x_i)) \quad (3-57)$$

形如式（3-57）的联合概率分布可以用有向无环图来表示，相应表示即贝叶斯信念网，也就是说，贝叶斯信念网是考虑了条件独立性的联合概率分布的一种隐式表达形式。图中顶点为随机向量中的各个分量 $x_i\,|_{i=1}^{n}$，有向边表示各分量之间的局部依赖关系，相应的 $P(x_i\,|\,\mathrm{Parents}(x_i))$ 列于各个顶点旁。当各个分量取值为离散值时，$P(x_i\,|\,\mathrm{Parents}(x_i))$ 可以用表格的形式列出，称为条件概率表。该形式也常被称为图模型（Graph Model），事实上朴素贝叶斯分类器也可被视为一种特定的图模型，其中只有节点而没有边，表示各个数据相互之间没有统计联系。

图 3-12 所示为一个贝叶斯信念网的例子，该贝叶斯信念网反映的是与森林火灾有关的情况，其中考虑了"大风""野营者""闪电""营地火灾""打雷""森林大火"等属性，各属性有相应取值。例如，图中注释部分说明：对于"大风"这一属性而言，包括"有"（大风）和"无"（大风）两种情况，分别用谓词 S 和 $\neg S$ 表示。图中有向边说明了属性之间的依赖关系，如"营地火灾"的情况依赖于"大风"和"野营者"的情况；"森林大火"的情况依赖于"大风""闪电"和"营地火灾"的情况，等等。由于各属性均取离散值，因此可以用条件概率表表示各依赖关系对应的条件概率。图中以"营地火灾"这一属性为例显示了相应的条件概率表，其他每个属性都应有类似的条件概率表。令 C，S，T 分别表示"营地火灾""大风"和"野营者"。"营地火灾"的情况依赖于"大风"和"野营者"的情况，因此"营地火灾"对应的条件概率为 $P(C\,|\,S,T)$。如图中注释部分所示，"营地火灾""大风""野营者"都有两种可能取值，因此三个变量均为布尔型变量，令其真、假两种取值分别用相应的大写字母与带否定符号的大写字母来表示。显然，$P(C\,|\,S,T)$ 将由 $2^3=8$（个）概率值构成，这些概率值显示在图 3-12 中"营地火灾"顶点旁的条件概率表里。例如，由该表可知，$P(C\,|\,S,T)=0.3$，表明当"有大风""有野营者"时，"营地发生火灾"的概率为 0.3。同时根

据概率公理的要求，所有可能事件对应的概率之和应为1，因此在同样的情况下"营地不发生火灾"的概率应为0.7，即 $P(\neg C | S,T) = 0.7$。

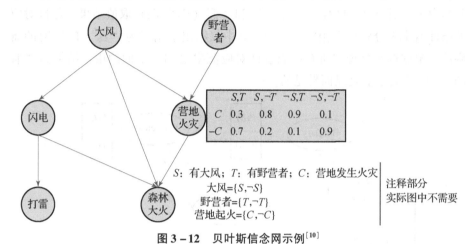

图3-12 贝叶斯信念网示例[10]

从图3-12所示例子可以看出，贝叶斯信念网不仅表示了数据分量的联合概率分布，而且如果将图中各顶点看作相对独立的事物，则贝叶斯信念网也表示了事物之间的因果关系，因此，贝叶斯信念网在符号智能中的推理问题中也有很多应用。事实上每个条件概率，不论其是否表示为贝叶斯信念网的形式，都是条件（原因）与结果之间的概率联系，这是包括贝叶斯信念网在内的统计计算工具应用于推理的基础。

3.8.2 基于贝叶斯信念网的推理

在贝叶斯信念网上进行推理，其推理目标是对于给出的条件，计算所要求的结果对应的发生概率。对于精确概率值的计算，通常基于边际概率（marginalized probability）原理进行，即如果将某数据分量所有不同取值对应的概率值相加，则该数据分量对最终结果的影响可以去掉。形式化地，设 x_1，x_2，…，x_n 表示 n 个数据分量，则边际概率原理可表示为

$$P(x_2,\cdots,x_n) = \sum_{x_1 \in X_1} P(x_1,x_2,\cdots,x_n) \tag{3-58}$$

其中 X_1 表示数据分量 x_1 的所有可能取值构成的集合。

在式（3-58）的基础上，结合概率论中的加法公式、乘法公式等，可以对贝叶斯信念网中任意的输入与输出之间的概率关系进行推导。下面通过例3-6说明其推导方法。

例3-6[23] 图3-13所示为一个关于防盗报警器的贝叶斯信念网，其中有

5 种情况，即 5 个数据分量，分别是"盗贼（Burglary）""地震（Earthquake）""报警（Alarm）""约翰打电话（JohnCalls）"以及"玛丽打电话（MaryCalls）"，其均为布尔型变量，只有"真（T）"和"假（F）"两种取值结果。各自对应的条件概率表分别列于相应顶点旁，其中仅给出了结果为"真（T）"时的概率值，根据概率公理中所有可能事件对应概率之和为 1 的约束，结果为"假（T）"时的概率值是显而易见的。

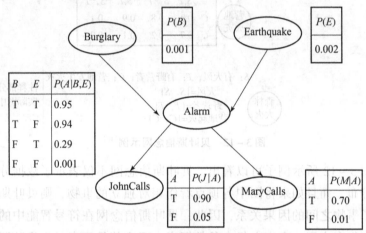

图 3-13 关于防盗报警器的贝叶斯信念网[23]

根据上述贝叶斯信念网，如果需要计算当"约翰打电话（JohnCalls）"以及"玛丽打电话（MaryCalls）"均为"真"时，"盗贼（Burglary）"出现（为真）的概率值，则其计算过程如下。

Step1. 分别用各数据分量的英文首字母（大写）来代表该分量，用对应小写字母代表该分量取值为"真"，用否定符加对应小写字母代表该分量取值为"假"，则以上需要计算的目标为 $P(b|j,m)$。

Step2. 根据乘法公式，有：$P(b|j,m) = \dfrac{P(b,j,m)}{P(j,m)}$，于是可分别计算分子和分母以得到所要求的结果。

Step3. 基于边际概率原理，计算 $P(b,j,m)$。

$$P(b,j,m) = \sum_{E \in E}\sum_{A \in A} P(E,A,b,j,m) = \sum_{E \in E}(P(E,a,b,j,m) + P(E,\neg a,b,j,m))$$
$$= P(e,a,b,j,m) + P(e,\neg a,b,j,m) + P(\neg e,a,b,j,m) + P(\neg e, \neg a,b,j,m)$$
$$= 0.000\,592\,24$$

Step4. 计算 $P(j,m)$。先仿照上一步的过程计算出 $P(\neg b,j,m) =$

0.001 491 9，则 $P(j,m) = P(b,j,m) + P(\neg b,j,m) = 0.002\ 084\ 14$。

Step5.　$P(b|j,m) = \dfrac{P(b,j,m)}{P(j,m)} = 0.284$。

在采用上述方法进行计算的过程中，可能出现对某些概率值重复计算的情况，通过去掉重复计算，可提高计算效率。另外，上述计算为精确计算，给出的是精确的概率值，其计算复杂度较高，对于大型问题，其计算效率较低，此时通常采用近似计算方法，感兴趣的读者请参考文献［22］。

3.8.3　贝叶斯信念网的学习

抽去其所表达的内在含义，贝叶斯信念网的外在表现只是图（graph）这种数据结构，这一点与本书后面将要介绍的人工神经网络是相似的。因此，对于贝叶斯信念网的学习，也和后面将要讲到的人工神经网络的学习一样，存在两类学习任务。第一类学习任务是在给定的网络结构（图结构）上，即在给定了顶点之间的连接关系（条件独立性）以后，学习图中各顶点对应的条件概率分布。第二类学习任务是不仅要学习图中各顶点对应的条件概率分布，而且要学习网络结构（图结构），即各顶点之间的连接关系。学习网络结构是一个比较困难的问题，因此第一类学习任务更为常见，而这种学习任务又可具体划分为如下两种情况之一。

（1）所有数据分量可在训练数据中完全观察到。

这种情况下的学习比较简单。对于离散数据分量，只需在训练数据中统计相互依赖的各分量值的出现次数，再计算相应的频率值作为条件概率值的估计即可。比如在例 3-6 中，如需要学习 $P(j|a)$，则根据 $P(j|a) = \dfrac{P(j,a)}{P(a)}$，分别统计 j 和 a 同时出现在训练数据中的频率以及 a 出现在训练数据中的频率即得。对于连续数据分量，则可利用概率密度估计方法，比如第 3.2.3 节叙述的 MLE 方法，来进行计算。

（2）只能在训练数据中观察到部分数据分量。

有时贝叶斯信念网中的所有数据并不能完全被使用者观察到。比如，图 3-14 就显示了一个这样的贝叶斯信念网。这是一个被保险公司用来在提供车辆保险前计算保险费用的贝叶斯信念网[24]，评估结果包括医疗险费用（MedicalCost）、第三者责任险费用（LiabilityCost）以及财产险费用（PropertyCost）。该贝叶斯信念网中部分因素是外部可见的，比如申请者的年龄、驾校学习成绩、车辆的使用年限、是否安装有安全气囊、家里是否有车库等。这些都是申请人可以明确提供的信息。同时最后的评估结果显然也是外部可见的。此外，还存在一些不能直接被观察到的信息，比如申请人的驾驶技能（DrivingSkill）、发生事故的可能性（Accident）、车辆被盗的可能性（Theft）等。以上申请人可以明确提供的信息所对应的顶点可看作网络的输入层，最后评估结果对应的顶点可看作网络的输出层，中间不能直接被用户观察到的顶点可看作网络的隐含层。该贝叶斯信念网的工作过程是根据输入的申请人信息，经过隐含层的作用后，在输出层得到相应的评估结果。这样的结构非常类似人工神经网络中的多层感知机，请参见本书第 10 章关于多层感知机的阐述。

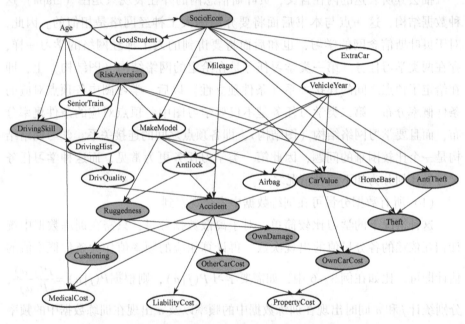

图 3 - 14　用于保险公司评估保险风险的贝叶斯信念网[24]

下面介绍梯度上升法（gradient descent）。

对于图 3 - 14 所代表的具有隐含层节点的贝叶斯信念网，一种学习方法是梯度上升法[25]。如前所述，贝叶斯信念网实质上是用于表示其中各数据分量的联合概率分布的一种形式，因此对贝叶斯信念网的学习可抽象为对联合概率分布的拟合，于是，可将学习目标设定为第 3.2.3 节所述的 MLE，其中待求解的未知参数 w 是由贝叶斯信念网中所有条件概率值构成的向量。

如前所述，在学习目标确定后，设计学习算法需要考虑的第二个关键因素是优化算法。此处采用最优化方法中常用的基于函数梯度的最速优化方法[25]。该方法按照函数梯度方向迭代更新函数参数值，直到函数值稳定或超过迭代次数。函数梯度为函数变化最陡峭的方向，其中正梯度为函数值增加最快速的方向，负梯度为函数值减小最快速的方向。因此，在求最大化问题时，将按照正梯度方向更新函数参数值，相应方法称为梯度上升；反之，在求最小化问题时，应按照负梯度方向更新函数参数值，相应方法称为梯度下降（gradient descent）。显然，此处应采用梯度上升方法来求解目标公式（3 – 10），以获得最优的贝叶斯信念网。

设 w 与 $\ln P_w(\boldsymbol{D})$ 的含义同第 3.2.3 节的相应符号。当确定了一个 w 时，就确定了一个贝叶斯信念网，也就确定了相应的 $P_w(\boldsymbol{D})$ 以及 $\ln P_w(\boldsymbol{D})$，这说明 $\ln P_w(\boldsymbol{D})$ 是关于 w 的函数。设 $\dfrac{\partial \ln P_w(\boldsymbol{D})}{\partial w}$ 表示 $\ln P_w(\boldsymbol{D})$ 关于 w 的梯度，则利用梯度上升法求 $\ln P_w(\boldsymbol{D})$ 的最大值就是不断用以下公式迭代修改 w：

$$w = w + \eta \frac{\partial \ln P_w(\boldsymbol{D})}{\partial w} \tag{3 – 59}$$

直到停止条件满足。这里，η 为步长，可以人为设定，也可以通过 0.618 法[24]等方法来确定。停止条件可以是函数值已趋于稳定或者达到最大迭代次数等。

为了应用式（3 – 59）求解最优 w，需给出 $\ln P_w(\boldsymbol{D})$ 关于 w 的梯度，即给出 $\ln P_w(\boldsymbol{D})$ 关于 w 中任意一个条件概率变量的偏导数。令 w_{ijk} 表示 w 中任意一个条件概率变量，即当其所有父节点给定一个确定的值时，节点 i 具有的某个确定值的概率。更明确地，设 x_{ij} 表示节点 i 的第 j 种取值，u_{ik} 表示节点 i 的父节点集对应的第 k 种取值组合，则 w_{ijk} 表示当节点 i 的父节点集取值 u_{ik} 时，该节点取值 x_{ij} 的条件概率。例如，考虑图 3 – 12 中的节点“营地火灾”，该节点可取值为 C（即 $x_{ij} = C$），“大风”和“野营者”的取值组合可为 (S, T)（即 $u_{ik} = (S, T)$），则 $w_{ijk} = P(C \mid S, T)$。

$\ln P_w(\boldsymbol{D})$ 关于 w_{ijk} 的偏导数为：

$$\frac{\partial \ln P_w(\boldsymbol{D})}{\partial w_{ijk}} = \sum_{d \in \boldsymbol{D}} \frac{P_w(x_{ij}, u_{ik} \mid d)}{w_{ijk}} \tag{3 – 60}$$

关于该公式的推导，请见本章附录。将该式代入梯度上升的迭代公式（3 – 59）中，获得 w_{ijk} 的迭代更新公式如下：

$$w_{ijk} = w_{ijk} + \eta \sum_{d \in \boldsymbol{D}} \frac{P_w(x_{ij}, u_{ij} \mid d)}{w_{ijk}} \tag{3 – 61}$$

在式（3-61）的基础上，便可根据输入数据，迭代更新贝叶斯信念网中各节点的条件概率表，直到各节点的条件概率表趋于稳定或达到最大迭代次数为止，相应的学习算法总结于算法3-2中。此外，在按式（3-60）计算偏导数时，有时需要利用上一节所述的贝叶斯信念网推理方法，根据当前贝叶斯信念网，计算 $P_w(x_{ij}, \boldsymbol{u}_{ik} | d)$。

算法3-2 学习贝叶斯信念网的梯度上升算法

输入：训练数据（包含输入、输出），贝叶斯信念网结构。
执行：
Step1. 初始化贝叶斯信念网各条件概率值。
Step2. 按式（3-60）计算每个条件概率变量对应的偏导数。
Step3. 确定梯度上升的步长 η（如果预先设定，则此步可去掉）。
Step4. 按式（3-61）对每个条件概率值进行更新。
Step5. 比较更新之前的条件概率值和更新之后的条件概率值，如果变化很小或者迭代次数已超过预设的最大迭代次数，则算法停止；否则转到Step2。
输出：所得到的贝叶斯信念网。

3.9　基于高斯混合模型的贝叶斯分类器

以上所介绍的朴素贝叶斯分类器和贝叶斯信念网的例子主要涉及离散数据，其同样可应用于连续数据。对于连续数据，需要估计对应的类条件概率密度函数。这通常首先假定函数形式，然后根据训练数据确定其中的参数。

本节介绍一种得到广泛应用的类条件概率密度函数形式——高斯混合模型（Gaussian Mixture Model，GMM 或 Mixture Of Gaussian，MOG），同时介绍可用于学习 GMM 模型的两种学习方法：期望最大化（Expectation - Maximization，EM）算法和最大最小后验伪概率（Max - Min Posterior Pseudo - probabilities，MMP）算法。这两种算法分别属于生成学习方法和判别学习方法，除了高斯混合模型外，它们也可用于学习其他概率密度函数。

3.9.1　高斯混合模型

高斯分布是人们最为熟悉的一类统计模型，高斯混合模型则是若干高斯分布的加权组合。与单高斯模型相比，高斯混合模型对数据的描述能力更强，因此应用效果更好。理论上，如果模型成分个数选择恰当且训练样本充足，高斯混合模型能够以任意精度逼近任意的概率分布[26]。这是高斯混合模型目前能得到广泛应用的原因。

高斯混合模型的形式化定义如下：设 x 为 d 维数据向量，K 为高斯混合模型中的高斯成分个数［也被称为高斯混合模型结构（GMM structure）］，w_k、μ_k、Σ_k 分别为第 k 个高斯成分的权重、均值和协方差矩阵，则高斯混合模型的形式为

$$p(x) = \sum_{k=1}^{K} w_k N(x \mid \mu_k, \Sigma_k) \tag{3-62}$$

其中，$N(x \mid \mu_k, \Sigma_k)$ 为第 k 个高斯密度函数［也被称为高斯成分（Gaussian component）］：

$$N(x \mid \mu_k, \Sigma_k) = 2\pi - \frac{d}{2} \mid \Sigma_k \mid - \frac{1}{2} \exp\left(-\frac{1}{2}(x - \mu_k)^{\mathrm{T}} \Sigma_k - 1(x - \mu_k)\right)$$

$$\tag{3-63}$$

对于协方差矩阵，如果采用全方差（Full Covariance）矩阵，即考虑任意两个数据分量之间的协方差，则不仅存储和计算代价较高，而且由于太复杂，会存在过学习的风险。因此，在实际应用中通常对高斯混合模型中的协方差矩阵进行简化，常用的简化形式为对角矩阵。虽然采用对角阵意味着并没有考虑各数据分量之间的联系，从而退化到类似朴素贝叶斯分类器的处理，但当高斯成分个数足够多时，混合后的效果还是能精确逼近真实的数据分布，只不过所需要的高斯成分个数会更多。

对于高斯混合模型，还可从如下另一个角度来认识：符合高斯混合模型的数据，其生成过程是首先根据各高斯成分的权重，随机选择某一高斯成分，然后根据该高斯成分生成相应数据。因此，可以认为数据与产生它的高斯成分之间存在对应关系。但在提供训练数据时，并不能提供这种对应关系，这正是下面所要谈到的不完全数据的成因。

高斯混合模型是更为一般的有限混合模型的一种。除了高斯混合模型之外，还有其他形式的有限混合模型，其共同特点是它们都是由若干基本分布加权混合而成，其区别在于所采用的基本分布不同。关于有限混合模型的更多内容，感兴趣的读者请参阅文献 [2]。

3.9.2　EM 算法

EM 算法是一种经典的统计模型生成学习方法，从其学习目标上看，它属于 MLE 方法。其优点在于能够从不完全数据中求解模型参数[27]。如前所述，

学习高斯混合模型时，所提供的数据正是不完全数据，即外部提供的只有数据，而没有数据所属的高斯成分的信息。对于类似这样的不完全数据学习问题，EM 算法将其分为两个过程。第一个过程为期望（Expectation）过程，简称 E 步。在该过程中，EM 算法根据当前的模型参数估计值，将不完全数据补充为完整数据。对于高斯混合模型学习来说，就是获得各数据与各高斯成分的对应关系。第二个过程为最大化（Maximization）过程，简称 M 步。在该过程中，EM 算法根据补充完整的数据，计算能使似然值最大化的模型参数，也即 MLE 过程。通过以上两步，最终目标是使所得到的统计模型能导致在训练数据集合上得到最大的似然值。下面结合高斯混合模型的学习，给出 EM 算法的形式化描述。

设 $X = \{x_1, x_2, \cdots, x_N\}$ 表示所有训练数据，数据个数为 N。每个数据所属的高斯成分用 $Y = \{y_1, y_2, \cdots, y_N\}$ 来表示，其中 $y_i|_{i=1}^N$ 表示第 i 个数据所属的高斯成分序号。训练时，所提供的数据只有 X，没有 Y。EM 算法是一种在估计隐藏数据（比如此处的 Y 值即隐藏数据）与估计模型参数（比如此处的高斯混合模型参数）之间进行交替迭代的算法。设 $\tau_{ik}^{(t)}$ 表示在第 t 次迭代中，第 i 个数据属于第 k 个高斯成分的概率；$\psi(t)$ 表示在第 t 次迭代中，高斯混合模型所有参数的集合，则 EM 算法中的每一次迭代所涉及的 E 步和 M 步分别如下。

E 步，根据当前各高斯成分参数，计算各数据属于各高斯成分的概率如下：

$$\tau_{ik}^{(t)} = \frac{w_k^{(t)} N(x_i \mid \mu_i, \Sigma_i)}{\sum_{j=1}^K w_j N(x_i \mid \mu_j, \Sigma_j)}, i = 1, 2, \cdots, N; \ k = 1, \cdots, K \quad (3-64)$$

M 步，根据当前数据以及对应的 $\tau_{ik}^{(t)}$，更新各高斯成分的参数如下：

$$w_k^{(t+1)} = \frac{1}{N} \sum_{i=1}^N \tau_{ik}^{(t)} \quad (3-65)$$

$$\mu(t+1)_k = \frac{\sum_{i=1}^N \tau_{ik}^{(t)} x_i}{\sum_{i=1}^N \tau_{ik}^{(t)}} \quad (3-66)$$

$$\Sigma(t+1)_k = \frac{\sum_{i=1}^n \tau_{ik}^{(t)} (x_i - \mu(t)_k)(x_i - \mu(t)_k)^T}{\sum_{i=1}^n \tau_{ik}^{(t)}} \quad (3-67)$$

关于式（3-65）~式（3-67）的推导，请见本章附录。

整个 EM 算法就是不断重复以上 E 步和 M 步，直到停止条件满足，如达到最大迭代次数限制、计算结果已趋于稳定等。相应算法如算法 3 – 3 所示。

算法 3 – 3 学习高斯混合模型的 EM 算法

输入：训练数据（包含输入、输出），高斯混合模型结构（成分个数）。
执行： Step1. 利用式（3 – 64）分别计算各数据属于各高斯成分的概率。 Step2. 利用式（3 – 65）~ 式（3 – 67）分别对各高斯成分的权重、均值和协方差矩阵进行更新。 Step3. 比较更新之前的参数值和更新之后的参数值，如果变化很小或者迭代次数已超过预设的最大迭代次数，则算法停止；否则转到 Step1。
输出：所得到的高斯混合模型。

以上算法仅学习了高斯混合模型中的参数，成分个数（高斯混合模型结构）需要人为指定。如想要自动确定成分个数，可基于第 3.2.5 节所述的最小描述长度准则来实现，相应学习方法简称为 EM – MDL 算法，具体方法如下所述。

设 γ 表示高斯混合模型中的所有参数个数，显然该值正比于模型中的高斯成分个数；ψ 表示给定成分个数后高斯混合模型的参数集合，包括所有高斯成分的权重、均值和协方差矩阵；$p(\boldsymbol{x}_i|\boldsymbol{\psi})|_{i=1}^{N}$ 表示给定高斯混合模型参数集合后，数据 $\boldsymbol{x}_i$ 对应的类条件概率密度值。令

$$f(\boldsymbol{x}_1, \boldsymbol{x}_2, \cdots, \boldsymbol{x}_N | \boldsymbol{\psi}) = \prod_{i=1}^{N} p(\boldsymbol{x}_i | \boldsymbol{\psi}) \tag{3 – 68}$$

则 EM – MDL 算法中的学习目标是

$$\{\gamma, \boldsymbol{\psi}\} = \arg\max_{\gamma} \left(\max_{\boldsymbol{\psi}} \log f(\boldsymbol{x}_1, \boldsymbol{x}_2, \cdots, \boldsymbol{x}_N | \boldsymbol{\psi}) - \frac{\gamma}{2} \log N \right) \tag{3 – 69}$$

其中，第一项 $f(\boldsymbol{x}_1, \boldsymbol{x}_2, \cdots, \boldsymbol{x}_N | \boldsymbol{\psi})$ 表示参数学习的目标是 MLE；第二项 $\frac{\gamma}{2} \log N$ 表示模型选择的目标是最小化模型参数个数。因此，总体目标是在高斯混合模型对数据的拟合精度和高斯混合模型复杂度之间寻求平衡，以获得理想的泛化性能，这是奥坎姆剃刀原则的体现。

在上述学习目标下，EM – MDL 算法首先给定高斯成分个数的搜索区间，然后针对该区间中的任意一个值，调用 EM 算法获得相应的高斯混合模型，即得到

$$\psi^* = \max_{\boldsymbol{\psi}} \log f(\boldsymbol{x}_1, \boldsymbol{x}_2, \cdots, \boldsymbol{x}_N | \boldsymbol{\psi}^*) \tag{3 – 70}$$

进而计算出

$$F(\boldsymbol{\psi}^*) = \log f(\boldsymbol{x}_1, \boldsymbol{x}_2, \cdots, \boldsymbol{x}_N \mid \boldsymbol{\psi}^*) - \frac{\gamma}{2} \log N \tag{3-71}$$

最后比较不同高斯成分个数对应的 $F(\boldsymbol{\psi}^*)$，选择最大 $F(\boldsymbol{\psi}^*)$ 对应的高斯成分个数及其 $\boldsymbol{\psi}^*$ 作为学习结果。上述算法总结于算法 3-4 中。

算法 3-4 学习 GMM 模型的 EM-MDL 算法

输入：训练数据（包含输入、输出），高斯成分个数搜索范围 $[a, b]$。
执行： Step1. 令当前高斯成分个数 $m = a$。 Step2. 以当前高斯成分个数调用 EM 算法（算法 3-3），设调用后获得的高斯混合模型为 $\boldsymbol{\psi}_m$。 Step3. 利用式（3-71）计算 $F(\boldsymbol{\psi}_m)$ 的值。 Step4. 如果 $m > b$，转到 Step5，否则转到 Step2。 Step5. 比较各个 $F(\boldsymbol{\psi}_m)\mid_{m=a}^{b}$ 值，设其最大值对应的高斯成分个数为 M，相应参数为 $\boldsymbol{\psi}_M$。
输出：所得到的高斯混合模型，其高斯成分个数为 M，相应参数为 $\boldsymbol{\psi}_M$。

3.9.3 MMP 算法

EM 算法为生成学习算法，在监督学习中应用时，它只关心同类数据的分布，不直接关注不同类数据的差异。下面介绍一种判别学习方法——最大 MMP 算法，该算法的核心思想是通过使正样本的后验伪概率值趋近 1，同时使反样本的后验伪概率值趋近 0，以获得具有最优区分能力的机器。MMP 算法的有效性已经在文本图像分析、图像检索等领域中得到了验证[28-30]。

首先说明什么是后验伪概率。设 $\boldsymbol{x}$ 表示输入数据，$\{w_1, \cdots, w_n\}$ 表示 n 种可能的输出（n 个类别），$P(w_i)$，$p(\boldsymbol{x} \mid w_i)$，$P(w_i \mid \boldsymbol{x})$ 分别表示第 i 种输出对应的先验概率、类条件概率密度与后验概率。根据前述贝叶斯决策规则，$\boldsymbol{x}$ 对应的最优输出 w^* 应为

$$w^* = \arg \max_{w_i} P(w_i \mid \boldsymbol{x}) \tag{3-72}$$

利用贝叶斯公式

$$P(w_i \mid \boldsymbol{x}) = \frac{p(\boldsymbol{x} \mid w_i) P(w_i)}{p(\boldsymbol{x})} \tag{3-73}$$

可得到完全与式（3-72）等价并且更经常采用的决策规则：

$$w^* = \arg \max_{w_i} p(\boldsymbol{x} \mid w_i) P(w_i) \tag{3-74}$$

在很多情况下，可以合理地假设所有输出对应的先验概率是相等的，于是式

（3 – 74）可简化为

$$w^* = \arg \max_{w_i} p(\boldsymbol{x} \mid w_i) \qquad (3 - 75)$$

这说明只需比较类条件概率密度值便可达到与比较后验概率值相同的决策效果。于是可引入一个变量，该变量随类条件概率密度值单调递增，并且在 ［0, 1］ 区间取值，称这样的变量为后验伪概率，其计算形式可采用

$$f(p(\boldsymbol{x} \mid w_i)) = 1 - \exp(-\alpha p^\beta(\boldsymbol{x} \mid w_i)) \qquad (3 - 76)$$

其中，α 与 β 均为正数。式（3 – 76）称为后验伪概率函数。显然，$f(p(\boldsymbol{x} \mid w_i))$ 是关于 $p(\boldsymbol{x} \mid w_i)$ 的光滑且单调递增函数，且 $f(0) = 0$，$f(+\infty) = 1$。图 3 – 15 所示为 $f(p(\boldsymbol{x} \mid w_i))$ 随 α 或 β 变化的函数族。

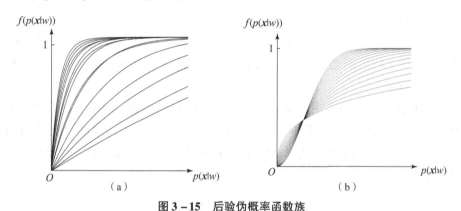

图 3 – 15　后验伪概率函数族

（a）随 α 变化而产生的不同函数曲线；（b）随 β 变化而产生的不同函数曲线

引入后验伪概率后，将按后验伪概率最大准则来确定决策结果，即

$$w^* = \arg \max_{w_i} f_i(p(\boldsymbol{x} \mid w_i)) \qquad (3 - 77)$$

既然后验伪概率随类条件概率密度值单调递增，基于式（3 – 77）的决策结果与传统的贝叶斯决策结果（在假设各类先验概率相同的前提下）是一致的。然而后验伪概率取值区间为 ［0, 1］，因此通过引入该变量，可以实现对类条件概率密度函数进行判别学习的方法。下面叙述在此基础上发展起来的 MMP 算法。

首先可以作出这样合理的设想：一个理想的基于后验伪概率的贝叶斯决策器应使得对于给定的输入数据，其正确输出结果对应的后验伪概率值为 1，反之，其错误输出结果对应的后验伪概率值为 0。这一目标可表达为

$$E(\Lambda) = \frac{1}{m} \sum_{i=1}^{m} |f(\boldsymbol{x}_i; \Lambda) - 1|^2 + \frac{1}{n} \sum_{i=1}^{n} |f(\overline{\boldsymbol{x}}_i; \Lambda)|^2 \qquad (3 - 78)$$

其中，$f(\boldsymbol{x}; \Lambda)$ 表示某一输入数据对应的后验伪概率函数值；Λ 为 $f(\boldsymbol{x}; \Lambda)$ 中的

未知参数；$\hat{x}_i$ 表示任意一个正样本；$\bar{x}_i$ 表示任意一个反样本；m 与 n 分别表示训练数据中正样本和反样本的数量。

据式 (3 –78)，$F(\Lambda)$ 满足 $F(\Lambda) \geqslant 0$，而 $F(\Lambda) = 0$ 意味着后验伪概率函数能导致其在训练数据上达到理想的计算效果，因此对于后验伪概率函数的学习可以通过最小化 $F(\Lambda)$ 达到，即

$$\Lambda^* = \arg \min_{\Lambda} F(\Lambda) \qquad (3 – 79)$$

可采用梯度下降方法实现式 (3 –79) 的优化，其思想与以上贝叶斯信念网学习中所叙述的梯度上升方法一致，同样是按照函数梯度方向迭代更新函数参数，只不过此处为最小化问题，所以应沿着负梯度方向变化，其迭代更新公式如下：

$$\Lambda_{t+1} = \Lambda_t - \lambda_t \nabla F(\Lambda_t) \qquad (3 – 80)$$

其中，Λ_t 与 λ_t 分别是第 t 次迭代中的模型参数与迭代步长；$\nabla F(\Lambda_t)$ 是 $F(\Lambda)$ 关于 Λ_t 的梯度。

我们称上述学习方法为 MMP 算法。针对单个类别的 MMP 算法总结于算法 3 –5 中。当存在多个类别时，分别针对每个类别调用该算法来完成 MMP 学习。前面所述的 EM 算法，当应用于多类问题时，也是针对每种类别分别执行相应算法。

算法 3 –5　MMP 算法

输入：训练数据（包含输入、输出）。
执行： 　Step1. 初始化后验伪概率函数。 　Step2. 计算 $F(\Lambda)$ 关于每个参数的偏导数。 　Step3. 确定梯度下降的步长 λ_t（如果预先设定，则此步可去掉）。 　Step4. 利用式 (3 –80) 更新参数。 　Step5. 比较更新前后的 $F(\Lambda)$ 值，如果其差别很小或者迭代次数达到预设的最大迭代次数，算法停止；否则转到 Step2。
输出：所得到的后验伪概率函数，包括其中的类条件概率密度函数以及 α 与 β 值。

当将上述 MMP 算法应用于高斯混合模型的学习时，高斯混合模型将作为其中的类条件概率密度函数，于是在算法 3 –5 中的 Step2 给出相应的偏导数计算公式即可得到学习高斯混合模型的 MMP 算法。另外，高斯混合模型中的部分参数需要满足一定的约束，但算法 3 –5 为非约束优化算法。为了去掉约

束，首先可对具有约束的参数进行转化，使其成为无约束变量，然后按照算法 3 – 5 对这些无约束变量进行优化，待优化完成后，再将其反变换为原来的参数。高斯混合模型中的参数约束及其转化列于表 3 – 4 中。

表 3 – 4　高斯混合模型中的参数约束及其转换后的无约束变量

原始参数与约束	转换后的参数
$\alpha > 0,\ \beta > 0$	$\alpha = \exp(\tilde{\alpha}),\ \beta = \exp(\tilde{\beta})$
$\sigma_{kj} > \tau$	$\sigma_{kj} = \exp(\tilde{\sigma}_{kj}) + \tau$
$\sum w_k = 1$	$w_k = \dfrac{e^{\tilde{w}_k}}{\sum e^{\tilde{w}_k}}$

3.10　基于极大后验概率估计的学习

基于极大后验概率估计的学习方法（以下简称 MAP 学习）是以最大化后验概率为学习目标。根据式(3 – 47)，其中的分母对于这一学习目标没有影响，因此只要考虑最大化分母即可，即最大化类条件概率（或类条件概率密度）与先验概率的乘积；通常将两部分数值转成对数值，则学习目标是最大化两部分对数值之和。

根据上述原理，如本章第 3.2.4 节的推导，MAP 估计准则重复如下：

$$\theta^* = \arg\max_{\theta} \ln P(\theta \mid \boldsymbol{D}) = \arg\max_{\theta} \left[\ln P(\boldsymbol{D} \mid \theta) + \ln P(\theta) \right] \qquad (3 - 81)$$

MAP 学习便是根据式（3 – 81）搜索能使类条件概率对数值与先验概率对数值之和最大化的参数。为了实现这一目标，除了类条件概率（密度）的形式外，还需要提供类先验概率的形式，这对于 MAP 学习的成功是关键因素。

下面通过一种学习高斯混合模型的 MAP 学习方法[31]，阐述该方法的实现细节。在这样一个例子中，高斯混合模型的参数是被决策的对象 θ，也就是被学习的对象。如本章第 3.9.1 节所述，这样的参数是

$$\theta = (\boldsymbol{w}_1, \cdots, \boldsymbol{w}_K, \boldsymbol{\mu}_1, \cdots, \boldsymbol{\mu}_K, \boldsymbol{\Sigma}_1, \cdots, \boldsymbol{\Sigma}_K) \qquad (3 - 82)$$

首先假设 θ 中权重向量的先验分布为狄利克雷分布（Dirichlet distribution），令 $\nu_k \big|_{k=1}^{K}$ 为狄利克雷分布中的参数，则有

$$P(\boldsymbol{w}_1, \cdots, \boldsymbol{w}_K \mid \nu_1, \cdots, \nu_K) \propto \prod_{k=1}^{K} \boldsymbol{w}_k^{\nu_k - 1} \qquad (3 - 83)$$

再假设 θ 中每个高斯成分的均值和协方差分别服从相应的正态 - 威沙特分布（Nomral – Wishart distribution），即

$$P(\boldsymbol{\mu}_k, \boldsymbol{\Sigma}_k | \psi_k, \boldsymbol{m}_k, \alpha_k, \boldsymbol{u}_k)$$

$$\propto |\boldsymbol{\Sigma}_k| (\alpha_k - n)/2 \exp\left[-\frac{\psi_k}{2}(\boldsymbol{\mu}_k - \boldsymbol{m}_k)^{\mathrm{T}} \boldsymbol{\Sigma}_k (\boldsymbol{\mu}_k - \boldsymbol{m}_k) \right] \exp\left[-\frac{1}{2}\mathrm{tr}(\boldsymbol{u}_k \boldsymbol{\Sigma}_k) \right]$$

$$(3-84)$$

其中，n 为特征维数；ψ_k，m_k，α_k，u_k 表示分布中的参数，且有 $\psi_k > 0$，$\alpha_k > n - 1$，m_k 为 n 维矢量，u_k 为 $n \times n$ 的正定矩阵（positive definite matrix）；最后假设式（3-83）和式（3-84）所代表的随机变量之间彼此独立，则得到最终的先验概率形式如下：

$$P(\theta) = P(w_1, \cdots, w_k) \prod_{k=1}^{K} P(\boldsymbol{\mu}_k, \boldsymbol{\Sigma}_k) \qquad (3-85)$$

在此基础上，可同样采用第 3.9.2 节所述 EM 算法来最大化 $R(\theta) = \ln P(\boldsymbol{D} | \theta) + \ln P(\theta)$，其 E 步与之前一样，确定数据到各个成分的概率，然后在 M 步对 $R(\theta)$ 进行最大化，此时

$$\ln P(\boldsymbol{D} | \theta) = \sum_{k=1}^{K} \sum_{i=1}^{N} \tau_{ik} \log w_k N(\boldsymbol{x}_i | \boldsymbol{\mu}_k, \boldsymbol{\Sigma}_k) \text{（参见本章附录）}$$

$$(3-86)$$

结合式（3-85）来最大化 $R(\theta)$，可得如下高斯混合模型参数迭代公式：

$$w_k^{(t+1)} = \frac{(\nu_k - 1) + \sum_{i=1}^{N} \tau_{ik}}{\sum_{k=1}^{K}(\nu_k - 1) + \sum_{k=1}^{K} \sum_{i=1}^{N} \tau_{ik}} \qquad (3-87)$$

$$\boldsymbol{\mu}_k^{(t+1)} = \frac{\psi_k \boldsymbol{m}_k + \sum_{i=1}^{N} \tau_{ik} \boldsymbol{x}_i}{\psi_k + \sum_{i=1}^{N} \tau_{ik}} \qquad (3-88)$$

$$(\boldsymbol{\Sigma}_k^{(t+1)}) - 1 = \frac{\boldsymbol{u}_k + \sum_{i=1}^{N} \tau_{ik}(\boldsymbol{x}_i - \boldsymbol{\mu}_k^{(t)})(\boldsymbol{x}_i - \boldsymbol{\mu}_k^{(t)})^{\mathrm{T}} + \psi_k(\boldsymbol{m}_k - \boldsymbol{\mu}_k^{(t)})(\boldsymbol{m}_k - \boldsymbol{\mu}_k^{(t)})^{\mathrm{T}}}{(\alpha_k - n) + \sum_{i=1}^{N} \tau_{ik}}$$

$$(3-89)$$

式（3-87）~式（3-89）的推导请见本章附录。

针对其他问题的 MAP 学习方法与之类似，设计 MAP 学习方法的思路总结起来是：①确定先验概率和类条件概率（密度）的形式；②设计最大化先验概率和类条件概率（密度）之和的优化方法，求解获得相应参数。

小结

本章从监督学习本质上是函数学习这一认识出发，阐述了监督学习问题，并针对数据点函数表示、离散函数、连续函数、随机函数这四种主要的函数形式，分别介绍了一种以上监督学习方法的案例，其中要点如下。

（1）从计算的角度，监督学习是对函数的学习，因此涉及函数形式的确定以及函数的优化两个子问题。同时，对于函数的优化又可进一步细化为确定优化目标和实现优化计算两个关键部分。监督学习算法的设计围绕这些关键点展开。

（2）在函数的表示形式上，存在显式表示形式、隐式表示形式和数据点表示形式三种，其中显式表示形式为常见的直观的函数表示形式，隐式表示形式是以图结构等形式来非直观地表示函数，数据点表示形式是用从函数中采样的离散数据点来表示函数。

（3）在优化目标上，仅考虑函数对训练数据的拟合程度的目标称为经验风险最小化，综合考虑函数对训练数据的拟合程度以及函数复杂程度的目标称为结构风险最小化。常用的具体优化目标包括最小平方误差、最小化熵、MLE、MAP、最小描述长度等。

（4）记忆学习基于数据点函数表示形式，它将问题（函数输入）以及问题的解答（函数输出）存储起来，在解决当前问题时，如果已存储该问题的解答，则直接输出该解答而不需要重新计算。

（5）决策树是离散函数的一种表达形式，表现为具有决策功能的树型数据结构，其中叶节点对应决策结果（函数输出），非叶节点对应数据属性（输入数据分量），边对应数据属性取值（函数输入）。从根节点到任一叶节点的路径对应一次输入–输出的映射过程，也是一条 IF–THEN 决策规则，可将决策树转化为相应的 IF–THEN 决策规则集。对于决策树的学习，采用最小化熵学习目标的算法为 ID3 算法，其计算过程是不断选择属性以分类数据直到单一类别的递归过程，其中的属性选择依据是熵减（信息增益）最大化。为了解决 ID3 算法的过拟合问题，可采用基于最小描述长度的学习方法。

（6）SVM 是一种经典的判别学习方法，其学习对象是线性判别函数（分类超平面）。其基本学习目标是在满足数据可分的约束条件下最大化数据到超平面的距离。在此基础上，通过核函数引入学习目标，实现低维空间中不可分数据在高维空间中的线性可分；通过将松弛变量引入学习目标，获得更为鲁棒的学习效果。在优化方法上则是将上述学习目标通过拉格朗日函数转换为关于拉格朗日系数的对偶问题来求解。优化结果中不为零的拉格朗日系数所对应的数据为支持向量。针对这一优化问题，SMO 算法是一种较常采用的快速算法，它在每次迭代中选择两个拉格朗日系数来更新，分为系数选择和系数更新两个子过程，通过这两个子过程的交替迭代实现优化求解。

（7）贝叶斯法则是重要的统计决策工具，它根据先验概率和类条件概率来得到后验概率，并基于 MAP 准则实现决策。针对 MAP 决策器的学习，一种学习形式是分别学习类条件概率和先验概率。为了进行实际可行的计算，需要对类条件概率分布形式进行简化，主要简化手段有朴素贝叶斯分类器、贝叶斯信念网、高斯混合模型；另一种学习形式是直接学习后验概率，将类条件概率和先验概率作为一个整体进行学习，即基于 MAP 估计来学习。

（8）朴素贝叶斯分类器是最简单的类条件概率分布函数简化形式，其中假设数据向量中各分量相互独立，从而将高维数据分布转化为若干一维数据分布的连乘。相应地，只要统计训练数据中各分量取值的频率即可获得类条件概率，从而完成朴素贝叶斯分类器的学习。

（9）贝叶斯信念网考虑数据向量中各分量之间的局部依赖关系，通常用有向无环图表示，图中节点表示数据分量，有向边反映分量之间存在依赖关系，其具体统计依赖特性由节点对应的条件概率给出。贝叶斯信念网不仅表示了数据的联合概率分布，而且表示了事物之间的因果关系。在贝叶斯信念网中，当网络结构已知时，需要对网络中各节点对应的条件概率进行学习。如果所有分量可在训练数据中完全获得，则只需统计相互依赖的分量值的出现频率，作为相应条件概率的估计即可。如果只能在训练数据中获得部分分量，则需要在学习过程中运用贝叶斯信念网来推理其他分量。一种处理这种部分分量可见的学习问题的方法是极大似然－梯度上升方法，以极大似然为学习目标，以梯度上升为优化方法，从而实现贝叶斯信念网的学习。

（10）高斯混合模型是一种常用的对连续数据进行统计建模的工具，它将数据分布表示为若干个高斯成分的加权和。对于该模型的学习，可采用生成学习算法（EM 算法）或判别学习算法（MMP 算法）。EM 算法通过 E 步获得将各数据划分到各高斯成分的概率，进而在此基础上通过 M 步获得高斯混合模型的参数，在 E 步和 M 步之间交替迭代优化来学习高斯混合模型。在 MMP 算法中，通过类条件概率密度值与后验概率值的正比关系，获得后验伪概率函数。在此基础上，其学习目标是使正样本对应的后验伪概率值趋近 1，反样本对应的后验伪概率值趋近 0，其优化算法采用梯度下降法。

（11）对于基于 MAP 估计的学习，其学习目标是最大化类条件概率（密度）与先验概率的乘积，通常转化为最大化二者对数之和。针对该目标，首先确定先验概率和类条件概率（密度）的函数形式，进而设计相应的优化方法，获得能达成目标的最优参数。

（12）根据函数形式、优化目标、优化算法这三个要点，可将本章所述的监督学习方法概括为表 3 – 5 所示要点。

表 3 – 5　监督学习方法要点

学习方法	函数形式	优化目标	优化算法
记忆学习	数据点表示	无	存储 – 检索
决策树学习	隐式的决策树	最小化熵	ID3
		最小描述长度	剪枝或停止生长
SVM	线性判别函数	结构风险最小化	SMO
贝叶斯学习	显式的朴素贝叶斯分类器	MLE	频率统计
	隐式的贝叶斯信念网	MLE	梯度上升
	显式的高斯混合模型	MLE	EM
		MMP	梯度下降
		MAP	EM

参 考 文 献

[1] FREUND, Y, SCHAPIRE R E. A decision – theoretic generalization of on – line learning and an application to boosting [J]. Computational Learning Theory：Eurocolt 95, 1995：23 – 37.

[2] MCLACHLAN G J, PEEL D. Finite mixture models [M]. New Jersey：Wiley, 2000.

[3] DUDA R O, HART P E, STORK D G. 模式分类(第二版)[M]. 李宏东, 姚天翔, 等译. 北京：机械工业出版社, 2003.

[4] ARULAMPALAM M S, MASKELL S, GORDON N, et al. A tutorial on particle

filters for online nonlinear/non – gaussian bayesian tracking[J]. IEEE Transactions on Signal Processing,2002,50(2).

[5]HASTINGS W K. Monte Carlo sampling methods using Markov chains and their applications[J]. Biometrika,1970,57(1)：97.

[6] OOYEN A V, NIENHUIS B. Improving the convergence of the back – propagation algorithms[J]. Neural Network,1992,5：465 –471.

[7]BATTITI R. Using mutual information for selecting features in supervised neural net learning[J]. IEEE Trans. Neural Networks,1994,5(4)：537 –550.

[8] GRUNWALD P. A tutorial introduction to the minimum description length principle[J]. OALib Journal,2004.

[9]SAMUEL A L. Some studies in machine learning using the games of checkers [J]. II – Recent Progress. IBM Journal,1967;601 –617.

[10]刘峡壁. 人工智能导论——方法与系统[M],北京：国防工业出版社,2008.

[11]林尧瑞,马少平. 人工智能导论[M]. 北京：清华大学出版社,1989.

[12] QUINLAN J R. Induction of decision tree[J]. Machine Learning,1986,1 (1)：81 –106.

[13]AUER P,HOTE R C,MAASS W. Theory and applications of agnostic PAC – learning with small decision trees[C]. Proceedings of the 12th International Conference on Machine Learning (ICML), Tahoe City：Morgan Kaufmann, 1995.

[14]HOLTE R C. Very simple classification rules perform well on most commonly used datasets[J]. Machine Learning,1993,11：63 –91.

[15] ESPOSITO F, MALERBA D, SEMERARO G. Simplifying decision trees by pruning and grafting：new results[C]. Proceedings of the European Conference on Machine Learning (ECML), Heraklion, Greece：Springer – Verlag,1995.

[16]QUINLAN J R. C4. 5：Programs for machine learning[M]. San Mateo,CA：Morgan Kaufmann,1993.

[17] BREIMAN L, FRIEDMAN J H, OLSHEN R A, et al. Classification and regression tree[M]. Belmont,CA：Wadsworth International Group,1984.

[18]WALLACE C S,PATRICK J D. Code decision tress[J]. Machine Learning, 1993,11：7 –22.

[19] MEHTA M, RISSANEN J, AGRAWAL R. MDL – based decision tree pruning [C], Proceedings of KDD95, 1995.

[20] VAPNIK V N. 统计学习理论[M]. 许建华, 张学工, 译. 北京: 电子工业出版社, 2009.

[21] CRISTIANINI N, SHAWE – TAYLOR J. An introduction to support vector machines and other kernel – based learning methods[M]. 北京: 机械工业出版社, 2005.

[22] PLATT J C. Fast training of support vector machines using sequential minimal optimization[J]. Advances in kernel methods, 1999.

[23] RUSSELL S J, NORVIG P. Artificial intelligence: a modern approach (2nd Edition)[M]. 北京: 清华大学出版社, 2006.

[24] RUSSELL S, BINDER J, KOLLER D, et al. Local learning in probabilistic networks with hidden variables [C]. Proceedings of the 14th International Joint Conference on Artificial Intelligence. Montreal San Francisco: Morgan Kaufmann, 1995.

[25] 袁亚湘, 孙文瑜. 最优化理论与方法[M]. 北京: 科学出版社, 1997.

[26] MOERLAND P. A comparison of mixture models for density estimation [C]. Proceedings of the 9th International Conference on Artificial Neural Networks, 1999: 25 – 30.

[27] DEMPSTER A P, LAIRD N M, RUBIN D B. Maximum – likelihood from incomplete data via the EM algorithm[J]. Journal of Royal Statistical Society, Series B. 1977, 39: 1 – 38.

[28] LIU X B, FU H, JIA Y D. Gaussian mixture modeling and learning of neighboring characters for multilingual text extraction in images[J]. Pattern Recognition, 2008, 41(2): 484 – 493.

[29] CHEN X F, LIU X B, JIA Y D. Discriminative structure selection method of gaussian mixture models with its application to handwritten digit recognition [J]. Neurocomputing, 2011, 74(6): 954 – 961.

[30] DENG Y, LIU X B, JIA Y D. Relevance feedback with max – min posterior pseudo – probability for image retrieval [C]. Proceedings of the 3rd International Conference on Computer Vision Theory and Applications (VISAPP 2008), Funchal, Madeira, Portugal, 2008.

[31] GAUVAIN J L, LEE C H. Maximum a posterior estimation for multivariate

gaussian mixture observations of markov chains[J]. IEEE Trans. Speech and Audio Processing,1994,2(2): 291 – 298.

附录　有关公式的推导过程

1. 第 3.8.3 节中 $\dfrac{\partial \ln P_w(\boldsymbol{D})}{\partial w_{ijk}}$ 的推导

首先，有

$$
\begin{aligned}
\frac{\partial \ln P_w(\boldsymbol{D})}{\partial w_{ijk}} &= \frac{\partial}{\partial w_{ijk}} \ln \prod_{d \in D} P_w(\boldsymbol{D}) \\
&= \sum_{d \in D} \frac{\partial \ln P_w(d)}{\partial w_{ijk}} \\
&= \sum_{d \in D} \frac{1}{P_w(d)} \frac{\partial P_w(d)}{\partial w_{ijk}}
\end{aligned}
$$

其次，对于 $\dfrac{\partial P_w(d)}{\partial w_{ijk}}$，根据边际概率原理，有

$$
\begin{aligned}
\frac{\partial P_w(d)}{\partial w_{ijk}} &= \frac{\partial}{\partial w_{ijk}} \cdot \sum_{j' \in J, k' \in K} P_w(d \mid x_{ij'}, \boldsymbol{u}_{ik'}) P_w(x_{ij'}, \boldsymbol{u}_{ik'}) \\
&= \frac{\partial}{\partial w_{ijk}} \cdot \sum_{j' \in J, k' \in K} P_w(d \mid x_{ij'}, \boldsymbol{u}_{ik'}) P_w(x_{ij'} \mid \boldsymbol{u}_{ik'}) P_w(\boldsymbol{u}_{ik'}) \\
&= P_w(d \mid x_{ij}, \boldsymbol{u}_{ik}) P_w(\boldsymbol{u}_{ik}).
\end{aligned}
$$

于是得到

$$
\frac{\partial \ln P_w(\boldsymbol{D})}{\partial w_{ijk}} = \sum_{d \in D} \frac{1}{P_w(d)} P_w(d \mid x_{ij}, \boldsymbol{u}_{ik}) P_w(\boldsymbol{u}_{ik})
$$

最后，根据贝叶斯法则，有

$$
P_w(d \mid x_{ij}, \boldsymbol{u}_{ik}) = \frac{P_w(x_{ij}, \boldsymbol{u}_{ik} \mid d) P_w(d)}{P_w(x_{ij}, \boldsymbol{u}_{ik})}
$$

从而获得

$$
\begin{aligned}
\frac{\partial \ln P_w(\boldsymbol{D})}{\partial w_{ijk}} &= \sum_{d \in D} \frac{1}{P_w(d)} \frac{P_w(x_{ij}, \boldsymbol{u}_{ik} \mid d) P_w(d) P_w(\boldsymbol{u}_{ik})}{P_w(x_{ij}, \boldsymbol{u}_{ik})} \\
&= \sum_{d \in D} \frac{P_w(x_{ij}, \boldsymbol{u}_{ik} \mid d) P_w(\boldsymbol{u}_{ik})}{P_w(x_{ij}, \boldsymbol{u}_{ik})} \\
&= \sum_{d \in D} \frac{P_w(x_{ij}, \boldsymbol{u}_{ik} \mid d)}{P_w(x_{ij} \mid \boldsymbol{u}_{ik})}
\end{aligned}
$$

$$= \sum_{d \in \mathbf{D}} \frac{P_w(x_{ij}, \boldsymbol{u}_{ik} \mid d)}{w_{ijk}}$$

2. 第 3.9.2 节用于 MLE 的 EM 算法中高斯混合模型参数更新公式的推导

第一步：计算当前迭代步（第 t 步）时似然值的期望值。

首先，有

$$L(\boldsymbol{\psi}^{(t)}) = \sum_{i=1}^{N} \ln \sum_{k=1}^{K} w_k N(\boldsymbol{x}_i \mid \boldsymbol{\mu}_k, \boldsymbol{\Sigma}_k)$$

假设能知道每个变量对应的高斯成分，则上式将可被简化为

$$L(\boldsymbol{\psi}^{(t)}) = \sum_{i=1}^{N} \sum_{k=1}^{K} z_{ik} \ln w_k N(\boldsymbol{x}_i \mid \boldsymbol{\mu}_k, \boldsymbol{\Sigma}_k)$$

其中，z_{ik} 表示第 i 个数据到第 k 个高斯成分的对应关系，$z_{ik} \mid_{k=1}^{K}$ 中只有一个值为 1，其他全为 0。

然而，事实上 z_{ik} 值并没有被提供。为了解决这个问题，EM 算法用 z_{ik} 的期望值取代该值，即式（3 – 64）中的 τ_{ik}，从而得到似然值的期望值为

$$E_z[L(\boldsymbol{\psi}^{(t)})] = \sum_{i=1}^{N} \sum_{k=1}^{K} \tau_{ik}^{(t)} \ln w_k N(\boldsymbol{x}_i \mid \boldsymbol{\mu}_k, \boldsymbol{\Sigma}_k)$$

$$= \sum_{i=1}^{N} \sum_{k=1}^{K} \tau_{ik}^{(t)} \{ \ln w_k + \ln N(\boldsymbol{x}_i \mid \boldsymbol{\mu}_k, \boldsymbol{\Sigma}_k) \}$$

第二步：根据最大化上述似然值的期望值的要求，对高斯混合模型中的各参数值进行更新。

$$\boldsymbol{\psi}^{(t+1)} = \arg \max_{\boldsymbol{\psi}} L(\boldsymbol{\psi}^{(t)})$$

（1）首先求解 w_k，该变量应满足约束条件 $0 \le w_k \le 1$ 且 $\sum_{k=1}^{K} w_k = 1$，为此采用拉格朗日方法求解，获得拉格朗日函数如下：

$$La(\boldsymbol{\psi}^{(t)}) = L(\boldsymbol{\psi}^{(t)}) + \lambda \left(\sum_{k=1}^{K} w_k - 1 \right)$$

根据极值的必要条件，应有 $\dfrac{\partial La(\boldsymbol{\psi}^{(t)})}{\partial w_k} = 0$，于是有

$$\sum_{i=1}^{N} \frac{\tau_{ik}^{(t)}}{w_k} + \lambda = 0 \Rightarrow \sum_{i=1}^{N} \tau_{ik}^{(t)} + w_k \lambda = 0 \Rightarrow w_k = -\frac{1}{\lambda} \sum_{i=1}^{N} \tau_{ik}^{(t)}$$

上式两边对 k 求和，有

$$\sum_{k=1}^{K} \sum_{i=1}^{N} \tau_{ik}^{(t)} + \sum_{k=1}^{K} w_k \lambda = 0 \Rightarrow N + \lambda = 0 \Rightarrow \lambda = -N$$

将 $\lambda = -N$ 代入前面的公式，从而最终得到

$$w_k^{(t+1)} = \frac{1}{N} \sum_{i=1}^{N} \tau_{ik}^{(t)}$$

（2）其次求解 $\boldsymbol{\mu}_k$，同样根据极值的必要条件，应有 $\dfrac{\partial L(\boldsymbol{\psi}^{(t)})}{\partial \boldsymbol{\mu}_k} = 0$，即

$$\sum_{i=1}^{N} \tau_{ik}^{(t)} \frac{\partial \ln N(\boldsymbol{x}_i \mid \boldsymbol{\mu}_k, \boldsymbol{\Sigma}_k)}{\partial \boldsymbol{\mu}_k} = 0$$

而

$$\frac{\partial \ln N(\boldsymbol{x}_i \mid \boldsymbol{\mu}_k, \boldsymbol{\Sigma}_k)}{\partial \boldsymbol{\mu}_k} = \frac{\partial \ln (2\pi) - \dfrac{d}{2} \mid \boldsymbol{\Sigma}_k \mid - \dfrac{1}{2} \exp\left(-\dfrac{1}{2} (\boldsymbol{x}_i - \boldsymbol{\mu}_k)^{\mathrm{T}} \boldsymbol{\Sigma}_k - \boldsymbol{1}(\boldsymbol{x}_i - \boldsymbol{\mu}_k) \right)}{\partial \boldsymbol{\mu}_k}$$

$$= \frac{\partial \left(-\dfrac{1}{2} (\boldsymbol{x}_i - \boldsymbol{\mu}_k)^{\mathrm{T}} \boldsymbol{\Sigma}_k - \boldsymbol{1}(\boldsymbol{x}_i - \boldsymbol{\mu}_k) \right)}{\partial \boldsymbol{\mu}_k} = \boldsymbol{\Sigma}_k - \boldsymbol{1} \boldsymbol{x}_i - \boldsymbol{\Sigma}_k - \boldsymbol{1} \boldsymbol{\mu}_k$$

因此得到

$$\sum_{i=1}^{N} \tau_{ik}^{(t)} (\boldsymbol{\Sigma}_k^{-1} \boldsymbol{x}_i - \boldsymbol{\Sigma}_k^{-1} \boldsymbol{\mu}_k) = \boldsymbol{0} \Rightarrow \sum_{i=1}^{N} \tau_{ik}^{(t)} (\boldsymbol{x}_i - \boldsymbol{\mu}_k) = \boldsymbol{0} \Rightarrow \boldsymbol{\mu}_k = \frac{\displaystyle\sum_{i=1}^{N} \tau_{ik}^{(t)} \boldsymbol{x}_i}{\displaystyle\sum_{i=1}^{N} \tau_{ik}^{(t)}}$$

（3）最后求解 $\boldsymbol{\Sigma}_k$。同前，应有 $\displaystyle\sum_{i=1}^{N} \tau_{ik}^{(t)} \dfrac{\partial \ln N(\boldsymbol{x}_i \mid \boldsymbol{\mu}_k, \boldsymbol{\Sigma}_k)}{\partial \boldsymbol{\Sigma}_k} = 0$，而

$$\frac{\partial \ln N(\boldsymbol{x}_i \mid \boldsymbol{\mu}_k, \boldsymbol{\Sigma}_k)}{\partial \boldsymbol{\Sigma}_k} = \frac{\partial \ln (2\pi) - \dfrac{d}{2} \mid \boldsymbol{\Sigma}_k \mid - \dfrac{1}{2} \exp\left(-\dfrac{1}{2} (\boldsymbol{x}_i - \boldsymbol{\mu}_k)^{\mathrm{T}} \boldsymbol{\Sigma}_k - \boldsymbol{1}(\boldsymbol{x}_i - \boldsymbol{\mu}_k) \right)}{\partial \boldsymbol{\Sigma}_k}$$

$$= \frac{\partial \left(\ln \mid \boldsymbol{\Sigma}_k \mid - \dfrac{1}{2} \right)}{\partial \boldsymbol{\Sigma}_k} + \frac{\partial \left(-\dfrac{1}{2} (\boldsymbol{x}_i - \boldsymbol{\mu}_k)^{\mathrm{T}} \boldsymbol{\Sigma}_k - \boldsymbol{1}(\boldsymbol{x}_i - \boldsymbol{\mu}_k) \right)}{\partial \boldsymbol{\Sigma}_k}$$

$$= -\frac{1}{2} \mid \boldsymbol{\Sigma}_k \mid - \boldsymbol{1} \frac{\partial (\mid \boldsymbol{\Sigma}_k \mid)}{\partial \boldsymbol{\Sigma}_k} - \frac{1}{2} (\boldsymbol{x}_i - \boldsymbol{\mu}_k)^{\mathrm{T}} (\boldsymbol{x}_i - \boldsymbol{\mu}_k) \frac{\partial (\boldsymbol{\Sigma}_k - \boldsymbol{1})}{\partial \boldsymbol{\Sigma}_k}$$

$$= -\frac{1}{2} (\mid \boldsymbol{\Sigma}_k \mid - \boldsymbol{1} \mid \boldsymbol{\Sigma}_k \mid \boldsymbol{\Sigma}_k^{-1} + (\boldsymbol{x}_i - \boldsymbol{\mu}_k)^{\mathrm{T}} (\boldsymbol{x}_i - \boldsymbol{\mu}_k) (-\boldsymbol{\Sigma}_k - \boldsymbol{1} \boldsymbol{\Sigma}_k - \boldsymbol{1}))$$

$$= -\frac{1}{2} \boldsymbol{\Sigma}_k - \boldsymbol{1} [\boldsymbol{I} - (\boldsymbol{x}_i - \boldsymbol{\mu}_k)^{\mathrm{T}} (\boldsymbol{x}_i - \boldsymbol{\mu}_k) \boldsymbol{\Sigma}_k - \boldsymbol{1}]$$

于是最终得到

$$-\frac{1}{2} \sum_{i=1}^{N} \tau_{ik}^{(t)} \boldsymbol{\Sigma}_k^{-1} [\boldsymbol{I} - (\boldsymbol{x}_i - \boldsymbol{\mu}_k)^{\mathrm{T}} (\boldsymbol{x}_i - \boldsymbol{\mu}_k) \boldsymbol{\Sigma}_k^{-1}] = 0$$

$$\Rightarrow \boldsymbol{\Sigma}_k^{(t+1)} = \frac{\sum_{i=1}^{N} \tau_{ik}^{(t)} (\boldsymbol{x}_i - \boldsymbol{\mu}_k)^{\mathrm{T}} (\boldsymbol{x}_i - \boldsymbol{\mu}_k)}{\sum_{i=1}^{N} \tau_{ik}^{(t)}}$$

3. 第 3.10 节用于 MAP 估计的 EM 算法中高斯混合模型参数更新公式的推导

首先，待优化的目标函数为 $R(\theta) = \ln P(\boldsymbol{D} \mid \theta) + \ln P(\theta)$。

根据第 3.10 节中的假设，有

$$\ln P(\theta) = \ln P(\boldsymbol{w}_1, \cdots, \boldsymbol{w}_K) + \sum_{k=1}^{K} \ln P(\boldsymbol{\mu}_k, \boldsymbol{\Sigma}_k)$$

其中

$$P(\boldsymbol{w}_1, \cdots, \boldsymbol{w}_K \mid \nu_1, \cdots, \nu_K) \propto \prod_{k=1}^{K} \boldsymbol{w}_k^{\nu_{k-1}}$$

$$P(\boldsymbol{\mu}_k, \boldsymbol{\Sigma}_k \mid \psi_k, \boldsymbol{m}_k, \alpha_k, \boldsymbol{u}_k)$$

$$\propto |\boldsymbol{\Sigma}_k|^{(\alpha_k - n)/2} \exp\left[-\frac{\psi_k}{2} (\boldsymbol{\mu}_k - \boldsymbol{m}_k)^{\mathrm{T}} \boldsymbol{\Sigma}_k (\boldsymbol{\mu}_k - \boldsymbol{m}_k) \right] \exp\left[-\frac{1}{2} \mathrm{tr}(\boldsymbol{u}_k \boldsymbol{\Sigma}_k) \right]$$

再根据高斯混合模型公式，有

$$\ln P(\boldsymbol{D} \mid \theta) = \sum_{k=1}^{K} \sum_{i=1}^{N} \tau_{ik}^{(t)} \log w_k N(\boldsymbol{x}_i \mid \boldsymbol{\mu}_k, \boldsymbol{\Sigma}_k)$$

而

$$N(\boldsymbol{x} \mid \boldsymbol{\mu}_k, \boldsymbol{\Sigma}_k) \propto |\boldsymbol{\Sigma}_k|^{-\frac{1}{2}} \exp\left(-\frac{1}{2} (\boldsymbol{x} - \boldsymbol{\mu}_k)^{\mathrm{T}} \boldsymbol{\Sigma}_k^{-1} (\boldsymbol{x} - \boldsymbol{\mu}_k) \right)$$

令

$$\tau_k = \sum_{i=1}^{N} \tau_{ik}, \bar{\boldsymbol{x}}_k = \sum_{i=1}^{N} \tau_{ik} \boldsymbol{x}_i / \tau_k, S_k = \sum_{i=1}^{N} \tau_{ik} (\boldsymbol{x}_i - \bar{\boldsymbol{x}}_k) (\boldsymbol{x}_i \cdot \bar{\boldsymbol{x}}_k)^t$$

再据等式

$$\sum_{i=1}^{N} \tau_{ik} (\boldsymbol{x}_i - \boldsymbol{\mu}_k)^t \boldsymbol{\Sigma}_k (\boldsymbol{x}_i - \boldsymbol{\mu}_k) = \tau_k (\boldsymbol{\mu}_k - \bar{\boldsymbol{x}}_k)^t \boldsymbol{\Sigma}_k (\boldsymbol{\mu}_k - \bar{\boldsymbol{x}}_k) + \mathrm{tr}(S_k \boldsymbol{\Sigma}_k)$$

可知 $\exp R(\theta)$ 与 $P(\theta)$ 服从同样的分布，即狄利克雷分布与正态 - 威沙特分布的连乘，其相应参数为

$$\nu_k' = \nu_k + \tau_k, \psi_k' = \psi_k + \tau_k, \alpha_k' = \alpha_k + \tau_k, \boldsymbol{m}_k' = \frac{\psi_k \boldsymbol{m}_k + \tau_k \bar{\boldsymbol{x}}_k}{\psi_k + \tau_k}$$

$$\boldsymbol{u}_k' = \boldsymbol{u}_k + S_k + \frac{\psi_k \tau_k}{\psi_k + \tau_k} (\boldsymbol{m}_k - \bar{\boldsymbol{x}}_k)(\boldsymbol{m}_k - \bar{\boldsymbol{x}}_k)^t$$

根据狄利克雷分布与正态 - 威沙特分布，可得 $\exp R(\theta)$ 的众数为

$$w_k^{(t+1)} = (\nu_k' - 1) \Big/ \sum_{k=1}^{K} (\nu_k' - 1), \quad \boldsymbol{\mu}_k = \boldsymbol{m}_k', \quad \boldsymbol{\Sigma}_k = (\alpha_k' - p)\boldsymbol{u}_k' - 1$$

将以上众数中的参数用上面的公式替换，便得到最终的高斯混合模型参数更新公式如下：

$$w_k^{(t+1)} = \frac{(\nu_k - 1) + \sum_{i=1}^{N} \tau_{ik}}{\sum_{k=1}^{K} (\nu_k - 1) + \sum_{k=1}^{K} \sum_{i=1}^{N} \tau_{ik}}$$

$$\boldsymbol{\mu}_k^{(t+1)} = \frac{\psi_k \boldsymbol{m}_k + \sum_{i=1}^{N} \tau_{ik} \boldsymbol{x}_i}{\psi_k + \sum_{i=1}^{N} \tau_{ik}}$$

$$(\boldsymbol{\Sigma}_k^{(t+1)}) - 1 = \frac{\boldsymbol{u}_k + \sum_{i=1}^{N} \tau_{ik}(\boldsymbol{x}_i - \boldsymbol{\mu}_k^{(t)})(\boldsymbol{x}_i - \boldsymbol{\mu}_k^{(t)})^{\mathrm{T}} + \psi_k(\boldsymbol{m}_k - \boldsymbol{\mu}_k^{(t)})(\boldsymbol{m}_k - \boldsymbol{\mu}_k^{(t)})^{\mathrm{T}}}{(\alpha_k - n) + \sum_{i=1}^{N} \tau_{ik}}$$

第4章　相似性度量

对相似性（similarity）的判断，是人类认识世界的关键。基于相似事物的共同特性，人们才能得以形成概念、发现客观规律，这正是机器学习的要义。相似性可以是外显的，比如外观、声音、特征相似等；也可以是内含的，比如符合共同的规律等。如果只考虑外显的相似性，这种相似性的概念是狭义的，否则为广义的。

相似性与信息检索中的相关性（relevance）概念既有一致性，也有区别。某些相关性是以相似性为基础的，比如认为同属一类的事物为相关，此时相关性与相似性表达了同一概念，是一致的。而某些相关性则是以事物之间的关联为基础的，比如父子关系、同事关系等，此时相关性与相似性是不完全相同的。

对于前一章所述的监督学习，其根本任务是根据"输入－输出"集合来获得与之拟合的函数。这从相似性的角度来认识，可以认为训练数据之间是相似的（一个"输入－输出"对作为一个训练数据），其相似性体现为它们共同符合某一函数。这种"输入－输出"训练数据之间的相似性在分类函数（分类器）的学习上体现得尤为充分：相似的为同类，不相似的为异类。这样，可以认为监督学习方式是由人给出了具有相似性的事物，然后由机器从中发现其所具有的共同规律。因此，在监督学习中，相似性计算本身并不是问题。但在下一章将要谈到的非监督学习中，没有人为标注信息可用，用来进行学习的依据是数据本身的特性和数据之间的相互关系，而数据之间的相似性是定义数据之间相互关系的基础，因此数据相似性度量的准确性对非监督学习效果有重要影响，甚至可以说是其中最为关键的问题之一。对于这一问题的解决，一种手段是人为根据经验确定合适的相似性度量方法；另一种手段则是第2章第2.4.1节曾谈及的度量学习方法，即利用机器学习技术，从人提供的能反映相似概念的训练数据中，自动发现度量数据相似性的方法。

本章主要阐述狭义的相似性度量方法，即如何度量外显的相似性，也将常用的度量方法以及度量学习方法。在人们对世界的数据化描述中，存在不同的数据类型，相应的相似性度量方式也存在不同。下面首先说明可能的数据类型以及度量学习的基本思想，进而分别针对每种数据类型，阐述相应的相似性度量方法及其度量学习方法。

4.1 数据类型

目前可见的数据类型包括数据向量（为了简化表述，将标量归入只有一个元素的数据向量）和数据集合两大类。数据向量可进一步分为离散向量、连续向量和混合向量三种。数据集合可进一步分为简单集合、有序集合（序列数据）、结构集合（结构数据）、模糊集合四种。下面分别说明。

4.1.1 数据向量

数据向量通常也称为特征向量（feature vector），其形式为 $x = \{x_1, x_2, \cdots, x_n\}$，其中 n 为数据维数，各分量 $x_i|_{i=1}^n$ 称为变量（variable）或属性（attribute，尤其在离散情况下），以下统称变量。在有些应用场合下，需要考虑数据向量中各个分量的权重，则相应增加一个权重向量 $\{w_1, w_2, \cdots, w_n\}$，其中每个权重对应于相应位置上的数据分量。

数据向量中的分量可以有不同类型，分为连续变量（continuous variable）和离散变量（discrete variable）两大类。离散变量又可进一步分为二值变量（binary variable）、类别变量（categorical variable）、序别变量（ordinal variable）三类。

（1）二值变量：该类变量只有两种可能的取值，如0和1，真和假等。

（2）类别变量：该类变量有多于两种以上但有限的取值可能，如一个用来表示物体相对位置的变量，其取值范围为 {上、中、下}。

（3）序别变量：该类变量的不同取值存在顺序上的差别，如奖牌为一种序别变量，其取值范围为 {金牌、银牌、铜牌}，这三个值之间不是平等关系，存在重要性上的差别。

一个数据向量中的各个分量一般来自同一种类型，但也可能分别来自不同类型。由不同类型分量所构成的数据向量称为混合型数据（mixed data）。

另外，数据向量中的分量可以是确定型的，也可以是随机型的。随机型数据向量表达的是统计分布，可从统计分布的角度考虑两个随机型数据向量之间的相似性度量方法。对于确定型数据向量，从直观的角度看，n 维数据向量可视为 n 维空间中的一个点，或者从原点到 n 维空间中该点的一个向量，从这两种视角出发可获得以欧氏距离和余弦相似度为代表的两大类常用相似度度量方法。具体请见第 4.3 和 4.4 节的描述。

4.1.2　数据集合

数据集合由若干个数据向量构成。根据这些数据向量之间的关系，可将数据集合区分为以下类型。

1. 简单集合

在简单集合中，数据向量之间没有任何关系，它们之间的顺序和结构对集合没有影响。

2. 有序集合

有序集合也称为序列数据（sequential data），其中不同数据向量之间是有顺序关系的。当顺序改变时，集合也随之变化。有序集合的典型例子包括语音数据、心电图信号、字符串、基因序列、时间序列（time series）等。

有序集合可被看作信号，从而可以利用信号处理的相关理论和方法来处理。

3. 结构集合

结构集合也称为结构数据（structural data），其中数据向量之间存在比顺序关系更为复杂的相互关系，其相互关系可以用相应数据结构表达出来，常用数据结构包括树和图。

4. 模糊集合

不同于确定型集合，在模糊集合（fuzzy set）中，每个数据向量与集合之间没有明确的要么属于要么不属于的隶属关系，而是存在一种可能属于也可能不属于的模糊关系，这种模糊关系用每个元素属于集合的程度（称为隶属度，membership）来表示。模糊集合在生产生活中是大量存在的，比如"身高很高的人"这样一个集合就是模糊集合，很难用一个精确的标准来界定"身高很高"这一心理概念，假设定义高于 1.8 米的人为"身高很高的人"，那么身高为 1.799 米的人能否视为"身高很高的人"呢？至少从人的心理感受上说，这种身高上的差别是几乎不存在的，因此做确定性的划分便不适当，而需要使用模糊集合处理。

模糊集合不仅不同于确定型集合，也不同于随机型集合，模糊集合表达的是本质上就存在着模棱两可性质的事物，而随机型集合表达的是真义明确的事物，只是在当前观测时还没得到最后的确定，比如抛一枚硬币在半空中，此时对其落地时朝上一面的预测是一个随机事件，但一旦落地后则是明确的没有含糊的概念。

4.2 度量学习

如前所述，对于相似性的度量，一种策略是根据人为经验来确定计算方法；另一种策略则是从人提供的能反映相似概念的训练数据中，自动发现度量数据相似性的方法，即度量学习。度量学习可采用监督学习或半监督学习方式，其中可采用的训练数据类型有以下几种。

（1）相似/不相似数据对，即相似数据的组合和/或不相似数据的组合。这里对一对数据的标注既可以是明确的相似或不相似关系，也可以是隐含表达相似性的类别信息（在类别标注下，属于同一类的数据两两之间是相似的，不同类的数据两两之间是不相似的）。

（2）相似关系约束。在这种训练数据中，通常涉及 3 个数据 a，b，c，要求其中两个数据（比如 a 与 b）之间的相似度应大于另外两个数据（比如 b 与 c）之间的相似度。

（3）表达相似关系的潜在信息。通过一些能隐含表达相似性的潜在信息来反映数据之间的相似性或不相似性，比如信息检索中的相关反馈信息、数据网络中的相互连接关系等。

（4）相似程度值。两个数据之间明确的相似度值通常较难人为给出，因此应用较少。

在以上训练数据的基础上，作为一种机器学习方法，可从学习对象、学习目标、优化方法三个方面来认识度量学习方法。学习对象即下面将要谈到的各种相似度计算函数（学习方法主要用于学习其参数）；学习目标通常包括对训练数据的拟合度要求和对参数的约束两大部分。常用的对训练数据的拟合度要求如表 4-1 所示。而对参数的约束，其通常形式是将参数求解结果约束在某种类型里面，也称为正则项（regularization）。由于相似度计算函数的参数多为数据之间的相似度所构成的矩阵（以下称为相似度矩阵），因此度量学习中对参数的约束主要是对相似度矩阵的约束，表 4-2 列出了目前度量学习中常用的相似度矩阵约束。

表 4-1　度量学习目标中常用的对训练数据的拟合度要求

序号	要求内容	所需数据
1	相似数据之间的相似度应尽可能大	相似数据对

续表

序号	要求内容	所需数据
2	不相似数据之间的相似度应尽可能小	不相似数据对
3	相似数据之间的相似度应大于不相似数据之间的相似度	相似及不相似数据对
4	两个数据之间的相似度应大于另外两个数据之间的相似度	相似关系约束
5	数据相似度等于给定的结果	相似程度值

表 4 - 2 度量学习目标中常用的对相似度矩阵的约束

序号	约束内容	物理意义
1	矩阵的弗罗贝里乌斯范数（Frobenius norm）应尽可能小	提高推广性
2	矩阵的 L_1 范数应尽可能小。	提高推广性
3	矩阵的 $L_{2,1}$ 范数应尽可能小	提高推广性
4	矩阵的布尼格曼散度（Bregman 散度）应尽可能小	矩阵应尽量保持半正定特性和接近欧氏距离
5	矩阵的秩为指定的较小值	提高推广性
6	两次学习结果之间的差别应尽可能小	在线学习约束，保持学习的稳定性
7	各个矩阵的弗罗贝里乌斯范数的加权和应尽可能小	多任务约束
8	共享矩阵应为单位矩阵	多任务约束
9	各个矩阵与公共矩阵之间存在形式相同的变换关系	多任务约束

　　除拟合度要求与参数约束外，还可借鉴上一章所述 SVM 的学习思想，引入松弛变量以处理非线性问题以及利用边界学习思想来提高推广性。将这四个方面的因素结合起来形成具体的度量学习目标，进而根据度量学习目标设计相应的优化算法，从而得到某种具体的度量学习方法。下面在介绍相应的相似性度量方法时，如果存在相应的度量学习方法，再针对性地进行相应描述。

4.3　连续型数据向量

如前所述，针对确定型数据向量，可将其视为 n 维空间中的点或向量，从而可采用点之间的距离或向量之间的夹角（相关系数）来度量其相似度；针对随机型数据向量，则可将其理解为统计分布，基于统计分布来度量其相似度。本节主要阐述距离和相关系数度量方法，关于统计分布之间的相似度，请见本章第 4.5.2 节的介绍。

4.3.1　距离

n 维数据向量可视为 n 维欧几里得空间（Euclidean Spaces，以下简称欧氏空间）中的一个点。从人们日常生活常识直观地看，点之间的直线距离越小，可以认为相应数据之间的相似度越大。这是利用距离来度量相似度的思想出发点。直线距离即下面所述的欧氏距离，由于其简单性，它是最常用的距离度量方式之一。

1. 距离公理

除了直线距离之外，还存在其他可以利用的距离度量。通常，一个距离度量函数应符合距离公理（distance axiom）的要求。设 x，y 和 z 为 3 个数据，$D(\cdot,\cdot)$ 为距离度量函数，则距离公理说明 $D(\cdot,\cdot)$ 应满足如下特性。

（1）非负性：$D(x,y) \geqslant 0$；

（2）自反性：$D(x,x) = 0$；

（3）对称性：$D(x,y) = D(y,x)$；

（4）三角不等性：$D(x,y) \leqslant D(x,z) + D(z,y)$。

在实际应用中，也有不完全符合上述公理的距离计算形式存在，并能取得较好的计算效果。心理学研究表明在人的相似性度量中，有时存在不符合对称性或三角不等性的现象，比如以人的判断来说，椭圆到圆的相似度大于圆到椭圆的相似度，这就不符合对称性的要求。事实上，距离是以几何方式来看待相似性的，我们也可以换个视角，从集合角度（数据向量可视为分量的集合）来认识相似性，从而形成匹配性（matching）、单调性（monotonicity）、独立性（independence）、可解决性（solvability）、不变性（invariance）来作为相似性度量的要求[1]。

2. 常用距离度量

表 4-3 列出了目前常用的距离计算公式，其中 $x = \{x_1, x_2, \cdots, x_n\}$，$y =$

$\{y_1, y_2, \cdots, y_n\}$ 分别表示两个数据向量。由表中公式可知，欧氏距离和城区距离是闵可夫斯基距离的特例，同时这三类距离常用所谓 L_p 范数（L_p norm）的形式进行简洁的表示，即 $\|x_i - y_i\|^p$（$p = 1$，2，$\cdots$）的形式，其计算方式与表中的展开形式是一致的。在本书的相关叙述中，也经常采用这种简洁表示法。另外，有时为了得到更好的计算效果，可如第 4.1.1 节所述，在每一维前加上权重 $w_i\big|_{i=1}^n$，成为加权距离（weighted distance）。例如，加权欧氏距离为

$$D_{\mathrm{we}}(\boldsymbol{x}, \boldsymbol{y}) = \sqrt[2]{\sum_{i=1}^{n} w_i (x_i - y_i)^2} \qquad (4-1)$$

其他可类推。

表 4 – 3　常用距离计算公式

名称	计算公式
欧氏距离（Euclidean）	$D_{\mathrm{e}}(\boldsymbol{x}, \boldsymbol{y}) = \sqrt{\sum_{i=1}^{n} (x_i - y_i)^2}$
城区／曼哈顿距离（City block／Manhattan）	$D_{\mathrm{cb}}(\boldsymbol{x}, \boldsymbol{y}) = \sum_{i=1}^{n} \|x_i - y_i\|$
闵可夫斯基距离（Minkowski）	$D_{\mathrm{mi}}(\boldsymbol{x}, \boldsymbol{y}) = (\sum_{i=1}^{n} \|x_i - y_i\|^q)1/q$
切比雪夫距离（Chebyishev）	$D_{\mathrm{ch}}(\boldsymbol{x}, \boldsymbol{y}) = \max_{i=1}^{n} \|x_i - y_i\|$
马氏距离（Mahalanobis）	$D_{\mathrm{ma}}(\boldsymbol{x}, \boldsymbol{y}) = \sqrt[2]{(\boldsymbol{x} - \boldsymbol{y})^{\mathrm{T}} \boldsymbol{\Sigma} - \boldsymbol{1}(\boldsymbol{x} - \boldsymbol{y})}$
χ^2 距离（χ^2 distance）	$D_{\mathrm{chi}}(\boldsymbol{x}, \boldsymbol{y}) = \dfrac{1}{2} \sum_{i=1}^{n} \dfrac{(x_i - y_i)^2}{x_i + y_i}$
布利格曼距离（Bregman distance），或称布利格曼散度（Bregman divergence）	$D_{\mathrm{bd}}(\boldsymbol{x}, \boldsymbol{y}) = \varphi(\boldsymbol{x}) - \varphi(\boldsymbol{y})$ $\qquad\qquad - (\boldsymbol{x} - \boldsymbol{y})^{\mathrm{T}} \nabla\varphi(\boldsymbol{y})$ （$\varphi(\cdot)$ 为严格的凸函数和二阶可导函数）
随机森林距离（Random Forest Distance）	$D_{\mathrm{rfd}}(\boldsymbol{x}, \boldsymbol{y}) = \dfrac{1}{T} \sum_{t=1}^{T} f_t(\phi(\boldsymbol{x}, \boldsymbol{y}))$ $\left(f_t(\cdot) \in \{0,1\} \text{为二值决策树}, \phi(\boldsymbol{x}, \boldsymbol{y}) = \left\lfloor \dfrac{\|\boldsymbol{x} - \boldsymbol{y}\|}{\frac{1}{2}(\boldsymbol{x} + \boldsymbol{y})} \right\rfloor \right)$

3. 学习马氏距离

马氏距离为统计距离（statistical distance），其中的 $\boldsymbol{\Sigma}$ 表示两类训练数据汇集在一起所形成的协方差矩阵，因此马氏距离本身即可视为一种基于学习的距离度量方式。如果令 $\boldsymbol{M} = \boldsymbol{\Sigma}^{-1}$，则有

$$D_{gqd} = \sqrt{(\boldsymbol{x} - \boldsymbol{y})^{\mathrm{T}}\boldsymbol{M}(\boldsymbol{x} - \boldsymbol{y})} \tag{4-2}$$

从而得到更具一般性的二次距离（Generalized Quadratic Distance，GQD）的表达形式。其中，如果 $\boldsymbol{M}$ 为协方差矩阵的逆矩阵，则为马氏距离；如果为单位阵，则为欧氏距离；如果为对角矩阵，则为加权欧氏距离。因此通过学习 $\boldsymbol{M}$，便可灵活地得到各种与训练数据符合的 GQD 的度量形式。事实上，还可将 $\boldsymbol{M}$ 表达为 $\boldsymbol{M} = \boldsymbol{L}^{\mathrm{T}}\boldsymbol{L}$，则式（4-2）可转化为

$$\begin{aligned} D_{gqd} &= \sqrt{(\boldsymbol{x} - \boldsymbol{y})^{\mathrm{T}}\boldsymbol{L}^{\mathrm{T}}\boldsymbol{L}(\boldsymbol{x} - \boldsymbol{y})} \\ &= \sqrt{(\boldsymbol{Lx} - \boldsymbol{Ly})^{\mathrm{T}}(\boldsymbol{Lx} - \boldsymbol{Ly})} \end{aligned} \tag{4-3}$$

这说明可利用学习得到的 $\boldsymbol{L}$ 矩阵对原始数据做变换后用欧氏距离进行度量，从而起到特征学习的作用，尤其当 $\boldsymbol{L}$ 的阶数低于原始数据维数时，将把原始数据投影到低维空间，达到获得有效度量特征和提高计算速度的双重目的。

根据以上分析，对 GQD 的学习，即对 $\boldsymbol{M}$ 矩阵或 $\boldsymbol{L}$ 矩阵的学习。如第 4.2 节所示，根据表 4.1 选择对训练数据的拟合度要求，根据表 4.2 选择对 $\boldsymbol{M}(\boldsymbol{L})$ 矩阵的约束，再根据需要引入松弛变量约束以及边界学习思想，便可以得到各种具体的学习 GQD 的优化目标，具体如下（以下拟合度 1 表示表 4.1 中所列的第一个拟合度要求，约束项 1 表示表 4.2 中所列的第一个约束项，其余类似）。

（1）MMC（Xing 等）、DML-p（Ying，Cao 等）：拟合度 1 + 拟合度 2。

（2）S&J（Schultz，Joachims）：拟合度 3 + 约束项 1 + 松弛变量约束。

（3）NCA（Goldberger 等）、MCML（Globerson，Roweis）：拟合度 2。

（4）LMNN（Weinberger 等）：拟合度 2 + 拟合度 3 + 松弛变量约束。

（5）ITML（Davis 等）：拟合度 1 + 拟合度 2 + 约束项 2 + 松弛变量约束。

（6）POLA（Shalev-Shwartz 等）、RDML（Jin 等）：拟合度 1 + 拟合度 2 + 约束项 3。

（7）mt-LMNN（Parameswaran，Weinberger）：上述 LMNN 方法 + 多任务约束（约束项 4、约束项 5）。

（8）MLCS（Yang 等）：上述 LMNN 方法 + 多任务约束（约束项 6）。

（9）SML（Ying 等）：拟合度 3 + 约束项 3 + 惰性变量约束。

在以上学习目标的基础上，选择合适的优化算法，便形成具体的 GQD 学习算法。下面详细说明 mt – LMNN 方法，对于其他方法的具体细节请参见文献 [2]。

例 4 – 1　学习 GQD 的 mt – LMNN 方法。

mt – LMNN（Large Margin Multi – Task Metric Learning）方法是多任务学习（Multi – Task Learning，MTL）与大边界最近邻方法（Large Margin Nearest Neighbor，LMNN）结合的产物。LMNN 方法基于使同类样本趋近并使异类样本远离的思想来学习 GQD，这实际上借鉴了 SVM 学习中的边界学习思想。具体的方法是对于一个输入样本，通过欧氏距离确定其 k – 近邻，再确定 k – 近邻中与其同类的样本，以及与其不同类的样本。设输入样本为 $\boldsymbol{x}_i$，与其同类和异类的样本分别为 $\boldsymbol{x}_j$ 与 $\boldsymbol{x}_k$，则 $\boldsymbol{x}_i$ 与 $\boldsymbol{x}_j$ 之间的马氏距离与 $\boldsymbol{x}_i$ 与 $\boldsymbol{x}_k$ 之间的马氏距离应有较大的间隔，即

$$d_{\boldsymbol{M}}^2(\boldsymbol{x}_i,\boldsymbol{x}_k) - d_{\boldsymbol{M}}^2(\boldsymbol{x}_i,\boldsymbol{x}_j) \geqslant 1 \tag{4 – 4}$$

其中 $d_{\boldsymbol{M}}^2(\cdot,\cdot)$ 表示 GQD 的平方。借鉴 SVM 学习，整体学习目标是在满足式（4 – 4）的约束条件下，使 $d_{\boldsymbol{M}}^2(\boldsymbol{x}_i,\boldsymbol{x}_j)$ 尽可能小，设 $S = \{(i,j,k):\boldsymbol{y}_j = \boldsymbol{y}_i,\boldsymbol{y}_k \neq \boldsymbol{y}_i\}$ 表示所有的三元组关系，采用松弛变量策略，则学习目标是

$$\min_{\boldsymbol{M}} d_{\boldsymbol{M}}^2(\boldsymbol{x}_i,\boldsymbol{x}_j) + \mu \sum_{(i,j,k) \in S} \xi_{ijk}$$

$$\text{subject to} \tag{4 – 5}$$

$$d_{\boldsymbol{M}}^2(\boldsymbol{x}_i,\boldsymbol{x}_k) - d_{\boldsymbol{M}}^2(\boldsymbol{x}_i,\boldsymbol{x}_j) \geqslant 1 - \xi_{ijk};\xi_{ijk} \geqslant 0;\boldsymbol{M} \geqslant \boldsymbol{0}$$

通过使用梯度投影迭代方法[7]求解上述目标，获得最优的 $\boldsymbol{M}$ 矩阵，从而得到了最优的 GQD。

mt – LMNN 将多任务学习引入上述 LMNN 方法。首先将矩阵 $\boldsymbol{M}$ 分解成一个共享矩阵 $\boldsymbol{M}_0$ 和一个与任务相关的矩阵 $\boldsymbol{M}_t |_1^T$ 之和，则相应 GQD 为

$$d_t(\boldsymbol{x}_i,\boldsymbol{x}_k) = \sqrt{(\boldsymbol{x}_i - \boldsymbol{x}_j)^{\mathrm{T}}(\boldsymbol{M}_0 + \boldsymbol{M}_t)(\boldsymbol{x}_i - \boldsymbol{x}_j)} \tag{4 – 6}$$

$\boldsymbol{M}_0$ 是在所有训练数据上学习得到，$\boldsymbol{M}_t |_1^T$ 则是在与特定任务相关的训练数据上学习得到，我们希望 $\boldsymbol{M}_0$ 能趋近单位矩阵，同时希望 $\boldsymbol{M}_t |_1^T$ 能尽量小，则学习目标应为

$$\min_{\boldsymbol{M}_0 |, \boldsymbol{M}_t} \gamma_0 \|\boldsymbol{M}_0 - \boldsymbol{I}\|_F^2 + \sum^T \gamma_t \|\boldsymbol{M}_t\|_F^2 \tag{4 – 7}$$

其中 ██ ██ ████ ███ █████████████ ████ ██████ ███ ██ 下 mt – LMNN 学习目标：

$$\min_{M_0, \cdots, M_T} \gamma_0 \parallel M_0 - I \parallel_F^2 + \sum_{t=1}^T \left[\gamma_t \parallel M_t \parallel_F^2 + + \sum_{(i,j) \in J_t} d_t^2(x_i, x_j) + \mu \sum_{(i,j,k) \in S_t} \xi_{ijk} \right]$$

subject to

$$d_t^2(x_i, x_k) - d_t^2(x_i, x_j) \geqslant 1 - \xi_{ijk}; \xi_{ijk} \geqslant 0; M_0, M_1, \cdots, M_T \geqslant 0$$

$$(4-8)$$

同样使用梯度投影方法求解上述目标，获得最优的 M_0 矩阵和 $M_t \mid_1^T$ 矩阵，从而完成学习任务。

4. 学习特征

如上所述，对 L 矩阵（学习 M 矩阵后，可转化为相应的 L 矩阵）的学习体现了特征学习的思想，可将原始数据特征转换成能更好地进行相似性度量的特征形式。相应地，还有其他学习特征转换的方法，比如 GB – LMNN 方法和 LSMD 方法。

例 4 – 2 GB – LMNN 方法[3]。

GB – LMNN（Gradient – Boosted LMNN）方法尝试用如下函数 ϕ 对数据 x 进行转换：

$$\phi(x) = \phi_0(x) + \alpha \sum_{t=1}^T h_t(x) \qquad (4-9)$$

其中，$\phi_0(\cdot)$ 为通过原始 LMNN 方法（见上节）得到的转换函数（用 L 矩阵转换），$h_i \mid_{i=1}^T$ 为梯度提升回归树（gradient boosted regression trees），是一种特定的回归函数。通过式（4-9）将原始数据 x 转换为 $\phi(x)$，再用欧氏距离度量 $\phi(x)$ 之间的相似度作为原始数据之间的相似度。基于这种相似性度量方法，利用例 4 – 1 中所述的 LMNN 目标来学习式（4-9）所示的转换函数中的相应参数，从而完成对数据特征以及相似性度量方法的学习，这里可采用梯度提升方法作为学习中的优化算法。

例 4 – 3 LSMD 方法[4]

LSMD 方法用一个 CNN① 对数据进行转换，再用 L_1 距离度量转换后的数据之间的相似度，最后基于表 4 – 1 所示拟合度 1 和拟合度 2 来设计 CNN 的损失函数，利用随机梯度下降方法获得最优的 CNN，以获得理想的数据转换结果和相似度计算结果。

---

① 关于 CNN 及其学习，参见本书第 10 章第 10.4 节。

4.3.2　相关系数

n 维数据除了可以看作 n 维欧氏空间中的一个点之外，还可看作是从原点到该数据点的一个向量。当不关心向量长度时，向量之间的夹角越小，表示数据之间的相似度越大，类似这样的度量称为相关系数。目前常用相关系数计算公式如表 4 − 4 所示，其中 x，y 符号的意义同上，M 表示一个任意的矩阵。

表 4 − 4　常用相关系数计算公式

名称	计算公式
余弦/交叉系数（cosine/cross − coefficient），或称余弦相似度（cosine similarity）	$C_c(x, y) = \dfrac{x^{\mathrm{T}}y}{\sqrt{x^{\mathrm{T}}x}\,\sqrt{y^{\mathrm{T}}y}}$
推广余弦相似度（generalized cosine similarity）	$C_{gc}(x, y) = \dfrac{x^{\mathrm{T}}My}{\sqrt{x^{\mathrm{T}}Mx}\,\sqrt{y^{\mathrm{T}}My}}$
双线性相似度（bilinear similarity）	$C_{bs}(x, y) = x^{\mathrm{T}}My$
零均值交叉系数（zero − mean cross − coefficient）	$C_z(x,y) = \dfrac{\sum\limits_{i=1}^{n}(x_i - \overline{x})(y_i - \overline{y})}{\sqrt{\sum\limits_{i=1}^{n}(x_i - \overline{x})^2 \sum\limits_{i=1}^{n}(y_i - \overline{y})^2}}$
皮尔逊系数（Pearson coefficient）	$C_p(x, y) = \dfrac{1 - C_z(x, y)}{2}$

表 4 − 4 中的余弦相似度及其变形（推广余弦相似度、双线性相似度等）得到广泛采用，根据其公式 $C_c(x,y) = \dfrac{x^{\mathrm{T}}y}{\sqrt{x^{\mathrm{T}}x}\,\sqrt{y^{\mathrm{T}}y}} = \dfrac{x \cdot y}{\|x\|\,\|y\|}$ 可知，其计算得到的值实际是 x，y 这两个矢量之间夹角的余弦值，这也正是其名称的由来。

对于推广余弦相似度和双线性相似度来说，其中存在可变因素——M 矩阵，这就为引入度量学习准备了条件，通过从训练样本中学习 M 矩阵，可达到获得最优推广余弦相似度和双线性相似度的目的。这里的主要问题同样是学习目标和优化方法，学习目标仍然可以基于对训练数据的拟合度要求（表4 − 1）、对 M 矩阵的约束（表 4 − 2）、松弛变量约束、边界学习思想这四部分因素组合得到。以双线性相似度为例，通过设定不同的学习目标可获得如下学习算法。

（1）OASIS（Chechik 等）：拟合度 3 + 约束项 5 + 松弛变量约束。

（2）SLIC（Bellet 等）：拟合度 4 + 约束项 1 + 边界学习思想。

（3）RSL（Cheng）：拟合度 1 + 拟合度 2 + 约束项 1 + 约束项 5。

下面详细阐述 OASIS 方法，对于其他方法的具体细节，请参见文献［2］。

例 4 – 4　学习双线性相似度的 OASIS 方法。

OASIS 方法同样采用了 SVM 学习中的边界学习和松弛变量策略。给定三元组 p，p^+，p^-，p 与 p^+ 之间的相似度大于 p 与 p^- 之间的相似度，我们希望双线性相似度计算结果能满足三元组数据之间的这种关系，并且具有一定的间隔，于是有

$$S_w(p,p^+) > S_w(p,p^-) + 1 \qquad (4-10)$$

据此可以确定一个三元组对应的损失为

$$l_w(p_i,p_i^+,p_i^-) = \max\{0, 1 - S_w(p_i,p_i^+) + S_w(p_i,p_i^-)\} \qquad (4-11)$$

在此基础上，总的学习目标是使所有三元组对应的损失之和最小化：

$$w^* = \min_w \sum_{(p,p^+,p^-) \in P} l_w(p_i,p_i^+,p_i^-) \qquad (4-12)$$

采用消极 – 进取（Passive – Aggressive）算法求解上述目标。从一个初始结果 w^0 开始，每次随机选择一个三元组，在该三元组上通过求解以下目标来更新结果：

$$w^i = \arg\min_w \frac{1}{2} \| w - w^{i-1} \|_F^2 + C\xi \qquad (4-13)$$

$$\text{subject to } l_w(p_i,p_i^+,p_i^-) \leq \xi; \xi \geq 0$$

4.3.3　局部性度量

通常采用的相似性度量方法是全局性的，即在度量空间中的不同位置处，相似度计算方法和参数是一致的。但如果数据本身分布是不均匀的，则采用全局性的度量并不理想。以表示颜色的 NXYZ 空间[①]为例，在该空间中，按欧氏距离度量，人对颜色的区分是不均匀的。图 4 – 1 所示为 NXYZ 颜色空间，图中每个椭圆内的点对应的颜色被认为是相同的颜色。如图所示，椭圆的大小和形状随着区间位置的不同而不同，这说明用欧氏距离不能有效度量 NXYZ 颜色之间的相似性。

---

①　NXYZ 颜色空间是由国际照明委员会（CIE）确定的一种由 x，y，z 三个值来表示颜色的方法，NXYZ 则是归一化的 xyz 空间，对每个分量用三个值的和来做归一化，从而只有两个值是独立的，成为一种二维的颜色空间表示。

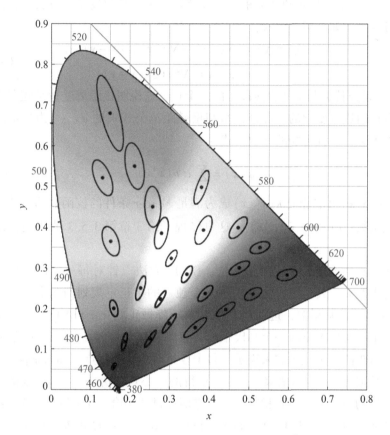

图 4 – 1　NXYZ 颜色空间非一致性示意①

　　对于类似上面这样的数据分布不均匀从而不能用均匀的相似度度量方法来度量其相似度的问题，有以下两种解决方式。

　　（1）对数据进行转换，使转换以后的数据分布变成均匀的，比如对于上面的颜色问题，可将颜色在 NXYZ 空间下的表达转换成在 Lab 空间下的表达，此时人对颜色的区分是均匀的。这样转换后，便可以继续采用全局方法进行度量。

　　（2）使度量方法局部化，通常是使度量方法在数据空间的不同部分使用不同的参数，从而在每个局部的数据空间分别有不同的度量方法，甚至每个数据可各自拥有自己的一种度量方法，从而能自适应分布不均匀的数据。

———————

① 引自 https://www.wikiwand.com/en/MacAdam_ellipse。

表 4-3 中所列布利格曼距离实际就是一种局部化度量。事实上，该计算公式可表示为如下对称形式：

$$
\begin{aligned}
D_b(\boldsymbol{x},\boldsymbol{y}) &= (\nabla\varphi(\boldsymbol{x}) - \nabla\varphi(\boldsymbol{y}))^{\mathrm{T}}(\boldsymbol{x}-\boldsymbol{y}) \\
&= (\boldsymbol{x}-\boldsymbol{y})^{\mathrm{T}}\nabla^2\varphi(\boldsymbol{z})(\boldsymbol{x}-\boldsymbol{y})
\end{aligned} \tag{4-14}
$$

其中，$\boldsymbol{z}$ 是连接 $\boldsymbol{x}$ 与 $\boldsymbol{y}$ 的直线段上的一个点，这说明该距离度量是随着变量位置的变化而逐点变化的。此外，布利格曼距离公式中的 $\varphi(\cdot)$ 为严格凸函数且二次可导，一种可能的函数形式为

$$
\varphi(\boldsymbol{x}) = \sum_{i=1}^{N}\alpha_i h(\boldsymbol{x}_i^{\mathrm{T}}\boldsymbol{x}) \tag{4-15}
$$

这里，$h(\boldsymbol{x}_i^{\mathrm{T}}\boldsymbol{x})$ 可取能使 $\kappa(\boldsymbol{x}_i^{\mathrm{T}},\boldsymbol{x})$ 成为满足 Mercer 条件的核函数的形式，比如多项式函数：$h(\boldsymbol{x}_i^{\mathrm{T}}\boldsymbol{x}) = (\boldsymbol{x}_i^{\mathrm{T}}\boldsymbol{x})^i$。这也体现了第 3 章第 3.5.3 节所述核函数的思想。

还有其他逐点局部化度量方法。GLML 方法[5]针对每一个训练样本学习一个马氏距离，其学习方法是求解一个独立的半正定规划问题来获得马氏距离中 M 矩阵的解析解，进而将其按对角矩阵做正则化。PLML 方法[6]也是针对每一个训练样本学习一个马氏距离，它将每一个局部马氏距离中的 M 矩阵用一组基矩阵的加权求和来表示，每个权重对应一个锚点（anchor point）（可采用对数据进行 k-均值聚类①后所获得的中心点作为锚点）。根据锚点约束及光滑性约束，学习得到相应权重，进而通过"拟合度 1 + 拟合度 2 + 约束项 1"（参见表 4-1、表 4-2）的学习目标，学习得到 M 矩阵，从而获得局部马氏距离。

逐点做局部度量，所需要的存储量和计算量是巨大的，可以在更大尺度的局部空间上进行局部性度量来节省存储量和计算量。聚类是一种常见的划分空间的方式。M^2-LMNN 方法[7]首先将训练数据划分成 C 个簇（比如用 k-均值聚类方法），然后在每个簇上分别用 LMNN 方法得到一个马氏距离。进行度量时，首先找到距离数据最近的簇，然后用该簇对应的马氏距离进行计算。表 4-3 中的随机森林距离也是一种将数据空间用随机森林划分成不同部分，然后根据当前输入数据所在空间部分来进行度量的方法，这里随机森林是从训练数据中学习得到的。

例 4-5 随机森林距离。

随机森林是由一组决策树所构成的分类器，在本例中每个决策树将一对

---

① 关于聚类以及 k-均值聚类方法，请参见本书第 5 章。

样本分类为相似或不相似，输出值为 0 或 1，在此基础上，取所有决策树输出值的平均值作为一对样本之间相似性的度量。设 x_i，x_j 表示一对样本，则二者之间的随机森林距离为

$$\mathrm{RFD}(x_i, x_j) = \frac{1}{T} \sum_{t=1}^{T} f_t(\phi(x_i, x_j)) \tag{4-16}$$

其中，$f_t(\,\cdot\,)$ 表示一个决策树，$\phi(x_i, x_j) = \left(|x_i - x_j|, \dfrac{x_i + x_j}{2} \right)$。这一度量的局部性主要体现在 $\phi(x_i, x_j)$ 中的 $\dfrac{x_i + x_j}{2}$ 上，这使决策树的决策结果与样本所在位置相关，从而最终的相似度计算结果也与样本所在位置相关。对以上随机森林距离的学习，即对其中随机森林分类器的学习，为此设置训练数据为两类，一类是相似样本对，希望其相似度值为 1；另一类是不相似样本对，希望其相似度值为 0，在此基础上训练随机森林分类器 $f_t(\phi(x_i, x_j))_{t=1}^{T}$，训练完成后用式（4-16）来度量两个样本之间的相似度。

4.4 离散型数据向量

如前所述，离散数据可细分为二值数据、类别数据和序别数据三种。本节分别说明其相似度计算方法，最后介绍混合型数据向量的处理策略。

4.4.1 二值数据

二值数据中的分量取值只能是两种值之一，如 0 或 1、-1 或 1、a 或 b 等等，具体取值根据实际情况的物理意义来定，以下为方便描述，统一用 0 或 1 来表达。对于二值数据，通常通过比较两个二值数据中各个分量取值是否相同来度量其相似度，而对于分量取值的比较则有以下两种情况。

（1）两种取值的重要性是相同的，比如性别的"男""女"两种取值在很多情况下是同等重要的。在这种情况下，两种取值在度量相似度时需平等对待，相应度量方法称为对称性度量（symmetric measure）。

（2）两种取值的重要性不相同，比如在检测疾病时，阳性测试结果可能比阴性测试结果更重要，这时在度量相似度时，两个数据分量同为阳性的比重应高于其同为阴性的比重。类似这样的度量称为非对称性度量（asymmetric measure）。

下面给出常用的二值数据相似度计算公式。假设对于两个二值数据 x 和

y，其中同时为 1 的分量的数目是 a，同时为 0 的分量的数目是 y，x 中为 1 而 y 中为 0 的分量的数目是 c，x 中为 0 而 y 中为 1 的分量的数目是 d，则常见的二值数据相似度计算方法如表 4-5 所示。读者可通过解读相应公式，更好地体会对称性度量与非对称性度量的区别。

表 4-5　常用二值数据相似度计算公式

名称	计算公式	对称性
汉明距离（Hamming Distance）	$d_H = c + d$	对称
匹配系数	$S_m = (a+b)/(a+b+c+d)$	对称
Rogets - Tanimoto 度量	$S_{rt} = (a+b)/(a+b+2c+2d)$	对称
Gower - Legendre 度量	$S = (a+b)/(a+b+0.5c+0.5d)$	对称
Jaccard 系数	$S = a/(a+c+d)$	不对称
Sokal - Sneath 度量	$S = a/(a+2c+2d)$	不对称
Gower - Legendre	$S = a/(a+0.5c+0.5d)$	不对称

相比连续性向量，二值数据的存储量大大下降，而且利用二值变量，进行近邻搜索的计算量将节省很多，因此为提高连续型数据相似度计算的性能，一种有效的手段是将连续型向量转换为二值数据，再进行相似度计算。这里的关键是如何实现连续型向量到二值数据的转换，这种转换可以看成一个函数，可以用多层感知器神经网络①来表达，然后对神经网络进行学习。HDML 方法[8]即这种思想的产物，其学习目标来自表 4-1 所列拟合度 3，根据拟合度 3 形成多层感知器神经网络的损失函数，然后用随机梯度下降方法学习神经网络，最后用学习得到的神经网络将连续性向量转换成二值数据后度量其汉明距离。

例 4-6　HDML 方法。

在 HDML 方法中，需要将一个 p 维连续变量转换成一个 q 维二值变量，为此首先将 p 维连续变量转换成 q 维连续变量，再用符号函数将其中的每一维转变成 -1 或 1，其中可学习的部分是 p 维连续变量到 q 维连续变量的转换函数。该转换函数可有多种选择，一种灵活的表达方式是采用多层感知器，比如可采用三层感知器，包括输入层、隐含层和输出层，其中神经元的整合

①　多层感知器及其学习方法参见本书第 10 章。

函数采用加权求和型函数，激活函数采用双曲正切 S 型函数。如果采用多层感知器表达上述转换函数，则需要学习的参数为其中的权重，设其为 $\boldsymbol{W}$。设 p 维连续变量到 q 维连续变量的转换函数为 $f_{\boldsymbol{W}}(\boldsymbol{x})$，逐元素符号函数为 $\mathrm{sign}(\cdot)$，则从 p 维连续变量到 q 维二值变量的函数为 $b(\boldsymbol{x})=\mathrm{sign}(f_{\boldsymbol{W}}(\boldsymbol{x}))$。

为了学习 $\boldsymbol{W}$，可考虑设定学习目标为使最终得到的二值数据能导致相似数据对应的汉明距离较小同时不相似数据对应的汉明距离较大。引入三元组 $\boldsymbol{x}_i$，$\boldsymbol{x}_i^+$，$\boldsymbol{x}_i^-$，$b(\boldsymbol{x}_i)$ 与 $b(\boldsymbol{x}_i^+)$ 之间的汉明距离应小于 $b(\boldsymbol{x}_i)$ 与 $b(\boldsymbol{x}_i^-)$ 之间的汉明距离，则该三元组对应的损失应为

$$l_{\boldsymbol{W}}(b(\boldsymbol{x}_i),b(\boldsymbol{x}_i^+),b(\boldsymbol{x}_i^-))=\max\{0,\|b(\boldsymbol{x}_i)-b(\boldsymbol{x}_i^+)\|_H \\ -\|b(\boldsymbol{x}_i)-b(\boldsymbol{x}_i^-)\|_H+1\} \tag{4-17}$$

其中，$\|\cdot\|_H$ 表示汉明距离。相应地，学习目标是使所有训练三元组上的损失之和最小化，同时使权重尽可能小，即总的损失函数为

$$l_{\boldsymbol{W}}=\sum_{(\boldsymbol{x}_i,\boldsymbol{x}_i^+,\boldsymbol{x}_i^-)\in P}l(\boldsymbol{x}_i,\boldsymbol{x}_i^+,\boldsymbol{x}_i^-)+\frac{1}{2}\|\boldsymbol{W}\|_F^2 \tag{4-18}$$

汉明距离为非连续函数，因此上面的损失函数不是可微的，为了能使用梯度方法优化该函数，改为计算该函数的连续上界（upper bound）函数。利用

$$b(\boldsymbol{x})=\mathrm{sign}(f_{\boldsymbol{W}}(\boldsymbol{x}))=\arg\max_{\boldsymbol{h}\in H}\boldsymbol{h}^{\mathrm{T}}f_{\boldsymbol{W}}(\boldsymbol{x}) \tag{4-19}$$

可得到如下关系：

$$l_{\boldsymbol{W}}(b(\boldsymbol{x}_i),b(\boldsymbol{x}_i^+),b(\boldsymbol{x}_i^-))\leqslant\max_{\boldsymbol{g},\boldsymbol{g}^+,\boldsymbol{g}^-}\{l_{\boldsymbol{W}}(\boldsymbol{g},\boldsymbol{g}^+,\boldsymbol{g}^-)+\boldsymbol{g}^{\mathrm{T}}f_{\boldsymbol{W}}(\boldsymbol{x})+\boldsymbol{g}^{+\mathrm{T}}f_{\boldsymbol{W}}(\boldsymbol{x}^+)+$$

$$\boldsymbol{g}^{-\mathrm{T}}f_{\boldsymbol{W}}(\boldsymbol{x}^-)\}-\max_{\boldsymbol{h}}\boldsymbol{h}^{\mathrm{T}}f_{\boldsymbol{W}}(\boldsymbol{x})-\max_{\boldsymbol{h}^+}\boldsymbol{h}^{+\mathrm{T}}f_{\boldsymbol{W}}(\boldsymbol{x}^+)-\max_{\boldsymbol{h}^-}\boldsymbol{h}^{-\mathrm{T}}f_{\boldsymbol{W}}(\boldsymbol{x}^-)$$

$$\tag{4-20}$$

将上式右侧的损失函数上界代入式（4-18），便得到新的损失函数。显然，只要 $f_{\boldsymbol{W}}(\boldsymbol{x})$ 是关于 $\boldsymbol{W}$ 的连续函数，则总的损失函数便是关于 $\boldsymbol{W}$ 的连续函数，从而可以利用随机梯度下降方法进行求解。具体地说，从初始权重 $\boldsymbol{W}^0$ 开始迭代更新权重，每次迭代时选择一个训练三元组 $\boldsymbol{x}_i$，$\boldsymbol{x}_i^+$，$\boldsymbol{x}_i^-$，计算式（4-20）右侧上界在该三元组处对应的梯度，按梯度方向对权重进行改变，相应计算步骤如下。

Step1. 根据式（4-19），计算 $(\hat{\boldsymbol{h}}_i,\hat{\boldsymbol{h}}_i^+,\hat{\boldsymbol{h}}_i^-)=(b(\boldsymbol{x}_i),b(\boldsymbol{x}_i^+),b(\boldsymbol{x}_i^-))$。

Step2. 计算

$$(\overset{*}{\boldsymbol{g}}_i,\overset{*}{\boldsymbol{g}}_i^+,\overset{*}{\boldsymbol{g}}_i^-)=\arg\max_{(\boldsymbol{g}_i,\boldsymbol{g}_i^+,\boldsymbol{g}_i^-)}\{l(\boldsymbol{g}_i,\boldsymbol{g}_i^+,\boldsymbol{g}_i^-)+\boldsymbol{g}^{\mathrm{T}}f_{\boldsymbol{W}}(\boldsymbol{x}_i)+\boldsymbol{g}^{+\mathrm{T}}f_{\boldsymbol{W}}(\boldsymbol{x}_i^+)+\boldsymbol{g}^{-\mathrm{T}}f_{\boldsymbol{W}}(\boldsymbol{x}_i^-)\}$$

Step3. 对损失函数求导，并按梯度下降方法对权重进行更新：

$$W^{t+1} = W^t - \eta \left[\frac{\partial f_W(x_i)}{\partial W}(\hat{h} - \hat{g}) + \frac{\partial f_W(x_i^+)}{\partial W}(\hat{h}^+ - \hat{g}^+) + \frac{\partial f_W(x_i^-)}{\partial W}(\hat{h}^- - \hat{g}^-) - \lambda W^t \right]$$

4.4.2 类别数据

类别数据本质上与二值数据是一样的，只是各分量取值个数（类别数）多于两个而已，因此可以采用类似上述统计各分量是否相同（匹配）的方法来计算类别数据之间的相似度。设 m 是两个类别数据中对应相同的分量个数，n 是全部分量个数（数据维数），则二者之间的相似度可计算为

$$S_c(x, y) = \frac{n_m}{n} \tag{4-21}$$

4.4.3 序别数据

序别数据的特点是分量的不同取值之间存在顺序（重要性）上的差别。因此，需要首先将各分量转换为 $[0, 1]$ 区间内的数值，数值大小应能反映相应分量值对应顺序的重要性。例如，设第 i 个分量的可能取值总数为 M_i，当前某数据在第 i 个分量上的取值对应的排序位置是 r_i，则一种将顺序转换为重要性数值的计算公式是

$$x_i' = \frac{r_i - 1}{M_i - 1} \tag{4-22}$$

将数据中的所有分量都经过类似上述的转换后，便变成了连续型数据向量，可按前述连续型数据向量的相似度度量方法来度量其相似度。

4.4.4 混合型数据

混合型数据中掺杂了各种不同类型的分量。对于这样的数据，可以分别使用上面所述的方法来计算相应分量的相似度 $S(x_i, y_i)|_{i=1}^n$，然后再将其组合起来，一种可能的组合公式是

$$S_{\text{mix}}(x, y) = \frac{\sum_{i=1}^{n} \delta_i S(x_i, y_i)}{\sum_{i=1}^{n} \delta_i} \tag{4-23}$$

其中，$\delta_i = 1$ 或 0，表示两个数据在第 i 个分量上是否同时存在值。如果都存在，则取 1；如果某一方不存在（该分量消失），则取 0。

4.5　简单数据集合

对于由多个数据向量所构成的简单数据集合之间的相似度的计算，可以从两个角度之一来考虑。第一，从分散的角度来考虑，即分别度量两个集合中各数据向量之间的相似度，然后在此基础之上度量集合之间的相似度。第二，从整体的角度来考虑，即获得对于数据集合的整体性表示，包括代表点、统计量、统计分布，然后基于整体性表示来进行度量。下面分别叙述这两类简单数据集合的相似度度量方法。

4.5.1　分散性度量

在获得两个简单数据集合中两两数据之间的相似度之后，对集合相似度的计算有以下几种常见的方法。

（1）单点连接法（single linkage）：以两两数据之间的最小相似度作为两个集合之间的相似度。

（2）全连接法（complete linkage）：以两两数据之间的最大相似度作为两个集合之间的相似度。

（3）平均连接法（average linkage）：以所有两两数据之间的相似度的平均值作为两个集合之间的相似度。

（4）豪斯道夫距离（Hausdorff distance）：对于两个集合中的任意一个，分别计算该集合中每一个数据到另一个集合中各数据之间的最大相似度，并比较各数据对应的最大相似度值，取其中最小的一个。两个集合分别得到两个这样的值，再在这两个值中选择较大者作为最后的计算结果。该方法中相似度主要用距离来度量，因此称为豪斯道夫距离。

上述四种处理方法的相应计算公式分别列于表 4-6 中，其中 $C_x = \{x_1, x_2, \cdots, x_M\}$，$C_y = \{y_1, y_2, \cdots, y_N\}$ 分别表示两个数据向量的集合，$S(x_i, y_j)$ 表示任意两个数据之间的相似度，这里采用的是比距离更为一般的相似度来表示的，如果采用距离来表示，表中的 max 和 min 应互换。

表 4-6　常用的简单数据集合相似度分散性度量方法

名称	计算公式
单点连接	$S_{sl}(C_x, C_y) = \min_{i,j} S(x_i, y_j)$

名称	计算公式
全连接	$S_{cl}(\boldsymbol{C}_x,\boldsymbol{C}_y) = \max\limits_{(i,j)} S(\boldsymbol{x}_i,\boldsymbol{y}_j)$
平均连接	$S_{cl}(\boldsymbol{C}_x,\boldsymbol{C}_y) = \min\limits_{(i,j)}(S(\boldsymbol{x}_i,\boldsymbol{y}_j))$
豪斯道夫距离	$S_{hd}(\boldsymbol{C}_x,\boldsymbol{C}_y) = \max(\min\limits_{i}\max\limits_{j} S(\boldsymbol{x}_i,\boldsymbol{y}_j),\min\limits_{j}\max\limits_{i} S(\boldsymbol{x}_i,\boldsymbol{y}_j))$

4.5.2 整体性度量

对于简单数据集合，其整体性的表示可以有代表点、统计量、统计分布三种。

（1）对于代表点的整体性表示方式，是从集合的所有数据向量中选出一个来代表集合，所选出的数据为代表点。比如，可采用数据中值（median）作为代表点。所谓数据中值是将数据按从大到小的顺序排列，排位在中间的数据即中值。在获得中值之后，计算数据中值之间的相似度作为集合的相似度，该计算方法称为中值连接（median linkage）法。

（2）对于统计量的整体性表示方式，是计算集合的统计量来表示集合，数据均值（mean）是一种经常采用的统计量。在获得均值之后，计算数据均值之间的相似度作为集合之间的相似度，相应的集合相似度计算方法称为质心连接（centroid linkage）法，其计算公式为 $S_{ctl}(\boldsymbol{C}_x,\boldsymbol{C}_y) = S\left(\dfrac{1}{M}\sum\limits_i \boldsymbol{x}_i,\dfrac{1}{N}\sum\limits_j \boldsymbol{y}_j\right)$。

（3）对于基于统计分布的整体性表示方式，需先将数据集合拟合为相应统计分布，然后计算各分布之间的相似度作为集合相似度的度量，而统计分布之间的相似度则常用统计分布之间的距离来度量。表4-7列出了常用统计分布之间的距离计算公式，其中 $\boldsymbol{C}_x$，$\boldsymbol{C}_y$ 的含义同上，$p(\boldsymbol{x})$，$q(\boldsymbol{x})$ 分别代表从 $\boldsymbol{C}_x$，$\boldsymbol{C}_y$ 拟合得到的两个统计分布。

表4-7　常用统计分布之间的距离计算公式

名称	计算公式
切尔诺夫距离（Chernoff distance）	$D_{cpc}(\boldsymbol{C}_x,\boldsymbol{C}_y) = -\log\int\limits_x p^{\alpha}(\boldsymbol{x})q^{1-\alpha}(\boldsymbol{x})\mathrm{d}x, 0 < \alpha < 1$
巴塔查亚距离（Bhattacharyya distance）	$D_{cpb}(\boldsymbol{C}_x,\boldsymbol{C}_y) = -\log\int\limits_x \sqrt{p(\boldsymbol{x})q(\boldsymbol{x})}\mathrm{d}x.$

名称	计算公式
杰弗里－马楚思塔距离（Jeffrey－Matusita distance）	$D_{\text{cpj}}(\boldsymbol{C}_x, \boldsymbol{C}_y) = \sqrt{\int\limits_x \left(\sqrt{p(\boldsymbol{x})} - \sqrt{q(\boldsymbol{x})} \right)^2 \mathrm{d}\boldsymbol{x}}$
库尔贝克－雷伯乐散度（Kullback－Leibler Divergence），常简称 KL 散度，也称为相对熵（relative entropy）	$D_{\text{cpk}}(\boldsymbol{C}_x, \boldsymbol{C}_y) = \int\limits_x p(\boldsymbol{x}) \log \dfrac{p(\boldsymbol{x})}{q(\boldsymbol{x})} \mathrm{d}\boldsymbol{x}$

4.6　有序数据集合

如第 4.1.2 节所述，有序数据集合的特点在于集合元素之间是有顺序关系的，顺序不同时，即便元素完全相同，有序数据集合也是不同的，因此在度量有序数据集合之间的相似度时，需要考虑集合元素的顺序。

从数据结构上看，有序数据集合与数据向量有相似之处，均是由构成要素按一定顺序排列而成，区别在于数据向量的构成要素为单个数据，而有序数据集合的构成要素为数据向量。如果将数据向量中的每个构成数据均看作一个特殊的仅由一个分量构成的向量，则数据向量可以认为是有序数据集合的一种特例。基于这种数据结构上的相似性，前述数据向量之间的相似度度量方式可应用于求解有序数据集合之间的相似度。比如，可将表 4-5 中所列的二值数据汉明距离计算方法应用于度量等长有序数据集合之间的距离。以字符串型数据为例，该距离值等于在相应位置上不相同的字符个数。类似地，可将数据向量之间的其他相似度度量方法用于有序数据集合之间的相似度计算。尽管如此，但从概念上说，有序数据集合更关心集合元素之间的顺序，甚至需要利用这种顺序达到相似度计算的目的。下面叙述基于元素顺序的有序数据集合相似度度量方法，不考虑元素顺序的度量方法请见第 4.3、4.4 节的相应叙述。

4.6.1　基于变换系数的度量

有序数据集合元素存在前后相继的信号特性，比如语音数据就比较直观地体现了这种信号特性。利用有序数据集合的信号特性，可以对有序数据集合进行数学变换，得到相应的变换系数，将变换系数排列起来构成一种数据向量，进而利用基于数据向量的相似度度量方法来获得有序数据集合之间的相似度。这里，变换系数可以被认为是从有序数据集合所代表的信号中提取出来的特征。常用的变换系数有傅里叶变换系数和自回归系数。

1. 傅里叶变换系数法

对有序数据集合做傅里叶变换（Fourier transform），得到傅里叶变换系数（Fourier coefficients），再计算傅里叶变换系数之间的距离（如欧氏距离）作为两个有序数据集合之间相似度的度量。

由于可以在原始数据与变换后的数据之间进行完全的傅里叶变换和反变换，因此在完全的傅里叶变换系数上进行计算与在原始数据集合上做计算的结果其实是一致的。但采用傅里叶变换系数的意义在于，可以选择不用完全的傅里叶变换系数，而仅在部分傅里叶变换系数上进行计算，从而可以去掉信号中不太重要的成分的影响，以达到提高计算鲁棒性和效率的目的。

2. 自回归系数法

计算有序数据集合的自回归系数（auto-regressive coefficients），通过自回归系数之间的距离来度量有序数据集合之间的相似度。所谓自回归系数，是指满足如下自回归模型的系数：

$$x_i = a_0 + \sum_{j=1}^{\eta} a_j x_{i-j} \tag{4-24}$$

其中，$\{a_0, a_1, \cdots, a_\eta\}$ 为自回归系数，η 为模型阶数（order）。与傅里叶变换系数法类似，通常选择自回归系数的子集，而不是全集，来计算两个有序数据集合之间的相似度。

4.6.2 弹性配准度量与编辑距离

弹性配准（elastic aligning）相似度度量法，往往也被称为弹性相似度度量（elastic similarity measure），它试图找到使两个有序数据集合经过变换后能完全相同的最小代价，以此作为二者相似度的度量。通常采用动态规划（dynamic programming）方法寻找对应于最小代价的变换。弹性配准度量的经典代表是编辑距离（Edit Distance, ED）、动态时间弯曲（Dynamical Time Warping, DTW）、堆土机距离（Earth Mover's Distance, EMD）。

编辑距离，最初由俄罗斯科学家 Levenshtein 发明[10]，因此又称为 Levenshtein 距离，起初主要用于度量两个等长或不等长字符串之间的相似度，后来陆续推广至树型结构和图型结构数据的相似度度量，以及连续型数据的相似度度量。它在计算生物学、机器翻译、信息抽取、语音识别等领域有着广泛的应用。

将两个有序数据集合中的一个转换成另一个，可以通过编辑操作序列来实现，这里的编辑操作包括集合元素的替换、插入和删除，比如对于字符串，可进行字符的替换、插入和删除。对于两个有序数据集合来说，存在多种可能的编辑操作序列，能将其中一个有序数据集合转换成另一个。编辑距离的工作原理是定义每种编辑操作的代价，在此基础上计算每种可以将一个有序数据集合转换成另一个的编辑操作序列对应的总代价值，进而在其中选择最小代价值作为相似度的度量，因此编辑距离更准确的名称应是最小编辑距离（Minimum Edit Distance，MED）。这一优化问题可采用动态规划法[9]求解。

上述编辑距离中的关键参数是编辑操作的代价，代价不同，所得编辑距离的效果也不同。最简单的代价定义方法是不考虑编辑操作的类型，仅考虑其使用次数。每做一次编辑操作，不论其为何种类型，均计算代价为 1。这种编辑方式主要针对离散型有序数据集合的处理。在将编辑距离应用于连续型有序数据集合时，为了进行编辑操作，需要对数据进行离散化。比如在 Chen 等人提出的 EDR（Edit Distance on Real Sequence）距离[16]中，关键一点就是用一个阈值（threshold）来判断有序数据集合中的两个连续型数据元素是否具有对应性。当然也有其他更复杂的定义方式，比如定义两种字符之间的相似度作为匹配代价，计算字符串对应关系中所有对应字符的匹配代价的和，同时在对应关系中可能会插入空白字符，对这种空白字符进行惩罚，计算惩罚值，在最终的相似度计算中减去相应惩罚值。这种思路的具体代表有 Needleman - Wunsch 度量[11]、Smith - Waterman 度量[12]、局部对准核（Local Alignment kernel，LA）等。LA 方法介绍如下。

设 X 与 Y 分别代表两个序列，$s(X,Y,\pi)$ 表示对于 X 与 Y 之间的一种匹配关系 π 计算出的匹配代价，在 LA 中，有

$$s(X,Y,\pi) = \sum_{a,b} n_{a,b}(X,Y,\pi)S(a,b) - n_{gd}(X,Y,\pi)g_d - n_{ge}(X,Y,\pi)g_e$$

$$(4-25)$$

其中，$n_{a,b}(X,Y,\pi)$，$n_{gd}(X,Y,\pi)$，$n_{ge}(X,Y,\pi)$ 分别表示在这种匹配关系中，字符对 (a,b) 出现的次数、空白子串开始的次数（反映空白子串的个数）、空白子串延展的次数（空白子串长度大于 1 的次数，反映空白子串的长度），$S(a,b)$，g_d，g_e 分别为 (a,b) 之间的相似度、对空白子串开始的惩罚、对空白子串长度的惩罚。在 $s(X,Y,\pi)$ 的基础上，X 与 Y 之间的 LA 值为所有可能的 π 对应的 $s(X,Y,\pi)$ 之和，即

$$\text{LA}(X,Y) = \sum_{\pi} e^{\beta s(X,Y,\pi)} \qquad (4-26)$$

此处与前面编辑距离的不同之处在于：不是在所有匹配关系中取最小值，而是求所有匹配关系的和。在这种公式中，当参数 β 比较大时，效果与取最大值

是接近的。而通过这种处理使整体计算是可求导的，便于对 $S(a,b)$，g_d，g_e 等关键参数进行学习，下面可看到。

除了通过人为经验来确定，还可以采用度量学习的手段从训练数据中获得理想的代价值，这里实际是学习得到每一对数据分量之间的转换所对应的代价矩阵，具体的学习方法如下。

（1）Ristad 与 Yianilos[14] 对于每一种编辑操作赋予一个概率，在此基础上，两个字符串之间的一种转换对应着一个编辑操作的序列，认为序列中各个编辑操作没有相互影响①，于是两个字符串之间的一种转换所对应的概率为对应编辑操作序列中每个操作对应概率的连乘。而两个字符串之间的转换概率则等于其中所有可能的转换对应的概率之和。该转换概率的负对数值为最终的距离度量结果，称为随机编辑距离（stochastic edit distance）。在以上计算中，核心参数是每一种编辑操作所对应的概率，Ristad 与 Yianilos 采用机器学习的方法得到这些概率。训练数据是字符串对的集合，训练目标是使训练数据上的概率最大化，实现方法是第 3 章所述的 EM 算法。这里，E 步用于计算每一种编辑操作产生相应字符串对的期望次数；M 步用于在上述期望次数的基础上，将每一种编辑操作所对应的概率设为其相对期望值（relative expectation），从而实现概率的最大化。

（2）Saigo 等对上述 LA 方法中的 $S(a,b)$，g_d，g_e 等关键参数进行学习。为了定义学习目标，首先考虑每一个序列在训练数据库上按相似度进行搜索时其相似度值的显著性，其定义为 $Z = \dfrac{s-\mu}{\sigma}$，其中 s 为该序列与数据库中一个相似序列的 LA 值，μ 和 σ 分别为该序列与数据库中所有不相似序列的 LA 值的均值和方差。我们显然希望 μ 应小于 s，而根据 Z，可计算 μ 大于 s 的概率为 $p(\mu > s) = 1 - e^{-e^{-aZ-b}}$，其中 a 和 b 是计算极值（最大值）分布的参数，则对于不相似数据个数为 D 的训练数据库，μ 大于 s 的期望个数 $E = D \cdot p(\mu > s)$，我们希望该值能最小化，相应可转化为求以下值的最大化：$C = 1/(1+E)$。在数据库上的所有相似序列上计算 C 的平均值，并令其最大化。结合上述 LA 计算公式可知，C 的平均值函数是关于 $S(a,b)$，g_d，g_e 等参数的连续函数，可以计算 C 的平均值函数关于这些参数的导数，从而可以采用梯度上升方法求解。

（3）学习编辑距离中的相似度矩阵的难点在于编辑距离需要计算两个序列之间的最优匹配关系，因此通常需要采用交替优化求解的方法。以上 Saigo

---

① 与本书第 3 章所述朴素贝叶斯分类器的思想类似。

等人的方法是一种用连续函数来代替求最优匹配的方法。类似的方法还有 Bellet 等[35]人的工作，他们首先将编辑距离简化为 $e_C(X, Y) = \sum_{0 \leqslant i, j \leqslant A} C_{i,j} \#_{i,j}(X, Y)$，其中 A 表示编辑操作代价矩阵，$C_{i,j}$ 表示编辑操作 (i, j) 对应的代价，$\#_{i,j}(X, Y)$ 表示在将 X 转换成 Y 的编辑操作序列中 (i, j) 出现的次数。这里的编辑操作序列不考虑最优操作序列，从而避开了相应的寻优过程。Bellet 等人进一步从分类角度考虑根据上述编辑距离对其中的编辑操作代价转换矩阵的学习。他们将同类样本作为相似对，将异类样本作为不相似对，其相似度值分别标注为 −1 和 1。因此编辑距离也应转换成 [−1, 1] 区间的值，其转换公式为 $K_C(X, Y) = 2e^{-e_C(X, Y)} - 1$。在此基础上，借鉴 SVM 学习思想，首先定义一对训练数据关于编辑代价矩阵 $\boldsymbol{C}$ 所对应的损失值为

$$\text{loss}(\boldsymbol{C}, z_i, z_j) = \begin{cases} \left[B_1, e_C(\boldsymbol{x}_i, \boldsymbol{x}_j)\right]_+, y_i \neq y_j \\ \left[e_C(\boldsymbol{x}_i, \boldsymbol{x}_j) - B_2\right]_+, y_i = y_j \end{cases} \quad (4-27)$$

其中，$z_i = (\boldsymbol{x}_i, \boldsymbol{y}_i)$ 代表一个训练数据，即一个序列 $\boldsymbol{x}_i$ 及其类别 $\boldsymbol{y}_i$；B_1，B_2 分别为相应的分类边界，进而给出相应学习目标如下：

$$(\boldsymbol{C}^*, B_1^*, B_2^*) = \arg\min_{\boldsymbol{C}, B_1, B_2} \frac{1}{n^2} \sum_{z_i, z_j} \text{loss}(\boldsymbol{C}, z_i, z_j) + \beta \|\boldsymbol{C}\|_F^2$$

$$(4-28)$$

$$\text{subject to } B_1 \geqslant -\log\left(\frac{1}{2}\right), 0 \leqslant B_2 \leqslant -\log\left(\frac{1}{2}\right), B_1 - B_2 = n_\gamma$$

采用凸规划（convex programming）方法对该目标进行求解得到所需要的编辑代价矩阵。

4.6.3 动态时间弯曲

动态时间弯曲起初主要针对时间序列数据，其名称即源于此，但该方法原理实际可用于任何具有类似特性的数据，如图像、笔迹等。

动态时间弯曲的工作原理与编辑距离异曲同工，都是试图找出使两个有序数据集合达到一致的最小变换代价，但不同于编辑距离主要针对以字符串为代表的离散型数据，动态时间弯曲主要针对以时间序列为代表的连续型数据，因此两个有序数据集合之间的变换不是采用编辑操作来实现的，而是采用将元素两两对应起来（两个元素可不在同一位置上）的方式实现的。两个对应的元素可能不完全一致，从而存在一定的对应代价，目前主要用彼此之间的距离来反映。最后，将所有两两对应元素之间的对应代价的总和作为总的变换代价。动态时间弯曲的计算目标便是发现最小的总的变换代价以及相应的元素对应关系。

具体地说[36]，对于两个序列数据 $S = s_1, s_2, \cdots, s_n$ 和 $T = t_1, t_2, \cdots,$ t_m，可以将其组织在一个二维网格中，网格中的每个节点 (i, j) 表示 s_i 与 t_j 之间的对应关系，网格中的一条完整的路径则对应于 S 与 T 之间的一种匹配关系，称为弯曲路径（warping path）。图 4-2 所示为这种弯曲路径的一个例子。在确定了任意节点对应的匹配距离后，则一条弯曲路径中所有节点对应的匹配距离之和为该弯曲路径的距离。计算 S 与 T 之间的所有弯曲路径，取所有弯曲路径中距离最小者为最终得到的弯曲路径，相应距离即最终的动态时间弯曲距离。对于寻找所有弯曲路径中距离最小者这一优化问题，与求解最小编辑距离类似，通常采用动态规划法求解。以上节点对应的匹配距离可取两个元素之间的欧氏距离或城区距离等。

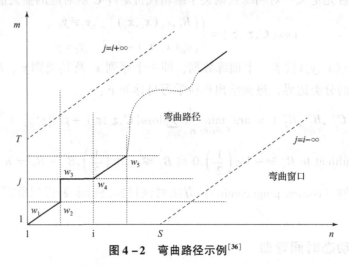

图 4-2   弯曲路径示例[36]

动态时间弯曲与编辑距离的最大差别在于：在动态时间弯曲中两个时间序列同时变换到一条弯曲路径上，而在编辑距离中则是将一个字符串变换成另一个字符串。

4.6.4   时间弯曲的编辑距离

既然动态时间弯曲与编辑距离存在相似性，将二者结合起来以提高相似度度量的性能便是很自然的想法。时间弯曲的编辑距离（Time Warp Edit Distance，TWED）便是二者结合的产物，它综合应用了 EDR 距离中的阈值化处理思想和动态时间弯曲中的连续化处理思想。类似 EDR，考虑编辑操作；又类似动态时间弯曲，考虑对应元素之间的距离，而不只是编辑操作的代价。TWED 的优势在于它是符合距离公理的，而编辑距离与动态时间弯曲则不是。

TWED[21]的基本思路是对两个时间序列数据执行编辑操作，类似于字符串变换中的编辑操作，但方式不同。其针对时间序列的匹配，引入了删除 A（delete – A）、删除 B（delete – B）、匹配三种编辑操作。删除 A 是指删除第一个时间序列中的某一部分，删除 B 是指删除第二个时间序列中的某一部分，匹配是指将两个时间序列中的某一个片段匹配在一起。图 4 – 3 所示为这三种操作。图 4 – 3 中的二维坐标的含义不同于图 4 – 2 中的含义，在图 4 – 2 中，两个序列分别位于横轴和纵轴，而在图 4 – 3 中，横轴代表的是时间，纵轴代表的是时间序列中每一时刻的取值（需要将 n 维的数据投影到 1 维上）。这样，每个时间序列对应于该二维空间中的一条路径，比如图 4 – 3 中实线代表第一个时间序列 A，虚线代表第二个时间序列 B。我们的目的是将图中两条独立的时间序列变换成唯一的一个，这种变换便可以通过上面所说的三种编辑操作实现。图中的箭头分别说明了相应操作。对于每种编辑操作，按类似动态时间弯曲中的方式，定义相应的代价，进而类似于编辑距离，TWED 是寻找代价之和最小化的编辑操作序列，相应的最小代价和便是 TWED，这同样可通过动态规划法求解。

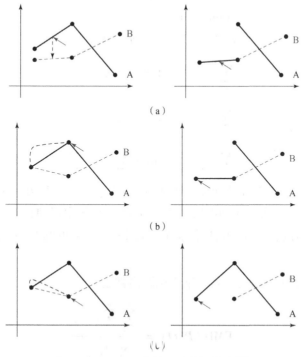

图 4 – 3　TWED 中的三种编辑操作[21]

（a）匹配操作；（b）删除 A 操作；（c）删除 B 操作

4.6.5 堆土机距离

堆土机距离[18]的基本思想与上述编辑距离和动态时间弯曲距离是一致的，其特点在于用堆土机填洞的思路来考虑两个有序数据集合之间的配准问题。它将其中一个集合中的各个元素想象成土堆，将另一个集合中的各个元素想象成洞，则配准过程就是用一个集合中的"土"去填充另一个集合中的"洞"的过程，完成该过程所需的最小工作量便是堆土机距离。该问题可形式化地描述如下。

设 $P = \{(p_1, w_{p_1}), \cdots, (p_1, w_{p_1})\}$，$Q = \{(q_1, w_{p_1}), \cdots, (q_m, w_{p_1})\}$ 为两个带有权重的有序数据集合，其中 w 表示权重，可类比为土堆或洞的体积；其余为数据；$F = \{f_{ij}\}$ 代表 P 和 Q 之间的配准关系，其中 f_{ij} 表示 p_i 与 q_j 的配准数量，可类比为从 p_i 这个土堆运送到 q_j 这个洞中的土的数量；d_{ij} 表示 p_i 与 q_j 之间的距离，则计算堆土机距离时，待求解的约束优化问题如下：

$$F^* = \arg\min_F \sum_{i=1}^m \sum_{j=1}^n d_{ij} f_{ij}$$

subject to

$$f_{ij} \geq 0, \ 1 \leq i \leq m, 1 \leq j \leq n$$

$$\sum_{j=1}^n f_{ij} \leq w_{p_i}, 1 \leq i \leq m \quad\quad (4-29)$$

$$\sum_{i=1}^m f_{ij} \leq w_{q_j}, 1 \leq j \leq n$$

$$\sum_{i=1}^m \sum_{j=1}^n f_{ij} = \min\left(\sum_{i=1}^m w_{p_i}, \sum_{j=1}^n w_{q_j}\right)$$

在式（4-29）中，如果将 P 看作供货方，将 Q 看作接货方，将 F 看作 P 与 Q 之间的流量，那么上述问题实质上是最优化问题中经典的运输问题，可利用求解运输问题的有效方法来求解，比如运输–单纯形（transportation – simplex）算法[18]。

在获得了最优的 F^* 之后，堆土机距离被定义为

$$\text{EMD}(P, Q) = \frac{\sum_{i=1}^m \sum_{j=1}^n d_{ij} f_{ij}}{\sum_{i=1}^m \sum_{j=1}^n f_{ij}} \quad\quad (4-30)$$

即归一化后的堆土工作量。

在上面堆土机距离的计算中，存在关键参数 d_{ij}，可以从训练数据中学习得到这个关键参数，比如下面所述。

（1）GML[19]方法基于表 4 – 1 中的拟合度 5 形成学习目标，优化得到 d_{ij}。其中训练数据为序列数据对及其相似度大小，这里相似度大小可按类别设定，同类（相似类）为正数，异类（不相似类）为负数。训练目标是使学习得到的 d_{ij} 所导致的堆土机距离对于相似数据对来说尽可能小（即相似度尽可能大），对于不相似数据对来说尽可能大（即相似度尽可能小）。在实际计算时，对于每一个序列数据，利用堆土机距离计算其 k – 近邻数据。在 k – 近邻中确定与该序列数据相似的数据和与其不相似的数据，设相似数据集合和不相似数据集合分别为 N_i^+ 和 N_i^-，分别计算每个相似数据对应的堆土机距离与相应相似度的乘积以及每个不相似数据对应的堆土机距离与相应相似度的乘积，进而分别计算在 N_i^+ 和 N_i^- 上这样的乘积的累加。令 $S_i^+ = \sum_{j \in N_i^+} w_{ij} G_{ij}(\boldsymbol{D})$，$S_i^- = \sum_{j \in N_i^-} w_{ij} G_{ij}(\boldsymbol{D})$，这里 $\boldsymbol{D}$ 表示所有 d_{ij} 所构成的矩阵，即待求解对象；w_{ij} 和 $G_{ij}(\cdot)$ 分别表示计算得到的堆土机距离和训练数据中提供的相似度值，显然我们希望 S_i^+ 最小化，同时 S_i^- 也最小化（因为对应 $w_{ij} < 0$），于是待求解结果为 $\boldsymbol{D}^* = \arg\min_{\boldsymbol{D}} \sum_{i=1}^{n} (S_i^+ + S_i^-)$。该优化问题用一种特定方法来求解，具体细节请参见该文献。

（2）EMDL[20]方法基于"拟合度 3 + 正则项 1（针对 d_{ij} 矩阵）"（见表 4 – 1、表 4 – 2），并结合松弛变量约束形成学习目标，求解后得到 d_{ij}。这里采用的训练数据为三元组集合 $\{(p_i, q_i, r_i)\}_{i=1}^{N}$，其中对于每个三元组，均有 EMD $(p_i, r_i) \geqslant$ EMD (p_i, q_i)。理想地，我们希望学习得到的 d_{ij} 矩阵能够完全满足训练数据上的这种三元组约束，但实际较难完全达到，因此采用本书第 3 章所述 SVM 学习中的松弛变量思想，同时要求 d_{ij} 矩阵的模长尽可能小，于是优化问题为

$$\min \ \|\boldsymbol{D}\|_2^2 + C \cdot \boldsymbol{\xi}^{\mathrm{T}} \mathbf{1}$$
$$\text{subject to EMD}(p_i, r_i) - \text{EMD}(p_i, q_i) \geqslant 1 - \xi_i, \ \xi_i \geqslant 0, \ i = 1, 2, \cdots, N \tag{4-31}$$

三元组的训练数据形式还可推广到相似数据对和不相似数据对，设其分别为 $\{(p_i, q_i)\}_{N_{si=1}}$ 和 $\{(r_i, s_i)\}_{N_{dj=1}}$，其与上述三元组的区别在于两对数据彼此不共享数据，但相似数据对与不相似数据对的堆土机距离之间的关系仍应满足上面的约束。这样可以将 $\{(p_i, q_i)\}_{N_{si=1}}$ 和 $\{(r_i, s_i)\}_{N_{dj=1}}$ 分别看成两类数据，训练目标是使其堆土机距离的间隔尽可能大，于是优化问题为

$$\min \ \|\boldsymbol{D}\|_2^2 + C(\boldsymbol{\xi}_f^{\mathrm{T}} \mathbf{1} + \boldsymbol{\xi}_g^{\mathrm{T}} \mathbf{1})$$
$$\text{subject to EMD}(p_i, q_i) \leqslant -1 + \xi_i + t, \ \xi_i \geqslant 0, i = 1, 2, \cdots, N_s, \tag{4-32}$$
$$\text{EMD}(r_j, s_j) \geqslant 1 - \xi_j + t, \xi_j \geqslant 0, j = 1, 2, \cdots, N_d$$

其中，t 为预设的两类数据分隔阈值。

给定 D，计算出堆土机距离之后，以上式（4−31）和式（4−32）所示优化问题类似 SVM 的优化问题，于是可以采用类似的二次规划方法求解，得到新的 D。这便形成一种交替优化算法。

4.6.6 最长公共子序列长度

最长公共子序列（Longest Common SubSequence，LCSS）是指两个序列之间的最长公共子序列。基于 LCSS 的相似度与编辑距离类似，同样需要考虑在两个序列数据之间进行变换，不同之处在于不是获得完全匹配的结果，而是得到尽可能大的最长公共子序列。具体地说，LCSS 方法在分别用某转换函数对其中一个序列进行转换后（分别用转换函数对序列中的每个元素进行转换，比如采用线性函数 $x = ax + b$），再计算转换后的两个序列之间的 LCSS，最后用 LCSS 的长度来度量二者之间的相似度。这里，某转换函数是能使 LCSS 最大的函数。因此 LCSS 方法实际包括两个寻优过程，寻找 LCSS 和寻找最优转换函数。寻找 LCSS 较易，可使用动态规划方法实现，寻找最优转换函数则需要特定的方法。

下面以 Das 等人计算整数时间序列 LCSS 相似度的方法[37]为例，进一步说明上述方法。在该方法中，为了使计算尽可能鲁棒，在计算 LCSS 时，不要求对应元素完全一致，而是在一定误差范围内一致。设误差阈值为 ε，两个待求解相似度的时间序列为 $X = x_1, x_2, \cdots, x_n$ 与 $Y = y_1, y_2, \cdots, y_n$，$x_i$ 与 y_i 为 LCSS 中任意对应元素（经过对 x_i 线性变换后），则只需满足 $y_i/(1 + \varepsilon) \leqslant ax_i + b \leqslant y_i(1 + \varepsilon)$ 即可。在此基础上，寻找最优线性变换函数 $x = ax + b$，即寻找最优参数 (a^*, b^*)。由于考虑的是整数时间序列，同时有些参数是等价的（即能导致完全相同的匹配关系），因此可在所有等价类中，用穷举方法搜索最优参数，即首先寻找参数的所有等价类，从每个等价类中各选出一个代表参数；然后分别对每个代表参数，利用该参数对 X 进行线性变换后，使用动态规划法计算变换后的 X 与 Y 之间的 LCSS；最后选择能导致最大 LCSS 的参数为参数寻优结果，最大 LCSS 为相似度计算结果。为提高上述算法的效率，可进一步利用序列均值的特性来缩小候选参数的范围，对此感兴趣的读者请参见该文献。

4.7 结构数据集合

对于有序数据集合而言，其构成元素之间存在顺序性关系，而结构数据集合中的构成元素之间则存在更为复杂的关联关系，一般常用树结构或图结构来表示，相应数据被称为树型结构数据（tree – structured data）或图型结构数据（graph – structured data）。树是图的一种特例，但由于其特殊性，树型结构数据之间也有特定的相似度度量方法。

4.7.1　树型结构数据

1. 树型编辑距离

树型编辑距离（Tree Edit Distance）是第 4.6.2 节中所述编辑距离向树型结构数据的推广。与上述有序数据集合的编辑距离类似，树型编辑距离同样以将一棵树变换为另一棵树所需的最小代价作为二者之间的距离。变换手段可以是节点的修改、删除、插入等。节点修改指节点符号的改变；节点删除需要将该节点下面的子节点作为其父节点的子节点；节点插入需要将其父节点的子节点作为新插入节点的子节点[23]。图 4 – 4 所示为这三种操作。

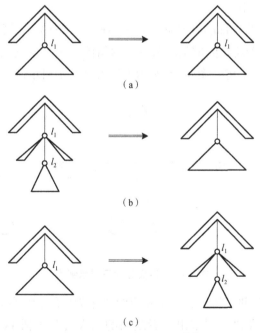

图 4 – 4　树的编辑操作[23]

（a）节点变换；（b）节点删除；（c）节点插入

在定义好每种编辑操作对应的代价后，计算编辑操作序列对应的总代价，取最小的总代价为距离计算结果。这一优化问题同样可通过动态规划方法求解。

树型编辑距离中，编辑操作的代价同样是关键参数，可采用机器学习方法，从训练数据中获得这一参数，如 Bernard 等人的方法[24]、Boyer 等人的方法[25]、Dalvi 等人的方法[26]、Emms 的方法[27]。下面详细介绍 Bernard 等人的方法。首先，将编辑距离值改为随机编辑距离值，每个编辑操作分别对应一个概率，设其为 $\delta(e_i)$，编辑操作序列的概率则是该序列中所有编辑操作对应概率的连乘：$\pi_\delta(e) = \prod_{i=1}^{n} \delta(e_i) \times \delta(\#)$，这里#表示结束符。对于两棵树 x，y，定义两者之间随机的树编辑距离为所有能将 x 变换到 y 的编辑操作序列对应概率之和的负对数值：$d_s(x,y) = -\log p_\delta(x,y) = -\log \sum \pi_\delta(e)$。给定训练数据为树的匹配对的集合，学习目标是使得在这样的集合上，所有匹配对对应概率的连乘最大化，这一 MLE 问题可以用 EM 算法求解。在 E 步，累计每一种编辑操作在训练数据集合上用于转换树的期望值；在 M 步，更新编辑操作对应概率，使似然值极大化。

2. 最大公共子树

最大公共子树（Largest Common SubTree，LCST）是第 4.6.2 节中所述 LCSS 的推广。两个树之间的最大公共子树指两个树之间的公共子树且并不存在比该子树更大的子树。图 4-5 所示为最大公共子树示例。

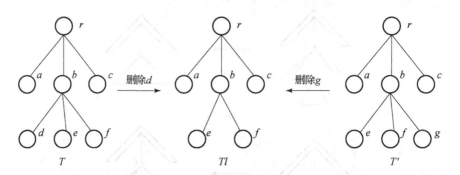

图 4-5　最大公共子树示例[28]

在获得最大公共子树后，定义相应距离作为树结构之间的相似度。例如，设 T 和 T' 代表两棵树，则求出二者之间的最大公共子树 LCST (T, T') 后，可按如下公式计算 T 和 T' 之间的距离[28]：

$$D(T,T') = |T| + |T'| - 2 * |\text{LCST}(T,T')|　　　　(4-33)$$

3. 最小公共超树

除了最大公共子树外，还可计算两个树结构之间的最小公共超树

（Smallest Common SuperTree, SCST），最小公共超树是指两个树之间的公共超树并且没有比其更小的公共超树。图4-6所示为最小公共超树示例。

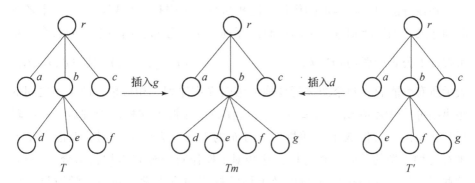

图4-6 最小公共超树示例[28]

在最小公共超树上定义距离，比如按如下方式定义[28]：

$$D(T, T') = 2 \times |\text{SCST}(T, T')| - |T| - |T'| \tag{4-34}$$

4. 基于变换的度量

将树变换为数据向量，进而度量数据向量之间的相似度来作为树型结构之间的相似度。例如，YANG等人将树表示为二叉分支向量（Binary Branch Vector），其中的每个分量值为树中该二叉分支的个数[29]。这样树结构之间的距离可计算为二叉分支向量之间的城区距离，称为二叉分支距离（Binary Branch Distance）。以上二叉分支向量的计算方法是首先将树变换为二叉树（binary tree），每个节点均有且仅有两个子节点。在二叉树的基础上定义二叉分支，即二叉树中一层的分支结构。二叉分支向量则是每个二叉分支在树中出现次数之和所构成的向量。

4.7.2 图型结构数据

1. 图型编辑距离

图型编辑距离（Graph Edit Distance）是第4.6.2节中所述编辑距离向图型结构数据的推广，原理同前，但计算更为复杂，除了需要考虑节点的修改、删除、插入外，还需考虑边的修改、删除、插入。针对这些编辑操作，分别定义变换代价，在此基础上，计算最小变换代价。同前，编辑操作对应变换代价的定义是其中的关键问题。对于编辑操作对应变换代价的计算方法，可以用机器学习的方法得到，比如用EM、自组织映射（Self Organization

Mapping，SOM)① 网络等[30]。

例 4 - 7 基于 EM 学习的图型编辑距离[38]。

在该方法中，将编辑操作视为随机事件，编辑操作序列则对应一个随机时间序列。如果能知道这个随机时间序列的统计分布，则两个图的联合分布可按以下公式计算：$p(G_1,G_2) = \int_{(e_1,\cdots,e_l)\in\psi(G_1,G_2)} dP(e_1,\cdots,e_l)$，其中 $\psi(G_1,G_2)$ 表示所有可能的对两个图进行变换的编辑操作序列。相应地，两个图之间的距离则可计算为 $d(G_1,G_2) = -\log p(G_1,G_2)$。在做了这样的处理后，对编辑操作代价的学习便成了对随机事件分布的学习，为此可采用高斯混合模型来对每种类型的编辑操作建模，这些编辑操作对应分布再加权组合在一起。这些高斯混合模型中的参数以及上层的权值便成为学习对象。学习目标可设定为 MLE，即给定标注数据（一对对相似的图），使得在标注数据上计算得到的两幅图之间的联合分布的似然值最大化。这一问题可通过 EM 算法求解。

除了在图上直接进行编辑距离的计算外，还有一种方法是将图转换成相应的字符串表示，进而在字符串上采用前面介绍的针对有序数据集合的编辑距离来进行度量[30]。

2. 最大公共子图与最小公共超图

与最大公共子树与最小公共超树类似，可以采用最大公共子图与最小公共超图来反映两个图之间公共部分的大小，以该大小作为相似度度量。

公共子图基于子图同形性（subgraph isomorphism），其满足以下条件：对于两幅图中的任意一幅，均存在从公共子图到该幅图的子图同形性。而最大公共子图（Maximal Common SuBgraph，MCSB）则是指这样的公共子图：不存在节点数比该公共子图更大的其他公共子图。获得最大公共子图后，可通过如下公式计算二者之间的距离[31]：

$$d(G_1,G_2) = 1 - \frac{|\mathrm{mcsb}(G_1,G_2)|}{\max(|G_1|,|G_2|)} \tag{4-35}$$

其中，G_1、G_2 表示两个图；$|\cdot|$ 表示图中节点个数。

公共超图与公共子图的定义类似，只是子图同形性反向计算，即考虑每幅图到公共超图的子图同形性，而不是公共超图到每幅图的子图同形性，公共超图需满足每幅图均存在到公共超图的子图同形性。最小公共超图

---

① 关于 SOM 网络，请参见本书第 10 章第 10.9 节。

(Minimum Common SuPergraph, MCSP) 是指不存在节点数少于该公共超图或边数（给定节点集）少于该公共超图的其他公共超图。在最小公共超图的基础上，可以定义与式（4-35）类似的距离计算公式[39]:

$$d(G_1, G_2) = 1 - \frac{|G_1| + |G_2| - |\mathrm{mcsp}(G_1, G_2)|}{\max(|G_1|, |G_2|)} \qquad (4-36)$$

或者综合最大公共子图与最小公共超图来定义距离[40]:

$$d(G_1, G_2) = |\mathrm{mcsp}(G_1, G_2)| - |\mathrm{mcsb}(G_1, G_2)| \qquad (4-37)$$

以上距离定义均满足距离公理的要求。BUNKE 等[39]与 FERNÁNDEZA 等[40]更进一步表明：通过以上三种距离之一均可以计算得到图型编辑距离，这说明最大公共子图（最小公共超图）与图型编辑距离是存在关联的，事实上，图型编辑距离也被称为错误容许的图同形性（error – tolerant graph isomorphism）[41]。

3. 信念传播方法

考虑到图的结构性，两幅图上的对应节点如果是相似的，意味着其邻接节点是相似的。这样可以采用信念传播（Belief Propagation，BP）方法，将节点相似性（信念值）向邻近节点传播，在传播停止后根据各节点的信念值计算图的相似度。

BP[42]是一种在概率图模型（比如本书第 3 章介绍的贝叶斯信念网）上进行近似推理的方法。在该方法中对每个节点引入一个"消息变量"$m_{ij}(x_j)$，表示节点 i 对节点 j 所处状态的可能性的认识。将所有邻近节点传递给节点 i 的消息汇集起来，并和该节点自身的概率结合，则构成该节点的信念（belief）:

$$b_i(x_i) = k\phi_i(x_i) \prod_{j \in N(i)} m_{ji}(x_i) \qquad (4-38)$$

其中，k 为归一化常数（所有信念值的和应为 1）；$\phi_i(x_i)$ 表示节点自身的概率；$N(i)$ 表示节点 i 的邻近节点集合。消息则通过消息更新机制进行自一致性（self – consistent）的计算。设 $\psi_i(x_i, x_j)$ 表示一致性函数，即两个节点所处状态是否相互符合的可能性，则消息更新公式如下：

$$m_{ij}(x_i) = \sum_{x_i} \phi_i(x_i) \cdot \psi_{ij}(x_i, x_j) \cdot \prod_{k \in N(i) \backslash j} m_{ki}(x_i) \qquad (4-39)$$

可以证明，对于无环图来说，通过以上方式计算出的信念值等于其精确的边际概率[41]。

KOUTRA 等人[42]将 BP 应用于图相似度计算：给定已知节点对应关系的两个图。对于其中每组对应节点，可在各自的图上分别执行一次 BP 过程，BP 过程结束后分别获得两个图中所有节点信念值所构成的向量，计算这两个向量之间的相似度（采用欧氏距离，并将其转换成 0 ~ 1 的相似度值）。所有对应节点上的该相似度值的平均值为最终结果。这一过程总结于算法 4 - 1 中。

算法 4 - 1　基于 BP 的图相似度计算方法

for 所有对应节点 $i = 1$ 到 n do
初始化这两个对应节点各自概率为一个相同值
在图 1 和图 2 中分别执行 BP 过程
获得图 1 和图 2 中各对应节点最终信念值构成的向量 b_1 和 b_2
计算 b_1 和 b_2 之间的相似度值，设置为 s_i
end for
图 1 和图 2 之间的相似度 = 所有 s_i 的平均值

以上算法 4 - 1 需要迭代计算，效率较低。为了提高效率，还可以将 BP 计算过程用线性系统求解方式进行简化。感兴趣的读者请参见文献［42］及［43］。

4.8　模糊集合

现实世界中的很多概念是含糊的，没有明确的外延，一个对象是否符合相应概念难以准确界定。比如"年轻人""中年人"与"老年人"，"矮个子""中等个子"与"高个子"，"漂亮""一般"与"丑陋"等概念就是模糊的，彼此之间不存在截然分明的界限。ZADEH 在其开创性论文 *Fuzzy sets* [33] 中将事物类属的这种不清晰性称为模糊性，将相应事物称为模糊事物，并提出用模糊集合来描述模糊事物及其模糊性。而如何度量模糊集合之间的相似度在模糊集合的很多应用中便是一个重要的问题。

4.8.1　模糊集合基础

模糊集合的关键在于不是武断地判定事物的类型，而是采用隶属度作为事物模糊性的度量，表达出事物属于某一模糊概念范畴的程度。

1. 模糊集合及其表示

定义 4.1　设 U 是由非空集合构成的论域。每一个映射 $\mu_A : U \rightarrow [0,1]$ 都

被称为 U 的一个模糊子集，或者被称为 U 上的模糊集。$\mu_A(\cdot)$ 被称为模糊集合 A 的隶属函数。对每个 $x \in U$，$\mu_A(x)$ 被称为元素 x 对模糊集合 A 的隶属度。

当 U 是有限论域时，模糊集合可用扎德符号表示为

$$A = \frac{\mu_A(x_1)}{x_1} + \frac{\mu_A(x_2)}{x_2} + \cdots + \frac{\mu_A(x_n)}{x_n} = \sum_{i=1}^{n} \frac{\mu_A(x_i)}{x_i} \qquad (4-40)$$

其中，x_1，$\cdots$，x_n 是论域 U 中的元素，$\mu_A(x_1)$，$\cdots$，$\mu_A(x_n)$ 是相应元素的隶属度，当隶属度为零时，相应项可省略。这里，扎德记号 "$+$" 不表示分式求和，而仅是一种符号形式，表示论域元素及其论域元素与隶属度对应关系的集合。例如，"20 岁左右" 这一模糊概念可以表示为 $0.8/18 + 0.9/19 + 1/20 + 0.9/21 + 0.8/22$。

从有限论域推广到无限论域，模糊集合可用扎德符号表示为

$$A = \int_A \frac{\mu_A(x)}{x}, x \in U \qquad (4-41)$$

同样，这里的积分号也不是通常意义上的积分，只是论域中各元素与隶属度对应关系的一种总括形式。

2. 模糊集合的运算

与确定集合类似，模糊集合之间的基本运算应包括集合的并集、交集、补集、相等关系和包含关系。此外还有一种相关集，即接近属于一个集合但不属于另一个集合的子集。

定义 4.2 设 A，B 是论域 U 中的模糊子集，则 A 的补集 $\bar{A}$，A 与 B 的并集 $A \cup B$、交集 $A \cap B$、相关集 $A \diamond B$、相等关系 $A = B$、包含关系 $A \subseteq B$ 分别定义如下：

(1) $\mu_{\bar{A}}(x) = 1 - \mu_A(x)$；

(2) $\mu_{A \cup B}(x) = \max(\mu_A(x), \mu_B(x))$；

(3) $\mu_{A \cap B}(x) = \min(\mu_A(x), \mu_B(x))$；

(4) $\mu_{A \diamond B}(x) = \max(\min(\mu_A(x), 1 - \mu_B(x)), \min(1 - \mu_A(x), \mu_B(x)))$；

(5) $A = B \Leftrightarrow \mu_A(x) = \mu_B(x)$；

(6) $A \subseteq B \Leftrightarrow \mu_A(x) \leqslant \mu_B(x)$。

3. 模糊关系

关系表示客观事物之间的联系，是集合理论中最基本的概念之一。在经典集合理论中，关系描述事物之间 "有" 与 "无" 的肯定关系。但有些事物之间的关系不能简单地采用肯定或否定的词汇表达，例如 "我不太了解他" "我比较喜欢他" 等。由于推理依据是客观事物之间的联系，因此模糊关系在

模糊逻辑中占有重要的地位。

定义 4.3 设 U, V 是论域，则 $U \times V = \{(u,v) \mid u \in U, v \in V\}$ 被称为 U 和 V 的笛卡儿直积，或简称直积。$U \times V$ 的每一个模糊子集 R 被称为从 U 到 V 的一个模糊关系。当 $U = V$ 时，R 被称为 U 上的模糊关系。如果 $R(x,y) = \alpha$，则表示 x 与 y 有关系 R 的程度为 α。

当论域是有限集时，模糊关系可直观地表示为模糊关系矩阵、模糊关系图或模糊关系表。

例 4 - 8 模糊关系示例。

设人的身高论域 $U = \{140 \text{ cm}, 150 \text{ cm}, 160 \text{ cm}, 170 \text{ cm}, 180 \text{ cm}\}$，体重论域 $V = \{40 \text{ kg}, 50 \text{ kg}, 60 \text{ kg}, 70 \text{ kg}, 80 \text{ kg}\}$，则身高与体重之间的模糊关系可定义为

$$R = \begin{bmatrix} 1 & 0.8 & 0.2 & 0.1 & 0 \\ 0.8 & 1 & 0.8 & 0.2 & 0.1 \\ 0.2 & 0.8 & 1 & 0.8 & 0.2 \\ 0.1 & 0.2 & 0.8 & 1 & 0.8 \\ 0 & 0.1 & 0.2 & 0.8 & 1 \end{bmatrix}$$

该矩阵中的每一个元素表示某一身高与某一体重之间模糊关系的隶属度，如 $R(140 \text{ cm}, 40 \text{ kg}) = 1$，$R(150 \text{ cm}, 40 \text{ kg}) = 0.8$，$R(180 \text{ cm}, 40 \text{ kg}) = 0$，等等。

模糊关系作为一个模糊集合，同样有并集、交集、补集、相等、包含等基本运算。同时，两个模糊矩阵之间还可以进行合成运算。

定义 4.4 设 $R = (r_{ik})_{m \times p}$，$S = (s_{kj})_{p \times n}$ 是两个模糊矩阵，则执行合成运算 $R \circ S$ 后得到的结果为一个模糊关系矩阵 $C = \{c_{ij}\}_{m \times n}$，该矩阵满足：

$$c_{ij} = \bigvee_{k=1,\cdots,m} (r_{ik} \wedge s_{kj}), i = 1,\cdots,m, j = 1,\cdots,n$$

通俗地说，C 中第 i 行第 j 列的元素等于 R 中第 i 行元素与 S 中第 j 列元素先两两进行取小（与）运算，然后在所得结果中进行取大（或）运算。

4.8.2 数据向量相似度的推广

可将一个模糊集合看作由各数据点隶属度所构成的特征向量，从而可以利用第 4.3 节所述方法度量模糊集合之间的相似度。例如，可将第 4.3.1 节所述距离度量方法向模糊集合推广，但此时的运算需要在隶属度上进行，同时两个模糊集合的论域应该一致。设 A，B 的含义同上，则 A，B 之间的闵可夫斯基距离可计算为

$$D_{\text{mi}}(x,y) = \left(\sum_{i=1}^{n} |\mu(x_i) - \mu(y_i)|^q \right)^{1/q} \qquad (4-42)$$

A，B 之间的切比雪夫距离可计算为

$$D_{ch}(\boldsymbol{x},\boldsymbol{y}) = \max_{i=1}^{n} |\mu(x_i) - \mu(y_i)| \qquad (4-43)$$

其他可类似推广，此处不再赘述。

4.8.3 简单数据集合相似度的推广

将模糊集合看成类似第 4.5 节所述的简单数据集合，但具有隶属度这一特殊性，则可将第 4.5 节所述相似度度量方法推广到模糊集合。

对于分散性度量来说，可将单点连接法、全连接法、平均连接法、豪斯道夫距离等按模糊集合进行改造得到。

对于整体性度量来说，一种策略是根据第 4.8.1 节所述集合运算来度量模糊集合之间的相似度，计算公式如表 4-8 所示，注意表中各公式的计算结果是不相似的程度。

表 4-8 基于集合运算的模糊集合相似度计算方法

名称	计算公式
Dubilas – Prade 度量	$S_{dp}(\boldsymbol{A},\boldsymbol{B}) = 1 - \boldsymbol{A} \cap \boldsymbol{B} / \boldsymbol{A} \cup \boldsymbol{B}$
Gregon 度量	$S_{g}(\boldsymbol{A},\boldsymbol{B}) = |\boldsymbol{A} \diamondsuit \boldsymbol{B}|$
Restle 度量	$S_{r}(\boldsymbol{A},\boldsymbol{B}) = \max \mu_{\boldsymbol{A} \diamondsuit \boldsymbol{B}}(x)$
分离度（degree of separation）	$S_{s}(\boldsymbol{A},\boldsymbol{B}) = 1 - \max \mu_{\boldsymbol{A} \cap \boldsymbol{B}}(x)$

另一种策略是从模糊集合中提取特征，构成特征向量，进而计算特征向量之间的相似度作为模糊集合之间的相似度。例如，BONISSONE[34] 选择了四种特征：①集合的势；②非概率性熵（nonprobabilitie entropy），这是集合模糊程度的一种度量；③集合的一阶矩（moment），即集合隶属度函数的重心；④集合的倾斜度（skewness）。通过这四维特征向量之间的欧氏距离来度量模糊集合之间的相似度。具体细节请见文献 [34]。

小结

本章按照不同数据类型，介绍了数据相似度度量方法及其度量学习方法，其中要点如下：

（1）根据数据类型的不同，分别有不同的相似度度量方法。数据类型分

为数据向量与数据集合两大类。数据向量又可分为连续型、离散型、混合型三种，离散型还可进一步分为二值、类别、序别三类。既有连续分量又有离散分量的数据为混合型数据。数据集合则可分为简单集合、有序集合、结构集合、模糊集合四种。

（2）度量学习是从能反映相似性概念的训练数据中，自动获得度量方法（主要是获得其中的参数）的机器学习方法，有监督和半监督两种形式。训练数据包括相似数据对、不相似数据对、相似关系约束、相似度值。和其他监督学习方法类似，度量学习方法通过学习对象、学习目标和优化方法三个方面的要素来界定。学习对象为度量方法参数，学习目标通过对训练数据的拟合度要求和对参数的约束要求（正则项），并结合松弛变量约束和边界学习思想来形成。根据所确定的学习目标，采用合适的优化方法求解。

（3）对于连续型数据向量，其相似度度量常采用距离和相关系数。常用距离包括欧氏距离、城区距离、闵可夫斯基距离、切比雪夫距离、马氏距离等。欧氏距离与城区距离是闵可夫斯基距离的特例。常用相关系数包括余弦相似度、推广余弦相似度、双线性相似度、零均值系数、皮尔逊系数等。连续型数据向量的学习，主要是针对马氏距离的学习，学习其中的参数：矩阵。利用上面第（2）点提到的对训练数据的拟合度要求、对参数的约束要求、松弛变量约束和边界学习思想这四方面因素形成具体的学习目标并优化求解，从而得到各种马氏距离学习方法。马氏距离矩阵实际上也起到了特征变换的作用。基于特征变换的思想，还可以引入特征变换函数（可用具体的函数形式或深度网络来表达），将其嵌入距离度量方式中形成特定的距离度量，针对这种特定的距离度量，形成相应的学习目标来获得合适的特征变换函数（同样主要是确定其中的参数）。对于推广余弦相似度和双线性相似度，可按类似方式形成相应的学习方法。

（4）对于二值型与类别型离散数据变量，主要根据分量之间的匹配程度来度量其相似度。对于序别型离散数据变量，则需要将其按顺序转化成连续数据后，再利用连续数据的相似度度量方法来进行度量。

（5）对于混合型数据变量，按各分量分别度量后再进行组合。

（6）简单数据集合不考虑集合元素之间的相互关系。其相似度度量分为分散性度量与整体性度量两类。分散性度量是先计算集合中各构成要素之间的相似度，进而在此基础上获得集合之间的相似度，常用方法有单点连接法、全连接法、平均连接法、豪斯道夫距离等。整体性度量是先获得数据集合的一种整体性表示，包括代表点（比如中值）、统计量（比如均值）、统计分布三种。计算这些整体性表示之间的相似度作为集合之间的相似度，其中对于统计分布，主要是计算两个分布之间的距离，常用的有巴塔查亚距离、KL 散度（相对熵）。

（7）有序数据集合需要考虑集合元素之间的顺序关系，其典型代表是字符串与时间序列。相似度计算方法分为基于变换系数的度量和弹性配准度量两类。其中，基于变换系数的度量是利用有序数据集合的信号特性，对其进行傅里叶变换、自相似变换等，得到变换系数后，利用连续型数据的相似度度量方法进行计算。弹性配准度量则从使两个有序数据集合变为一致的角度出发，找到使其一致的最小代价作为相似度的度量，其典型代表包括编辑距离、动态时间弯曲、堆土机距离，它们各自用不同方式达到上述目的。度量学习常用于学习编辑距离，学习其中的转换代价矩阵，学习方法的设计思路同上。

（8）结构数据集合需要考虑集合元素之间比顺序关系更为复杂的关系，主要是树型关系和图型关系。树型数据的相似度度量主要包括树型编辑距离、最大公共子树、最小公共超树、基于变换的度量等。图型数据的相似度度量主要包括图型编辑距离、最大公共子图与最小公共超图、基于统计量的度量、BP 方法等。

（9）模糊集合中需度量各元素对于集合的隶属度，在隶属度的基础上计算相似度。可以将数据向量之间的相似度和简单数据集合之间的相似度向模糊集合推广。此外，还有基于集合运算的度量以及基于集合特征的度量等方法。

参 考 文 献

[1]TVERSKY A. Features of similarity[J]. Psychological Review,1977,84(4):327 – 352.

[2]BELLET A. HABRARD A,SEBBAN,M. A survey on metric learning for feature vectors and structured data [R]. arXiv:1306. 6709. http://arxiv. org/abs/ 1306.6709.

[3]KEDEM D. TYREE S. WEINBERGER K, et al. Non – linear metric learning [J]. Advances in neural Information processing systems (NIPS), 2012,25:2582 – 2590.

[4] CHOPRA S, HADSELL R, LECUN Y. Learning a similarity metric discrimina – tively, with application to face verification [J]. Proceedings of the IEEE Conference on Computer Vision and Pattern Recognition (CVPR), 2005, 539 – 546.

[5] NOH Y K, ZHANG B T, LEE D D. Generative local metric learning for nearest neighbor classification [J]. Advances in Neural Information Processing Systems (NIPS) 2010, 23:1822 – 1830.

[6] WANG J, WOZNICA A, KALOUSIS A. Parametric local metric learning for nearest neighbor classification [J]. Advances in Neural Information Processing Systems (NIPS), 2002, 25:1610 – 1618.

[7] WEINBERGER K Q, SAUL L K. Distance metric learning for large margin nearest neighbor classification [J]. Journal of Machine Learning Research (JMLR), 2009, 10: 207 – 244.

[8] MOHAMMAD N, DAVID J F, RUSLAN S. Hamming distance metric learning [J]. Advances in Neural Information Processing Systems (NIPS), 2002, 25: 1070 – 1078.

[9] 袁亚湘, 孙文瑜. 最优化理论与方法 [M]. 北京：科学出版社, 1997.

[10] LEVENSHTEIN V I. Binary codes capable of correcting deletions, insertions, and reversals [J]. Soviet Physics Doklady, 1966, 10:707 – 710.

[11] NEEDLEMAN S B, WUNSCH C D. A general method applicable to the search for similarities in the amino acid sequence of two proteins [J]. Journal of Molecular Biology (JMB), 1970, 48(3):443 – 453.

[12] SMITH T F, WATERMAN M S. Identification of common molecular subse – quences [J]. Journal of Molecular Biology (JMB), 1981, 147(1):195 – 197.

[13] ONCINA J, SEBBAN M. Learning stochastic edit distance: application in hand – written character recognition [J]. Pattern Recognition (PR), 2006, 39 (9):1575 – 1587.

[14] RISTAD E S, YIANILOS P N. Learning string – edit distance [J]. IEEE Transactions on Pattern Analysis and Machine Intelligence (TPAMI), 1998, 20 (5):522 – 532.

[15] SAIGO H, VERT J P, AKUTSU T. Optimizing amino acid substitution matrices with a local alignment kernel [J]. Bioinformatics, 2006, 7(246):1 – 12.

[16] CHEN L, OZSU M T, ORIA V. Robust and fast similarity search for moving

object trajectories[R]. SIGMOD 2005,2005,Baltimore,Maryland,USA.

[17]BERNDT D J,CLIFFORD J. Using time dynamic warping to find patterns in time series[J]. AAAI – 94 Workshop on Knowledge Discovery (KDD94), 1994:359 – 370.

[18]YOSSI R,CARLO T,GUIBAS L J. The earth mover's distance as a metric for image retrieval[J]. International Journal of Computer Vision,2000,40(2),99 – 121.

[19]CUTURI M,AVIS D. Ground metric learning[R]. Kyoto University,2011.

[20]WANG F, GUIBAS L J. Supervised earth mover's distance learning and its computer vision applications[J]. Proceedings of the 12th European Conference on Com – puter Vision (ECCV),2012:442 – 455.

[21]MARTEAU R F. Time warp edit distance with stiffness adjustment for time series matching[J]. IEEE Trans actions on Pattern Analysis and Machine Intelligence,2009,31(2):306 – 318.

[22]VLACHOS M, HADJIELEFTHERIOU M, GUNOPULOS D, et al. Indexing multi – dimensional time – series with support for multiple distance measures [R]. The 9th ACM SIGKDD,2003,Washington,DC,USA.

[23]BILLE P. A survey on tree edit distance and related problems[J]. Theoretical Computer Science,2005,337:217 – 239.

[24]BERNARD M,BOYER L,HABRARD A,et al. Learning probabilistic models of tree edit distance [J]. Pattern Recognition (PR), 2008, 41 (8): 2611 – 2629.

[25]BOYER L,HABRARD A,SEBBAN M. Learning metrics between tree struc – tured data: application to image recognition [C]. Proceedings of the 18th European Conference on Machine Learning (ECML),2007:54 – 66.

[26]DALVI N N, BOHANNON P, SHA F. Robust web extraction: an approach based on a probabilistic tree – edit model [C]. Proceedings of the ACM SIGMOD International Conference on Management of data (COMAD),2009: 335 – 348.

[27]EMMS M. On stochastic tree distances and their training via expectation – maximisation[C]. Proceedings of the 1st International Conference on Pattern Recognition Applications and Methods (ICPRAM),2012:144 – 153.

[28]LI G L, LIU X H, FENG J H, et al. Efficient similarity search for tree –

structured data[J]. SSDBM 2008, LNCS 5069, 2008：131 – 149.

[29] YANG R, KALNIS P, TUNG A K H. Similarity evaluation on tree – structured data[R]. SIGMOD 2005, 2005, Baltimore, Maryland, USA.

[30] GAO X B, XIAO B, TAO D C. A survey of graph edit distance[J]. Pattern Anal Applic, 2010, 13：113 – 129.

[31] BUNKE H, SHEARER K. A graph distance metric based on the maximal common subgraph[J]. Pattern Recognition Letters, 1998：255 – 259.

[32] KOUTRA D, PARIKH A, RAMDAS A, et al. Algorithms for graph similarity and subgraph matching[R]. Carnegie Mellon University, 2001.

[33] ZADEH L A. Fuzzy sets[J]. Information and control, 1965, 8：338 – 353.

[34] BONISSONE P P. A pattern recognition approach to the problem of linguistic approximation in system analysis[C]. Proceedings of the IEEE International Conference on Cybernetics and Society, 1979：793 – 798.

[35] BELLET A, HABRARD A, SEBBAN M. Good edit similarity learning by loss minimization[J]. Mach Learn, 2012, 89：5 – 35.

[36] BERNDT D J, CLIFFORD J. Using dynamic time warping to find patterns in time series[J]. AAAI – 94 Workshop on Knowledge Discovery in Databases (KDD – 94), 1994：359 – 370.

[37] DAS G, GUNOPULOS D, MANNILA H. Finding similar time series[J]. European Symposium on Principles of Data Mining and Knowledge Discovery, 1997：88 – 100.

[38] NEUHAUS M, BUNKE H. A probabilistic approach to learning costs for graph edit distance[C]. Proceedings of the 17th International Conference on Pattern Recognition, 2004.

[39] BUNKE H, JIANG X, BERN, et al. On the minimum common supergraph of two graphs[J]. Computing 65, 2000：13 – 25.

[40] FERNÁNDEZA M L, VALIENTE G. A graph distance metric combining maximum common subgraph and minimum common supergraph[J]. Pattern Recognition Letters, 2001, 22(6 – 7)：753 – 758.

[41] FU A S K S. A distance measure between attributed relational graphs for pattern recognition[J]. IEEE Transactions on Systems, Man, and Cybernetics, 1983, SMC – 13(3)：353 – 362.

[42] YEDIDIA J S, FREEMAN W T, WEISS Y. Understanding belief propagation

and its generalizations[C]. 2001 International Joint Conference on Artificial Intelligence,2001.

[43] KOUTRA D, KE T Y, KANG U, et al. Unifying guilt – by – association approaches: theorems and fast algorithms[J]. ECML PKDD 2011, Part II, LNAI 6912,2011:245 – 260.

第5章 聚类方法

如第 2 章所述,非监督学习的特点是训练数据中只有输入数据,没有与输入对应的期望输出。因此,其学习对象是输入数据中隐含的规律,包括仅涉及单一数据的规律(数据作为一个整体所具有的分布规律)和涉及多个数据相互关系的规律(数据分量之间的关联规则)两大类。

本章主要探讨学习数据分布规律的非监督学习方法,通常将此类问题称为聚类(clustering)。

5.1 聚类基础

5.1.1 何为聚类

聚类,可理解为"聚而类之",是指如何根据数据之间的相似性,将数据集合分成若干个子集的问题。在聚类结果中,每个子集内的数据应相似,不同子集之间的数据应不相似,这体现了相似数据被聚合在一起的要求。这些相似数据聚合在一起所形成的数据子集通常被称为簇(cluster)。显然,每个簇是从数据中自动发现的具有共同特性的一类数据,聚类结果则反映了训练数据的分布规律,既可直接用数据分组结果来反映这种分布规律(参见第 3 章第 3.1 节所述数据点函数表达形式),也可进一步将簇中数据拟合为相应的统计分布。聚类得到的数据分布规律可直接应用于相应的生产生活问题中以获得经济和社会效益,也可再应用于机器学习中进行数据的处理、预测、分类等,因此解决聚类问题的方法有着广泛的应用领域,如数据挖掘、模式识别、图像处理、经济预测等。

聚类结果由数据点到簇的归属来决定,其隶属度(membership)有明确的和模糊的两种。明确的隶属度取值为 1 或 0,表示是否隶属。模糊的隶属度取值在区间 [0,1] 中,表示隶属的程度,与上一章第 4.8 节所述模糊集合中的模糊概念相同。当聚类中采用明确的隶属度时,被称为硬聚类(hard clustering);当聚类中采用模糊的隶属度时,被称为软聚类(soft clustering)

或模糊聚类（fuzzy clustering）。设 X 表示数据集合，C_i 表示第 i 个簇（数据子集），u_{ij} 表示第 i 个数据归属于第 j 个簇的隶属度，数据的总数为 N，簇的总数为 K（$N > K$），则硬聚类结果与软（模糊）聚类结果分别应满足：

（1）硬聚类：$\cup_{i=1}^{K} C_i = X$；$\forall i$，$\forall j$：$C_i \cap C_j = \phi$，$C_i \neq \phi$

（2）软（模糊）聚类：$\forall j$：$\sum_{j=1}^{K} u_{ij} = 1$；$\forall i$：$\sum_{i=1}^{N} u_{ij} \leq N$

无论是硬聚类还是软聚类，最终都需要确定数据到簇的唯一归属。对于硬聚类来说，这是显而易见的。对于软聚类来说，还需要经过一个去模糊化的过程，即根据模糊隶属度的大小将数据分配至某个确定的簇，通常按照隶属度最大原则进行分配。

5.1.2　聚类的基本问题

根据上述概念，可以将聚类问题归结为一个从数据的所有不同组合方案中寻找最优组合的组合优化（Combinational Optimization）问题。与监督学习中寻找最优函数的问题类似，这类问题同样可分解为确定优化目标和实现优化计算两个子问题。围绕这两个子问题的解决，聚类分析中需要考虑的关键问题包括数据相似性问题、聚类优化方法问题、可伸缩性问题以及聚类形状（Clustering Shape）与局外点问题。

1. 数据相似性

在定义聚类优化目标时，基本准则是簇内数据相似、簇间数据不相似，于是如何度量数据之间以及簇之间的相似度便成为核心问题。该问题的现有解决方案已在本书第 4 章进行了阐述，请参见该章内容。

2. 聚类优化方法

根据聚类优化方法根本策略的不同，目前可以将其分为七类，分别是划分聚类、层次聚类、基于数据密度的聚类、基于空间网格的聚类、基于统计模型的聚类、基于图的聚类以及基于神经网络的聚类。当然，这种划分并不是特别严格，在同一算法中，可能同时体现出几种思想，比如基于空间网格的聚类方法中体现了基于数据密度的聚类策略、将层次聚类与基于图的聚类方法混合在一起，等等。

1）划分聚类（partitioning clustering）

划分聚类方法直接将数据集划分为相应的子集，每个子集为一个簇，其中，子集个数通常是指定的。将一个数据集划分为相应子集的方案有许多种，因此划分聚类过程是一种从所有可能的划分方案中搜索一个最优方案的过程，其中的关键问题是对划分方案的搜索方法。

2）层次聚类（hierarchical clustering）

层次聚类方法通过数据的分解与合并来实现聚类，其计算过程是一种由单个数据合并成小簇，由小簇再合并成较大的簇，由较大的簇再合并成更大的簇的逐渐合并过程，或与之相反的逐渐分解过程，从而反映了簇的层次关系。例如，若干人构成一个家庭，若干家庭构成一个县，若干县构成一个地区，若干地区构成一个省或州，若干省或州构成一个国家，若干国家构成一个洲，若干洲构成一个世界。这是一种合并过程。可以想象，这一例子中簇之间的层次关系也可以通过从世界到个人的分解过程来描述或实现。

3）基于数据密度的聚类（density based clustering）

如前所述，对于聚类的合理要求是同簇数据应该尽可能相似、不同簇数据应该尽可能不相似。如果用距离来度量数据之间的相似度，则表示簇内数据应该尽可能紧密、簇间数据应该尽可能稀疏。基于数据密度的方法正是在此思想的基础上发展起来的，其中的关键问题是如何定义数据密度以及如何在此基础上实现聚类。

4）基于空间网格的聚类（grid based clustering）

此类方法将数据所在空间分为不同尺度的网格，按网格来组织数据，在此基础上利用网格内数据的统计信息实现聚类，其中往往还需要考虑数据的密度，从而与基于数据密度的聚类方法存在联系。此类方法的优点在于：由于网格的划分与数据个数无关，所以其计算性能不受数据个数的影响，从而可以更好地适应不同规模的数据集，即具有较好的可伸缩性。

5）基于统计模型的聚类（model based clustering）

此类方法认为每个簇中的数据应该服从一个特定的统计分布，因此将数据拟合为若干个统计分布，每个统计分布对应一个簇，并作为簇的整体性表示。在此基础上，根据数据到簇的类条件概率密度完成聚类。其中，所采用的统计模型的不同将导致方法的不同。

6）基于图的聚类（graph based clustering）

图是一种有效表达事物之间相互关系的数学工具，在前面的监督学习方法中，已看到过图的应用。同样，图也可用于聚类问题，利用图来表示数据之间的相似关系，其中节点代表数据，节点间边的权重为数据之间的相似度，进而通过对图的操作来完成聚类。这就是基于图的聚类的基本思想。为了得到精确的结果，任何两个数据之间的相似度都需要考虑，于是便需要基于完全图（complete graph）来进行计算。但当数据量大时，构建完全图以及在完全图的基础上进行计算，对计算资源的消耗都将是巨大和不可接受的。因此，通常对完全图进行简化，得到稀疏图（sparse graph）后再进行基于图的聚类。

7）基于神经网络的聚类（neural network based clustering）

基于神经网络的聚类是指利用 SOFM 网络等具备聚类能力的网络来实现聚类，有关方法将在后面关于人工神经网络的部分叙述，本章不赘述。

以上为聚类的根本策略，在此基础上，根据应用和思路的不同，还存在以下聚类问题与技术。

（1）可通过第 3 章所述核函数的引入来提高数据可分性，从而提高聚类效果，这便形成了核聚类（kernel clustering）方法。

（2）有些数据在原始数据空间中不具有明显的分簇特性，但在原始空间的子空间中则有明显的分簇特性，因此可考虑在数据空间的子空间中进行聚类，此即子空间（subspace）聚类算法。

（3）随着搜索引擎、社交网络、电子商务等新型应用的出现，具有数据流特征的数据逐渐增多，其特征是：数据不是一次出现的，而是经常变化的，并且数据量巨大。针对具有这种特性的数据，递增聚类（incremental clustering）算法和进化聚类算法开始兴起并得到人们的重视。

3. 可伸缩性

聚类分析是一种特定的机器学习方法，因此对于相关方法的评价，同样需要考虑第 2 章第 2.5 节中所叙的指标。与监督学习相比，非监督学习的一个特点在于易于获得大量训练数据，因此聚类分析中所涉及的训练数据量往往极其庞大，同时目前实际问题中所涉及的数据往往是高维数据，这就使第 2 章第 2.5 节所述机器学习算法的可伸缩性问题在聚类分析中变得格外重要，一个好的聚类算法不仅能够快速处理小数据和低维数据，而且应该能够在面对大数据和高维数据时进行高效计算。为了达到这一要求，除了算法本身的设计之外，还存在两个与之关联的问题。

（1）递增聚类问题，即能否随着数据的改变（增加或删除等）对已获得的聚类结果进行更新，而不是一旦数据改变即重新开始聚类。这实际上便是第 2 章所述的在线/递增学习问题。

（2）维数灾难（curse of dimensionality）问题，即随着数据维数的增长，聚类计算量呈指数级增长以致最终计算不可行。该问题可以利用数据降维技术来解决，如通常通过主成分分析（Principal Component Analysis，PCA）、独立成分分析（Independent Component Analysis，ICA）等来降低数据维数。其体方法请参见模式识别方面的相关文献。

4. 聚类形状与局外点

如第 4 章所述，一个 n 维数据可视为 n 维空间中的一个点。从这一视角出发，聚类结果在整体上可表现出某种几何形状，如球形、椭球形、不规则形等。能否计算出具有理想形状的聚类结果，是衡量聚类算法优劣的重要指标之一。我们希望一种好的聚类算法可以适应任意聚类形状，但这通常比较困难。

数据中往往存在噪声，在聚类中，噪声一般表现为由少量点构成的孤立子集，因此也常被称为局外点（outlier）。是否能有效处理局外点也是考核聚类算法的重要指标之一。

5.2 划分聚类方法

划分聚类方法的基本思想是把数据集划分成 k 个子集（簇），根据所定义的划分结果评价准则，即优化目标，获得最优的数据划分结果。因此，划分聚类过程就是一种从所有可能划分方案（数据组合）中搜索最优划分（数据组合）的过程。这里，子集个数 k 通常人为确定。当然，如何自动计算最优 k 值也受到了人们的关注。确定 k 值后，将数据集划分成 k 个子集的方案有许多种，对于有 N 个数据的数据集，其可能方案数的递推公式为 $S(N, k) = S(N-1, k-1) + k \times S(N-1, k)$，从递推式可以看出划分的方案数呈指数级增长。当问题规模不大时，可以通过穷举搜索来获得全局最优聚类结果。但穷举搜索的计算量显然将随着数据个数（N 值）的增长而迅速膨胀至不能接受（1 000 个数据划分为 3 类的方案数即达到了 10 476 的量级），因此在实际应用中真正可行的是启发式搜索（heuristic search）算法，即利用启发式信息达到通过探索有限方案来确定最优方案的目的。

在基于启发式搜索的划分聚类算法中，最有影响的是 k - 均值（k - means）聚类算法和 k - 中心点（k - mediods）聚类算法，二者分别用簇均值或簇中一个数据点来代表该簇，然后迭代更新簇均值或代表数据点，达到使数据到簇均值或代表数据的距离之和最小化的聚类优化目标。此外，均值迁移（mean shift）算法也是一种被广泛采用的方法，它可以被认为是 k - 均值聚类算法的推广。

5.2.1 k - 均值聚类

k - 均值聚类算法[1]的核心思想是用簇中所有数据的均值向量（以下简称

均值）代表每个簇，以数据与簇均值之间的距离作为数据到簇的距离，然后将每个数据划分到离它最近的簇。其优化目标是使各个数据到其隶属的簇均值之间的距离之和最小化。设数据个数和聚类个数分别为 N 和 k，$x_i\big|_{i=1}^{N}$ 表示第 i 个数据，$v = \{v_1, v_2, \cdots, v_k\}$ 表示所有簇的均值，$u = \{u_{ij}\}$（$i = 1, 2, \cdots, N$；$j = 1, 2, \cdots, k$）表示各个数据到各个簇的明确的隶属度，即每个 u_{ij} 为 1 或 0，$D(\cdot, \cdot)$ 表示距离度量，则 k – 均值聚类问题是找到最优的 $\{u, v\}^*$，达到以下优化目标：

$$\min_{u,v} \sum_{i=1}^{N} \sum_{j=1}^{k} u_{ij} D(x_i, v_j) \tag{5-1}$$
$$\text{subject to} \sum_{j=1}^{k} u_{ij} = 1, i = 1, 2, \cdots, N$$

为达到上述优化目标，k – 均值聚类算法在更新 u（数据归属）与更新 v（簇均值）这两个过程之间进行交替优化计算，直到结果稳定，具体步骤如算法 5 – 1 所示。

算法 5 – 1 k – 均值聚类算法

输入：数据集、聚类个数 k。
步骤： Step1. 从数据集中随机选择 k 个数据，作为初始的簇均值。 Step2. 对剩余的每个数据，根据其与各个簇均值之间的距离，将它划分给最近的簇。 Step3. 针对更新后的每个簇，重新计算其均值。 Step4. 重复 Step2，3，直到如下停止条件满足：聚类结果不再发生变化或者达到最大迭代次数。
输出：当前所得到的 k 个簇。

下面通过例 5 – 1 所述一维数据的聚类问题进一步说明 k – 均值聚类算法的过程，对于其他更为复杂的数据，其过程是类似的。

例 5 – 1 给定一维数据集 $\{2.4, 8, 30, 50, 3.7, 4.2, 44, 12, 19.5\}$，用 k – 均值聚类算法将这些数据聚成 3 个簇。

解：

数据之间的相似度度量采用欧氏距离，对于本例中的一维数据而言，两个数据之间的欧氏距离等于它们之间差的绝对值。令 m_1，m_2，m_3 分别代表 3 个簇的均值，c_1，c_2，c_3 分别表示聚类后得到的 3 个簇，则相应的聚类过程如下。

首先随机选取前 3 个数据作为簇的均值，即 $m_1=2.4$，$m_2=8$，$m_3=30$，然后开始迭代。

（1）第一次迭代。

分别计算其余每个数据到这 3 个均值的距离，并将其划分给距离它最近的均值所代表的簇。以第 4 个数据 "50" 为例，它与 3 个均值的距离分别是 $d_1=47.6$，$d_2=52$，$d_3=20$。于是将其划分给第三个簇。对每个数据按这种方式处理后，得到 3 个簇为

$$c_1=\{2.4,3.7,4.2\},c_2=\{8,12\},c_3=\{19.5,30,44,50\}$$

按照这一聚类结果，重新计算每个簇的均值。以第一个簇为例，其新的均值是 $(2.4+3.7+4.2)/3\approx3.4$。于是，簇的均值更新为

$$m_1=3.4,m_2=10,m_3=35.9$$

（2）第二次迭代。

重复第一次迭代的过程，获得

$$c_1=\{2.4,3.7,4.2\},c_2=\{8,12,19.5\},c_3=\{30,44,50\}$$

$$m_1=3.4,m_2=13.2,m_3=41.3$$

（3）第三次迭代得到

$$c_1=\{2.4,3.7,4.2,8\},c_2=\{12,19.5\},c_3=\{30,44,50\}$$

$$m_1=4.6,m_2=15.8,m_3=41.3$$

（4）第四次迭代得到

$$c_1=\{2.4,3.7,4.2,8\},c_2=\{12,19.5\},c_3=\{30,44,50\}$$

这一聚类结果与第三次迭代时的结果一致，表明聚类已稳定，算法停止，输出当前的聚类结果。

k – 均值聚类算法的主要优点如下。

（1）简单、易实现。

（2）可以保证收敛到局部最优。

（3）具有多项式时间复杂度。设 N、k 的意义同前，t 为算法迭代次数，则 k – 均值聚类算法的时间复杂度为 $O(tkN)$，因此可应用于大规模数据集。

其缺点如下。

（1）为局部优化算法，易受初始均值影响。

（2）采用均值代表簇不够鲁棒，易受噪声影响。

（3）需要事先给定聚类的个数，即 k 值。

针对前两个不足，目前的解决方案有：①用不同初始值多次重复执行 k – 均值聚类算法，从得到的聚类结果中选择最好的作为最终结果；②采用模

糊方式度量数据到簇的隶属度，得到模糊 k - 均值（fuzzy k - means）聚类算法；③改用全局优化算法进行计算，如模拟退火（simulated annealing）、遗传算法（genetic algorithm）等。针对最后一个不足，目前的解决方案有：①尝试不同 k 值，分别执行相应 k - 均值聚类算法，比较所获得的结果，从中选择最好的；②利用 ISODATA 算法，动态调整 k 值。下面叙述这些解决方案中比较受人关注的模糊 k - 均值聚类算法和 ISODATA 算法。

1. 模糊 k - 均值聚类算法

模糊 k - 均值聚类算法[2]的关键点在于将数据到簇的隶属度由明确的 $\{0, 1\}$ 度量改进为在 $[0, 1]$ 区间取值的模糊度量，即采用上面所述的软聚类策略，相应优化目标变为

$$\min_{\boldsymbol{u}, \boldsymbol{v}} \sum_{i=1}^{N} \sum_{j=1}^{k} (u_{ij})^m D(\boldsymbol{x}_i, \boldsymbol{v}_j) \tag{5-2}$$
$$\text{subject to } \sum_{j=1}^{k} u_{ij} = 1, \ i = 1, 2, \cdots, N$$

上式与式（5-1）的关键不同在于：该式中每个 u_{ij} 的取值不是 0 或 1，而是 $0 \sim 1$ 的任意值。将指数项 $m > 0$ 作用于 u_{ij}，起到了进一步调节模糊隶属度相对大小的作用，使算法更为灵活。

式（5-2）为约束优化问题，类似于第 3 章中 SVM 的优化算法，可采用拉格朗日方法求解。引入拉格朗日系数，式（5-2）所表达的优化问题被转化为最小化以下 $L(\boldsymbol{u}, \boldsymbol{v})$ 值的问题：

$$L(\boldsymbol{u}, \boldsymbol{v}) = \sum_{i=1}^{N} \sum_{j=1}^{k} (u_{ij})^m D(\boldsymbol{x}_i, \boldsymbol{v}_j) + \sum_{i=1}^{N} \alpha_i \left(\sum_{j=1}^{k} u_{ij} - 1 \right) \tag{5-3}$$

针对式（5-3）的优化问题，可利用偏导数为 0 这一极值的必要条件来求解。当采用欧氏距离时，$D(\boldsymbol{x}_i, \boldsymbol{v}_j) = \| \boldsymbol{x}_i - \boldsymbol{v}_j \|^2$，则根据偏导数为 0 的条件可得到如下迭代计算公式：

$$u_{ij} = \frac{D(\boldsymbol{x}_i, \boldsymbol{v}_j) - 1/(m-1)}{\sum_{l=1}^{k} D(\boldsymbol{x}_i, \boldsymbol{v}_l) - 1/(m-1)} \tag{5-4}$$

$$\boldsymbol{v}_j = \frac{\sum_{i=1}^{N} (u_{ij})^m \boldsymbol{x}_i}{\sum_{i=1}^{N} (u_{ij})^m} \tag{5-5}$$

关于式（5-4）和式（5-5）的推导过程，请见本章附录。于是模糊 k - 均值聚类算法的计算过程便是在如下两步之间迭代：①利用式（5-4）更新所

有 u_{ij}；②利用更新后的 u_{ij}，根据式（5-5）更新所有均值 v_j。如此交替循环，直到结果稳定或达到最大迭代次数为止。显然，这一过程与之前所述的 k-均值聚类算法是一致的，差别只在于更新公式不同。

2. ISODATA 算法

ISODATA 全称为迭代自组织数据分析算法（Iterative Self-Organising Data Analysis Techniques Algorithm）。它在 k-均值聚类算法的基础上加入簇的分裂和合并操作，以达到自动调整 k 值的目的。ISOCLUS 算法[3] 是较新的快速 ISODATA 算法，其中对于簇的分裂与合并涉及以下三种操作。

（1）删除太小（簇中数据个数小于阈值）的簇。

（2）当簇的个数小于阈值时，对数据变化较大（只要在某一维上的标准差大于阈值）的大簇（其中的数据个数大于阈值）进行分裂。

（3）当两个簇的距离小于阈值时，对两个簇进行合并，但在每次迭代过程中对允许合并的最大簇的个数进行了限制。

将以上三种操作与 k-均值聚类算法结合，即得到 ISODATA（ISOCLUE）算法，三种操作的具体判断条件与执行方法以及完整算法流程请参见文献 [3]。

5.2.2 k-中心点聚类算法

k-中心点聚类算法，也称为 PAM 算法（Partitioning Around Medoids）。该算法与 k-均值聚类算法的关键区别在于簇的表示不同。在 k-均值聚类算法中，用簇中所有数据的均值向量来代表一个簇。而在 k-中心点聚类算法中，用簇中某个数据来代表一个簇，该数据称为簇的中心点，或称为簇的代表数据。因此，k-中心点聚类算法的基本过程是不断用非中心点代替中心点，以提高聚类质量，直至找到最合适的中心点。其中主要问题是用非中心点代替中心点的方法。当用一个非中心点代替一个中心点后，其他数据的划分将发生变化。如果这种变化有利于提高聚类质量，则应该进行替代，否则不应进行替代。因此，需计算用一个非中心点代替一个中心点后对聚类质量的影响，这种影响称为替换代价，根据该代价确定是否进行替换。下面介绍替换代价的一种计算方法。

当用一个非中心点替换中心点后，对于其他数据，受到替换的影响的情况分为 4 种。图 5-1 用例子显示了这四种情况。图中，设 i，t 分别表示原来的两个中心点，h 表示准备替换 i 的非中心点，j 表示任意的其他数据，$D(\cdot,\cdot)$ 表示两个数据之间的距离，C_{jih} 表示用 h 替换 i 后，j 所对应的替换代价，

3

则这四种情况及其对应的替换代价如下所述。

（1）第一种情况是：j 本来属于 i 所代表的类别，用 h 替换 i 后，j 被划分至 h 所代表的类别，因此 $C_{jih}=D(j,h)-D(j,i)$。该情况如图 5-1（a）所示。

（2）第二种情况是：j 本来属于 i 所代表的类别，用 h 替换 i 后，j 被划分至 t 所代表的类别，因此 $C_{jih}=D(j,t)-D(j,i)$。该情况如图 5-1（b）所示。

（3）第三种情况是：j 本来属于 t 所代表的类别，用 h 替换 i 后，j 仍然属于 t 所代表的类别，因此 $C_{jih}=0$。该情况如图 5-1（c）所示。

（4）第四种情况是：j 本来属于 t 所代表的类别，用 h 替换 i 后，j 被划分至 h 所代表的类别，因此 $C_{jih}=D(j,h)-D(j,t)$。该情况如图 5-1（d）所示。

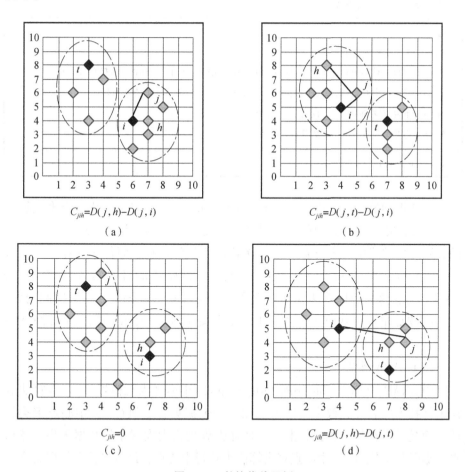

图 5-1　替换代价示例

（a）第一种情况；（b）第二种情况；（c）第三种情况；（d）第四种情况

用非中心点 h 替换中心点 i 后，用上述方法计算出其他每个非中心点所对应的代价并求和，便得到总的替换代价。设其他非中心点个数为 n，则总的替换代价为

$$C_{ih} = \sum_{j=1}^{n} C_{jih} \qquad (5-6)$$

显然，$C_{ih} < 0$ 时，表示用非中心点 h 替换中心点 i 后，将导致各数据到聚类中心的距离之和下降，则聚类质量上升，因此应进行替换；否则不应进行替换。基于这种替换代价计算方法，相应的 k – 中心点聚类算法如算法 5 – 2 所示。

算法 5 – 2　k – 中心点聚类算法

输入：数据集、聚类个数 k。
步骤： Step1. 随机选择 k 个中心点。 Step2. 对每一对非中心点 h 和中心点 i，计算替换代价，继而求其和得到替换总代价 C_{ih}。 Step3. 确定最小 C_{ih}。如果最小 $C_{ih} < 0$，则相应的中心点 i 被非中心点 h 所替代。 Step4. 重复步骤 Step2、3，直到最小 $C_{ih} \geqslant 0$。 Step5. 将非中心点分配给距离其最近的中心点。
输出：当前所得到的 k 个簇。

与数据均值相比，代表数据不易受噪声的影响，因此 k – 中心点聚类算法比 k – 均值聚类算法更为鲁棒，但其计算复杂度更高。设 N，k，t 的意义同前，则每次迭代中需进行 $k(N-k)$ 次替换代价的计算，而每次计算替换代价涉及 $(N-k)$ 次求和，因此 k – 中心点聚类算法的计算复杂度为 $O(tk(N-k)^2)$，这导致该算法在面对大数据集时计算效率偏低。为解决此问题，人们陆续提出了一些改进方法，比较受人关注的是 CLARA 算法和 CLARANS 算法。

1. CLARA 算法

CLARA[4] 全称为 Clustering LARge Applications（大规模聚类）。该算法利用抽样技术提高计算效率，即不是在整个数据集合上执行 k – 中心点聚类算法，而是首先在整个数据集上进行抽样得到规模大大减小的数据子集，然后在数据子集上执行 k – 中心点聚类算法来获得中心点，最后将整个数据集合上的数据按其与各中心点的距离分配至最近的簇。为了减小抽样结果的不理想对最终聚类结果的影响，可多次重复执行上述过程，在不同抽样结果上获得

多个聚类结果，最后按平均距离最小原则从中选择最优的聚类结果。

2. CLARANS 算法

CLARANS[4] 全称为 Clustering LARge Application based upon RANdomized Search（基于随机搜索的大规模聚类）。该算法利用随机搜索（randomized search）技术提高聚类效果。同上，该算法的计算目标是在 N 个数据中找出最优的 k 个中心点，这一搜索过程可以用一个图来表示，图中的每个节点表示一组 k 个中心点，相邻两点之间只有一个中心点不同。这样图中的每个节点实际代表一种聚类结果，图中的边则代表聚类结果之间的相邻关系。构建好图后，算法的计算目标便可以定义为在整个图上搜索一个最优节点，但是这样计算效率将很低，因此，CLARANS 算法改为从随机位置开始搜索局部最优解作为备选结果，多次重复以上搜索过程后在备选的搜索结果中选取最优解作为聚类结果，从而提高计算效率。具体地说，其基本计算过程是：首先按照上述方法构建好图；然后随机选择初始点，比较当前节点与相邻节点对应的聚类质量（聚类质量的比较同 k - 中心点聚类算法），如果某相邻节点对应的聚类质量较好，则移动到该相邻节点，参与比较的邻接点数量不超过预设参数，如果所有比较过的邻接点的聚类质量都弱于当前节点，则表示找到了一个局部最优解；重新选择初始节点重复上述过程，直到局部最优解的数量达到用户预设参数，从获取的结果中取出最优的作为最终聚类结果。

5.2.3　均值迁移算法

均值迁移算法[5] 的名称已反映了这种算法的基本思想：使簇的代表数据（中心点）不断向着其邻域的均值移动（即用中心点邻域的均值代替中心点），直到不再能移动（即中心点与其邻域均值相等）时为止。因此，均值迁移算法的核心在于如何计算数据邻域均值。设 x 为当前数据，D 为数据集合，d 为数据集合中的一个数据，则一种常用的计算 x 邻域均值的公式为

$$m(\boldsymbol{x}) = \frac{\sum\limits_{d \in D} K(\boldsymbol{d} - \boldsymbol{x}) w(\boldsymbol{d}) \boldsymbol{d}}{\sum\limits_{d \in D} K(\boldsymbol{d} - \boldsymbol{x}) w(\boldsymbol{d})} \tag{5-7}$$

其中，$w(\boldsymbol{d})$ 为权值函数，表示赋给数据集合中每一个数据的权值的大小；$K(\boldsymbol{d} - \boldsymbol{x})$ 称为核（kernel），用于表达数据邻域。$K(\cdot)$ 的形式不同，将决定不同的邻域。注意区分此处的核与第 3 章监督学习以及后面第 5.8 节所阐述的核函数的区别。此处的核是针对一个数值进行计算的，监督学习以及后面第 5.8 节所阐述的核函数则是针对两个数值进行计算的。同时，其具体含义

也不同，此处的核用于体现不同邻域数据对均值计算的不同影响，通常所说的核函数的作用则是将高维空间中的内积运算转换到低维空间中计算。

此处的核有多种选择，常用的有扁平核（flat kernel）与高斯核（Gaussian kernel），其计算公式分别为

$$K(\boldsymbol{y}) = \begin{cases} 1, & \|\boldsymbol{y}\| \leqslant \lambda \\ 0, & \|\boldsymbol{y}\| > \lambda \end{cases} \tag{5-8}$$

与

$$K(\boldsymbol{y}) = \exp\left(-\frac{\|\boldsymbol{y}\|^2}{\sigma^2}\right) \tag{5-9}$$

在式（5-7）的基础上，均值迁移算法的过程是简单的，如下所述。给定一组聚类中心点，然后不断迭代，在每次迭代中，按式（5-7）计算每个中心点的邻域均值，并将计算结果赋给该中心点。形象地看，就是每个中心点向着其邻域均值移动。当某中心点的邻域均值计算结果与原中心点相等时，该中心点停止移动。当所有中心点都不再移动时，算法停止。

上述均值迁移算法中，初始聚类中心点可以是随机生成的，也可以是整个数据集合。如果是随机生成的初始点，则迭代完成后，可以采用类似 k-均值聚类算法完成聚类，即将其他数据按距离最近原则分配至相应的中心点。事实上，在这种情况下，如果所采用的核是严格单调递减的，则均值迁移算法便等同于 k-均值聚类算法，可以说，k-均值聚类算法是均值迁移算法的一种特例。如果将整个数据集合作为初始聚类中心点，则迭代结束时，如果两个原始数据最后移动至同一个中心点，则认为其属于同一个聚类，否则认为其分属于不同的聚类。如此完成聚类的计算。

5.3 层次聚类方法

层次聚类方法实现数据的逐步分层聚类，分为自下而上（bottom-up）的凝聚层次聚类（AGglomerative NESting, AGNES）方法和自上而下（top-down）的分裂层次聚类（DIvisive ANAlysis, DIANA）方法两种实现途径。在自下而上的凝聚层次聚类方法中，首先将每个数据作为一簇，然后逐步向上进行簇的两两合并形成越来越大的簇，直到达到所希望的层次（即所希望的簇个数）。在自上而下的分裂层次聚类方法中，首先将所有数据作为一簇，然后逐步向下进行簇的二分分解形成越来越小的簇，直到所希望的层次。由此可见，凝聚层次聚类与分裂层次聚类是一互逆过程。

　　图 5 - 2 所示为这两种层次聚类方法，其中凝聚层次聚类方法的过程是由
左向右，从每个数据自成一簇开始，每次进行两两合并，直到所有数据成为
一簇。分裂层次聚类方法的过程则是从右到左，从所有数据构成一簇开始，
每次进行二分分解，直到每个数据自成一簇。需要注意的是，这只是一个过
程展示，实际在进行层次聚类时，应在指定的簇个数达到时停下，否则聚类
没有意义。比如当指定簇个数为 2 时，则图 5 - 2 所示凝聚层次聚类将停在
Step3，分裂层次聚类将停在 Step1。

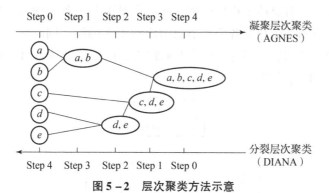

图 5 - 2　层次聚类方法示意

　　对簇进行合并或分解的依据是数据相似性以及簇相似性，不同的相似度
度量方法导致不同的层次聚类效果，具体度量方法请见第 4 章的相应内容。

　　简单的凝聚或分裂层次聚类算法的计算效率不高。对此，人们进行了相
应改进，提出了一些实用的层次聚类算法，重要的有 BIRCH 算法、CURE 算
法和 CHAMELEON 算法等。下面分别介绍。

5.3.1　BIRCH 算法

　　BIRCH[6] 全称为"Balanced Iterative Reducing and Clustering using
Hierarchies"（利用分层的平衡迭代缩减与聚类方法）。BIRCH 算法中使用 3
个值来概括一个簇的信息：①数据个数 N；②数据之和 $\mathbf{LS} = \sum_{i=1}^{N} \boldsymbol{x}_i$；③数据各
特征维度的平方之和 $\mathbf{SS} = \sum_{i=1}^{N} \boldsymbol{x}_i^2$。这样一个簇可表示为一个三元组（$N$，$\mathbf{LS}$，
$\mathbf{SS}$），该三元组被称为聚类特征（Clustering Feature，CF）。比如在二维空间下
某个 CF 包含 3 个样本（0，4），（1，2），（9，0），则该 CF 对应的 $N = 3$，
$\mathbf{LS} = (0 + 1 + 9, 4 + 2 + 0) = (10, 6)$，$\mathbf{SS} = 0^2 + 4^2 + 1^2 + 2^2 + 9^2 + 0^2 = 102$。显
然，CF 满足可加性，即合并两个簇所得到的簇的 CF 值是之前两个簇各自的

CF 值之和。这样，在凝聚层次聚类中，只需操作簇的 CF 值即可，而不必再考虑其中的数据。另外，为了进行相应计算，还需要计算簇的均值（称为质心）、簇中数据到均值的平均距离（称为半径）、簇中数据两两之间的平均距离（称为直径）、簇间距离。这些同样可以在 CF 值上计算，而无须访问原始数据。

基于以上所述，可构建一棵 CF 树来表示数据集合。该树是一种高度平衡树（height – balanced tree），包括非叶节点、叶节点、项（entry）三部分。项位于叶节点下，对应最小规模的簇；叶节点是由其下各个项组合成的较大的簇；非叶节点则是由其下各个子节点组成的更大的簇。同时每个叶节点还包含一个前向指针和后向指针，构成双向链表，以更高效地访问数据。图 5 – 3 所示为一个 CF 树的例子。

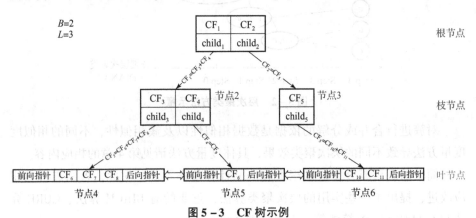

图 5 – 3 CF 树示例

为了保持平衡性，并满足内存限制要求，CF 树由三个参数来确定：扇出系数（branching factor）B 与 L 以及阈值 T。三个参数的作用是：非叶节点至多可包含 B 个子节点；叶节点至多可包含 L 个项（entry）；项对应的数据的直径（或半径）需小于阈值 T。其设置方法是：首先要求一个节点能在一个内存页面中放下，从而可以根据当前页面大小确定 B 与 L 值；其次，T 值的大小将决定 CF 树的尺寸，T 值越大，CF 树越小。其具体取值将根据存储限制确定，以保证整棵 CF 树能在内存中放下为前提。

以 CF 树的构建和使用为中心，BIRCH 算法包含四个步骤。

Step1. 扫描数据，构建 CF 树。从初始阈值 T 开始，扫描数据并逐个将数据插入 CF 树。如果在数据扫描还没有完成之前，内存即已用完，则增加阈值，重新构建一个新的更小的 CF 树，将旧的 CF 树上的叶节点插入新的 CF 树，然后从中断的数据点开始继续扫描并执行插入。关于将数据与项插入 CF

树的方法将在下面叙述。

Step2. 简化 CF 树（可选，不是必须的步骤）。方法是扫描叶节点中的项，移除其中的局外点，并合并相互接近的项。

Step3. 针对叶节点中各个项的 CF 值，进行全局聚类。这里可以采用各种可能的聚类方法，比如凝聚层次聚类方法等。聚类只需在 CF 值上进行即可，不必访问原始数据。

Step4. 聚类结果求精（可选，不是必须的步骤）。方法是基于聚类得到的质心，重新将每个数据分配到距离其最近的质心（簇）。

以上 Step1 中，将项（单个数据可以认为是由该数据构成的项）插入 CF 树的方法如下。

Step1.1（找到合适的叶节点项）。从根节点开始，按照距离最近原则，逐层向下，直到相应的叶节点下的某一项。

Step1.2（改变叶节点）。试探将项插入所找到的项下，如果插入后该项的半径（或直径）仍然满足小于阈值 T 的条件，则执行插入；否则，如果当前叶节点的项个数未达到最大的 L 值，则为该叶节点增加一个项；否则，分裂该叶节点。

Step1.3（改变路径）。叶节点改变后，需相应改变可以到达该叶节点的所有路径上非叶节点的 CF 信息。如果在 Step1.2 中没有发生叶节点的分裂，则只需改变 CF 值即可；如果发生了叶节点的分裂，则还需在非叶节点中增加分支，如果这种分支违反了扇出系数 B 的要求，则还需增加上层非叶节点，直到根节点。如果根节点发生了分裂，则树的高度相应增加。

Step1.4（合并求精）。在以上改变路径过程停止时的非叶节点处，寻找可以被合并的分支并执行合并，以提高空间利用率。

由以上算法描述可知，BIRCH 算法的核心是构建 CF 树，而构建 CF 树的目的是找到数据的最小构成单位，即不能再分解的子簇（对应叶节点下的项）。在这些子簇的基础上，还需以最小数据构成单位为对象，再使用其他聚类算法来完成聚类。

5.3.2 CURE 算法

CURE[7] 全称为 "Clustering Using Representatives"（使用代表点的聚类）。该算法属于凝聚层次聚类算法，其主要特点正如名称所示，在于采用多个代表数据（点）来表示一个簇，簇间距离被定义为两个簇中代表数据之间距离的最小值。算法 5 – 3 给出了 CURE 层次聚类的算法流程。

算法 5 - 3　CURE 层次聚类算法

输入：数据集、聚类个数 k。
步骤： Step1. 初始化数据集合，维护每个簇 u 与其他簇的最近距离 u. closest Step2. 从集合中取出距离最近的两个簇 u 和 v 进行合并，合并以后的簇记为 w Step3. 遍历集合中的每个簇 x，如 x. closest 发生变化则更新，同时对 w. closest 进行维护 Step4. 将 w 加入集合，集合中簇的个数大于 k 则重复 Step2, 3，否则终止算法。
输出：当前所得到的 k 个簇。

算法开始时，代表点为最分散的点，首先在簇中选择距离质心最远的点，然后依次选择与已选点最远的点，直到达到代表点数量要求。随着层次聚类的进行（算法中簇的合并阶段），逐步使这些代表点向簇的质心方向收缩，并且离质心越远的点每次收缩程度越大，这样可以更好地表达簇的形状。算法中用数据结构堆来维护每个簇的最近距离，如果设原始数据集大小为 N，则算法的时间复杂度为 $O(N^2 \log N)$，这样的复杂度使该算法无法运行于大数据集。

为了解决大数据量问题，在上述 CURE 层次聚类的基础上，进一步采用随机抽样和数据分组手段来提高计算效率，从而得到完整的 CURE 算法，其计算过程列于算法 5 - 4 中，其中关键步骤是 Step3 和 Step5 中的两次 CURE 层次聚类过程，即首先在各个分区上执行 CURE 层次聚类，然后在所获得的簇的集合上再次执行 CURE 层次聚类。

算法 5 - 4　CURE 聚类算法

输入：数据集、聚类个数 k。
步骤： Step1. 抽样数据集，得到样本集，设样本集中数据个数为 n。 Step2. 划分样本集为 p 个组，则每个样本组中的数据个数为 n/p。 Step3. 对每一个样本组进行 CURE 层次聚类，直到簇的数目达到设定值 n/pq （$q > 1$）。 Step4. 删除局外点（一般以簇中的数据个数作为阈值）。 Step5. 在之前形成的所有簇上再次执行 CURE 层次聚类。 Step6. 将所有点分配到距离其最近的代表点所在的簇。
输出：当前所得到的 k 个簇。

5.3.3 CHAMELEON 算法

CHAMELEON[8]全称为"A Hierarchical Clustering Algorithm Using Dynamic Modeling"（利用动态建模的层次聚类方法）。这是一种结合了层次聚类方法与基于图的聚类方法的算法。它用稀疏图来表示数据集合中数据之间的连接关系，在此基础上通过图割（graph cut）和层次聚类过程获得聚类结果。图 5 - 4 所示为 CHAMELEON 算法的工作流程。如图 5 - 4 所示，CHAMELEON 算法分为三个步骤。

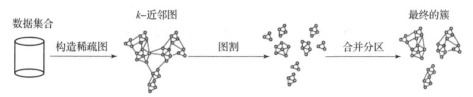

图 5 - 4　CHAMELEON 算法流程示意图[8]

Step1（数据建模）．根据数据集获得稀疏图。这里采用的稀疏图表示为 k - 近邻（k - nearest neighbor）图，即对于每个节点（数据），仅和距离它最近的 k 个节点之间存在边。边的权重为两个数据之间的相似度。

Step2（图割）．将图分割为互不连通的子图，每个子图对应一个子簇。通过切断图上足够多的边，可将图分割为互不连通的子图。图割的目标就是找到需要切割的边的组合。而这样的边的组合可能存在很多种，需要从中选择最优的方案。在 CHAMELEON 算法中，图割的优化目标是使被切断的边的权重之和最小化，从而使所获得的不同子簇之间的区分度最大化。针对这一优化问题的解决，CHAMELEON 算法反复调用多层图割（multilevel graph cut）方法将当前最大的子图（子簇）分割为两个子图，直到当前最大子图中包含的数据个数小于规定的最小值为止。

Step3（层次聚类）．利用层次聚类方法对子簇进行合并。基于图割的结果，CHAMELEON 算法采用簇之间的相对互连性（Relative Inter - connectivity，RI）与相对紧密度（Relative Closeness，RC）来度量簇之间的相似度。这两个度量均考虑了两个簇之间的连接边权重与两个簇内部各连接边权重之间的关系。其中前者关注权重之和，体现两个簇数据之间的连接紧密程度；后者关注平均权重，体现两个簇之间的疏远程度。在此基础上，有两种合并了簇的标准：①当这两个度量值都大于阈值时，对两个簇进行合并；②计算这两个度量值的乘积，选择该乘积值最大的两个簇执行合并。这样便解决了图 5 -

5 和图 5 – 6 所示的问题：如果只关注簇之间的距离，在图 5 – 5 中聚类结果更倾向于合并图 5 – 5（c）、（d）所示的两个簇，而显然 a、b 两个簇更适合合并为一类；如果只关注簇之间的连接性，在图 5 – 6（a）、（c）所示的两个簇内数据的距离更近，这样会忽略图 5 – 6（a）、（b）所示的两簇边界贴近的关系。

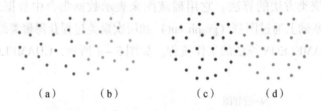

（a）　　　（b）　　　　　（c）　　　（d）

图 5 – 5　只关注簇之间距离所导致的问题示例

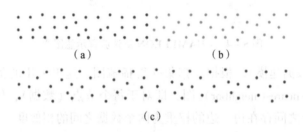

（a）　　　　　　　　　（b）

（c）

图 5 – 6　只关注簇之间连接性所导致的问题示例

5.4　基于数据密度的聚类方法

所谓数据密度（data density），是指数据空间中一定范围内数据点的个数，它反映了数据的紧致程度。聚类的目的正是要使一个簇内的数据尽可能靠近，不同簇之间的数据尽可能远离。因此，可以根据数据密度来反映聚类的质量，这是基于数据密度进行聚类的思想基础，其中核心问题是对数据密度的定义。在此基础上，基于数据密度的聚类的基本过程是：只要满足数据密度的要求，就可以不断对簇进行生长，即不断向簇中增加数据。在生长完成后，一个合适的簇应满足数据密度的要求，否则应作为局外点。通过这种方式，相对于 k – 均值聚类等其他常用的基于距离的方法，基于数据密度的聚类方法的优点在于具有更强的剔除局外点和适应聚类形状的能力。

下面具体介绍两种目前主要的基于数据密度的聚类方法——DBSCAN 算法、DENCLUE 算法，以及一种近期发表的基于数据密度峰值的聚类方法。

5.4.1　DBSCAN 算法

DBSCAN[9]全称为"Density Based Spatial Clustering of Applications with Noise"（基于密度的空间聚类方法及其在有噪声数据中的应用）。DBSCAN 算法首先给出定义数据密度的两个参数：邻域的最大半径 ε 与邻域内的最小数据点数 MinPts。在此基础上，有以下概念。

（1）ε - 邻域：以某点为中心，半径小于 ε 的区域。

（2）核心点（core points）：在其 ε - 邻域内至少存在 MinPts 个点的点。

（3）直接密度可达（directly density - reachable）：点 q 直接密度可达另一点 p，表示 q 为核心点且 p 在 q 的 ε - 邻域内。

（4）密度可达（density - reachable）：点 q 密度可达另一点 p，表示存在一个点的序列 $\{p_1, p_2, \cdots, p_m\}$，其中 $p_1 = q$，$p_m = p$ 且 p_i 直接密度可达 p_{i+1}（$1 \leqslant i < m$）。

（5）密度连接（density - connected）：点 p 与 q 密度连接，表示存在另一点 o，p 与 q 均密度可达 o。

图 5 - 7 通过例子进一步显示了上述概念的定义方法，其中邻域最大半径（ε）设为 1，邻域内最小数据点数（MinPts）设为 5。图 5 - 6（a）~（c）所示分别为直接密度可达、密度可达以及密度连接的例子，读者可通过解读这些例子，更好地体会以上概念。

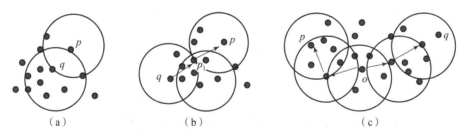

（a）　　　　　　　（b）　　　　　　　　（c）

图 5 - 7　DBSCAN 算法中数据密度定义的相关概念示意（$\varepsilon = 1$；MinPts = 5）

（a）q 直接密度可达 p；（b）q 密度可达 p；（c）p 与 q 密度连接

基于上述关于数据密度的概念，一个簇被定义为由密度可达和密度连接所确定的最大非空数据子集，该子集内任意两点之间是密度连接的，而该子集外任意一点都不能从子集内任意一点密度可达。当按此定义得到数据集合中的所有簇之后，局外点被定义为不属于任何簇的数据。

根据上述对簇和局外点的定义，在 DBSCAN 算法中，按以下方法循环处理每个数据点，即可得到聚类结果。

如果当前待处理的数据点已包含在之前已形成的簇中，则不予处理，否则执行以下计算：找出以该点为中心的 ε – 邻域内的所有点，如果所获得的点的个数小于 MinPts，说明该点为非中心点，则标注其为局外点（如果后面发现该点可以被包含在以其他点为中心点所形成的簇中，则还可以相应改变其标志）；否则说明该点为中心点，于是进而找出与该点密度可达的所有点（包括已经在簇中的点），由这些点以及这些点所在的簇形成一个新的簇，并将这些点用相应的簇的编号来标注。

5.4.2　DENCLUE 算法

DENCLUE[10] 全称为 "DENsity – based CLUstEring"（基于密度的聚类）。与 DBSCAN 算法中对数据密度的定义不同，DENCLUE 算法基于影响函数来定义数据密度，相应概念如下。

（1）影响函数（influence function）：反映两点之间影响程度（距离远近）的函数，两点距离越大其值越小。

（2）密度函数（density function）：给定一个数据点，可获得数据集合中所有点对于该点的影响函数之和，这可认为是该点的密度。相应计算公式被称为密度函数。

（3）密度吸引子（density – attractor）：密度函数的局部极大值点（local maxima）。

（4）按密度吸引（density – attracted）：对于某密度吸引子 x^*，其他某个点 x 被认为是按密度吸引到 x^*，表示存在一个点序列 $\{x_1, x_2, \cdots, x_m\}$，其中 $x_1 = x$，$x_m = x^*$ 且 x_{i+1} 是从 x_i 处按密度函数的梯度上升方向变化来的（$1 \leqslant i < m$）。

图 5 – 8 通过一个例子进一步显示了上述概念的定义方法，其中图 5 – 8（a）所示为给定的二维数据集，图 5 – 8（b）所示为当影响函数被设计为平方波（square wave）影响函数时，在该数据集上得到的密度函数；图 5 – 8（c）所示为当影响函数被设计为高斯影响函数时，在该数据集上得到的密度函数。平方波影响函数为离散函数，当两点距离小于阈值时，存在影响，否则不存在影响。高斯（Gaussian）影响函数为连续函数，两点之间的影响值大小将随着两点距离的增大而以高斯形式逐渐衰减。这两种函数的具体计算公式分别为

$$f_{\text{Square}}(x, y) = \begin{cases} 0, & D(x, y) > \sigma \\ 1, & D(x, y) \leqslant \sigma \end{cases} \qquad (5 - 10)$$

与

$$f_{\text{Gauss}}(\boldsymbol{x},\boldsymbol{y}) = e^{-\frac{D(\boldsymbol{x},\boldsymbol{y})^2}{2\sigma^2}} \tag{5-11}$$

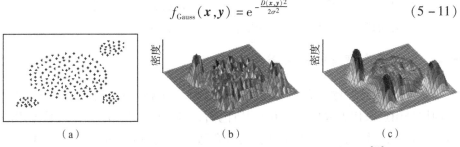

（a）　　　　　　　（b）　　　　　　　（c）

图 5 - 8　DENCLUE 算法中数据密度定义的相关概念示意[10]

（a）数据集；（b）基于平方波影响函数的密度函数；（c）基于高斯影响函数的密度函数

在以上概念的基础上，DENCLUE 算法定义了两种簇：按中心定义的簇（center – defined clusters）和任意形状簇（arbitrary – shape cluster）。按中心定义的簇是以密度函数值大于阈值的密度吸引子为中心，所有可以按密度吸引到该中心的点所构成的簇。任意形状簇是由一个密度吸引子的集合来确定的满足以下两个条件的簇：①对于该簇中的任意一个点，在密度吸引子集合中至少存在一个密度函数值大于阈值的密度吸引子，且该点可按密度吸引到该吸引子；②对于该簇中任意两个密度吸引子，存在一个能够将这两点连接起来的数据点的序列，该序列中每个点所对应的密度函数值均大于阈值。图 5 - 9 所示为这两种簇的一个例子，其中图 5 - 9（a）所示对应于按中心定义的簇，图 5 - 9 所示（b）对应于任意形状簇，其中位于上方的平面反映了阈值的大小。从以上概念及图例可知，任意形状簇可以被认为是在按中心定义的簇的基础上进行合并后得到的结果。

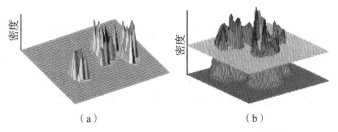

（a）　　　　　　　　（b）

图 5 - 9　DENCLUE 算法中两种簇的示意[10]

（a）按中心定义的簇；（b）任意形状簇

根据以上给出的簇的定义，DENCLUE 算法分为两步。第一步为预聚类步，用于将数据空间划分为网格，并记录网格中的数据信息，以加快后面对密度函数的计算。这一点使 DENCLUE 算法具有了下面将要介绍的基于空间网格的聚类方法的特性。第二步为实际聚类步，用于在数据空间的网格表示上，按上述簇的定义，计算密度吸引子以及相应的被其吸引的数据点，从而得到按中心定义的簇，进而根据需要获取任意形状簇，完成聚类。

5.4.3 基于密度峰值的聚类方法

此方法[11]的思想是简单、有趣和有效的。与 k – 中心点聚类方法类似，它同样是用点来代表数据簇，并且其计算目标同样是寻找最合适的数据中心点。但它的计算依据是数据密度，其对合适的聚类中心点的定义是：①该点相对于其邻域点有较高的数据密度；②该点与其他密度高于该点的点之间的距离较大。根据这个定义，聚类中心点实际是其数据密度为局部邻域内极大值的点。

该方法通过计算如下两个数值来确定每个点是否满足上述两个特性。首先计算点的局部密度 ρ。该值被定义为与该点距离小于指定的距离阈值的点的个数。其次，在获得每个点的局部密度之后，计算每个点与局部密度高于该点的其他点之间的最小距离 δ。对于密度最高的点，该值取为该点与所有点之间的最大距离。最后，ρ 值与 δ 值均较大的点便是聚类中心点，而 ρ 值较小、δ 值较大的点则是局外点。确定了聚类中心点和局外点后，其他点按距离最小原则分配至相应的聚类中心点，便完成了聚类。

这种方法的优点在于：①计算简单，速度快，可应用于大数据和高维数据；②可自动确定聚类个数；③可适应任意的聚类形状。

5.5 基于空间网格的聚类方法

基于数据密度的聚类方法是从数据的角度着眼解决聚类问题，基于空间网格的聚类方法则是从数据空间（data space）的角度着眼解决聚类问题。所谓数据空间是数据存在的空间，或者可以认为是一切可能数据的集合。例如，在对各维变量取值范围加以限定的情况下，二维数据空间是一个平面，三维数据空间是一个立方体。

基于空间网格的聚类方法的基本思想是将数据空间划分成有限数量的网格（grid 或 cell），通过对数据点所在网格的操作达到聚类的目的。为了获得较好的效果，对数据空间通常需要进行多种粗细不同的划分，这被称为多分辨率（multi – resolution）处理。

基于空间网格的聚类方法的优点在于相比以数据为中心来实现聚类的方法，其计算复杂度与数据规模无关，从而有更好的可伸缩性。目前基于空间网格的聚类方法主要有 STING 算法、CLIQUE 算法、WaveCluster 算法等。

5.5.1 STING 算法

STING[12] 全称为 "a STatistical INformation Grid approach"（统计信息网格方法）。它将数据空间划分成矩形网格，并分层处理，每一层对应于不同的分辨率。高层中的空间分辨率较低，即对数据空间的划分较粗；低层中的空间分辨率较高，即对空间的划分更细。事实上，上一层中的一个网格将在下一层被细分为若干个更小的网格。图 5 – 10 所示为 STING 算法中的多层数据空间划分示意，其中顶层（根）仅有一个网格，表示整个数据空间；最底层（叶子）的网格数量则由数据的分布密度决定，比如可以选择网格的数量以使网格中的平均数据个数分布在几十到几千之间等。

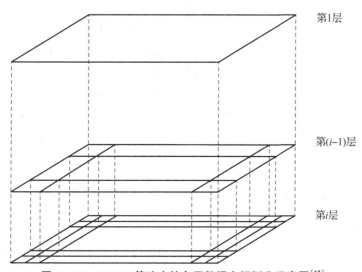

第1层

第(*i*–1)层

第*i*层

图 5 – 10 STING 算法中的多层数据空间划分示意图[12]

STING 算法扫描数据集合，相应获得各个底层网格中包含的数据的统计信息，包括数据个数、均值、标准差、最小值、最大值、数据分布类型等。数据分布类型可以人为指定，如正态、均匀、指数分布等，也可以利用 χ^2 - 检验法（χ^2 - test）自动得到。在获得以上统计数据后，从最底层网格开始，逐层向上计算各网格对应的数据统计信息，直到最上层网格。这里实际上体现了一定的层次聚类的特性，但不是对数据的操作，而是对空间网格的操作，最底层的单元参数直接由原始数据进行计算，而较高层的数据个数 n、均值 m、标准差 s、最小值 min 和最大值 max 分别通过以下式（5 – 12）~式（5 – 16）进行计算，分布类型可以基于它对应的低层单元多数的分布类型，用一个阈值过滤过程的合取来计算，若底层分布类型彼此不同，那么高层分布类型为空。一旦完成了这样的数据空间划分及其统计信息的计算，也就意味着完成了数据的聚类过程。

$$n = \sum_i n_i \qquad\qquad (5-12)$$

$$m = \frac{\sum_i n_i m_i}{n} \qquad\qquad (5-13)$$

$$s = \sqrt{\frac{\sum_i (s_i^2 + m_i^2) n_i}{n} - m^2} \qquad\qquad (5-14)$$

$$min = \min_i(min_i) \qquad\qquad (5-15)$$

$$max = \max_i(max_i) \qquad\qquad (5-16)$$

在构建好的数据空间划分及其统计信息的基础上，可按自上而下的方式进行信息查询（query），其查询过程是：从空间划分结构中的某一层（通常该层包含的网格数较少）开始，针对每个需要考虑的网格，根据该网格对应的数据统计信息，确定它是否与待查询对象无关。在当前层上所有需要考虑的网格都经过这样的处理后，进入下一层。这时在下一层上需要考虑的网格，其上一层的对应网格应还未标注为与待查询对象无关，否则将不予考虑。按这样的处理方法，逐层向下执行，直到最底层，便得到查询结果。

5.5.2　CLIQUE 算法

CLIQUE[13]全称为 CLustering In QUEst（查询中聚类），其计算目标是在数据空间的子空间（subspace）中寻找数据密度高的区域，因此 CLIQUE 算法也是一种子空间聚类（subspace clustering）方法，同时也具有基于数据密度的聚类方法的特性。所谓子空间是原始数据向更低维投影后形成的空间，比如对于三维数据空间，平面就是其中的一个子空间，此时原始三维数据向其投影后成为二维数据。所以子空间聚类方法兼有降维的作用。

为了找到一个合适的子空间并在其中完成聚类，CLIQUE 算法首先将每一维数值范围划分成等长的段落，从而将数据空间划分成均匀的矩形网格。相应地，可以获得任意子空间里的矩形网格。如果所得到的矩形网格中包含的数据点数与全部数据点数的比例超出了阈值，则认为该网格是稠密的。而在一个子空间内相互连通的稠密网格的最大集合被认为是一个簇。下面通过图 5 - 11 进一步解释这些概念。图 5 - 11 所示为一个二维数据空间，对该空间进行了相应划分，得到各个小矩形框所组成的网格。图 5 – 11（a）中灰色网格表示该网格中包含的数据个数满足阈值要求，即该网格是稠密的，于是 A 与 B 这两个区域的并集构成了一个簇。图 5 – 11（b）中一个小黑点代表一个训练数据。设关于网格稠密性的计算阈值设定为 20%，即当网格内数据个数与全部数据个数的比例大于 20% 时，认定网格稠密，否则网格非稠密。这样对于图 5 – 11（b）所示情况，二维空间中没有稠密网格，从而也就没有簇。但将数据投影到 Salary 这一维对应的一维子空间时，可得到 3 个稠密的网格，其中两个是连通的 [图 5 – 11（b）中 C 所示的两行]，从而得到两个簇 [图 5 – 11（b）中 C 与 D]。而对于 age 这一维所在的一维子空间，同样不存在稠密网格，从而也就不存在簇。

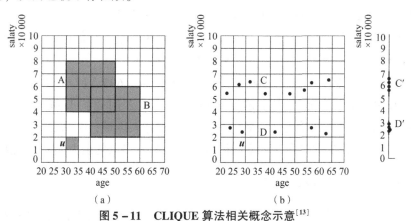

图 5 – 11　CLIQUE 算法相关概念示意[13]

（a）原始空间中的簇；（b）子空间中的簇

　　根据上述定义和图例可知，需要在合适的子空间中发现由稠密网格所构成的最大连通集合，从而得到各个簇以完成聚类。相应地，CLIQUE 算法分为如下三个步骤。

　　Step1. 确定包含簇的最大子空间。这一步的主要困难在于如何高效地发现不同子空间中的稠密网格。CLIQUE 算法采用一种自底向上的算法来解决，它从一维子空间开始确定子空间中的稠密网格，并逐渐增加子空间的维数。一旦获得了 $k-1$ 维子空间中的稠密网格，便可计算出 k 维空间中的候选稠密网格（某数据对象落入一个网格当且仅当该数据在每一维上的映射都在该网格的映射范围内），进而对数据执行一次扫描以确定各候选网格是否真的稠密。为了进一步减少此过程中的计算量，还可采用最小描述长度准则①删除不

---

① 参见本书第 2 章和第 3 章关于最小描述长度的内容。

必要的子空间及其候选网格。

Step2. 确定聚类簇。CLIQUE 算法中对聚类簇的定义就是由连通的稠密网格组成的连通分支。根据所得到的最大子空间中的稠密网格构建一个图，图中的节点为稠密网格，图中的边表示两个稠密网格是否相邻。在此基础上，寻找图中的各个连通成分（connected component），即得到了相应的簇。CLIQUE 算法中采用深度优先搜索算法来完成这一步的计算。

Step3. 形成对簇的最小描述。这一步的目的是尽量简洁地表达出聚类结果，以提高聚类结果的可解释性，如第 2 章所述，这也是机器学习算法的一个重要评价指标。CLIQUE 算法的聚类结果为网格，因此应将网格组合成更大的区域以降低描述的复杂性，而且区域数量越少越好。于是，对于每一个簇来说，就是试图找出能够覆盖其中所有稠密网格的最小数量的区域，这些区域称为最优覆盖。如在图 5－11（a）中，A 与 B 就是一种能够覆盖该簇所有稠密网格的最优覆盖，相应的对于簇的符号描述为

$$((30 \leqslant age < 50) \wedge (4 \leqslant salary < 8)) \vee ((40 \leqslant age < 60) \wedge (2 \leqslant salary < 6))$$

CLIQUE 算法中通过以下两步来解决最优覆盖问题：①利用贪婪增长（greedy growth）方法确定覆盖各个稠密网格的最大区域；②从已有最大区域中，移走数目最少的多余最大空间区域，直至没有多余的最大稠密区域为止。

5.5.3   WaveCluster 算法

WaveCluster[14]算法将信号处理手段引入聚类，将数据集合看作数据空间中的信号，信号频率高的部分表示数据分布的快速变化，因此对应于不同聚类的边界，反之，信号频率低的部分则对应于一个聚类。该方法应用小波变换来发现数据中的高频和低频部分，并将这种思想与基于网格的聚类方法结合，从而得到如下算法。

将数据空间划分成网格，将相应的空间称为量化空间（quantized space），统计每个网格中的数据个数，进而确定其中数据个数不为 0 的非空网格。在量化空间上执行离散小波变换，将变换后得到的空间称为变换空间（transformed space），并将其中对应数值大于阈值的网格作为显著网格，进而在此基础上定义网格之间的邻域关系以及网格之间的连接关系。于是，彼此连接在一起的显著网格（即显著网格的连通成分）构成一个簇。最后，根据量化空间网格与变换空间网格之间的对应关系，确定由原始网格所构成的簇，也就是由原始网格中的数据所构成的簇。在上述过程中，可以执行多尺度小波变换，从而得到不同尺度上的聚类结果。

执行小波变换的优点之一是能够去除噪声，但其计算效率受网格数量和数据维数影响较大。

5.6 基于统计模型的聚类方法

基于统计模型的聚类方法首先将数据拟合为相应的统计分布，然后基于统计分布实现聚类，其中数据点到簇的隶属关系用类的条件概率或条件概率密度来计算。下面介绍在这一思想之下的两种聚类算法：GMMCluster 算法与 AutoClass 算法。这两种算法的共同点在于它们都试图将数据拟合为有限混合模型，即由若干简单的统计分布按其权重加权混合而成的分布形式，然后将其中的每个简单统计分布作为一簇。GMMCluster 算法中采用的有限混合模型形式为高斯混合模型，其组成成分为高斯分布；AutoClass 算法中，有限混合模型的成分则采用了朴素贝叶斯模型。关于这两类统计模型，在本书第 3 章中已有相应介绍，本节简要叙述这两种聚类算法，其中涉及的具体内容请参见第 3 章中的相应内容。

5.6.1 GMMCluster 算法

GMMCluster 算法[15]假设数据集合服从高斯混合模型，并将其中的每个高斯分布作为一个簇。因此，可采用第 3 章介绍的 EM – MDL 算法将数据集合拟合为相应的高斯混合模型，然后将每个数据按照其到每个高斯成分的类条件概率密度值分配到相应的簇，从而完成聚类。

5.6.2 AutoClass 算法

类似于 GMMCluster 算法，AutoClass 算法[16]假设数据集合服从有限混合模型，模型中的每个成分对应于一个簇。但与 GMMCluster 算法不同的是，AutoClass 算法采用了朴素贝叶斯模型来表示一个簇（成分）的统计分布，如前所示，这说明每个成分对应的分布是数据各维分量对应的一元分布的乘积。AutoClass 算法的另一个特点是不同维对应的一元分布可以有不同的形式，并且其形式也是学习对象之一。这样对于每个成分来说，需要根据数据来确定其形式和参数；对于整个模型来说，除了确定模型成分以外，还要确定各成分对应的权重。而要进行这样的计算，便需要确定数据到各个成分的隶属概率。反之，当模型改变后，数据到各个成分的隶属概率也可能随之变化。这正是一种可以用 EM 算法来解决的问题。事实上，AutoClass 算法即采用了 EM

算法来计算，其计算过程是：首先估计各个数据到各个簇的隶属概率，然后在此基础上对各个成分的形式、参数和权重进行更新，这两步交替循环执行，直到满足停止条件为止。

5.7 基于图的聚类方法

基于图的聚类方法利用图来表示数据之间的相似关系，其中节点表示数据，节点之间的边表示数据之间的相似性，在此基础上，通过对图的计算，达到聚类的目的。在基于图的聚类方法中，目前最受关注的是谱聚类（spectral clustering）算法，图割算法也可归入谱聚类算法这一类型中。

现简要介绍谱聚类算法如下。

图可以转换成一个矩阵来表示，其中矩阵的行和列表示数据，矩阵中的元素则表示数据之间的相似度，于是可以将基于图的聚类转换为矩阵运算来实现。其中，谱聚类算法则是通过计算矩阵的特征向量来实现聚类。对于这一思想，存在多种计算途径。Ng、Jordan 与 Weiss 提出的谱聚类算法[17] 是其中的一个典型代表，其具体算法流程如算法 5 – 5 所示。

算法 5 – 5　Ng – Jordan – Weiss 谱聚类算法

输入：数据集、聚类个数 k。
步骤： 　Step1. 形成数据之间的相似度矩阵 A。 　Step2. 计算对角矩阵 D，其每个对角元素的取值为矩阵 A 上的对应一行元素之和。 　Step3. 计算矩阵 $L = D^{-1/2} A D^{-1/2}$。 　Step4. 计算矩阵 L 的前 k 个最大的特征向量，并将这些特征向量按行排列构成矩阵 X。 　Step5. 将 X 的每一行做归一化，使其模长为 1，即使每一行的值的平方和等于 1。 　Step6. 将 X 的每一行看作一个 k 维空间中的点，采用其他聚类方法（如 k – 均值聚类算法）将其聚类为 k 个簇。 　Step7. X 的每一行实际上对应着一个原始数据，因此 Step6 中的聚类结果就决定了原始数据的聚类结果。
输出：当前所得到的 k 个簇。

由算法 5 – 5 可知，该算法实际上是通过矩阵运算对数据做了变换后，再采用其他方法来完成聚类。这种变换的价值在于使不易用 k – 均值聚类等传统方法区分的聚类变为可分。比如图 5 – 12（a）与（b）所示分别是变换前和

变换后的数据，从图中可以清楚地看出这种转换的作用。从这一点来说，该方法与后面将要介绍的核聚类方法是相通的。

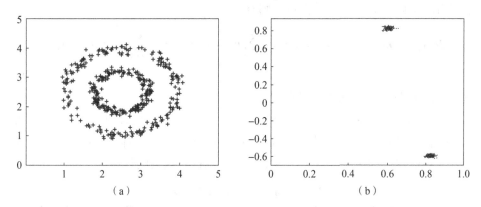

图 5 – 12　谱聚类数据转换作用示例

（a）原始数据；（b）转换后的数据

5.8　核聚类方法

如第 3 章所述，通过引入核函数，可以将原始空间中一个线性不可分的问题转换成高维空间中线性可分的问题来求解，从而能够得到更好的计算效果。这一原理同样可以应用于聚类中，其基本思想是用核函数将数据转换成高维数据，然后就可利用之前介绍的聚类方法来实现聚类。下面以 k – 均值聚类算法为例，说明如何将核函数引入现有的聚类方法。对于其他聚类方法，可依此类推。

如前所述，k – 均值聚类问题是通过最小化以下函数：

$$J(\boldsymbol{u},\boldsymbol{v}) = \sum_{i=1}^{N} \sum_{j=1}^{k} u_{ij} \parallel \boldsymbol{x}_i - \boldsymbol{v}_j \parallel^2 \qquad (5-17)$$

来达到确定最优 $\boldsymbol{u}$ 与 $\boldsymbol{v}$ 的目的，其中各符号的意义参见式（5 – 1）。显然，这里最关键的是距离度量。引入核函数，就可得到更好的在高维空间中线性可分的距离度量。设 $\boldsymbol{\Phi}(\cdot)$ 表示低维数据向高维空间的映射，则两个高维数据之间的距离可以用核函数 $k(\cdot,\cdot)$ 来计算：

$$\parallel \boldsymbol{\Phi}(\boldsymbol{x}_i) - \boldsymbol{\Phi}(\boldsymbol{x}_j) \parallel^2 = \boldsymbol{\Phi}(\boldsymbol{x}_i)^2 - 2\boldsymbol{\Phi}(\boldsymbol{x}_i) \cdot \boldsymbol{\Phi}(\boldsymbol{x}_j) + \boldsymbol{\Phi}(\boldsymbol{x}_j)^2$$
$$= k(\boldsymbol{x}_i,\boldsymbol{x}_i) - 2k(\boldsymbol{x}_i,\boldsymbol{x}_j) + k(\boldsymbol{x}_j,\boldsymbol{x}_j) \qquad (5-18)$$

另设 $\boldsymbol{m}_l$ 表示高维空间中一个簇的均值，则高维空间中点到簇均值之间的距离

为 $\|\boldsymbol{\Phi}(\boldsymbol{x}_i) - \boldsymbol{m}_j\|^2$，该值同样可利用核函数计算得到。令 $c_j = 1/\sum\limits_{k=1}^{N} u_{kj}$，即分配给第 j 个簇的数据个数的倒数，则有

$$\|\boldsymbol{\Phi}(\boldsymbol{x}_i) - \boldsymbol{m}_j\|^2 = k(\boldsymbol{x}_i, \boldsymbol{x}_i) - 2c_j \sum_{k=1}^{N} u_{kj} k(\boldsymbol{x}_i, \boldsymbol{x}_k) + c_j^2 \sum_{l=1}^{N} \sum_{k=1}^{N} u_{lj} u_{kj} k(\boldsymbol{x}_l, \boldsymbol{x}_i)$$

$$(5-19)$$

关于该式的推导，请参见本章附录。

基于式（5-18）与式（5-19），核 k-均值聚类算法的计算步骤如算法 5-6 所示。请读者自行比较一下算法 5-1 与算法 5-6，体会 k-均值聚类与核 k-均值聚类的区别与联系，以更进一步认识核函数的作用。

算法 5-6　核 k-均值聚类算法

输入：数据集、聚类个数 k。
步骤： 　Step1. 从数据集中随机选择 k 个数据，作为低维空间中初始的簇均值。 　Step2. 对剩余的每个数据，根据其与各个簇均值的距离，将它划分给最近的簇。这里对于距离的计算，如果是第一次迭代，采用式（5-10）计算，否则采用式（5-11）计算。 　Step3. 重复 Step2，直到满足停止条件：聚类结果不再发生变化或者达到最大迭代次数。
输出：当前所得到的 k 个簇。

5.9　递增聚类方法

对于以上聚类方法来说，待聚类的数据集合都是一次给定的，在聚类过程中不会发生变化，可以将这种聚类问题称为静态聚类问题。但随着新型应用模式（比如搜索引擎、社交网络、电子商务等）的出现，很多数据具有动态变化和数据量巨大的特性，即数据集合是在不断扩展的，并且集合中的数据也可能发生变化。对于这些数据，如果采用静态聚类模式来聚类，则当数据改变时需要在整个数据集合上再次执行聚类，这种方式，即使设定按照一定的时间间隔来重复执行，其计算效率仍然是难以接受的。而如果能够利用之前的聚类结果，根据数据的变化对原结果进行动态调整，则将是更好的聚类方式，相应问题称为递增聚类（incremental clustering）、流聚类（stream clustering）或者在线聚类（online clustering）。在线聚类这一名称强调聚类是在用户联机的情况下现场执行的，而不是在用户脱机的情况下由系统在后台

执行的，因此算法的计算效率便是值得重视的因素。递增聚类或流聚类的名称则强调数据是逐渐变化的并且聚类结果应随之更新，从这一点来说，也可以认为相比于静态聚类，递增聚类的一个很大的特点就在于只能通过对数据的一次扫描来获得聚类结果，而不能多次扫描所有数据，否则存在回溯，便不能认为是递增聚类。

目前，递增聚类方法通常是对上述静态聚类方法进行适当改进后获得的，下面分别阐述相应的递增聚类方法。

5.9.1　递增划分聚类方法

如前所述，由于其简单、高效和有效的特性，k – 均值聚类是一种应用最为广泛的划分聚类算法。因此，已经有不少工作通过改进 k – 均值聚类算法来获得相应的递增聚类方法。Young 等人[18]根据聚类的统计信息来更新获得的聚类中心，其中使用了竞争学习（competitive learning）思想。Bradley 等人[19]使用高斯分布来表示每一个子簇，那些不会影响聚类结果的点将被删除，然后根据需要合并子簇。

在 k – 中心点算法的基础上，人们同样提出了不少递增聚类方法。Bouguelia 等人[20]递增地形成和调整中心点。中心点之间的关系被用于确定如何对新来的数据分类，同时用来判断点是否远离中心点的距离阈值。Guha 等人[21]提出了一种两层 k – 中心点聚类算法。首先在第一层，数据被分成不同的区域，并在每个区域上分别执行 k – 中心点聚类。然后在第二层，针对第一层得到的中心点再执行一次 k – 中心点聚类，从而得到最终的聚类结果。O'Callaghan 等人[22]首先提出了一种快速 k – 中心点算法，称其为 LOCALSEARCH，然后将该算法插入上述 Guha 等人的算法框架中进行递增聚类，所获得的算法被称为流 LOCALSEARCH。

5.9.2　递增层次聚类方法

此类递增聚类方法的核心是试图得到一些小的子簇，作为数据的最小组成单元，用来组织数据，使这些小的子簇能够随着数据的变化而动态改变，从而达到递增聚类的目的。从这一点来说，前述 BIRCH 算法便可认为是一种递增聚类算法。如前所述，该算法将每个簇用其特征（简称 CF）来描述，从而递增地生成和更新 CF 树。然而以这种方式，BIRCH 算法仅得到簇的最小构成单位（最小子簇），还需要调用其他聚类算法对最小子簇（如层次聚类等）进行聚类后才能得到最终结果。所以，这实际上是一种两阶段的递增聚类方法，第一阶段是发现簇的最小构成单位，这一阶段是递增进行的；第二阶段是在最小构成单位的基础上形成最后的聚类结果，这一阶段不是递增进行的，但由于最小构成单位的数量远远小于数据的数量，因此其计算效率是可以接受的。这种思想可以在很多其他方法中看到，比如 Aggarwal 等人的方法[23]、用于轨迹聚类的 TCMM 算法[24]、Cao 等人的算法[25]、CluStream 算法[26]、StreamOptics 算法[27]等。感兴趣的读者请参考相关文献。在这些方法中，这两个阶段的聚类往往被分别称为微聚类（micro-clustering）和宏聚类（macro-clustering）。

COBWEB[28]是另一种重要的递增层次聚类方法，主要用于概念聚类。与 BIRCH 算法自下而上构建聚类树正好相反，COBWEB 是自上而下构成一棵分类树。其中使用类别效用（category utility）来度量聚类质量，并通过爬山搜索策略来获得最优的聚类质量。

Pensa 等人[29]针对数据以及数据成分分别构成两棵聚类树，通过将新输入的数据及其特征合成到已有的聚类树中，获得了相应的递增聚类方法。

5.9.3 基于密度的递增聚类方法

如前所述，DBSCAN 算法是主要的基于密度的聚类算法之一，在其基础上，人们提出了许多递增聚类算法。Ester 等人[30]提出了 IncrementalDBSCAN 算法，他们在数据增加或删除时，找出受影响的点，从而仅对聚类结果执行必要的更新。Singh 与 Awekar[31]在 SSN-DBSCAN 算法（一种改进的 DBSCAN 算法）的基础上，增加其递增聚类能力。他们针对新数据的插入，定义了三种类型的变化，进而找出具备相应变化的老数据，并更新其特征，然后相应执行簇的合并与分解操作。Mendes 等人[32]提出了另一种对受到新数据影响的数据进行检测的方法，在所检测到的受影响数据上执行递增聚类，相应方法称为 DenStream。Kriegel 等人[33]在基于密度的子空间聚类算法 PreDeCon 的基础上提出了一种递增聚类算法，称为 IncPreDeCon。其核心思想也是找出受更新后的数据影响的簇。他们提出了算法的两种版本，分别用于处理批量更新和逐个更新的情况。

5.9.4 基于网格的递增聚类方法

Chen 与 Tu[34]提出了 D-Stream 算法，该算法在新数据输入时，递增更新网格特性。Gao 等人[35]提出了 DUCstream 算法，该算法随着数据块的插入而更新稠密的网格。

5.9.5　基于模型的递增聚类方法

如前所述，高斯混合模型常用于获得聚类结果，因此可以通过高斯混合模型的递增建模来实现递增聚类。Engel 与 Heinen[36]基于 Robbins – Monro 随机近似（stochastic approximation）方法，推导出一种随着数据的输入而更新模型的迭代公式，基于该公式构建的递增聚类算法称为 IGMM。Rougui 等人[37]针对语音识别问题，提出了一种对说话人进行索引与聚类的递增算法框架，利用高斯混合模型的合并来实现高斯混合模型的高准确性更新。Wan 等人[38]提出一种 ICGT（Incremental Construction of GMM Tree）算法，通过一种树型结构来表达高斯混合模型，称为 GMM 树。GMM 树随着数据的变化动态更新，进而根据更新后的 GMM 树形成聚类结果。

5.9.6　基于图的递增聚类方法

由前述谱聚类算法原理可知，该算法的主要计算瓶颈在于对特征值系统（eigenvalue system）的求解。因此，一种很自然的实现递增谱聚类的策略便是当数据变化时，能找出对称矩阵的近似特征向量，而不是在整个数据集上计算其精确解。Dhanjal 等人[39]通过子矩阵的 SVD 更新提出了一种递增的特征近似（eigen – approximation）方法，相应的聚类方法称为递增近似谱聚类（Incremental Approximate Spectral Clustering，IASC）。Ning 等人[40]提出了一种根据两个数据点之间的相似性来更新特征值和特征向量的方法。数据点的插入和删除操作进而被分解为一系列的相似性改变操作。由于存在累计错误问题，这些方法都需要在足够多的变化发生后，重新执行标准的谱聚类方法。

除了谱聚类，在其他基于图的聚类方法的基础上，也可以提出递增聚类算法。Luhr 与 Lazarescu[41]提出一种基于 k – 近邻（k – NN）稀疏图的流聚类算法，称为 RepStream，其中使用一个知识库存储一致和持久的聚类特征来实现递增聚类。Duan 等人[42]在局部深度优先搜索森林（Depth – First Search forest，简称 DFS 森林）更新技术的基础上，提出了一种 k – 团（k – clique）递增聚类算法，其中进行递增聚类的核心思想是对 DFS 森林和最大团集合进行递增更新，他们在此基础上设计了相应的向图中增加边和删除边的方法。

5.9.7　其他递增聚类方法

Nasraoui 等人[43]将人工免疫系统技术用于流数据的聚类。数据点与子簇中心分别被模拟为抗原（antigens）和白细胞（white blood cells，B – cells）。

新抗原的分类通过一种两层方式确定。白细胞的刺激与程度类似于子簇的均值和协方差，它们随着抗原的增加递增更新。最后，多个白细胞代表一个簇。Patra 等人[44]在聚类算法 al – SL 的基础上，提出了一种递增聚类算法。他们利用度量空间属性，根据数据的插入来更新簇。Liu 等人[45]应用自组织特征映射神经网络实现文本文件的聚类，基于神经元与输入文档之间的相似性来更新簇。

5.9.8 进化聚类方法

进化聚类（evolutionary clustering）[46]是与递增聚类相似，但又存在区别的聚类问题。在该类问题中，聚类结果同样随着数据的变化而更新，但是进化聚类不仅考虑数据的当前状态，还考虑数据之前的状态，它关心数据变化的连续性。因此，相邻聚类结果之间的差异被认为应尽可能小，从而在更新聚类结果时，需要在当前聚类质量和历史代价（相邻聚类结果之间的差异）之间取得平衡。显然，这也有递增的特性，但其在本质上与前面所述的递增聚类是不同的。递增聚类主要关注聚类的可伸缩性和准确性，而进化聚类则主要关心聚类结果的跟踪，认为聚类的变化稳定性比准确性和可伸缩性更重要。

小结

本章介绍了非监督学习中学习数据分布规律的聚类问题及其解决方法，其中要点如下。

（1）聚类是按照数据之间的相似性，将数据集合分成若干子集的问题，这些子集通常称为簇。根据数据到簇的隶属度是明确的还是模糊的，聚类有硬聚类与软聚类之分。聚类目标是发现数据分布规律，聚类结果中的簇实际已隐含地反映了数据的统计分布，如果需要，还可进一步拟合为显式的数据分布函数形式。聚类算法设计中的两个主要问题是数据相似度度量和在此基础之上的聚类优化方法。另外，可伸缩性、聚类形状、局外点等也是设计聚类算法时需要考虑的主要问题。

（2）聚类问题可以归结为一个从数据所有可能的组合方案中寻找一个最优方案的问题。针对这一问题，目前主要的求解策略包括：划分聚类、层次聚类、基于数据密度的聚类、基于网格的聚类、基于统计模型的聚类、基于图的聚类、基于神经网络的聚类。另外，将核函数的思想引入以上各种聚类策略, 可得到相应的核聚类方法。

(3) 划分聚类方法是通过考察数据集合的不同划分方案来实现聚类的。k-均值聚类算法和 k-中心点聚类算法是两种主要的划分聚类算法。在 k-均值聚类算法中, 簇用簇中均值表示, 划分过程是在更新簇均值和更新数据归属这两个步骤之间反复交替迭代, 直到聚类稳定的过程。对于 k-均值聚类算法的改进有模糊 k-均值、ISODATA 算法等。在 k-中心点聚类算法中, 簇用簇中代表数据 (中心点) 来表示, 划分过程是在替换中心点和更新数据归属这两个过程之间反复交替迭代, 直到替换代价停止降低的过程。为了提高 k-中心点聚类算法的计算效率, 目前两种主要的改进方法是 CLARA 和 CLARANS。此外, 均值迁移聚类算法是一种更一般化的划分聚类算法, k-均值聚类算法可视为它的特例。

(4) 层次聚类分为凝聚层次聚类和分裂层次聚类两种, 分别对应于自下而上的数据两两合并过程和自上而下的数据二分分解过程。较重要的层次聚类算法包括 BIRCH 算法、CURE 算法和 CHEMELEON 算法等。BIRCH 算法的特点是用高度平衡树来表示数据的归并关系以及簇的信息, 通过对树的构建和利用实现聚类; CURE 算法的特点是用多个代表点来表示簇, 并且代表点从簇的边界向簇的中心逐渐收缩, 同时采用抽样和分区技术提高计算效率; CHEMELEON 算法的特点是利用基于图的聚类, 先用稀疏图表示数据之间的关联, 然后对图进行切割, 得到初始的簇, 最后在此基础上进行全局层次聚类。

(5) 基于数据密度的聚类在度量区域内数据密度的基础上实现聚类, 要求簇内密度高, 簇间密度低, 相应的比较重要的算法包括 DBSCAN 算法、DENCLUE 算法、基于密度峰值的方法等。DBSCAN 算法利用邻域关系定义数据密度, DENCLUE 算法利用影响函数定义数据密度。在数据密度定义的基础上, 两种算法分别给出了簇的定义, 并根据其定义设计了聚类算法。基于密度峰值的方法则通过数据密度为局部区域内极大值这一特性来确定聚类中心点, 再将其他点分配至距离最近的中心点来完成聚类。

(6) 基于空间网格的聚类方法是将数据空间划分成小的网格, 通过对网格的操作达到数据聚类的目的。这里通常需要采用多分辨率手段来划分和组织数据空间, 同时往往需要考虑网格内数据的密度。主要的基于数据空间的聚类方法包括 STING 算法、CLIQUE 算法、WaveCluster 算法等。STING 算法采用了层次化的矩形网格划分方法。CLIQUE 算法也采用了矩形网格式的划分, 但它考虑了子空间上的聚类。两种算法分别在空间网格的基础上给出了簇的定义，进而根据簇的定义实现聚类。WaveCluster 算法将数据集合看作网格空间中的信号，应用离散小波变换在网格空间上发现显著网格，进而将显著网格的连通成分作为一个簇。

（7）基于统计模型的聚类方法是将数据集合拟合为相应的统计分布，进而根据数据到统计分布的归属实现聚类。GMMCluster 算法和 AutoClass 算法是此类方法的两个经典例子，其共同点在于都是用有限混合模型来拟合数据，并把模型中的每个成分作为一个簇。同时它们都可采用 EM 算法求解。二者的差别在于：GMMCluster 算法采用了高斯混合模型这一有限混合模型形式；AutoClass 算法则采用了朴素贝叶斯模型作为模型成分的基本形式，同时其每一维上的一元分布有多种可能的形式。

（8）基于图的聚类方法利用图来表示数据之间的相似关系，其中节点表示数据，节点之间的边反映数据之间的相似性。在此基础上，通过对图的计算，达到聚类的目的。谱聚类算法是一种重要的基于图的聚类方法，它用矩阵表示图，矩阵的行和列表示数据，矩阵中的元素则表示数据之间的相似度，进而通过计算矩阵的特征向量来实现聚类。

（9）核聚类不是一种单独的聚类方法，而是利用核函数可将数据转换到高维空间中做线性可分的计算这一原理，对数据进行转换后，再结合到相应聚类方法中去。例如，可以将核函数与 k – 均值聚类算法结合，得到核 k – 均值聚类算法，其中主要的变化是利用核函数来计算两个数据点之间的距离。

（10）随着搜索引擎、社交网络、电子商务等新型应用模式的出现，很多数据具有动态变化和数据量巨大的特性，因此需要考虑如何随着数据变化逐渐更新聚类结果的递增聚类问题，也称为流聚类问题或者在线聚类问题。相比于静态聚类，递增聚类的最大的特点在于只能通过对数据的一次扫描来获得聚类结果，而不能多次扫描所有数据。目前，递增聚类算法通常是对上述静态聚类方法进行适当改进后获得的，包括递增划分聚类、递增层次聚类、基于密度的递增聚类、基于空间网格的递增聚类、基于模型的递增聚类、基于图的递增聚类。此外，进化聚类是与递增聚类相关的概念，同样具有随数据变化逐渐更新聚类结果的特性，但进化聚类更强调聚类结果变化的稳定性，而递增聚类更关注聚类的可伸缩性和准确性。

参 考 文 献

［1］JAIN A K. Data clustering：50 years beyond k – means［J］. Pattern Recognition

Letters,2010,31(8): 651 −666.

[2] BEZDEK J C, EHRLICH R, FULL W. FCM: the fuzzy c − means clustering algorithm[J]. Computers & Geosciences,1984,10(2 −3): 191 −203.

[3] MEMARSADEGHIY N, MOUNTZ D M, NETANYAHU N S, et al. A fast implementation of the ISODATA clustering algorithm[J]. International Journal of Computational Geometry & Applications,2007,17(1):71 −103.

[4] NG R T, HAN J. CLARANS: a Method for clustering objects for spatial data mining[J]. IEEE Transactions on Knowledge and Data Engineering,2002,14(5): 1003 −1016.

[5] CHENG Y Z. Mean shift,mode seeking,and clustering[J]. IEEE Transactions on Pattern Analysis and Machine Intelligence,1995,17(8): 790 −799.

[6] ZHANG T, RAMAKRISHNAN R, LIVNY M. BIRCH: an efficient data clustering method for very large databases[C]. Proceedings of SIGMOD,1996, Montreal,Canada.

[7] GUHA S, RASTOGI R, SHIM K. CURE: an efficient clustering algorithm for large databases[C]. Proceedings of SIGMOD,1998,Seattle,WA,USA.

[8] KARYPIS G, HAN E H, KUMAR V. CHEMELEON: a hierarchical clustering algorithm using dynamic modeling [J]. IEEE Computers, 1999, 32 (8): 68 −75.

[9] ESTER M, KRIEGEL H P, SANDER J, et al. A density − based algorithm for discovering clusters in large spatial databases with noise[C]. Proceedings of 2nd International Conf. Knowledge Discovery and Data Mining (KDD),1996.

[10] HINNEBURG A, KEIM D A. An efficient approach to clustering in large multimedia databases with noise[C]. Proceedings of KDD,1998.

[11] RODRIGUEZ A, LAIO A. Clustering by fast search and find of density peaks [J]. Science,2014,344 (6191): 1492 −1496.

[12] WANG W, YANG J, MUNTZ R. STING: A statistical information grid approach to spatial data mining [C]. The 23rd VLDB Conference, Athens, Greece,1997.

[13] AGRAWAL R, GEHRKE J, GUNOPULOS D, et al. Automatic subspace clustering of high dimensional data [J]. Data Mining and Knowledge Discovery,2005,11: 5 −33.

[14] SHEIKHOLESLAMI G, CHATTERJEE S, ZHANG A. WaveCluster: a multi −

resolution clustering approach for very large spatial databases [C]. Proceedings of the 24th VLDB Conference,1998.

[15] WAN Y, LIU X, TONG K, et al. GMM – ClusterForest: a novel indexing approach for multi – features based similarity search in high – dimensional spaces[C]. Proceedings of the 19th International Conference on Neural Information Processing (ICONIP2012),2012,Doha,Qatar.

[16] CHEESEMAN P,STUTZ J. Bayesian classification (autoclass): theory and results [C]. Proceeding of 2nd International Conference on Knowledge Discovery and Data Mining,1996.

[17] NG A Y,JORDAN M I,WEISS Y. On spectral clustering: analysis and an algorithm[C]. Proceedings of the Neural Information Processing Systems Conference (NIPS),2002.

[18] YOUNG S, AREL I, KARNOWSKI T P, et al. A fast and stable incremental clustering algorithm[C]. Information Technology: New Generations (ITNG), 2010 Seventh International Conference on. IEEE,2010: 204 – 209.

[19] BRADLEY P S,FAYYAD U M,REINA C. Scaling clustering algorithms to large databases[J]. International conference knowledge discovery and data mining,1998: 9 – 15.

[20] BOUGUELIA M R,BELAÏD Y,BELAÏD A. An adaptive incremental clustering method based on the growing neural gas algorithm [C]. 2nd International Conference on Pattern Recognition Applications and Methods – ICPRAM 2013, 2013,Barcelona,Spain. SciTePress.

[21] GUHA S, MISHRA N, MOTWANI R, et al. Clustering data streams [C]. Proceedings 41st Annual Symposium on Foundations of Computer Science,2000.

[22] O'CALLAGHAN L, MISHRA N, MEYERSON A, et al. Streaming – data algorithms for high – quality clustering [C]. Proceedings 18th International Conference on Data Engineering,2002.

[23] AGGARWAL C C,HAN J,WANG J,et al. A framework for clustering evolving data streams[C]. Proceedings of the 29th International Conference on Very Large Data Bases,2003.

[24] LI Z, LEE J G, LI X, et al. Incremental clustering for trajectories [J]. International Conference on Database Systems for Advanced Applications,

2010:32-46.

[25] CAO F, ESTERT M, QIAN W N, et al. Density – based clustering over an evolving data stream with noise [C]. Proceedings of the 2006 SIAM International Conference on Data Mining,2006.

[26] WIDYANTORO D H, IOERGER T R, YEN J. An incremental approach to building a cluster hierarchy [C]. Proceedings of 2002 IEEE International Conference on. IEEE,2002:705-708.

[27] TASOULIS D K, ROSS G, ADAMS N M. Visualizing the cluster structure of data streams[J]. International Symposium on Intelligent Data Analysis,2007.

[28] FISHER D H. Knowledge acquisition via incremental conceptual clustering [J], Machine Learning,1987,2(2):139-172.

[29] PENSA R G, IENCO D, MEO R. Hierarchical co – clustering: off – line and incremental approaches[J]. Data Mining and Knowledge Discovery,2014,28 (1):31-64.

[30] ESTER M, KRIEGEL H P, SANDER J, et al. Incremental clustering for mining in a data warehousing environment[C]. Proceedings of VLDB,1998,98:323-333.

[31] SINGH S, AWEKAR A. Incremental shared nearest neighbor density – based clustering [C]. Proceedings of the 22nd ACM international conference on Information & Knowledge Management (CIKM'13),2013:1533-1536.

[32] MENDES F, SANTOS M Y, PIRES J M. Dynamics analytics for spatial data with an incremental clustering approach[C]. 2013 IEEE 13th International Conference on Data Mining Workshops,2013.

[33] KRIEGEL H P, KRÖGER P, NTOUTSI I, et al. Density based subspace clustering over dynamic data[C]. International Conference on Scientific and Statistical Database Management,2011:387-404.

[34] CHEN Y X, TU L. Density – based clustering for real – time stream data[C]. Proceedings of the 13th ACM SIGKDD international conference on Knowledge discovery and data mining (KDD'07),2007:133-142.

[35] GAO J, LI J Z, ZHANG Z G, et al. An incremental data stream clustering algorithm based on dense units detection[J]. Pacific – Asia Conference on Knowledge Discovery and Data Mining (PAKDD 2005) 2005:420-425.

[36] ENGEL P M, HEINEN M R. Incremental learning of multivariate gaussian mixture

models[J]. Brazilian Symposium on Artificial Intelligence,2010：82 –91.

[37]ROUGUI J E,RZIZA M,ABOUTAJDINE D,et al. Fast incremental clustering of gaussian mixture speaker models for scaling up retrieval in on – line broadcast [C]. 2006 IEEE International Conference on Acoustics Speech and Signal Processing Proceedings (ICASSP),2006.

[38]WAN Y,LIU X,WU Y,et al. ICGT：a novel incremental clustering approach based on GMM tree[J]. Data & Knowledge Engineering,2018,117：71.

[39]DHANJALA C,GAUDELB R,CLÉMENÇONC S. Effiecient eigen – updating for spectral graph clustering[J]. Neuro computing,2014,131(5)：440 –452.

[40]NING H,XU W,CHI Y,et al. Incremental spectral clustering by efficiently updating the eigen – system[J]. Pattern Recognition,2010,43(1)：113 – 127.

[41]LÜHR S,LAZARESCU M. Incremental clustering of dynamic data streams using connectivity based representative points [J]. Data & Knowledge Engineering,2009,68(1)：1 –27.

[42]DUAN D,LI Y,LI R,et al. Incremental k – clique clustering in dynamic social networks[J]. Artificial Intelligence Review,2012,38(2)：129 –147.

[43]NASRAOUI O,URIBE C C,CORONEL C R,et al. TECNO – STREAMS：tracking evolving clusters in noisy data streams with a scalable immune system learning model[C]. 3rd IEEE International Conference on Data Mining,2003.

[44]PATRA B K,VILLE O,LAUNONEN R,et al. Distance based incremental clustering for mining clusters of arbitrary shapes[C]. International Conference on Pattern Recognition and Machine Intelligence,2013：229 –236.

[45]LIU Y C,WU C,LIU M. Research of fast SOM clustering for text information [J]. Expert Systems with Applications,2011,38(8)：9325 –9333.

[46]CHAKRABARTI D,KUMAR R,TOMKINS A. Evolutionary clustering[C]. Proceedings of the 12th ACM SIGKDD international conference on Knowledge discovery and data mining. ACM,2006：554 –560.

附录　有关公式的推导

1. 模糊 k – 均值迭代公式的推导

引入拉格朗日系数后，待优化函数为

$$L(\boldsymbol{u},\boldsymbol{v}) = \sum_{i=1}^{N} \sum_{j=1}^{k} (u_{ij})^m D(\boldsymbol{x}_i,\boldsymbol{v}_j) + \sum_{i=1}^{N} \alpha_i \left(\sum_{j=1}^{k} u_{ij} - 1 \right)$$

$$= \sum_{i=1}^{N} \sum_{j=1}^{k} (u_{ij})^m \|\boldsymbol{x}_i - \boldsymbol{v}_j\|^2 + \sum_{i=1}^{N} \left(\sum_{j=1}^{k} \alpha_i u_{ij} - \alpha_i \right)$$

（1）在极值处，偏导数为 0，于是对于 u_{ij} 有

$$\frac{\partial L}{\partial u_{ij}} = m (u_{ij})^{m-1} \|\boldsymbol{x}_i - \boldsymbol{v}_j\|^2 + \alpha_i = 0 \Rightarrow u_{ij} = \left(\frac{-\alpha_i}{m \|\boldsymbol{x}_i - \boldsymbol{v}_j\|^2} \right)^{\frac{1}{m-1}}$$

$$(5-20)$$

$$= \left(\frac{-\alpha_i}{m} \right)^{\frac{1}{m-1}} \frac{1}{\|\boldsymbol{x}_i - \boldsymbol{v}_j\|^{2/(m-1)}}$$

将以上结果代入约束条件 $\sum_{j=1}^{k} u_{ij} = 1$，得到

$$\sum_{j=1}^{k} \left(\frac{-\alpha_i}{m} \right)^{\frac{1}{m-1}} \frac{1}{\|\boldsymbol{x}_i - \boldsymbol{v}_j\|^{2/(m-1)}} = 1 \Rightarrow \left(\frac{-\alpha_i}{m} \right)^{\frac{1}{m-1}} = \frac{1}{\displaystyle\sum_{j=1}^{k} \frac{1}{\|\boldsymbol{x}_i - \boldsymbol{v}_j\|^{2/(m-1)}}}$$

将该式回代入式（5-17）中，便去掉了拉格朗日系数，得到 u_{ij} 的迭代更新公式：

$$u_{ij} = \frac{1}{\displaystyle\sum_{j=1}^{k} \frac{1}{\|\boldsymbol{x}_i - \boldsymbol{v}_j\|^{2/(m-1)}}} \cdot \frac{1}{\|\boldsymbol{x}_i - \boldsymbol{v}_j\|^{2/(m-1)}} = \frac{\|\boldsymbol{x}_i - \boldsymbol{v}_j\|^{-2/(m-1)}}{\displaystyle\sum_{j=1}^{k} \|\boldsymbol{x}_i - \boldsymbol{v}_j\|^{-2/(m-1)}}$$

为了简便起见，再令 $D(\boldsymbol{x}_i,\boldsymbol{v}_j) = \|\boldsymbol{x}_i - \boldsymbol{v}_j\|^2$，于是得到本章式（5-4）：

$$u_{ij} = \frac{D(\boldsymbol{x}_i,\boldsymbol{v}_j)^{-1/(m-1)}}{\displaystyle\sum_{j=1}^{k} D(\boldsymbol{x}_i,\boldsymbol{v}_j)^{-2/(m-1)}}$$

（2）同样根据极值处偏导数为 0 的条件，对于 $\boldsymbol{v}_j$ 有

$$\frac{\partial L}{\partial \boldsymbol{v}_j} = \sum_{i=1}^{N} -2 (u_{ij})^m (\boldsymbol{x}_i - \boldsymbol{v}_j) = \boldsymbol{0} \Rightarrow \sum_{i=1}^{N} (u_{ij})^m (\boldsymbol{x}_i - \boldsymbol{v}_j) = \boldsymbol{0}$$

$$\Rightarrow \sum_{i=1}^{N} (u_{ij})^m \boldsymbol{x}_i - \sum_{i=1}^{N} (u_{ij})^m \boldsymbol{v}_j = \boldsymbol{0} \Rightarrow \boldsymbol{v}_j = \frac{\displaystyle\sum_{i=1}^{N} (u_{ij})^m \boldsymbol{x}_i}{\displaystyle\sum_{i=1}^{N} (u_{ij})^m}$$

于是得到式（5-5）。

2. 核 k -均值聚类距离计算公式的推导

$$\| \varPhi(\boldsymbol{x}_i) - m_j \|^2 = \left\| \varPhi(\boldsymbol{x}_i) - c_j \sum_{k=1}^{N} u_{kj} \varPhi(\boldsymbol{x}_k) \right\|^2$$

$$= \varPhi^2(\boldsymbol{x}_i) - 2\varPhi(\boldsymbol{x}_i) \cdot c_j \sum_{k=1}^{N} u_{kj} \varPhi(\boldsymbol{x}_k) + \left(c_j \sum_{k=1}^{N} u_{kj} \varPhi(\boldsymbol{x}_k) \right)^2$$

$$= k(\boldsymbol{x}_i, \boldsymbol{x}_i) - 2c_j \sum_{k=1}^{N} u_{kj} \varPhi(\boldsymbol{x}_i) \cdot \varPhi(\boldsymbol{x}_k) + c_j^2 \sum_{l=1}^{N} \sum_{k=1}^{N} u_{lj} u_{kj} \varPhi(\boldsymbol{x}_i) \cdot \varPhi(\boldsymbol{x}_k)$$

$$= k(\boldsymbol{x}_i, \boldsymbol{x}_i) - 2c_j \sum_{k=1}^{N} u_{kj} k(\boldsymbol{x}_i, \boldsymbol{x}_k) + c_j^2 \sum_{l=1}^{N} \sum_{k=1}^{N} u_{lj} u_{kj} k(\boldsymbol{x}_l, \boldsymbol{x}_k)$$

第6章 关联规则挖掘方法

关联规则挖掘（association rule mining）是指从数据中获得数据分量之间令人感兴趣且具有规律的关联关系的问题，实质是发现不同事物之间的内在联系。这一问题和发现单个事物统计规律的聚类问题一起，构成了数据挖掘（data mining）的基础。

关联规则挖掘问题起源于市场数据（market basket transaction）分析领域，其基本问题是试图了解客户所购买商品之间的规律，比如当客户购买了某些商品之后，是否还会购买其他商品，从而为商品经营者提供有价值的信息。这里，"啤酒和尿布"（beer and disaper）的传说可作为一个经典的例子：某公司在对销售数据进行统计分析时，发现客户在购买了尿布后，再购买啤酒的情况较多，于是该公司调整了货架的摆放方式，将尿布与啤酒放在一起，结果这两种商品的销售额都有了明显提升，产生了额外利润。该故事的主角据说是沃尔玛，但实际上这只是一个传说，用于形象地说明数据挖掘的作用，对数据挖掘技术的推广起到了很好的作用。

虽然关联规则挖掘起源于市场数据分析，并且市场数据分析目前仍然是关联规则挖掘的主要应用领域之一，但从其原理来说，关联规则挖掘方法是可以应用于任何需要发现数据之间相互关联的场合的，因此其应用领域已从市场数据分析扩展到生物信息学、网页挖掘、入侵检测、地球科学等诸多领域。

6.1 问题定义

6.1.1 项集与关联规则

在关联规则挖掘中，遵从商业数据分析的习惯，通常将一条数据称为一个事务（transaction），有时也称为对象（object），以下简称事务/对象为数据。数据中的各个分量称为项（item），分量的组合称为项集（itemset）。项集中可以包含不同个数的项，为了以下叙述有关方法方便，本书将包含 1 个项的项集称为 1 – 项集，将包含 2 个项的项集称为 2 – 项集，依此类推。

图 6 – 1（a）显示了几个数据示例。如 {beer, chips, wine} 为一条数据，其中的 beer, chips, wine 为项，类似 {beer, chips}，{chips, wine} 为 2 – 项集，{beer} 为 1 – 项集等。也可用项到数据的二值关系来表示项集，比如在图 6 – 1 所示的例子中，所有可能的项有 beer, chips, wine, pizza 四个，则每个项集也可以表示成一个 4 维的二值变量，如 {beer, chips} = {1, 1, 0, 0}，{chips, wine} = {0, 1, 1, 0} 等，称为二值表示（binary representation）。

数据编号	数据
100	{beer, chips, wine}
200	{beer, chips}
300	{pizza, wine}
400	{chips, pizza}

(a)

项集	覆盖数据编号	出现频次	支持度/%
{}	{100, 200, 300, 400}	4	100
{beer}	{100, 200}	2	50
{chips}	{100, 200, 400}	3	75
{pizza}	{300, 400}	2	50
{wine}	{100, 300}	2	50
{beer, chips}	{100, 200}	2	50
{beer, wine}	{100}	1	25
{chips, pizza}	{400}	1	25
{chips, wine}	{100}	1	25
{pizza, wine}	{300}	1	25
{beer, chips, wine}	{100}	1	25

(b)

图 6 – 1　关联规则示例

（a）数据集合；（b）项集支持度

规则	出现频次	支持度	可信度/%
{beer} → {chips}	2	50%	100
{beer} → {wine}	1	25%	50
{chips} → {beer}	2	50%	66
{pizza} → {chips}	1	25%	50
{pizza} → {wine}	1	25%	50
{wine} → {beer}	1	25%	50
{wine} → {chips}	1	25%	50
{wine} → {pizza}	1	25%	50
{beer, chips} → {wine}	1	25%	50
{beer, wine} → {chips}	1	25%	100
{chips, wine} → {beer}	1	25%	100
{beer} → {chips, wine}	1	25%	50
{wine} → {beer, chips}	1	25%	50

（c）

图 6 - 1　关联规则示例（续）

（c）规则支持度与可信度

关联规则形式为 $X \Rightarrow Y$，其中 X，Y 分别是两个项集。X，Y 二者的交集为空（$X \cap Y = \varnothing$），且 X，Y 自身均不为空集。$X \Rightarrow Y$ 的含义是如果一个事务中包含 X，则它也包含 Y，或者换句话说，当 X 出现时，Y 也会出现，这反映了二者之间的因果联系。因此 X 称为规则的前提（antecedent）或原因，Y 称为规则的结论（consequent）或结果。

关联规则挖掘的首要问题是如何定义用户感兴趣的项集和/或规则，其感兴趣程度通常称为项集/规则的兴趣度（interestingness）。用户感兴趣的项集/规则应是在数据库中显著存在的，否则便缺少统计上的可靠性，因此其显著性（significance）是用户感兴趣规则的重要度量标准。对于兴趣度的度量，"支持度 – 可信度"框架是最常采用的方式，在此基础上，可通过用户约束、压缩、近似等方式减少感兴趣的项集的数量，还可基于统计性、相关性（correlation）等定义其他规则兴趣度，检测感兴趣规则的数量或提高其质量。

6.1.2　"支持度 – 可信度"框架

"支持度 – 可信度"框架是目前主要的关联规则定义方法，大多数关联规则挖掘方法都基于该标准进行构建，通过支持度确定规则的显著性，对于显著的规则，通过可信度确定其是否可靠，是否可作为结果输出。

1. 支持度（support）

支持度反映的是项集或规则在数据库中出现的频繁程度，可定义为项集或规则在数据库中出现的比例，具体来说，设 D 表示数据库中所有数据的集合，则项集或规则的支持度计算方法分别为

$$\mathrm{supp}(X) = |\{T \in D | T \supseteq X\}| / |D| \tag{6-1}$$

$$\mathrm{supp}(X \Rightarrow Y) = \mathrm{supp}(X \cup Y) \tag{6-2}$$

图 6-1（b）所示为与图 6-1（a）所示数据集合对应的所有项集及其根据式（6-1）计算出的支持度值。

2. 可信度（confidence）

规则的可信度定义为规则支持度与前提支持度之比，即

$$\mathrm{conf}(X \Rightarrow Y) = \mathrm{supp}(X \cup Y) / \mathrm{supp}(X) \tag{6-3}$$

该值实际反映了条件概率 $P(Y|X)$，显示了前提与结论之间的统计因果关系，该值越大，越说明当 X 出现时，Y 应出现。

图 6-1（c）所示为与图 6-1（a）所示数据集合对应的一些规则及其根据式（6-3）计算出的可信度值。

如果支持度低，说明规则仅偶尔出现在数据库中，这既不是我们感兴趣的，同时也不具有稳定的规律。因此，我们只需关心支持度大于最小支持度的项集和规则即可。同时，可信度越大，规则越有价值。可信度太低的规则是没有意义的，因此不考虑可信度低于最小可信度的规则。最小支持度和最小可信度通常人为设定。综合起来，主流的关联规则挖掘问题可定义为：在数据集合中，找出所有支持度大于最小支持度且可信度大于最小可信度的规则。其支持度大于最小支持度的项集称为频繁项集（frequent itemset），也常称为频繁模式（frequent pattern）。只获取频繁项集而不考虑关联规则的问题为频繁项集挖掘问题。

6.1.3 其他定义

采用"支持度-可信度"框架进行频繁项集和关联规则的挖掘，对于大型数据库来说，由此形成的频繁项集和规则的数量可能太多，或者存在很多不合理的结果。

为了解决频繁项集过多或不合理的问题，可以考虑对频繁项集进行压缩或近似，包括无损压缩（lossless compression），如封闭频繁项集（closed frequent itemset）等；或有损压缩（lossy compression），如最大频繁项集（maximal frequent itemset）等。此外，也可通过用户人为设定的约束来减少频繁项集。为了解决规则数量过多或不合理的问题，也可采用其他方式定义规则的兴趣度，并据以对规则进行排序和筛选。

尽管如此，"支持度 – 可信度"框架仍然是最主要和基本的关联规则挖掘方法。本节接下来首先介绍基于这一框架的关联规则挖掘算法，然后叙述封闭频繁项集挖掘和最大频繁项集挖掘问题及其方法。规则兴趣度的其他定义方法将在第 6.8 节中叙述。

6.1.4　数据类型

本章以下首先针对离散数据（discrete data）介绍有关算法。当然，数据库中可能存在连续数据（quantitative data），也可能存在序列数据或结构型数据（树、图）（structural data）。针对连续数据、序列数据、结构型数据的算法扩展，分别在第 6.9 ~ 6.11 节叙述。

6.2　用于挖掘的基本过程与信息

从上一节所述基于"支持度 – 可信度"框架的问题定义出发，关联规则挖掘的目标是在数据集合中搜索到符合最小支持度与最小可信度要求的规则。对此，基本处理策略是将支持度要求和可信度要求分开考虑，先获得满足最小支持度要求的频繁项集，然后从频繁项集中确定满足可信度要求的规则。前一过程称为频繁项集生成（frequent itemset generation），后一过程称为规则推理（rule inference）或规则生成（rule generation）。

6.2.1　项集网格与支持度的反单调性

频繁项集生成是关联规则挖掘中最主要的耗时部分，需要在所有可能的项集中确定满足最小支持度要求的项集。可以构建一个树型结构（称为网格，lattice）来表达所有可能项集之间的相互包含关系，其中节点表示所有可能的项集，边表示彼此之间的子集和超集关系。图 6 – 2 所示这种网格的一个例子，该例子中有 a，b，c，d，e 五个项，网格第一层为 0 - 项集，第二层为所有的 1 - 项集，第三层为所有的 2 - 项集，依此类推，直到最后的 1 个 5 - 项集，网格上的边表达了项集中子集和超集之间的关系。

在项集网格上搜索频繁项集。如图 6 – 2 所示，所有可能项集的集合是数据库涉及的全部项的幂集，因此所需要搜索的项集网格的大小与项的个数呈指数级关系。对于大型数据库来说，项的个数很多，以穷举方式搜索所有项集网格显然是不可行的，要求提供更高效的搜索方法。通常利用支持度的反单调性（anti-monotonicity）来解决这一问题，即一个集合的任意子集的支持度一定大于等于该集合的支持度：

$$X \subseteq Y \Rightarrow \mathrm{supp}(Y) \leqslant \mathrm{supp}(X) \tag{6-4}$$

该反单调性根据支持度的定义很容易证得。

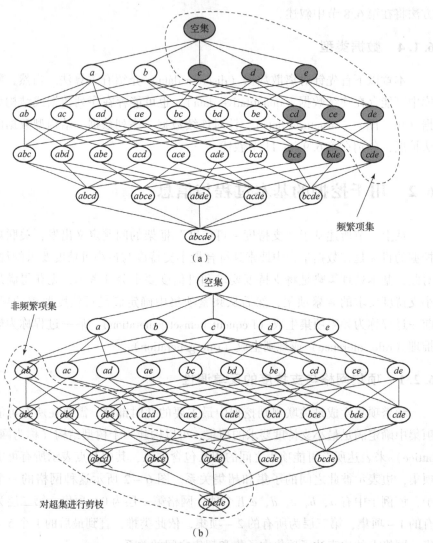

（a）

（b）

图 6-2　项集网格及支持度的反单调性示例[1]

（a）频繁项集的子集也为频繁项集；（b）非频繁项集的超集也为非频繁项集

根据支持度的反单调性，满足最小支持度要求的项集的子集也是满足要求的，而不满足最小支持度要求的项集的超集也是不满足要求的，或者更简单地说，频繁项集的子集（subsets）均为频繁项集；反过来，非频繁项集的超集（supersets）均为非频繁项集。上述特性称为向下封闭性（downward closure）或 Apriori 原则（Apriori principal）。

图 6-2 也显示了相应的 Apriori 原则。在图 6-2（a）中，$\{c, d, e\}$ 为频繁项集，则其上的所有子集均为频繁项集。在图 6-2（b）中，$\{a, b\}$ 为非频繁项集，则其下的所有超集均为非频繁项集。根据 Apriori 原则，如果某一项集非频繁，则向下的所有超集都不满足要求，从而可以在搜索过程中进行剪枝，这就减小了搜索空间，如图 6-2（b）中叉号所示。根据这一特性，可以在网格中确定一条由频繁/非频繁项集构成的边界（boder），边界一侧为频繁项集，另一侧为非频繁项集。

基于 Apriori 原则确定频繁项集，是目前主要关联规则挖掘方法中确定频繁项集的基本思想。具体来说，是采用某种网格搜索方法，从根节点开始，向下进行处理，当到达边界后，便不再向下进行。树搜索方法可以采用广度优先搜索（Bread-First Search，BFS）、深度优先搜索（Depth-First Search，DFS）等。在搜索过程中，需要计算数据项的支持度，以确定是否为频繁项集。根据上面的定义，这需要统计项在数据库中出现的比例。对于这一问题，一种方法是直接进行统计，另一种方法是计算数据的交集。以上树搜索策略的不同和支持度计算方法的不同，形成了不同的频繁项集生成方法。后文会分别阐述相应的算法。

6.2.2 规则网格与可信度的单调性

规则生成通过在所有频繁项集上搜索符合最小可信度要求的规则来完成。具体地说，对于某一频繁项集，尝试其中所有可能的前提和结论的组合，计算相应组合的可信度，将满足要求者作为挖掘结果。

为了提高这种规则搜索方式的效率，可利用可信度的单调性来缩小搜索范围。设 X，Y，Z 代表 3 个项集，且 $X \cap Y = \varnothing$，则有

$$\text{conf}(X - Z \Rightarrow Y \cup Z) \leqslant \text{conf}(X \Rightarrow Y) \tag{6-5}$$

上式的成立通过可信度计算公式和项集的反单调性容易证得。因此，对于一个项集来说，如果以其中某一子集为结论的规则是不可信的，则该项集下以该子集的超集为结论的规则均是不可信的。

同样可以构建一个规则网格来表达规则中结论的子集和超集关系，从而

可以在该网格上利用可信度的单调性来搜索满足最小可信度要求的规则。图 6 - 3 所示为这样的一个规则网格，其中第一层显示结论为 0 - 项集的规则，第二层显示所有结论为 1 - 项集的规则，第三层显示所有结论为 2 - 项集的规则，依此类推。节点之间的边表示结论项集之间的子集和超集关系。假设 $\{b, c, d\} \Rightarrow \{a\}$ 为不满足最小可信度的规则，则网格中该规则节点以下所有以其结论超集为结论的规则均不会满足最小可信度要求，从而可以从搜索中排除。

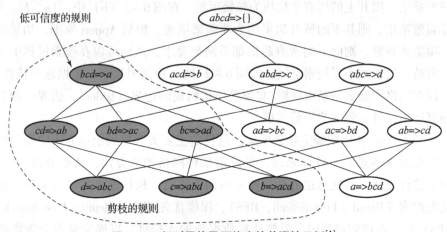

图 6 - 3　规则网格及可信度的单调性示例[1]

6.2.3　提高计算效率的基本策略

对于大型数据库，特别是超大型数据库，如何高效地进行计算是关联数据挖掘中的主要问题之一，对于这一问题，除了上面所述利用有关属性减少搜索空间外，还有以下基本处理策略。

（1）划分（partition）：将数据库划分成若干子集，分别在子集上进行计算，然后将计算结果进行合并。

（2）采样（sampling）：对数据库进行抽样，在抽样得到的数据集合上进行计算，从而达到减少数据规模的作用。

（3）投影（projection）：将数据投影到不同的表示形式上，从而减少存储量和计算量，比如二值表示、整数表示等。上面所述项集的二值表示方式即一个例子。

在具体算法中可以灵活运用这些策略，来达到高效解决大数据问题的目的，从而达到算法对于不同规模数据库可伸缩（scalable）的效果。

6.3 Apriori 算法

Apriori 算法[2]是最早，也是最主要的关联规则挖掘算法之一。该算法采用 BFS 策略按层遍历项集网格，从 1 – 项集开始，利用支持度的反单调性，在项集网格上搜索频繁项集。在获得频繁项集后，再利用规则的单调性确定规则挖掘结果。在该基本思路之上，还可通过采样、划分等策略提高计算效率和效果。

6.3.1 频繁项集生成

对于频繁项集生成，Apriori 算法从第二层（1 – 项集）开始按层遍历项集网格，计算当前层所有项集的支持度，根据支持度确定当前层的频繁项集，然后进入下一层的计算，下一层候选项集通过上一层的频繁项集生成，然后在所有候选项集中确定频繁项集。如此重复，直到当前层没有频繁项集或到达网格最底层为止。每一层频繁项集的计算，包括产生候选项集和从候选项集中确定频繁项集两个步骤。具体算法流程如算法 6 – 1 所示。

算法 6 – 1 Apriori 频繁项集生成算法[2]

输入：数据集。
步骤：
Step1. 通过支持度的计算选出数据集中所有的频繁 1 – 项集。
Step2. 进入下一层项集的计算。
Step3. 通过 Apriori – Gen 算法利用上一层频繁项集生成当前层候选项集。
Step4. 统计每个候选项集的支持度。
Step5. 根据当前层候选项集的支持度选出当前层的频繁项集。
Step6. 如果 Step5 中频繁项集不为空，则跳转到 Step2 进入下一层计算，否则算法停止。
输出：频繁项集。

算法 6 – 1 中的 Apriori – Gen 算法用于从上一层的频繁项集中产生当前层的候选项集。具体地说，由上一层的项集通过连接操作生成当前层项集，对于当前层的每个项集，逐个试探其中的项，检查去掉该项后的子集（位于上一层）是否是非频繁的，如果是，则根据 Apriori 原则，可以立即删除

该项集。对于这种运算，一种简单的方法是穷举搜索，这对于一个项集来说计算量不大，但由于当前层生成的项集总数较多，因此总体计算量仍然较大，需要寻求更有效的计算方法。在实际操作中采用的方法是在上一层的频繁项集中选择只有最后一项不同的两个项集进行合并，得到当前层的候选项集，这样保证候选项集只由频繁项集生成。从这样得到的候选项集中，再检查每个候选项集的子集是否没有被包含在频繁项集中，如是，则从候选项集中删除。

完成 Apriori - Gen 算法后，算法 6 - 1 接下来对每个候选项集进行支持度的计算（Step4）。直接统计每个项集在数据集合中出现的次数计算量过大。因此，Apriori 算法利用哈希树（Hash Tree）来解决这一问题。其基本思想是通过哈希算法找到和当前扫描的数据属于同一集合的所有项集，并对这些项集的支持度进行相应统计。

6.3.2 规则生成

规则生成算法用于从频繁项集中取出符合可信度要求的关联规则。基本方法是对于每条频繁项集，将项集分为两个非空子集，将这两部分子集分别作为前提和结论，从而得到一条规则，然后判断该条规则是否满足可信度要求，遍历每一种子集的划分方式，得到该条频繁项集下所有满足可信度要求的规则。在此过程中，可以通过可信度的单调性减少不必要的计算。

具体地说，对于每一条频繁项集，构建相应的规则网格。在该网格上，从 1 - 项集结论对应的所有规则开始，计算各条规则的可信度，选出符合最小可信度要求的规则，然后将所得到的规则的结论项集进行合并，得到结论项集中的项的个数加 1 以后的候选规则。如图 6 - 3 中例子所示，网格中下一层的每个节点对应上一层中多个节点，如果这几个节点是满足要求的规则，则将这几个节点的结论合并以后形成候选规则。对于低可信度的规则节点，其下一层的子节点将不用再考虑，接着度量候选规则的可信度并选出符合最小可信度要求的规则后进入下一层。上述步骤不断重复，直到规则网格的最底层。由于是逐层进行的，因此该算法被称为逐层（level - wise）方法。具体算法流程如算法 6 - 2 所示。

算法 6 - 2　Apriori 规则生成算法[2]

输入：频繁项集。
步骤： 　Step1. 对每一个频繁 k - 项集 F_k ($k \geqslant 2$) 生成集合 $H_m = \{i \mid i \in F_k\}$，然后进行 Step2 到 Apriori - Gen 　　　　 (F_k, H_1) 的调用。 　Step2. 如果不满足 $k \geqslant m + 1$ 则算法停止，否则转到 Step3。 　Step3. 生成 $H_{m+1} = apriori - gen(H_m)$ 　Step4. 对于每个集合 $h_{m+1} \in H_{m+1}$，利用公式 $conf = \sigma(F_k)/\sigma(F_k - h_{m+1})$ 计算规则 $(F_k - h_{m+1}) \rightarrow$ 　　　　 h_{m+1} 的可信度，其中 $\sigma(\alpha)$ 表示项集的支持度。 　Step5. 如果规则的可信度满足最小可信度要求，则输出相应规则，否则删除该集合。转到 Step4 　　　　 继续生成新规则。 　Step6. $m = m + 1$，转到 Step2。
输出：符合条件的关联规则。

6.3.3　AprioriTid 算法与 AprioriHybrid 算法

　　AprioriTid 算法通过改变数据的组织方式，试图进一步提高 Apriori 算法的效率。对于当前层的候选项集，它将包含这些候选项集的数据组织在一起，存储对应的数据编号（Tid），从而构成一个数据库。在计算支持度时，将根据这个数据库进行计算，而不是根据原始的数据库进行计算。当层数较大时，该数据库的规模将远远小于原始数据库，从而提高了计算效率。但对于较低的层，该数据库的规模逐渐接近原始数据库。为此，可将 Apriori 算法和 AprioriTid 算法混合起来，在计算初期采用 Apriori 模式，后期则换用 AprioriTid 模式，由此得到 AprioriHybrid 算法。

6.4　ECLAT 算法

　　Apriori 算法的核心是利用广度优先搜索的思想对项集网格按层进行处理。也可采用 DFS 策略。Eclat（Equivalence CLAss Transformation）[3] 是一种较重要的基于 DFS 方式的频繁项集挖掘算法。该算法通过对不同项集进行交运算来确定项集支持度，为此该算法采用了垂直的数据组织方式（采用了倒排的思想），记录每个项所出现的数据编号（Tid），在这种数据组织方式下，通过计算两个 $(k - 1)$ - 项集的交可以快速确定 k - 项集对应的数据集合（即包含该 k - 项集的数据集合），从而快速计算出项集的支持度。图 6 - 4 所示是一个计算示例。如图 6 - 4（a）所示，项 a 分别出现在第 1，3，4，5 四条数据中，于是可以记录"a：$\{1, 3, 4, 5\}$"这种项集与 Tid 集合的对应关系。对其他项对应的数据进行类似处理，从而得到图 6-4（b）的右下角小方框内所示的结果。更大的项集所对应的数据集合可在此基础上通过交集运算获得，比如 bc可根据所记录的 b 和 c 两个项对应的数据的交集，快速知道其对应数据集合为$\{2, 4, 5, 6\}$；同理，可快速知道 be 对应的数据集合为 $\{1, 2, 3, 4, 5\}$。再往上可通过 bc 和 be 知道 bce 对应的数据集合为 $\{2, 4, 5\}$，依此类推。

数据表

事务	项集
1	$abde$
2	bce
3	$abde$
4	$abce$
5	$abcde$
6	bcd

（a）

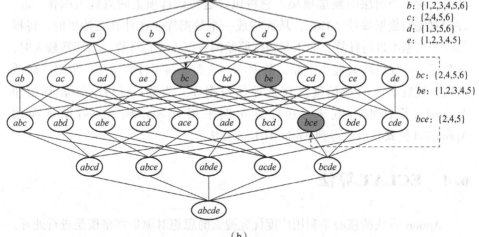

a: $\{1,3,4,5\}$
b: $\{1,2,3,4,5,6\}$
c: $\{2,4,5,6\}$
d: $\{1,3,5,6\}$
e: $\{1,2,3,4,5\}$

bc: $\{2,4,5,6\}$
be: $\{1,2,3,4,5\}$

bce: $\{2,4,5\}$

（b）

图 6-4　数据库示例及其对应的 ECLAT 垂直组织方式

6.4.1　等价类

当数据库很大时，上述数据结构不能一次性放入内存，为此引入等价类（equivalence class）的方法来解决，通过等价关系，将一个数据集合划分成彼此不相交的子集，同属一个子集的数据称为等价类，从而可以分别在等价子集上运算，减小内存占用量，使计算可行。这也体现了前面所述的提高计算效率的划分策略。如果等价类子集仍然还是较大，则可以继续对子集进行等价类处理，直到内存占用量小到满足要求为止。

对于等价类的计算，采用基于前缀的等价关系来实现，即具有相同前缀的子集为一个等价类。以图 6 – 5 所示项集网格为例，首先考虑以 1 个项为前缀的等价类，得到图 6 – 4 (a) 所示结果，分别对应于以 a，b，c，d，e 为前缀的等价类以及相应的子网格。可进一步对以 a 为前缀获得的子网格做等价类处理，便得到图 6 – 4 (b) 所示结果，即以 ab，ac，ad，ae 为前缀的等价类以及相应的子网格。由图可知，网格规模在不断减小，从而可一次读入内存处理。

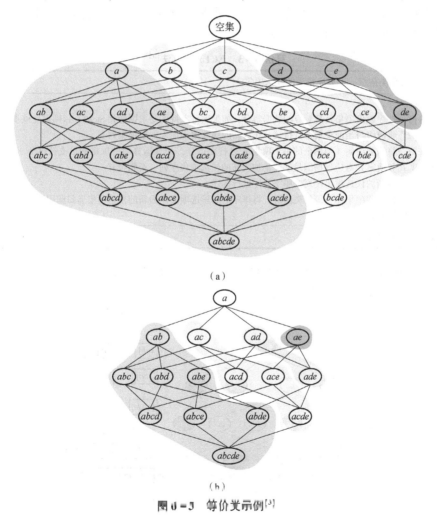

(a)

(b)

图 6 – 5　等价类示例[3]

(a) 1 – 项等价类；(b) 2 – 项等价类

6.4.2 频繁项集生成

我们通过单独处理每个等价类达到生成频繁项集的目的，但是，等价类之间存在相关性，为了更有效地进行非频繁子集的删除，需要考虑等价类的处理顺序，一般可根据字典序进行处理。

对于每个等价类，在其对应的网格上以 DFS 方式搜索其频繁项集。从网格的最底层开始，逐层向上处理，每次根据下一层的两个项集，计算其上一层对应的项集的交集及其支持度，如果支持度小于最小支持度要求，则该项集的向上计算不再进行；反之则继续。上述过程在每一层上重复进行，这种重复可以用递归方式来实现，具体算法流程如算法 6 – 3 所示。该递归算法实际上也包含了上面所述等价类分解的过程，即每一层上的运算对应于一次循环，并形成下一次循环所需的等价类。

算法 6 – 3   ECLAT 算法[3]

输入：等价类前缀、字典序排列的候选项集。
步骤： 　Step1. 按序取出项集及其对应的数据集合，如果满足支持度要求则转到 Step2，否则重复该步骤。 　Step2. 将前缀与当前项集进行拼接，作为新的频繁项集加入频繁项集列表。 　Step3. 将当前项集 A 与剩余的每个项集 B 进行交运算，如果运算后的项集满足支持度要求，则将项集 B 和项集 B 对应数据编号的交集加入新的候选项集序列，否则舍弃。 　Step4. 将新的候选项集序列按照字典序进行排序。 　Step5. 以当前项集作为等价类前缀，将排序后的候选项集作为新的候选项集递归调用该算法，直至候选项集为空。
输出：频繁项集列表。

图 6 – 6 所示这种 DFS 过程的一个例子，在搜索过程中形成的等价类及其原子项集如图 6 – 6 右侧所示。

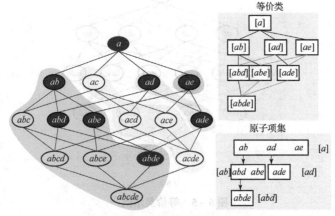

图 6 – 6   ECLAT 搜索过程示例

6.5　FP – growth 算法

FP – growth[4] 是另一种主要的频繁项集挖掘算法，不同于 Apriori 算法和 ECLAT 算法，该算法采用模式增长（pattern growth）的思路进行频繁项集的搜索。首先利用一种称为 FP – 树（Frequent – Pattern Tree，FP – tree）的数据结构来对数据集合进行编码，对其进行压缩，然后在这种 FP – 树上，从 1 – 项频繁项集开始，通过已有频繁项集（模式）与新生成项集的合并来逐渐增长频繁项集的大小。

6.5.1　FP – 树

FP – 树的构建方法叙述如下。首先，数据集合中的每一条数据对应 FP – 树中的一条路径，包含相同项的数据，其对应路径可能是重叠的。逐个读取数据库中的数据，相应形成和修改 FP – 树。每读入一条数据，便在 FP – 树中形成一条路径，如果与之前已建好的路径的前缀有重叠部分，则重复前缀部分后新建子路径，否则完全新建一条路径。在此过程中同时统计由某个节点所共享的数据（路径）的数量，称为支持数。同时，对于同一个项，建立该项出现在不同数据（路径）中的节点之间的关联，以便为后续快速访问单个项提供方便，这种关联称为 FP – Link。按上述方式遍历所有数据后，便形成了 FP – 树。

下面通过图 6 – 7 所示例子进一步说明 FP – 树的构建过程。如图 6 – 7 （a）所示，数据库中共有 10 条数据，此时 FP – 树为空。第一次读入第 1 条数据 {a，b}，将该数据对应的路径插入 FP – 树，a 和 b 节点对应的共享路径数（支持度）为 1，形成图 6 – 7 （b）所示结果。第二次读入第 2 条数据 {b，c，d}，该数据对应路径与已有数据中的路径不存在重叠，于是插入一条新的路径到 FP – 树中，并统计其中节点的共享路径数，同时 b 项在前两条数据中均出现，于是建立两条路径上两个 b 节点之间的 FP – Link（如图中虚线所示），最终形成图 6 – 7 （c）所示结果。第三次读入第 3 条数据 {a，c，d，e}，该数据与第 1 条数据有重叠，于是新增的路径将与第 1 条路径共享 "空 – a" 这一段（a 的共享路径数调整为 2），其他则对应于新增的子路径。上述过程随每条数据的读入不断重复，直到所有数据读取结束，最终形成图 6 – 7 （d）所示结果。

为了使通过上述过程得到的 FP – 树尽可能简洁，即共享的部分尽可能多，在实际操作过程中首先对单个项的支持度进行统计并且按照支持度降序排序，

事务数据集合

数据编号	数据
1	{a,b}
2	{b,c,d}
3	{a,c,d,e}
4	{a,d,e}
5	{a,b,c}
6	{a,b,c,d}
7	{a}
8	{a,b,c}
9	{a,b,d}
10	{b,c,e}

（a）

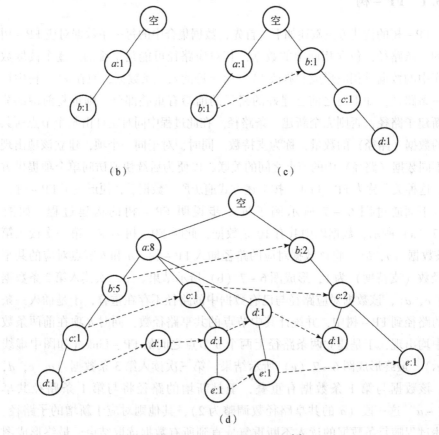

（b）　　　　　　　　（c）

（d）

图 6-7　FP-树生成示例[4]

（a）事务数据集合；（b）读入第一条数据的结果；

（c）读入第二条数据的结果；（d）读入全部数据的结果

同时按照最小支持度要求剔除不符合要求的项，然后以支持度大小顺序对每条数据中的项进行调整，去掉其中不符合最小支持度要求的项。显然，经过这样处理后 FP – 树中的共享路径程度更高。

6.5.2　频繁项集生成

频繁项集基于 FP – 树生成。将 FP – 树分解为两部分：单一前缀路径部分和多路径部分。单一前缀路径是从根节点到出现第一个分支的节点之间的部分，剩余部分就是多路径部分。图 6 – 8 显示了一个例子。分别求单一前缀路径部分对应的频繁项集和多路径部分对应的频繁项集，再求这两组频繁项集的叉积（cross – product），三部分频繁项集组合在一起为最终结果。当然，一个 FP – 树也可能没有前缀路径部分，比如图 6 – 7 所示的 FP – 树便没有前缀部分，只有多路径部分，则只需求多路径部分的频繁项集即可。

对于单一路径，由于没有分支，因此只需列举所有子路径即可获得频繁项集。每个子路径（项集）对应的支持度为该路径上节点支持数的最小值。如图 6 – 8（b）对应的所有项集及其支持度为 {（a：10），（b：8），（c：7），（ab：8），（ac：7），（bc：7），（abc：7）}，其中大于最小支持度要求的即频繁项集。

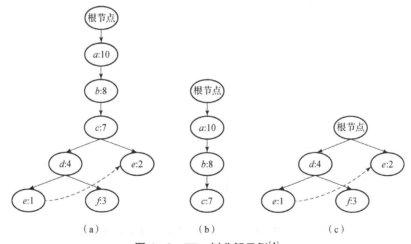

图 6 – 8　FP – 树分解示例[4]

（a）原始 FP – 树；（b）单一路径部分；（d）多路径部分

对于多路径部分，采用模式增长方法获得频繁项集。具体地说，对于多路径部分中的每个项，根据其支持度，可获得频繁的 1 – 项集。于是按支持度降序顺序，分别考察频繁的单个项，在多路径部分通过 FP – Link，采用分裂－占领（divide－and－conquer）策略找出以当前考察的单个项为结尾的所有频繁项集。在所有频繁的单个项都得到这样的处理后，便获得所有的频繁项集，算法结束。

以上多路径处理中最关键的部分是对单个项进行处理的分裂－占领方法，该方法仍然是基于 Apriori 原则来工作的。下面通过图 6－7 所示例子来说明该方法。假设该例子中，当前待考察的单个频繁项为 e，则处理步骤如下（相应示例如图 6－9 所示）。

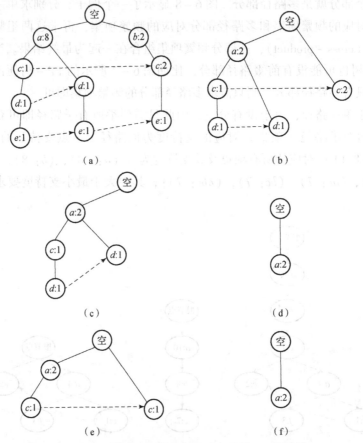

图 6－9　在图 6－7 所示例子中，发现以 e 结尾的
所有频繁项集的分裂－占领方法步骤[4]

（a）以 e 结尾的前缀路径；（b）e 的条件 FP－树；（c）以 de 结尾的前缀路径；
（d）de 的条件 FP－树；（e）以 ce 结尾的前缀路径；（f）以 ae 结尾的前缀路径

Step1. 收集 FP－树中所有包含 e 的路径，称为前缀路径（prefix paths），结果如图 6－9（a）所示。

Step2. 根据前缀路径中记录的 e 的支持数，累加后得到 e 的支持度为 3，假设最小支持度为 2，于是 $\{e\}$ 为频繁项集，继续以下步骤。

Step3. 从前缀路径获得对应于 e 的条件 FP - 树（conditional FP - Tree），结果如图 6 - 9（b）所示，方法如下。

Step3. 1. 由于接下来的运算均对应于结尾为 e 的项集，因此首先对前缀路径中的支持数进行调整，其支持数必须是结尾为 e 的项集的数量，比如前缀路径中 $\{b, c, e\}$ 中 c 的支持数原为 2，这包括了不以 e 结尾的项集 $\{c, d\}$，因此其支持数被调整为 1，类似地，b 的支持数也将调整为 1。

Step3. 2. 由于以上支持数的调整已充分考虑了 e 的因素，接下来的运算均默认以 e 为结尾，因此在前缀路径中去掉 e。

Step3. 3. 根据调整后的支持数，某些节点可能已不是频繁项集，比如 b 仅在前缀路径中出现 1 次，且调整后的支持数为 1，因此累加后的支持度将变为 1，小于最小支持度要求，表示所有以 be 为后缀的项集均是非频繁的，因此在后续计算中不必再考虑，可从条件 FP - 树中去掉。

Step4. 根据以上所获得的对应于 e 的条件 FP - 树，计算以 de，ce，ae 为结尾的频繁项集，方法同上，即根据该条件 FP - 树分别形成以 d，c，a 为结尾的前缀路径，然后用类似上述 Step2，3 的方式获得以 de，ce，ae 为结尾的频繁项集，分别如图 6 - 9（c）、（d）、（e）、（f）所示。

6.6　封闭频繁项集挖掘

对于大型数据库来说，通过以上方法得到的频繁项集的数量可能太多，尤其是在最小支持度设置较小的情况下，为此需要对频繁项集的数量进行压缩。封闭频繁项集（closed frequent itemset）是一种经常采用的压缩方式。封闭频繁项集是指这样的频繁项集，该项集的任何超集均没有与其相同的支持度。在满足这样条件的情况下，其他非封闭频繁项集均可以从封闭频繁项集中推导出来，因此封闭频繁项集是一种无损压缩方式。封闭频繁项集的理论基础为 Galois 连接（Galois connection）的封闭性[5]。

6.6.1　封闭频繁项集的定义

项集与数据集合之间的关系是双向的。一方面可以找到数据集合对应的项集，即对于给定的数据集合，可以确定在这些数据集合中均出现的项；另一方面也可以找到项集对应的数据集合，即对于给定的项集，可以确定这些项同时在其中出现的数据集合。这种双向关系形式化地表述如下：设 O，I 分别表示数据集合与项集，$R \subseteq O \times I$ 表示二者之间的对应关系，则对于 O 的任意一种子集 o，计算在该子集的所有数据中均出现的项的函数为

$$f(o) = \{i \in I \mid \forall d \in o, (d, i) \in R\} \qquad (6-6)$$

对于 I 的任意一种子集 i，计算该子集中的所有项同时在其中出现的数据的函数为

$$g(i) = \{d \in O \mid \forall i \in i, (d, i) \in R\} \qquad (6-7)$$

式（6-6）和式（6-7）实际表达了 O 的幂集 2^O 中的元素与 I 的幂集 2^I 中的元素之间的相互转换关系，二者的组合 (f, g) 为 Galois 连接，而 $h = f°g$ 与 $h' = g°f$ 为 Galois 封闭算子（Galois closure operators）。在此基础上，定义封闭项集如下。

一个项集 $c \subseteq I$ 为封闭项集，当且仅当其满足 $h(c) = c$。而包含某一项集 $i \subseteq I$ 的最小封闭项集则为 $h(i)$，简称其为 i 的闭集（closure）。i 的支持度与其闭集的支持度是一致的。

例如，公司采购办公用品时总是一起买墨盒、打印纸和订书针三样东西，而不会只买其中的一种或两种（实际情况可能有出人）。三种物品之一以及两种或三种的组合都是频繁项集，但是只有 {墨盒、打印纸、订书针} 是封闭频繁项集。进一步举例，如果偶尔同时采购打印机，打印机的数量满足最小支持度要求，那么 {墨盒、打印纸、订书针、打印机} 也是频繁项集，但不是封闭频繁项集，因为 {墨盒、打印纸、订书针} 没有总和打印机一起出现。

6.6.2 A – Close 算法

A – Close 算法[6] 属于 Apriori 算法类。其整体框架与 Apriori 算法类似，首先获得频繁 1 – 项集作为第一层的候选项集，然后从第一层的候选项集开始逐层计算。对于每一层，利用上一层的候选项集，根据最小支持度和封闭性要求，形成当前层的候选项集。这一过程不断重复，直到当前层的候选项集为空。最后确定所获得的所有候选项集是否为封闭项集。

这里面最关键的步骤是如何针对上一层的候选项集产生当前层的候选项集。所产生的候选项集除了满足最小支持度要求外，还应满足封闭性要求。A – Close 算法通过以下三步来完成。

Step1. 利用前述 Apriori 算法中的 Apriori – Gen 过程产生初始候选项集。

Step2. 删除初始候选项集中不满足最小支持度要求的项集。

Step3. 删除初始候选项集中不满足封闭性要求的项集，即其支持度与下

一层某个项集的支持度相同的项集。

通过以上步骤所获得的候选项集中还可能存在不能满足封闭性要求的结果，为此利用以上封闭项集的定义，求每个候选项集的闭集 $h(i)$，完成计算。

6.6.3　CHARM 算法

CHARM 算法[7]是在 ECLAT 算法的基础上发展起来的，向其中增加项集是否封闭的判断。对于这种判断，同样利用以上封闭项集的定义，即是否满足 $h(c) = c$ 以及两个项集的支持度是否相同。

CHARM 算法引入一种 IT - 树（Itemset - Tidset Tree）结构来组织 ECLAT 算法中所述的等价类及其相互关系。IT - 树中每个节点记录项集及其对应数据集合，节点的每个子节点代表该项集扩展以后的结果，而节点的所有子节点则构成以该项集为前缀的等价类。图 6 - 10 所示为 IT - 树的一个例子。如图 6 - 10 所示，其中每个节点反映项集（itemset）和数据集合（Tidset）的对应关系，比如空集对应所有数据；a 对应 1，3，4，5 这四个数据；ab 对应 1，3，4，5 这四个数据；等等。这实际是前述 ECLAT 算法中数据垂直组织方式的另一种表现形式。同时，每个节点也代表一种等价类，比如根节点下最左侧的子节点 "a^*1345" 代表所有以 a 为前缀的等价类，由该节点下的子树构成。

CHARM 算法通过 DFS 方式搜索 IT - 树，获得计算结果。首先，初始化等价类集合为 1 - 项频繁项集对应的等价类，即从 IT - 树的根节点开始搜索，1 - 项频繁项集对应的等价类为根节点的所有子节点。注意等价类应按合适的方式排序，比如采用项的字典序。对于等价类集合中的每一个等价类，尝试与排在其后面的等价类进行合并，判断合并后的结果是否能满足封闭性要求，如果可以则将其放入该等价类的子等价类（子节点）。如果子等价类不为空，则形成当前等价类的子节点，然后进入该子节点继续上述过程，直到子等价类为空，此时所获得的项集为封闭项集，如果该封闭项集没有在之前被发现过，则作为新的结果进行记录。整个 IT - 树按这种方式遍历完成后，算法终止。算法流程如算法 6 - 4 所示。

6.6.4　FPclose 算法

FPclose 算法[8]将 FP - growth 算法扩展用于求封闭项集，主要扩展点同样是确认所生成的项集是否为封闭项集。为此将 FP - 树改造为 CFI - 树（CFI 的全称为 Closed Frequent Itemset），然后在其上使用 FP - growth 过程求解。

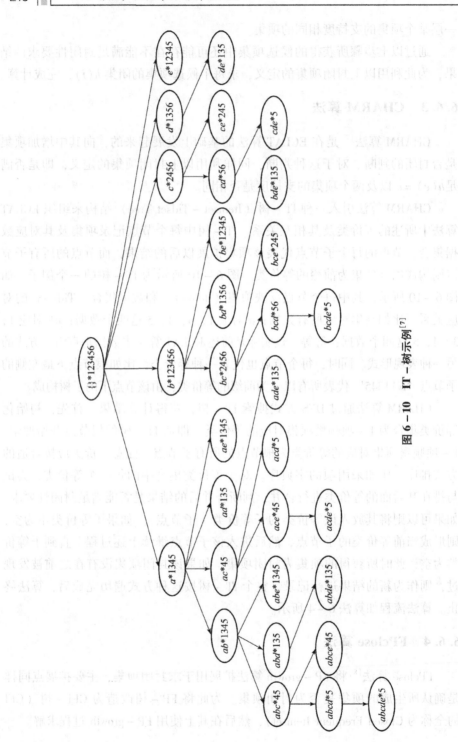

图 6-10　IT-树示例[7]

算法6-4 CHARM算法[7]

输入：数据集、最小支持度要求。

步骤：
  Step1. 筛选出前缀为频繁项集的所有项集，形成有序（如字典序）集合 **P**。
  Step2. 对于集合 **P** 中的每个项集 **A**，尝试与排在其后的项集 **B** 进行合并，如果合并后的项集满足
    频繁性要求，对项集进行如下判断。
    Step2.1. 如果项集 **A** 的后缀与项集 **B** 的后缀相同，则将 **B** 从集合 **P** 中剔除，并替换 **A** 的前缀。
    Step2.2. 如果项集 **A** 的后缀是项集 **B** 的后缀的子集，则替换 **A** 的前缀。
    Step2.3. 如果项集 **A** 的后缀是项集 **B** 的后缀的超集，则将 **B** 从集合 **P** 中剔除，并且将合并后
      的项集加入集合 **P**。
    Step2.4. 如果不是以上三种情况，则直接将合并后的项集加入集合 **P**。
  Step3. 将计算后得到的前缀数组作为封闭项集加入结果集合。

输出：封闭频繁项集列表。

CFI - 树仅存储封闭频繁项集，在 FP - 树的基础上获得。向 CFI - 树中插入封闭频繁项集的过程类似于向 FP - 树中插入数据的过程，其区别在于节点的支持数不是累加计算，而是采用节点所在路径上的最大支持数。图6-11显示了一个例子。该例子中与之前 FP - 树略有不同的地方在于对于每个节点，除了支持数外，还增加了一个层数。比如"c：1：5"表示该节点层数为1，支持数为5。假设首先插入 $\{c, a, d\}$ 和 $\{e, c, a, b, f\}$ 这两个项集，其支持数分别为2；然后插入 $\{c, a, g\}$，其支持数为5。$\{c, a, g\}$ 与 $\{c, a, d\}$ 共享前缀 $\{c, a\}$，于是这两个节点的支持数应发生变化，调整为当前路径中的最大支持数5。

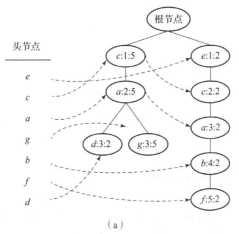

(a)

图6-11 CFI - 树构建示例

(a) CFI - 树

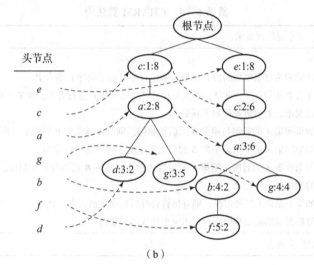

图 6 – 11   CFI – 树构建示例（续）

（b）对应的 FP – 树

以 CFI – 树的构建为核心，形成 FPclose 算法，如算法 6 – 5 所示。

算法 6 – 5   FPclose 算法[8]

输入：FP – 树。
步骤： Step1. 如果输入的 FP – 树 T 只包含一条简单路径 P，则进行 Step2，否则跳转到 Step3。 Step2. 检查路径的封闭性，然后将其插入 CFI – 树。 Step3. 对于树上的每一个分支 Y 进行封闭性检查，如果满足封闭性要求则跳转到 Step4，否则跳过。 Step4. 将当前分支的后缀部分以支持度降序进行排序，构造一棵 FP – 子树 T_Y，以 T_Y 为参数递归调用该算法生成 C_Y。 Step5. 将 C_Y 与结果进行合并，跳转到 Step3。
输出：CFI – 树。

6.7　最大频繁项集挖掘

最大频繁项集（maximal frequent itemsets）是指这样的频繁项集，该项集的任何超集均是非频繁的。相比封闭频繁项集，最大频繁项集数量更少，但不能从最大频繁项集恢复得到所有频繁项集，它属于有损压缩。

6.7.1　FPmax ∗ 算法

FPmax ∗ 算法[8]与 FPclose 算法类似，将 FP – growth 算法扩展用于求最大频繁项集，将 FP – 树改造为 MFI – 树（Maximal Frequent Itemset Tree），然后在其上使用 FP – growth 过程求解。

一棵 MFI – 树对应于一棵 FP – 树，从 FP – 树中获取最大频繁项集并插入 MFI – 树来进行构建。对于新插入的频繁项集，需检查其是否是已经存在于当前 MFI – 树中的项集的子集，如是则不插入，否则插入，以此保证获得最大频繁项集。图 6 – 12 所示为一个构建 MFI – 树的例子，图 6 – 12（a）所示为作为结果的 MFI – 树，图 6 – 12（b）所示为对应的 FP – 树。

在 MFI – 树的基础上进行 FP – growth 以获得最大频繁项集的 FPmax ∗ 算法如算法 6 – 6 所示。

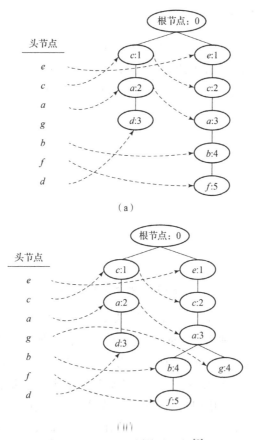

图 6 – 12　MFI – 树构建示例[8]

算法6-6　FPmax*算法[8]

输入：FP-树。
步骤： 　Step1. 如果输入的 FP-树 T 只包含一条简单路径 P，则进行 Step2，否则转到 Step3。 　Step2. 将 T 加入结果 MFI-树 M。 　Step3. 对于树上的每一个分支 Y 检查其是否是已经存在于当前 MFI-树中的项集的子集，如果不存在则转到 Step4，存在则跳过。 　Step4. 将当前分支的后缀部分以支持度降序进行排序，构造一棵 FP-子树 T_Y，以 T_Y 为参数递归调用该算法生成 M_Y。 　Step5. 将 M_Y 与结果进行合并，转到 Step3。
输出：MFI-树。

6.7.2　Max-Miner 算法

Max-Miner 算法[9]用集合枚举树（set-enumeration tree）组织项集，按照项的排列顺序，将所有可能的项集列举在一棵树中，图6-13所示为一个相应的例子，其中1，2，3，4代表4个项的排列顺序。

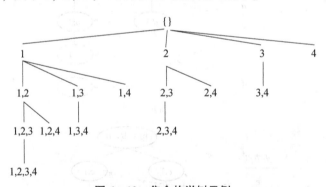

图6-13　集合枚举树示例

在集合枚举树上，Max-Miner 算法用 BFS 策略搜索所有的最大频繁项集，在搜索过程中，利用 Apriori 原则进行剪枝，以加快搜索速度。这里不仅利用了子集非频繁性来剪枝，而且利用了超集频繁性来剪枝。具体实现时，令每个节点对应于两个项集，第一个项集为节点本身项集，称为节点头；第二个项集为不在该节点中但可能出现在该节点的子节点（通过节点顺序确定）中的所有项构成的集合，称为节点尾。在计算节点支持度时，计算节点头、节点头与节点尾的并集、节点头与节点尾中每一项的并集共三部分的支持度，并根据后两部分的支持度进行剪枝。事实上：①节点头与节点尾的并集包含了子节点中的每一项，如果该并集是频繁的，则任何通过子节点列举得到的项集均是频繁的，但却不是最大的，因此可以剪掉该节点的所有子节点，这便是利用超集频繁性来实现的剪枝；②如果节点头与节点尾中某一项的并集是非频繁的，则说明对应子节点是非频繁的，无须再向下考虑，这便是利用子集非频繁性来实现的剪枝。对于最大频繁项集的获取，首先将所有频繁 1 – 项集加入结果集合 F，当某一节点头与节点尾的并集满足最小支持度要求时，将该并集加入集合 F，并且从集合 F 中删除超集也在集合 F 中的项集。

上述 Max – Miner 算法流程总结在算法 6 – 7 中。

算法 6 – 7 Max – Miner 算法[9]

输入：数据集。
步骤： Step1. 对所有 1 – 项集按照支持度进行排序。 Step2. 初始化候选项集 C，C 中项集的前缀为频繁 1 – 项集，后缀为出现在这些项集后面的项，最大频繁项集 F 为所有频繁 1 – 项集。 Step3. 如果候选项集为空，则结束算法，否则转到 Step4。 Step4. 尝试合并候选项集中的前缀和后缀，计算其支持度，如果不频繁则按照 Step5 扩展该节点，否则该节点停止扩展。 Step5. 对于后缀中的每个子集，如果前缀与该子集合并后非频繁，则从候选后缀中删除这个项，否则该节点作为新的前缀加入候选项集。 Step6. 从 F 中删除所有超集在 F 中的项集。 Step7. 从 C 中删除所有对应项集的超集在 F 中的项集。
输出：最大频繁项集 F。

6.8 规则兴趣度评价方法

以上算法均采用"支持度 – 可信度"框架来度量规则兴趣度（interestingness），即规则符合用户兴趣的程度。这种方式是目前的主流方式，但并非唯一的方式，也并非一定理想的方式，比如产生的规则可能数量太多或者不合理。还有其他规则兴趣度（interestingness）评价方法。

规则是建立在两个项集上的，设 A，B 分别表示两个项集，$\overline{A}$，$\overline{B}$ 分别表示 A 和 B 的反集，即 A 和 B 不存在的情况，于是目前主要的规则兴趣度评价方法的计算公式及其意义罗列如下[10]。

（1）支持度：$P(A, B)$，其意义同前。

（2）可信度：$\max(P(A|B), P(B|A))$，其意义同前。

（3）ϕ 系数：$\phi = \dfrac{P(A, B) - P(A)P(B)}{\sqrt{P(A)P(B)(1 - P(A))(1 - P(B))}}$，其意义类似于

针对连续数据的 Pearson 系数，也与 χ^2 统计量密切相关，事实上 $\phi^2 = \chi^2/N$。

（4）λ 系数：

$$\lambda = \frac{\sum_j \max_k P(A_j, B_k) + \sum_k \max_j P(A_j, B_k) - \max_j P(A_j) - \max_k P(B_k)}{2 - \max_j P(A_j) - \max_k P(B_k)},$$

其依据是对于两个高度相关的项集，如果已知其中之一的值，则预测另外一个的值的误差将是很小的，λ 值试图反映在预测误差上的减小量，以此表达两个项之间的相关性。

（5）几率比（odds ratio）：$\alpha = \dfrac{P(A, B)P(\bar{A}, B)}{P(A, B)P(\bar{A}, B)}$，其依据是如果 A，B

不相关，则不论 B 是否在数据中出现，在数据中发现 A 的几率应该是不变的，以上比例反映了这种情况。

（6）Yule 系数：分为 Yule $-Q$ 和 Yule $-Y$ 两种。以上几率比取值范围为

$[0, \infty)$，Yule 系数将其归一化到 $[-1, 1]$ 区间：$Q = \dfrac{\alpha - 1}{\alpha + 1}$，$Y = \dfrac{\sqrt{\alpha} - 1}{\sqrt{\alpha} + 1}$。

（7）κ 系数：$\kappa = \dfrac{P(A, B) + P(\bar{A}, \bar{B}) - P(A)P(B) - P(\bar{A})P(B)}{1 - P(A)P(B) - P(\bar{A})P(\bar{B})}$，其

反映了两个项集之间的一致程度，一致程度高，则该值大。

（8）互信息（mutual information）：

$$\mathrm{MI} = \frac{\sum_i \sum_j P(A_i, B_j) \log \dfrac{P(A_i, B_j)}{P(A_i)P(B_j)}}{\min\left(-\sum_i P(A_i) \log P(A_i), -\sum_j P(B_j) \log P(B_j)\right)},$$ 这是一种基于

熵的度量方法，其值反映了当一个项集已知时，另一个项集的熵的减少量。如果两个项集是高度相关的，则熵的减少量将是大的，也就是说 MI 值是大的。

（9）**J** 度量（**J**-Measure）：$J = \max\left(\begin{array}{c} P(\boldsymbol{A},\boldsymbol{B})\log\dfrac{P(\boldsymbol{B}|\boldsymbol{A})}{P(\boldsymbol{B})} + P(\boldsymbol{A},\bar{\boldsymbol{B}})\log\dfrac{P(\bar{\boldsymbol{B}}|\boldsymbol{A})}{P(\bar{\boldsymbol{B}})}, \\ P(\boldsymbol{A},\boldsymbol{B})\log\dfrac{P(\boldsymbol{A}|\boldsymbol{B})}{P(\boldsymbol{A})} + P(\bar{\boldsymbol{A}},\boldsymbol{B})\log\dfrac{P(\bar{\boldsymbol{A}}|\boldsymbol{B})}{P(\boldsymbol{A})} \end{array}\right),$

同样是基于项集统计关系的度量。

（10）基尼系数（Gini index）：

$G = \max$

$\left(\begin{array}{c} P(A)[P(\boldsymbol{B}|A)^2 + P(\boldsymbol{B}|A)^2] + P(\bar{A})[P(\boldsymbol{B}|\bar{A})^2 + P(\bar{\boldsymbol{B}}|\bar{A})^2] - P(\boldsymbol{B})^2 - P(\bar{\boldsymbol{B}})^2, \\ P(\boldsymbol{B})[P(\boldsymbol{A}|\boldsymbol{B})^2 + P(\bar{\boldsymbol{A}}|\boldsymbol{B})^2] + P(\boldsymbol{B})[P(\boldsymbol{A}|\bar{\boldsymbol{B}})^2 + P(\bar{\boldsymbol{A}}|\bar{\boldsymbol{B}})^2] - P(\boldsymbol{A})^2 - P(\bar{\boldsymbol{A}})^2 \end{array}\right),$

这也是基于项集统计关系的度量。

（11）Laplace 度量：$L = \max\left(\dfrac{NP(\boldsymbol{A},\boldsymbol{B}) + 1}{NP(\boldsymbol{A}) + 2}, \dfrac{NP(\boldsymbol{A},\boldsymbol{B}) + 1}{NP(\boldsymbol{B}) + 2}\right)$，这是可信度的另一种度量方式。

（12）信服度（conviction）：$V = \max\left(\dfrac{P(\boldsymbol{A})P(\bar{\boldsymbol{B}})}{P(\boldsymbol{A},\bar{\boldsymbol{B}})}, \dfrac{P(\boldsymbol{B})P(\bar{\boldsymbol{A}})}{P(\boldsymbol{B},\bar{\boldsymbol{A}})}\right)$，这也是可信度的另一种度量方式。

（13）兴趣系数（interest factor）：$IF = \dfrac{P(\boldsymbol{A},\boldsymbol{B})}{P(\boldsymbol{A})P(\boldsymbol{B})}$，该值反映了对统计无关性的偏离程度，在数据挖掘中应用广泛。

（14）Piatetsky-Shapiro 规则兴趣度：$PS = P(\boldsymbol{A},\boldsymbol{B}) - P(\boldsymbol{A})P(\boldsymbol{B})$，这是兴趣系数的变形。

（15）确定度系数（certainty factor）：$CF = \max\left(\dfrac{P(\boldsymbol{B}|\boldsymbol{A}) - P(\boldsymbol{B})}{1 - P(\boldsymbol{B})},\right.$ $\left.\dfrac{P(\boldsymbol{A}|\boldsymbol{B}) - P(\boldsymbol{A})}{1 - P(\boldsymbol{A})}\right)$，这是兴趣系数的另一种变形。

（16）集合性强度（collective strength）：

$CS = \dfrac{P(\boldsymbol{A},\boldsymbol{B}) + P(\bar{\boldsymbol{A}},\bar{\boldsymbol{B}})}{P(\boldsymbol{A})P(\boldsymbol{B}) + P(\bar{\boldsymbol{A}})P(\bar{\boldsymbol{B}})} \times \dfrac{1 - P(\boldsymbol{A})P(\boldsymbol{B}) + P(\bar{\boldsymbol{A}})P(\bar{\boldsymbol{B}})}{1 - P(\boldsymbol{A},\boldsymbol{B}) - P(\bar{\boldsymbol{A}},\boldsymbol{B})}$，这也是兴趣系数的变形。

（17）增加值（added value）：$AV = \max\left(P(\boldsymbol{B}|\boldsymbol{A}) - P(\boldsymbol{B}), P(\boldsymbol{A}|\boldsymbol{B}) - P(\boldsymbol{A})\right)$，这也是兴趣系数的变形。

（18）IS 度量（或称余弦度量）：$IS = \dfrac{P(A, B)}{\sqrt{P(A)P(B)}}$，该值为兴趣系数与支持度的几何平均值，也等于在矢量相似度计算中经常采用的余弦相似度度量。

（19）Jaccard 度量：$JC = \dfrac{P(A, B)}{P(A) + P(B) - P(A, B)}$。

（20）Klosgen 度量：$KL = \sqrt{P(A, B)}\max(P(B \mid A) - P(B), P(A \mid B) - P(A))$，它在增加值上做了一些变形。

6.9 量化关联规则挖掘

以上所述算法针对离散数据。对于连续数据的关联规则挖掘，如工资、年龄等，需要进行相应扩展。涉及连续数据的关联规则挖掘问题称为量化关联规则（quantitative association rules）挖掘。对于该问题，可有三种处理策略：①对连续数据进行区间离散化（interval discretization），将其转化为离散数据，再按离散数据进行挖掘；②使用统计量来汇总连续数据的分布信息，比如常用的均值、方差等，量化关联规则以统计量来表达；③将连续数据转化为模糊集合（fuzzy set），按离散数据方式进行处理，但其中集合运算采用模糊集合运算法则。

6.9.1 区间离散化

连续数据离散化是此类方法的首要问题，可以用基于经验、基于领域知识、基于聚类等方法来实现。一旦离散化，连续数据实际上已转化为离散数据，按离散数据进行挖掘即可。

可利用部分完全性（partial completeness）来度量数据离散化可能带来的信息损失，进而采用等深度（equi – depth）方法进行数据的离散化，以最小化部分完全性来获得理想的数据离散化结果[11]，也可利用遗传算法寻找最优数值区间[12]，或使用聚类方法发现理想的数值区间，比如基于 BIRCH 聚类的方法[13] 等，还可基于信息论，用图来表示项之间的互信息（mutual information），进而在图上获得结合在一起的团（clique），得到相应的规则[14]。

6.9.2 统计量方法

可使用均值、方差、中值等统计量来表达连续数据上的规律。Aumann 与

Lindell[15]充分探讨了利用均值表达规则的方法。也可度量统计量的显著程度，搜索统计上显著的量化规则[16]。

6.9.3　模糊化方法

对于区间离散化方法，实际是将原始数据转成二值数据，按区间所属来确定是否存在相应项。模糊化方法则将连续数据用模糊集合来表示，以便更准确地表达数据区间的含义。在此基础上用模糊集合运算代替普通集合运算，搜索模糊集合之间的规则，称为模糊关联规则（fuzzy association rules）。比如可用模糊 k – 均值聚类获得模糊化的数值区间[17]。

6.10　序列数据挖掘

序列数据是存在顺序的数据，最简单的序列是由单个项按顺序排列构成的，更复杂的则可以考虑由序列所构成的序列，即序列中每个组成部分为一个序列，称为多维序列数据（multidimensional sequential data）。不论怎样，对于序列数据挖掘来说，可按照"支持度 – 可信度"框架，定义为寻找所有满足最小支持度要求的序列，并在其中确定满足最小可信度的规则。可以将离散数据上的算法扩展后用于序列数据，其中仍主要采用 Apriori 原则来缩小搜索空间。

6.10.1　Apriori 类算法

Apriori 类序列数据挖掘算法与上述 Apriori 算法框架基本一致，仅在细节上考虑了序列数据的特殊性。GSP（Generalized Sequential Patterns）算法[18]考虑时间约束、时间滑动窗口、术语分类（taxonomy）三个因素，形成候选序列，然后检查后续序列是否频繁；AprioriMD 算法[19]与 GSP 算法类似，但采用了不同的候选序列产生方法与支持度计算方法。PSP 算法[20]也与 GSP 算法类似，但采用了不同的数据结构。

6.10.2　FP – growth 类算法

PrefixSpan 算法[21]借鉴 FP – growth 方法，将其扩展后用于序列数据处理。其核心仍然是通过增长频繁前缀序列，将数据库投影到一系列小的数据库上进行挖掘，只是在模式增长和投影方法上针对序列数据进行了调整。PrefixMDSpan 算法扩展了 PrefixSpan 算法，以用于多维序列数据。

CloSpan（Closed Sequential pattern mining）算法[22]在 PrefixSpan 算法的基础上实现了封闭频繁序列项集的挖掘。

6.11 结构数据挖掘

结构数据（structural data）是指具有结构信息的数据，主要包括树和图，在生物、化学、网络、集成电路等领域广泛存在。树是图的特例，因此可以将对树的处理方法包含在对图的处理方法中，当然树的运算相应简单很多。图挖掘（graph mining）技术既包括从许多图对应的数据集合中进行的挖掘，也包括在一张大图上进行的挖掘。本节仅涉及针对图数据集合的关联规则挖掘，这里最主要的还是频繁子图（frequent subgraph）、频繁子树（frequent subtree）发现问题。

6.11.1 用于运算的信息

对于频繁子图的发现，可以利用图的 Apriori 原则，即频繁图的所有子图都是频繁的，非频繁图的所有超图都是非频繁的。这样同样可以考虑构建图的网格用于频繁子图的搜索，比如图 6-14 显示了根据 4 个图数据 $G_1 \sim G_4$ 来构建的网格。可以在这样的网格上，采用前述类似方法来搜索频繁子图。

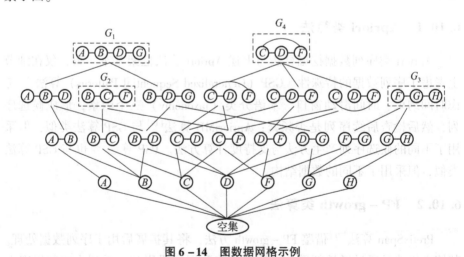

图 6-14 图数据网格示例

另外，为了区分图/子图之间是否相同，需要考虑图之间的同型性（isomorphism）问题，即需要在图数据中检测同型子图。对于频繁子图挖掘问题来说，通常采用基于精确匹配的检测方法，如 Ullmann 方法、SD 方法、Nauty 方法、VF 与 VF2 方法等[23]。为了方便进行相关的运算，需要采用合适的方法存储图信息。通常可用邻接矩阵来表示图，矩阵中行/列表示图的节点，元素表示两个节点之间的连接关系。但这种表示依赖于节点/边的枚举顺序，为了使同型性计算不受节点/边的枚举顺序的影响，可以采用典型标注策略（canonical labeling strategy），这样两个同型的图将能以相同方式标注而与节点和边的枚举顺序无关。典型标注策略包括最小 DFS 编码（minimum DFS code）、正交邻接矩阵（canonical adjacency matrix）、DFS 标注顺序（DFS label sequence）、深度标注顺序（depth – label sequence）、广度优先正交串（Breadth – First Canonical String，BFCS）、深度优先正交串（Depth – Frist Canonical String，DFCS）等[23]。

6.11.2　Apriori 类方法

Apriori 类方法采用前述 Apriori 方法框架，从 1 – 项图开始，由低阶项图产生高阶项图，在此过程中，根据 Apriori 原则，一旦低阶项图是非频繁的，则停止计算该图以上的高阶项图，因此两个基本计算过程仍然是候选项生成和支持度计算，其基本流程如算法 6 – 8 所示。

算法 6 – 8　Apriori 类频繁图挖掘算法

输入：图数据集、最小支持度。
步骤： 　Step1.　通过支持度的计算选出数据集中所有的频繁 1 – 项图。 　Step2.　进入下一层项图的计算。 　Step3.　通过类似 Apriori – Gen 算法利用上一层频繁项图生成当前层候选项图。 　Step4.　统计每个候选项图的支持度。 　Step5.　根据当前层候选项图的支持度选出当前层的频繁项图。 　Step6.　如果 Step5 中频繁项图不为空，则转到 Step2 进入下一层计算，否则算法停止。
输出：频繁项图。

在支持度计算中，最主要的运算是子图同型性和子树同型性，该运算效率较难提高，因此不同算法的设计主要体现在候选项生成上。对于频繁子图挖掘，可以采用逐层连接方式或扩展连接方式；对于频繁子树挖掘，除了这两种方式外，还可采用最右路径扩展方式、等价类扩展方式或左右树连接

方式。

（1）逐层连接方式。将两个具有公共 $k-1$ 项子图的 k 项图连接起来形成 $k+1$ 项图，为了减少冗余，这两个公共 $k-1$ 项子图应分别具有最小和第二小的典型标注。采用此种策略的方法包括 kuramochi – karypis 方法、AGM 方法、DPMine 方法、HSIGRAM 方法。

（2）扩展连接方式。在 BFCS 典型标注图表示方法下，通过在 BFCS 树的最底层上增加一个子树和连接兄弟节点两步完成运算。采用这种策略的方法包括 Huan 方法、Chi 方法。

（3）最右路径扩展方式。这是频繁子树挖掘中最经常采用的方式，对于某一频繁 k 项子树，仅向该子树的最右路径增加节点，由此形成 $k+1$ 项子树。

（4）等价类扩展方式。这种方式类似于 ECLAT 算法，确定前缀子树等价类，合并得到 $k+1$ 项子树的 k 项子树需来自同一个等价类。

（5）左右树连接方式。将两个子树的最右叶子节点和最左叶子节点合并形成新的子树。

6. 11. 3　FP – growth 类方法

FP – growth 类方法应用前述 FP – growth 算法的计算框架，通过在每一个可能位置上增加一条边的方式来增长频繁图，但这种增长方式可能引起冗余，可以用最右扩展方式来解决这一问题，即增长仅发生在最右路径上。gSpan 算法即采用这种方式。

小结

本章阐述了关联规则挖掘问题及其主要方法，其中要点如下。

（1）关联规则挖掘用于从数据库中获取其中所包含的事物两两（前提和结论）之间的所有因果联系，称为关联规则。这一问题与发现单个事物自身规律的聚类问题一起，构成了数据挖掘的基础。

（2）关联规则挖掘中通常将数据称为事务或对象，将事务的子集称为项集，主要计算目标是发现所有具有统计显著性的项集，进而确定显著项集之间令人感兴趣的相互依赖关系（条件概率，即规则）。通常采用支持度反映项集的显著性，采用可信度反映规则的可靠程度。这一"支持度 – 可信度"框架是目前主流的关联规则挖掘定义和计算模式。

（3）根据"支持度 – 可信度"框架，关联规则挖掘分为两个主要计算过程：①设定最小支持度，从数据库中发现支持度大于最小支持度的所有项集，这一过程为关联规则挖掘中最主要耗时的部分，称为频繁项集挖掘；②设定最小可信度，针对每个频繁项集，发现其中任意两个子集之间所存在的可信度大于最小可信度的所有规则。用项集网格和规则网格来表达所有可能的项集及其相互关系，以及一个项集中所有可能的规则及其相互关系，进而通过搜索项集网格和规则网格完成以上两个计算过程。

（4）为了提高项集网格上的搜索效率，项集的反单调性是一条重要的剪枝策略，项集反单调性又称为 Apriori 原则或向下封闭性，该规律说明频繁项集的子集也是频繁的，即当发现非频繁子集时，可以不必再向下搜索，从而极大地缩小了搜索空间。所有频繁项集挖掘方法均会使用项集的反单调性。规则网格上也有类似的单调性规律。

（5）Apriori 算法、ECLAT 算法、FP – growth 算法分别是目前主要的关联规则挖掘方法之一，各自具有相应的特色。Apriori 算法在项集网格上进行 BFS，主要包括候选项集生成和支持度计算两个主要步骤，其中充分利用项集的反单调性，以尽量减少计算。在获得频繁项集后，利用规则单调性，采用类似过程求解满足要求的规则。ECLAT 算法和 FP – growth 算法利用不同的组织方式，极大地减少了原始数据的读取次数。ECLAT 算法引入等价类思想，通过前缀相同这一特性在项集网格上划分等价类，分别在等价类上搜索频繁项集。FP – growth 算法引入模式增长思想，在用 FP – 树对数据库进行紧凑表达后，在 FP – 树上对频繁模式逐渐增长来发现所有频繁项集。

（6）对于大型数据库来说，根据支持度要求计算得到的频繁项集数量可能很大，为此需要进行数量上的压缩。封闭频繁项集和最大频繁项集是两种常用的压缩方式，其中封闭方式为无损压缩，可以从封闭频繁项集恢复得到所有的频繁项集，最大方式则为有损压缩。所谓封闭频繁项集是满足 Galois 封闭性要求的频繁项集，直观地看，该项集的任何超集均没有与其相同的支持度。所谓最大频繁项集是指其超集均是非频繁的频繁项集，即没有比该项集更大的频繁项集。封闭频繁项集和最大频繁项集的挖掘方法通常是在传统方法（Apriori 算法、ECLAT 算法、FP – growth 算法等）的基础上，增加对封闭频繁项集和最大频繁项集的判断来获得。

（7）除了"支持度 – 可信度"框架，也可基于两个项集的统计特性来定义和使用其他规则兴趣度，如 Yule 系数、互信息、Gini 系数、J 度量、IS 度量等。

（8）除了离散数据，也需要处理连续数据，涉及连续数据的规则称为量化关联规则。对于量化关联规则挖掘，有三种基本处理方式：①区间离散化，将连续数据转变为离散数据，这里最关键的是离散区间的确定方法，可以通过经验、领域知识、聚类等手段实现；②采用连续数据的统计量，而不是数据本身，来表达关联规则；③模糊化，将连续数据转变为模糊集合，在模糊集合运算方式下，采用类似离散数据的方法处理。

（9）对于序列数据的处理，可同样按照"支持度－可信度"框架来定义，并可将传统算法扩展后用于序列数据，其中仍主要采用 Apriori 原则来缩小搜索空间，比如 Apriori 类算法、FP－growth 类算法，用于序列数据挖掘等。

（10）对于结构数据（树、图）的处理，可同样构建相应的图网格，在图上进行搜索获得频繁子图。其基本计算过程可以借鉴 Apriori、FP－growth 等传统方法，只是在计算子图的支持度时，需要考虑子图的同型性问题，相应需要考虑图的典型标注策略。树是图的特例，可沿用这一处理框架，只是树更简单，可利用树的特性进一步提高计算效率。

参 考 文 献

[1] TAN P N, STEINBACH M, KUMAR V. Association analysis: basic concepts and algorithms [M]. Introduction to Data mining. Boston, MA: Addison － Wesley, 2005.

[2] AGRAWAL, SRIKANT. Fast algorithms for mining association rules [C]. Proceedings of the 20th VLDB Conference, 1994.

[3] ZAKI M J. Scalable algorithms for association mining[J]. IEEE Transactions on Knowledge and Data Discovery, 2000: 372 – 390.

[4] HAN J, PEI J, YIN Y, et al. Mining frequent patterns without candidate generation: a frequent － pattern tree approach[J]. Data Mining and Knowledge Discovery, 2004, 8: 53 – 87.

[5] GANTER, WILLER. Formal concept analysis: mathematical foundations [M]. [S. 1.]: Springer － Verlag, 1999.

[6] PASQUIER N, BASTIDE Y, TAOUIL R, et al. Discovering frequent closed itemsets for association rules[C]. International Conference on Database Theory ICDT 1999: Database Theory － ICDT'99, 1999: 398 – 416.

[7] ZAKI M J, HSIAO C J. CHARM: an efficient algorithm for closed itemset

mining[C]. Proceedings of the 2002 SIAM International Conference on Data Mining,2002.

[8]GRAHNE G,ZHU J. Efficiently using prefix – trees in mining frequent itemsets [C]. FIMI,2003.

[9]BAYARDO R J Jr. Efficiently mining long patterns from databases[J]. ACM SIGMOD Record,1998,27(2):85 – 93.

[10]TAN P N,KUMAR V,SRIVASTAVA J. Selecting the right objective measure for association analysis[J]. Information Systems,2004,29(4):293 – 313.

[11]SRIKANT R,AGRAWAL R. Mining quantitative association rules in large relational tables[J]. ACM SIGMOD Record,1996,25(2):1.

[12]AOUISSI A S,VRAIN C,NORTET C. QuantMiner: A genetic algorithm for mining quantitative association rules[J]. IJCAI,2007,07:1035 – 1040.

[13]MILLER R J,YANG Y. Association rules over interval data[J]. ACM SIGMOD Record,1997,26:452 – 461.

[14]KE Y,CHENG J,NG W. An information – theoretic approach to quantitative association rule mining[J]. Knowledge and Information Systems,2008,16(2): 213 – 244.

[15]AUMANN Y,LINDELL Y. A statistical theory for quantitative association rules [C]. KDD'99 Proceedings of the 5th ACM SIGKDD international conference on Knowledge Discovery and Data Mining,1999:261 – 270.

[16]ZHANG H,PADMANABHAN B,TUZHILIN A. On the discovery of significant statistical quantitative rules [C]. KDD'04 Proceedings of the 10th ACM SIGKDD international conference on Knowledge Discovery and Data Mining, 2004: 374 – 383.

[17]VERLINDE H,COCK M D,BOUTE R. Fuzzy versus quantitative association rules: a fair data – driven comparison[J]. IEEE Transactions on Systems, Man,and Cybernetics,Part B: Cybernetics archive,2005,36(3): 679 – 684.

[18]SRIKANT R,AGRAWAL R. Mining sequential patterns: generalizations and performance improvements [C]. International Conference on Extending Database Technology EDBT 1996: Advances in Database Technology – EDBT' 96,1996:1 – 17

[19]YU C C,Chen Y L. Mining sequential patterns from multidimensional sequence Data[J]. IEEE Transactions on Knowledge and Data Engineering,2005,17

(1)：136 - 140.

[20] MASSEGLIA F, CATHALA F, PONCELET P. The PSP approach for mining sequential patterns[J]. European Symposium on Principles of Data Mining and Knowledge Discovery PKDD 1998：Principles of Data Mining and Knowledge Discovery,1998：176 - 184.

[21] PEI J, HAN J W, MORTAZAVI - ASL B, et al. Mining sequential patterns by pattern - growth：the prefixspan approach [J]. IEEE Transactions on Knowledge & Data Engineering,2004,16(11)：1424 - 1440.

[22] YAN X, HAN J, AFSHAR R. CloSpan：mining closed sequential patterns in large datasets[C]. Proceedings of the 2003 SIAM International Conference on Data Mining,2003.

[23] JIANG C, COENEN F, ZITO M. A survey of frequent subgraph mining algorithms[J]. The Knowledge Engineering Review,2013,28(1)：75 - 105.

第7章 半监督学习方法

如第 2 章所述，半监督学习是监督学习与非监督学习的混合体，其训练数据中既有标注数据，也有未标注数据。根据其最终学习目标的不同，半监督学习方法可分为两类。第一类是面向监督学习任务的半监督学习方法。在此类方法中，学习的最终目标是监督学习结果，即理想的输入－输出映射函数。因此，首先利用标注数据获得一个函数，然后利用未标注数据继续对之前所获得的函数进行优化。这里的核心问题是如何确定未标注数据的标注结果，在此基础上才能使未标注数据得到利用。在此问题上的不同处理方式，导致了不同的面向监督学习任务的半监督学习方法，包括自学习方法、互学习方法、基于图的方法、基于生成模型的方法、转导 SVM 等。本章第 7.2 ~ 7.5 节将对这些方法进行叙述。第二类半监督学习方法是面向非监督学习任务的。在此类方法中，通过少量标注数据来提高非监督学习的效果。比如在聚类分析中，可通过指定少量数据的类别或标注少量数据之间的关联约束来消除聚类结果的歧义，从而提高聚类效果。具体请见本章第 7.6 节关于半监督聚类的叙述。

7.1 半监督学习的意义

对于监督学习任务来说，需要标注输入与期望输出之间的对应关系。完成这种标注任务是费时费力的，因此很难对所有问题都能采集到足够数量的训练样本。而随着网络技术和信息技术的发展，人们开始能够获得海量的未标注或未经严格标注的数据。如果在少量标注数据的基础上有效利用这些未标注数据，或许能够有效地解决监督学习中难以采集大量数据的问题。这就是面向监督学习任务的半监督学习问题的缘起，也是目前人们广泛关注的大数据（Big Data）问题的一个体现。

对于非监督学习任务来说，虽然不需要标注即可完成学习任务，但有时数据的分布规律存在歧义，没有人为标注难以给出准确的结果。图 7－1（a）所示为一个这样的例子，其中圆圈代表数据，两组不同颜色的椭圆代表两种聚类结果。根据图中数据情况，显然无法区分这两种结果的优劣。而如果像图7－1（b）中那样标注出数据之间的关联关系，其中"必连接"（must link）表示两个数据必须聚为一类，"不能连接"（cannot link）表示两个数据不能聚为一类，则可以通过这两个约束条件确定其中最优的聚类结果。

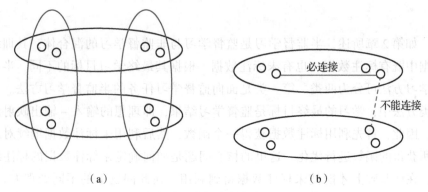

（a） （b）

图7－1 基于少量标注信息解决聚类歧义示例（书后附彩插）

（a）存在歧义的聚类结果；（b）利用关联约束解决歧义

7.2 自学习与互学习

7.2.1 自学习

自学习（Self－training）算法利用当前已学习得到的函数对未标注数据进行处理，确定未标注数据的输出结果，即对未标注数据进行自动标注，从而扩充标注数据集。这样便能利用新增的标注数据继续对函数进行学习。在对未标注数据进行自动标注时，不能保证结果一定准确，而如果数据的标注结果有误，则继续在此基础上学习反而会造成学习效果的下降。因此，通常需要对未标注数据的自动标注结果给出可靠度，只有可靠度较高的自动标注结果才能被用于函数的再学习。

这种自学习思路看似简单，但后面将要叙述的基于生成模型的学习方法以及转导SVM都可被认为是这种思路的体现。

7.2.2 互学习

互学习（Co－training）算法利用不同信息之间的互补性来达到互相学习的目的。具体地说，对于每种信息，分别构建一个函数来解决一个共同的问题。对于该函数的学习，首先利用少量标注数据学习得到初始的函数，然后在面对未标注数据时，利用其他信息对应的处理函数来确定未标注数据的标注结果，进而利用新增的标注数据对该函数进行继续学习。与自学习类似，这里只有可靠度高的自动标注结果才能得到利用。上述学习过程实际与自学习过程基本一致，只是这里未标注数据的自动标注结果来自其他关联信息对应的函数，而不是自己的函数。现针对两个分类器的互学习，给出该算法的形式化表述。理解了两类互学习算法，向多分类器互学习的推广是显而易见的。

设某事物对应的特征向量为 x，$x = \{x^{(1)}, x^{(2)}\}$，其中 $x^{(1)}$，$x^{(2)}$ 分别表示 x 中的两个特征向量子集，分别表示其中的两类信息，则互学习算法如算法 7－1 所示。显然，在此种学习算法中，隐含的假设条件是：不同类信息之间是统计无关的，且各自所起的作用是互补的。

算法 7－1　互学习算法

输入：标注数据集 $(X_l^{(1)}, Y_l^{(1)})$，$(X_l^{(2)}, Y_l^{(2)})$，未标注数据集 X_u，阈值 k。
步骤： Step1. 根据 $(X_l^{(1)}, Y_l^{(1)})$，利用监督学习方法得到第一类的处理函数 $f^{(1)}$。 Step2. 根据 $(X_l^{(2)}, Y_l^{(2)})$，利用监督学习方法得到第二类的处理函数 $f^{(2)}$。 Step3. 利用 $f^{(1)}$ 对 X_u 中的每个未标注数据进行分类，从中选出可靠度最高的 k 个标注结果，加入 $(X_l^{(2)}, Y_l^{(2)})$。 Step4. 利用 $f^{(2)}$ 对 X_u 中的每个未标注数据进行分类，从中选出可靠度最高的 k 个标注结果，加入 $(X_l^{(1)}, Y_l^{(1)})$。 Step5. 重复 Step1 ~ 4，直到收敛（学习结果不变）或达到预设的最大迭代次数。
输出：$f^{(1)}$ 与 $f^{(2)}$。

下面通过网页分类的例子进一步说明上述互学习算法。在进行网页分类时，网页中存在不同的可以对其进行分类的信息源。例如，图 7－2（b）所示为一个网页，图 7－2（a）所示为指向该网页的链接。链接信息为 "Teacher"，这表示所指向的网页是关于教师的，而该网页文本中的 "is currently teaching"等信息也表明该网页是关于教师的。这样，通过这两类信息的互补可以达到互学习的目的。可以首先针对链接信息和网页文本信息，利用人为标注过的

网页数据，各自学习到一个朴素贝叶斯分类器①，设其分别为 $NB_{链接}$ 和 $NB_{文本}$；然后可以分别利用这两个朴素贝叶斯分类器来将未标注过的网页分类为教师类或非教师类，进而将 $NB_{链接}$ 的可靠分类结果加入 $NB_{文本}$ 的训练数据，将 $NB_{文本}$ 的可靠分类结果加入 $NB_{链接}$ 的训练数据，在此基础上，继续对 $NB_{链接}$ 和 $NB_{文本}$ 进行学习；最后，可以分别使用这两个分类器进行分类，也可以连乘这两个分类器输出的分类可靠度达到分类的目的。Blum 与 Mitchell 提出并实验了上述网页分类方法[1]。在其实验中，两种信息的分类可靠度连乘后，分类效果更好。经过互学习后，网页分类错误率由初始监督学习的 11.1% 下降到了互学习之后的 5.0%。

（a）

Xiabi Liu is an associate professor in the School of Computer Science and Technology at Beijing Institute of Technology. He was born in 1972 and received his Ph.D. degree in Computer Science from Beijing Institute of Technology in 2005. His research interests include image retrieval, pattern recognition, machine learning and computer vision. Dr. Liu has got 3 patents and has published one text on artificial intelligence and more than 30 papers on journals and conferences. He is principal investigator on grants from National Natural Science Fundation of China, 973 Program of China, Program for New Century Excellent Talents in University of China, etc.

Dr. Liu is currently teaching three courses: 'artificial intelligence' and 'computer vision' for gradudate students and 'introduction to artifical intelligence' for senior undergraduate students. He led students to win a second-class prize in the "challenge cup" national undergraduate curricular academic science and technology works by race in 2011.

（b）

图 7 - 2　网页链接信息与网页文本信息的互补性示例
（a）指向子图；（b）所示网页的链接信息

7.3　基于图的方法

在基于图（graph）的半监督学习方法中，利用图这一数据结构来描述数据之间的关联，其中每个节点代表一个数据，包括标注数据与未标注数据；节点之间的边及其权值反映了数据之间的相似度。在此基础上，计算未标注

---

① 参见本书第 3 章第 3.4 节。

数据与各类标注数据之间的关联程度，根据关联程度最大的标注数据来确定未标注数据的标注结果，进而实现半监督学习。这里，类似聚类中的硬聚类与软聚类，未标注数据与标注数据之间的关联程度也有两类计算结果：硬关联和软关联。对于硬关联，其取值只有 $\{0, 1\}$ 两种可能性，因此未标注数据与标注数据之间要么存在关联，要么不存在关联，没有中间状态。对于软关联，其值在 $[0, 1]$ 区间取值，反映未标注数据与标注数据之间存在关联的模糊度或可能性。基于硬关联的典型方法是最小割（Min - cuts）算法；基于软关联的典型方法是谐函数（Harmonic Function）算法。

这类基于图来确定数据归属的算法不仅可用于本章所述的半监督学习问题，还可用于其他需要根据数据的相关性来确定数据归属的问题，比如图像处理与计算机视觉中的分割问题[2]等。

下面根据二类输出问题来介绍这两种方法，对于多类输出问题，通常可按两两比较方式进行推广。由于在基于图的方法中，数据与节点是一一对应的，因此在下面的叙述中，不加区别地使用这两个概念。

7.3.1　最小割算法

最小割（Min - cuts）算法[3]试图在图中寻找一个合适的边的割集，据此确定未标注数据与标注数据之间的硬关联。所谓边的割集是指这样的边的集合：将该集合中的所有边从图中拿掉后，图将被分成两个互不连通的子图。每个子图中的节点被认为是关联在一起的一类数据，不同子图中的节点则被认为是属于不同类。显然，对于本处所涉及的问题来说，同类标注数据只允许位于一个子图中，而那些和它们被划分到同一子图的未标注数据则具有相应的类别标注结果，于是完成了对未标注数据的标注。

对于一个图来说，可能存在多种割集。最小割算法的计算目标是在所有这些可能结果中，找到边的权值之和最小的割集。下面详述基于最小割算法的半监督学习方法。

首先，构建图。①令各个数据点为节点，数据点之间的相似关系为边，边的权值反映其相似程度（比如可令边的权值与两个数据之间的距离成反比等）；②增加两个特殊节点——源点（source）与汇点（sink），分别代表两个类别，并分别与各自类别对应的标注数据（标注节点）相连，令相应边的权值为无穷大，表示其必须关联在一起，这反映了标注数据的类别信息。图 7 - 3 所示为一个按上述方法构建的图，其中红色和蓝色分别表示一类标注数据，V_+（源点）和 V_-（汇点）则分别代表了它们所属的类别，其他节点代表了未标注数据。

其次，在构建好的图中寻找一个最小割集，这可以通过图论中的最大流（max-flow）（最小割）算法求解[4]。例如，图7-3中被虚线所切割的边是在该图上找到的最小割集，将该边去掉后，则图将被分成左、右两个互不连通的子图。

最后，根据上述最小割集的计算结果确定未标注数据的标注结果。例如，图7-3中被分在左边子图中的未标注节点与红色的标注数据同类，均属于V_+；同理，被分在右边子图中的节点，其标注结果为蓝色数据所属类别V_-。

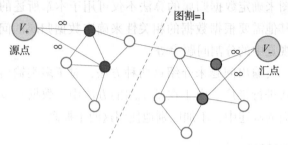

图7-3　最小割算法示意（书后附彩插）

上述最小割算法，其计算目标实质上是在保持标注数据的类别信息这一约束条件下，使被划分到同一子图的相邻节点之间的相似度权值之和最小化。设i与j分别表示图中的第i与第j个节点，w_{ij}表示第i个节点与第j个节点之间的相似度权值，L与U分别表示标注节点集与未标注节点集，y_i表示第i个标注节点的类别，$f(\cdot)$表示节点标注函数（即一种由所有节点及其标注结果所构成的集合），则该约束优化问题可表达为

$$\min E(f) = \frac{1}{2} \sum_i \sum_j w_{ij} \left(f(i) - f(j) \right)^2 \tag{7-1}$$

$$\text{subject to } f(i) = y_i, \ i \in L$$

在上述最小割算法中，实际是将式（7-1）所表达的约束优化问题转换为如下等价的无约束优化问题：

$$f^* = \arg\min_f \left[\frac{1}{2} \sum_i \sum_j w_{ij} \left(f(i) - f(j) \right)^2 + \infty \sum_{i \in L} \left(f(i) - y_i \right)^2 \right] \tag{7-2}$$

其中，w_{ij}表示第i个节点与第j个节点之间的连接权值。经过这样的转换，便可以进一步将其表达成图7-3所示的图的形式，从而可以利用最大流（最小割）算法求解。

7.3.2　谐函数算法

对于最小割算法，式（7-1）中的 $f(\cdot)$ 为离散函数，其取值为 0 或 1，即前面所说的硬关联。谐函数算法[5] 则将其推广为连续函数，其可以在［0，1］区间取值，即前面所说的软关联。对于连续函数来说，式（7-1）的求解结果为谐函数。谐函数满足如下性质。

性质 1：在未标注节点处 $\Delta f = 0$ 且在标注节点处 $f(\cdot)$ 值等于已有标注结果。这里，Δ 表示函数的二阶梯度运算，通常称为拉普拉斯算子（Laplace Operator）。如果令 W 表示由所有边权值构成的矩阵，则可按如下方式计算 Δf：$\Delta = D - W$，其中 D 为对角矩阵，满足 $D_{ii} = \sum_j w_{ij}, D_{ij} = 0|_{j \neq i}$，$\forall i$，$\forall j$。

性质 2：$f(\cdot)$ 在每一个未标注节点处的取值等于其周边各点取值的加权平均值，即

$$f(i) = \sum_j w_{ij} f(i) / \sum_j w_{ij}, \quad \forall i \in U \qquad (7-3)$$

可以利用以上两个性质来确定最优的谐函数 f^*。根据性质 1，可以得到封闭形式（closed form）的解析解；根据性质 2，可以得到迭代形式（iterative form）的优化解。对这两种解法分述如下。

1. 封闭形式的谐函数求解

将拉普拉斯矩阵 Δ 按照标注与未标注数据分块为 $\Delta = \begin{bmatrix} \Delta_{ll} & \Delta_{lu} \\ \Delta_{ul} & \Delta_{uu} \end{bmatrix}$，按同样

方式将权值矩阵分块为 $W = \begin{bmatrix} W_{ll} & W_{lu} \\ W_{ul} & W_{uu} \end{bmatrix}$，于是未标注数据的谐函数值计算公

式为 $f_U = \Delta_{uu}^{-1} W_{ul} f_L$[5]。

2. 迭代形式的谐函数求解

首先设置初始的谐函数值，其中标注节点处的取值为所标注的类别值，未标注节点处的取值随机设定，然后利用式（7-3）对未标注节点处的取值不断进行更新，直到结果稳定，即各个节点对应的 $f(\cdot)$ 值不再变化为止。

在利用上述两种方法之一得到各个未标注节点的谐函数值以后，需要据此确定各个未标注节点对应的标注结果。对于两类问题来说，可采用如下形式确定：

$$L(l) = \begin{cases} 1, & f(i) > 0.5 \\ 0, & \text{其他} \end{cases}, \quad \forall i \in U \qquad (7-4)$$

对于上述谐函数方法，还可从随机游走（random walk）或电路网络

（electronic network）的角度来认识[6]，如图7－4（a）所示。

（1）从随机游走的角度，可将节点之间的边上的权值视为二者之间可以彼此行走的概率，该概率与二者之间的相似度成正比。在此基础上，对于某一未标注节点与某一类别之间的关联程度，随机游走方法将其视为一种这样的行走概率：从该未标注节点出发，按照边上的概率行走，直至走到第一个被标注为相应类别的节点的概率。这样计算出某一未标注数据到每个类别各自的行走概率后，按概率最大原则确定未标注数据的标注结果。

（2）从电路网络的角度，可以认为是给不同类标注节点施加不同的电压，比如一类为正极（1），另一类为负极（0）。这样在相应的电路网络中，便可以计算在每个未标注节点上观察到的电压值，根据电压值的大小确定其标注结果。图7－4（b）所示为一个这样的电路网络。

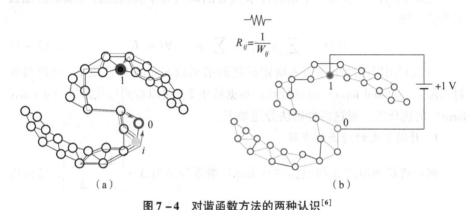

图7－4　对谐函数方法的两种认识[6]

（a）随机游走的角度；（b）电路网络的角度

7.4　基于生成模型的方法

在基于生成模型的半监督学习方法中，数据被认为是按照有限混合模型（finite mixture model）生成的。有限混合模型是由若干个简单统计分布加权混合而成的统计分布形式，这些简单统计分布通常称为成分（component）。例如，本书第3章第3.6.1节所述的高斯混合模型就是有限混合模型的一种，其中每个成分为高斯分布。在有限混合模型下，数据的生成过程是：首先按照类别的先验概率选择有限混合模型中的一个成分，然后根据该成分生成数据。因此，一个成分就代表一个类别，数据与成分之间的对应关系就代表数据的分类。下面不加区别地使用类别和成分这两个概念。于是，在基于生成模型的非监督学习方法中，学习任务就是学习有限混合模型。一旦有了混合模型，就可以根据数据到各个成分的分类概率（在离散分布情况下）或类条件概率密度（在连续分布情况下）来确定数据的类别。

半监督学习分为监督学习和非监督学习两个阶段。在监督学习阶段，给定了标注数据，其数据类别已知，即该数据对应的模型成分是确定的，于是可以利用第 3 章所述的监督学习方法，分别根据各成分的标注数据来估计各成分对应的分布，然后根据各类标注数据的数量之比来估计各类的先验概率作为各成分的权值，从而完成了对混合模型的学习。在非监督学习阶段，面对的是未标注数据，各数据的对应成分是不确定的，于是可将未标注数据视为不完全数据（incomplete data）。对于不完全数据的学习，第 3 章第 3.6.2 节所述的 EM 算法是经典的解决方案，可以利用 EM 算法来解决半监督学习问题。

在这种基于生成模型的半监督学习方法框架下，采用不同的有限混合模型，会导致不同的具体学习方法。下面分别给出两种具体方法。

7.4.1　高斯混合模型方法

如第 3 章第 3.6.1 节所述，高斯混合模型的形式为

$$p(\boldsymbol{x}) = \sum_{k=1}^{K} w_k N(\boldsymbol{x} \mid \boldsymbol{\mu}_k, \boldsymbol{\Sigma}_k) \tag{7-5}$$

其中，$\boldsymbol{x}$ 为 d 维数据向量，K 为高斯混合模型中的高斯成分个数（通常称为高斯混合模型结构），w_k、$\boldsymbol{\mu}_k$、$\boldsymbol{\Sigma}_k$ 分别为第 k 个高斯成分的权重、均值和协方差矩阵，w_k 满足 $w_k \geqslant 0 \wedge \sum_{k=1}^{K} w_k = 1$，$N(\boldsymbol{x} \mid \boldsymbol{\mu}_k, \boldsymbol{\Sigma}_k)$ 为第 k 个高斯密度函数（高斯成分）：

$$N(\boldsymbol{x} \mid \boldsymbol{\mu}_k, \boldsymbol{\Sigma}_k) = (2\boldsymbol{\pi})^{-\frac{d}{2}} |\boldsymbol{\Sigma}_k|^{-\frac{1}{2}} \exp\left(-\frac{1}{2}(\boldsymbol{x} - \boldsymbol{\mu}_k)^{\mathrm{T}} \boldsymbol{\Sigma}_k^{-1}(\boldsymbol{x} - \boldsymbol{\mu}_k)\right)$$

$$\tag{7-6}$$

为了应用上述高斯混合模型解决半监督学习问题，认为数据集中的每个数据是根据其中某个高斯成分所生成的。当学习到了数据集对应的高斯混合模型之后，按如下方法判断数据到类别的归属：计算数据在各个高斯分布下的类条件概率密度 $N(\boldsymbol{x} \mid \boldsymbol{\mu}_k, \boldsymbol{\Sigma}_k)|_{k=1}^{K}$，将其分配给对应密度值最大的高斯分布（成分），即数据的类别为

$$k^* = \arg\max_k N(\boldsymbol{x} \mid \boldsymbol{\mu}_k, \boldsymbol{\Sigma}_k) \tag{7-7}$$

为了学习数据集对应的高斯混合模型，学习准则可采用第 3 章第 3.2.3 节所述的 MLE 准则。令 θ 表示高斯混合模型中的所有参数，即 $\boldsymbol{\theta} = \{w_k, \boldsymbol{\mu}_k, \boldsymbol{\Sigma}_k\}\big|_{k=1}^{K}$，$N$ 为训练数据的个数，则 MLE 准则为

$$\boldsymbol{\theta}^* = \arg\max_{\boldsymbol{\theta}} \prod_{i=1}^{N} p(\boldsymbol{x}_i) = \arg\max_{\boldsymbol{\theta}} \sum_{i=1}^{N} \log p(\boldsymbol{x}) \tag{7-8}$$

通常采用后面的对数形式，以利于计算。相应的 $\log p(\boldsymbol{x})$ 称为对数似然值（log – likelihood）。如前所述，这是目前学习统计模型的最为常见的准则。以式（7-8）为基础，半监督学习方法叙述如下。

首先是初始的监督学习阶段。在此阶段，对于每个类别（高斯成分），给定一定量的数据，于是对每个成分，可以较容易地计算出相应的高斯成分的参数，其中均值和协方差分别等于对应数据子集的均值和协方差，权值则根据各个数据子集的个数来确定。设 $n_i\big|_{i=1}^{K}$ 表示第 i 类数据的个数，则第 i 类的高斯成分权值为 $w_i = n_i\big/\sum_{i=1}^{K} n_j$，其余依此类推。

然后是非监督学习阶段。在此阶段，所提供的训练数据没有类标，因此需要在之前训练结果的基础上利用 EM 算法进行学习。EM 算法的基本过程是在 E 步和 M 步之间不断交替迭代，直到生成模型不再变化或达到最大迭代次数为止。针对本处的非监督学习问题，具体的 E 步和 M 步分别如下。

（1）E 步。对于每个未标注数据，分别确定其到各个高斯成分的概率，其计算公式为

$$\tau_{ij} = \frac{w_j N(\boldsymbol{x}_i \mid \boldsymbol{\theta}_j)}{\sum_{k=1}^{K} w_k N(\boldsymbol{x}_i \mid \boldsymbol{\theta}_k)}, \quad i = 1,\cdots,U; \; j = 1,\cdots,K \tag{7-9}$$

其中，U 为未标注数据的个数；θ_j, θ_k 分别为第 j 个和第 k 个高斯成分的参数。

（2）M 步。根据 E 步中计算出的 τ_{ij} 值，计算高斯混合模型在所有数据上的对数似然值的期望值。设 z_{ij} 表示标注数据 $\boldsymbol{x}_i$ 与第 j 个高斯成分之间是否存在对应关系，相应取值为 1 或 0，L 和 U 分别为标注数据和未标注数据的个数，则对数似然值的期望值为

$$E(\log p(\boldsymbol{X} \mid \boldsymbol{\theta})) = \sum_{j=1}^{K} \sum_{i=1}^{L} z_{ij}\log w_j N(\boldsymbol{x}_i \mid \boldsymbol{\theta}_j) + \sum_{j=1}^{K} \sum_{i=1}^{U} \tau_{ij}\log w_j N(\boldsymbol{x}_i \mid \boldsymbol{\theta}_j) \tag{7-10}$$

最大化该期望值，便得到高斯混合模型参数的更新公式如下：

$$w_k^{(t+1)} = \frac{1}{L+U}\left(\sum_{i=1}^{L} z_{ik}^{(t)} + \sum_{i=1}^{U} \tau_{ik}^{(t)}\right) \tag{7-11}$$

$$\boldsymbol{\mu}_k^{(t+1)} = \frac{\sum_{i=1}^{L} z_{ik}^{(t)} \boldsymbol{x}_i + \sum_{i=1}^{U} \tau_{ik}^{(t)} \boldsymbol{x}_i}{\sum_{i=1}^{L} z_{ik}^{(t)} + \sum_{i=1}^{U} \tau_{ik}^{(t)}} \tag{7-12}$$

$$\boldsymbol{\Sigma}_k^{(t+1)} = \frac{\sum_{i=1}^{L} z_{ik}^{(t)} (\boldsymbol{x}_i - \boldsymbol{\mu}_k^{(t)})(\boldsymbol{x}_i - \boldsymbol{\mu}_k^{(t)})^{\mathrm{T}} + \sum_{i=1}^{U} \tau_{ik}^{(t)} (\boldsymbol{x}_i - \boldsymbol{\mu}_k^{(t)})(\boldsymbol{x}_i - \boldsymbol{\mu}_k^{(t)})^{\mathrm{T}}}{\sum_{i=1}^{L} z_{ik}^{(t)} + \sum_{i=1}^{N} \tau_{ik}^{(t)}}$$

$$\tag{7-13}$$

第 3 章第 3.6.2 节叙述了利用 EM 算法对高斯混合模型执行监督学习的方法。将其中的计算公式［式（3-63）~式（3-66）］与此处的计算公式［式（7-9）~式（7-13）］进行比较，可以发现本节所述半监督 EM 算法与之前的全监督 EM 算法基本是一样的，区别仅在于以下两方面。

（1）在 E 步中只需计算未标注数据到各个成分的分类概率，而标注数据到各个成分的分类概率是之前已明确的，或者为 1，或者为 0。

（2）在 M 步中对参数进行更新时，由于标注数据与未标注数据各自到成分的分类概率确定方式不同，因此需要将在全部数据上的计算拆分为标注数据和未标注数据两部分来表达。

关于此类方法的更多分析，请参见文献[7]。

7.4.2　朴素贝叶斯混合模型方法

在朴素贝叶斯混合模型中，每个成分对应于一个朴素贝叶斯分布模型。如第 3 章第 3.7 节所述，朴素贝叶斯模型表示一个数据中各维分量彼此之间是统计独立的，其分布可以表示为各维分量对应分布的乘积。下面通过一个文档分类的例子来说明如何利用朴素贝叶斯混合模型进行半监督学习[8]。

与第 3 章第 3.7 节中的例 3-4 类似，这里采用的朴素贝叶斯分类器也是根据文档中词的出现情况来确定文档类别的，但比例 3-4 所述模型略为复杂一点，增加了对文档中词的个数的考虑。设 d_i 表示第 i 个文档，$\boldsymbol{\theta}_j$ 表示第 j 类文档的参数，$w_{i,j}$ 表示在文档 d_i 中第 j 个位置上出现的词，则根据朴素贝叶斯分类器，文档 d_i 属于第 j 类的概率为

$$P(d_i \mid \boldsymbol{\theta}_j) = P(\mid d_i \mid) \prod_{j=1}^{\mid d_i \mid} P(w_{i,j} \mid \boldsymbol{\theta}_j) \tag{7-14}$$

这里 $\boldsymbol{\theta}_j$ 是每种可能的词在第 j 类文档中出现的概率（不考虑其位置）的集合，$\mid \cdot \mid$ 表示集合的势，即集合中数据的个数。令 V 表示所有可能的词的集合

（词典），$w_{t|j}$ 表示词 w_t 在第 j 类文档中出现的概率，则 $\boldsymbol{\theta}_j = \{w_{t|j}\}$，$\forall t \in \boldsymbol{V}$。例如，假设式（7-14）中的 $w_{i,j} = w_t$，则有 $P(w_{i,j} \mid \boldsymbol{\theta}_j) = w_{t|j}$。

设文档类别总数为 K，各类别（成分）的权值为 ω_j，则此处用于文档分类问题的混合模型为

$$P(d_i \mid \boldsymbol{\theta}) = \sum_{j=1}^{K} \omega_j P(d_i \mid \boldsymbol{\theta}_j) \qquad (7-15)$$

其中需要学习的参数集合为

$$\boldsymbol{\theta} = \{\omega_j, \boldsymbol{\theta}_j\} = \{\omega_j, w_{t|j}\}, \quad j = 1, 2, \cdots, K, \quad \forall t \in \boldsymbol{V} \qquad (7-16)$$

下面同样分为监督学习和非监督学习两个阶段，说明如何对上述参数进行半监督学习。

1. 监督学习阶段

在监督学习阶段，提供了标注数据，即文档及其类别信息，因此学习方法可采用第 3 章例 3-6 所述的 m-估计法。根据该方法，参数的学习公式为

$$w_{t|j} = \frac{1 + \sum_{i=1}^{|D|} N(w_t, d_i) P(c_j \mid d_i)}{|\boldsymbol{V}| + \sum_{s=1}^{|V|} \sum_{i=1}^{|D|} N(w_s, d_i) P(c_j \mid d_i)} \qquad (7-17)$$

$$\omega_j = \frac{1 + \sum_{i=1}^{|D|} P(c_j \mid d_i)}{|\boldsymbol{C}| + |\boldsymbol{D}|} \qquad (7-18)$$

在式（7-17）、式（7-18）中，$\boldsymbol{D}$ 表示所有训练文档的集合，$\boldsymbol{C}$ 表示所有文档类别的集合，$N(w_t, d_i)$ 表示词 w_t 在文档 d_i 中出现的次数，$P(c_j \mid d_i)$ 表示文档 d_i 属于 c_j 类的概率。对于标注数据来说，

$$P(c_j \mid d_i) = \begin{cases} 0, & d_i \text{ 不属于 } c_j \text{ 类} \\ 1, & d_i \text{ 属于 } c_j \text{ 类} \end{cases} \qquad (7-19)$$

所以式（7-17）实际反映了在 c_j 类对应的所有文档中，词 w_t 出现的频率（按 m-估计方法处理后）；式（7-18）则反映了 c_j 类文档数与所有训练文档数的比值（按 m-估计方法处理后）。

2. 非监督学习阶段

在非监督学习阶段，同样采用 EM 算法进行学习，其 E 步和 M 步分别如下。

（1）E 步。利用当前已获得的朴素贝叶斯分类器混合模型，计算每个未标注文档被分类至各个类别（成分）的概率。根据贝叶斯法则，其计算公

式为

$$P(c_j \mid d_i) = \frac{\omega_j P(d_i \mid \boldsymbol{\theta}_j)}{\sum\limits_{k=1}^{K} \omega_k P(d_i \mid \boldsymbol{\theta}_k)} = \frac{\omega_j \prod\limits_{n=1}^{|d_i|} P(w_{i,n} \mid \boldsymbol{\theta}_j)}{\sum\limits_{k=1}^{K} \omega_k \prod\limits_{n=1}^{|d_i|} P(w_{i,n} \mid \boldsymbol{\theta}_k)} \qquad (7-20)$$

（2）M 步。根据上述概率，再次使用式（7-17）、式（7-18）更新模型参数的 MLE 结果。需要注意的是，此时其中出现的数据不仅有标注数据，而且有未标注数据。对于标注数据，$P(c_j \mid d_i)$ 按式（7-19）确定；对于未标注数据，$P(c_j \mid d_i)$ 则按式（7-20）计算。

反复执行上述 E 步和 M 步，直到结果稳定或者达到预设的最大迭代次数为止。

7.5　转导 SVM

原始的 SVM 只能在标注数据上学习，转导 SVM 方法则在原始 SVM 学习准则之上，增加了对未标注数据的考虑。图 7-5 说明了转导 SVM 与原始 SVM 在优化目标上的联系与区别，其中图 7-5（a）对应于原始 SVM，其优化目标是找到两类标注数据之间的最优间隔；图 7-5（b）对应于转导 SVM，其优化目标是在未标注数据所隐含的最优标注结果的基础上确定两类数据之间的最优间隔。

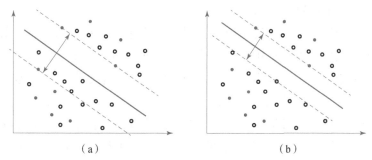

（a）　　　　　　　　　　　　　　（b）

图 7-5　转导 SVM 与原始 SVM 的关系示意

（a）原始 SVM；（b）转导 SVM

在转导 SVM 学习目标下，需要考虑未标注数据的最优标注结果，并将这个结果结合到 SVM 的学习准则中去。也就是说，转导 SVM 的优化结果既要使两类数据的间隔最大化，又要使未标注数据的标注结果最优化。下面结合第 3 章第 3.5 节所述 SVM 方法，给出转导 SVM 的形式化描述，下面部分未说明意义的符号请参见第 3 章第 3.5 节的相关说明。设 L 和 U 分别为标注数据与未标注数据集合，y_u 为未标注数据对应的自动标注结果的集合，则转导 SVM 的优化目标为

$$\{w^*, b^*, \xi^*, \eta^*, y_u^*\} = \text{argmin} \left(w \cdot w + C_1 \sum_{i \in L} \xi_i + C_2 \sum_{i \in U} \eta_j \right)$$

$$\text{subject to } y_i(w \cdot x_i + b) \geqslant 1 - \xi_i, i \in L$$

$$y_j(w \cdot x_j + b) \geqslant 1 - \eta_j, j \in U$$

$$(7 - 21)$$

相对于原始 SVM 问题，式 (7 - 21) 所示的转导 SVM 学习问题不再是一个凸优化 (convex optimization) 问题，不能采用二次规划等方法求解，需考虑启发式搜索算法。目前人们已提出多种解决转导 SVM 问题的启发式算法，包括局部密度划分算法 (Low Density Separation，LDS)[9]、∇TSVM 算法[9]、S³VM 算法[10]、TSVM^DCA[11] 算法等。下面介绍 S³VM 算法，关于其他算法，感兴趣的读者请参看相应文献。

S³VM 算法是一个两层循环算法，内层循环是原始 SVM 学习过程，外层循环则是对于未标注数据的自动标注结果的学习过程。以两类问题为例，每个未标注数据在两类中取值，因此如果设未标注数据个数为 N，则所有可能的标注结果将有 2^N 个。外循环的目标即在这 2^N 个可能结果中选择一个最优结果。显然当 N 较大时，可能结果的数量是惊人的，S³VM 算法通过贪婪的局部搜索策略来解决这一问题：

它首先利用当前已学到的 SVM 来计算每个未标注数据的分类结果，然后在被分类为正样本的数据中，保留分类可靠度最高的若干个作为正样本，而将其余数据全部作为反样本。这里，分类可靠度根据数据到分类超平面之间的距离来度量，显然该距离越大，分类可靠度越高。在对于未标注数据做了这样的处理以后，便可将处理结果添加到标注数据集合中，进而可再次利用 SVM 进行学习，得到新的学习结果。最后尝试对未标注数据的标注结果进行两两交换，即将某一自动标注的正样本试探性地改为反样本，而将另一自动标注的反样本试探性地改为正样本，并再次执行 SVM 学习，看能否提高学习效果，如果能够提高，则执行标注结果的交换，否则不执行标注结果的交换。这种两两交换一直进行到满足预设的停止条件为止。显然，这种寻找最优标注结果的算法就是一种局部贪婪算法。算法 7 - 2 显示了该算法的具体流程。

算法 7 – 2   S³VM 算法[10]

输入：训练集 $\{(\boldsymbol{x}_1, y_1), \cdots, (\boldsymbol{x}_n, y_n)\}$，测试集 $\{\boldsymbol{x}_1^*, \cdots, \boldsymbol{x}_k^*\}$。

参数：指定训练过程中的影响因子 C，C^*，被标记为正样本的数据数量 num$_+$。

步骤：

Step1. 计算 $(\boldsymbol{w}, y_1, \boldsymbol{\varepsilon}, \_) := \text{solve\_sum\_qp}([(\boldsymbol{x}_1, y_1), \cdots, (\boldsymbol{x}_n, y_n)], [\,], C, 0, 0)$。

　　　　 通过 $<\boldsymbol{w}, b>$ 将测试集分类，在测试集上计算 $\boldsymbol{w} \cdot \boldsymbol{x}_j + b$ 的值，取前 num$_+$ 个拥有最高值的

　　　　 点并将其划分为正样本 ($y_j^* = 1$)，将其余的样例划分为负样本 ($y_j^* = -1$)。

Step2. 将影响因子设置为一个较小的值。

$$C_-^* := 10^{-5}$$

$$C_+^* := 10^{-5} \times \frac{\text{num}_+}{k - \text{num}_+}$$

Step3. 重复下列操作，直到 $C_-^* < C^*$ 或 $C_+^* < C^*$。

　　Step3.1. 计算 $(\boldsymbol{w}, y_1, \boldsymbol{\varepsilon}, \boldsymbol{\varepsilon}^*)$：

　　　　　　 $= \text{solve\_sum\_qp}([(\boldsymbol{x}_1, y_1), \cdots, (\boldsymbol{x}_n, y_n)], [(\boldsymbol{x}_1^*, y_1^*), \cdots, (\boldsymbol{x}_n^*, y_n^*)], C, C_-^*, C_+^*)$

　　Step3.2. 重复下列操作，直到存在 m, l 满足：

　　　　　　 $(y_m^* \times y_l^* < 0) \,\&\, (\varepsilon_m^* > 0) \,\&\, (\varepsilon_l^* > 0) \,\&\, (\varepsilon_m^* + \varepsilon_l^* > 2)$

　　　　Step3.2.1. $y_m^* := -y_m^*$

　　　　Step3.2.2. $y_l^* := -y_l^*$

　　　　Step3.2.3. $(\boldsymbol{w}, y_1, \boldsymbol{\varepsilon}, \boldsymbol{\varepsilon}^*)$

　　　　　　　　 $= \text{solve\_sum\_qp}([(\boldsymbol{x}_1, y_1), \cdots, (\boldsymbol{x}_n, y_n)], [(\boldsymbol{x}_1^*, y_1^*), \cdots, (\boldsymbol{x}_n^*, y_n^*)], C,$

　　　　　　　　 $C_-^*, C_+^*)$

　　Step3.3. $C_-^* := \min(C_-^* \times 2, C^*)$

　　Step3.4. $C_+^* := \min(C_+^* \times 2, C^*)$

Step4. 返回 $\{y_1^*, \cdots, y_k^*\}$。

输出：测试集 $\{y_1^*, \cdots, y_k^*\}$ 的预测结果。

7.6　半监督聚类方法

　　如前所述，半监督聚类方法通过约束信息的引入来提高聚类效果。可供利用的约束信息有两类。一类是部分标注信息（partial labeling），也常被称为种子点（seeded points），即给定了少量数据的类别要求，在此基础上进行聚类；另一类是数据之间的两两约束信息，包括"必连接"（即必须同类）约

束与"不能连接"（即不能同类）约束，在满足所给定约束的基础上进行聚类。图7-6所示为这两类不同的约束信息。

在这两类约束信息的基础上，为了提高聚类效果，可以从两个方面入手，其一是利用相应信息改进搜索过程，其二是利用相应信息改进相似度度量准则，从而可得到不同的半监督聚类方法。下面分别叙述其中的几种方法。

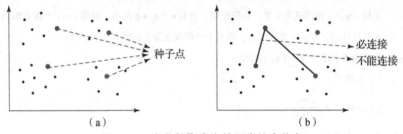

图7-6   半监督聚类中的两类约束信息

（a）部分标注信息；（b）两两约束信息

7.6.1   基于部分标注的 k – 均值算法

对于提供了部分标注信息的数据集合，可改进 k – 均值聚类算法，以实现相应聚类。改进策略是将标注类别的数据作为初始均值（种子点），开始执行 k – 均值聚类。在执行过程中，种子点的归属可以保持不变，也可以发生变化。种子点归属发生变化的 k – 均值聚类算法（可称其为 Seeded – k – Means）[12]的具体流程如算法7-3所示。种子点归属保持不变的 k – 均值算法与算法7-3的区别只在于 Step2.1，此时在进行点到簇的分配时，种子点保持之前标注的类别，只需要计算其他点与簇的归属关系。

算法7-3   种子点归属发生变化的 k – 均值聚类算法

输入：数据集 $X = \{x_1, \cdots, x_n\}$ $(x_i \in R^d)$，簇的数量 K，初始种子点 $S = \cup_{l=1}^{K} S_l$。
步骤：
Step1. 初始化：$\mu_h^{(0)} \leftarrow \dfrac{1}{|S_h|} \sum_{x \in S_h} x$，其中 $h = 1, 2, \cdots, K$；$t \leftarrow 0$。
Step2. 重复下列操作，直到数据集不再发生变化。 　　Step2.1. 将每个非种子点 x 划分为簇 h^*：$X_{h^*}^{(t+1)}$，其中 $h^* = \underset{h}{\mathrm{argmin}} \parallel x - \mu_h^{(t)} \parallel^2$。 　　Step2.2. 重新计算簇均值：$\mu_h^{(t+1)} \leftarrow \dfrac{1}{|X_h^{(t+1)}|} \sum_{x \in X_h^{(t+1)}} x$。 　　Step2.3. $t \leftarrow (t+1)$。
输出：最优化的数据集 $\{X_l\}_{l=1}^{K}$，所有的点均被标注为其所属的簇。

7.6.2 基于两两约束的 k – 均值算法

在基于两两约束的 k – 均值算法中，在每次确定数据到簇的归属时，其确定结果应不破坏所给定的约束，即"必连接"所对应的两个数据必须被划分到一个簇里，而"不能连接"所对应的两个数据必须不被划分到一个簇里。因此，聚类目标可以被认为是一个约束优化问题，即在满足上述约束条件的情况下使点到簇均值的欧氏距离之和最小化。一种解决这一问题的 k – 均值聚类算法为 $COP - k - Means$[13]，该算法采用了贪婪的搜索策略，它在分配每个数据所对应的簇时，将其分配给离它最近并且不破坏约束条件的簇。如果不存在这样的分配，则算法失败。约束 k – 均值聚类算法的具体流程如算法 7 – 4 所示。

算法 7 – 4 约束 k – 均值聚类算法[13]

输入：数据集 D，"必连接"约束集 $Con_= \subseteq D \times D$，"不能连接"约束集 $Con_{\neq} \subseteq D \times D$。
步骤： Step1. 初始化：令 $\{C_1, \cdots, C_k\}$ 为初始簇中心值。 Step2. 对于数据集 D 中的每个点 d_i，将该点划分为最近的满足以下要求的簇 C_j：VIOLATE – CONSTRAINTS $(d_i, C_j, Con_=, Con_{\neq})$ 返回 False。若不存在满足要求的簇，返回 False。 Step3. 计算更新后每个簇中的点均值，并更新 C_j 的值。 Step4. 重复 Step2, 3，直到数据集不再发生变化。 Step5. 返回 $\{C_1, \cdots, C_k\}$。   定义： VIOLATE – CONSTRAINTS $(d, C, Con_=, Con_{\neq})$。 Step1. 对于每个 $(d, d_=) \in Con_=$：若存在 $d_= \notin C$，则返回 False； Step2. 对于每个 $(d, d_{\neq}) \in Con_{\neq}$：若存在 $d_{\neq} \in C$，则返回 False； Step3. 以上条件均不满足，返回 True。
输出：$\{C_1, \cdots, C_k\}$，若找不到满足条件的聚类则返回 False。

7.6.3 基于两两约束的层次聚类方法

在两两约束的基础上，也可以进行层次聚类。一种手段是根据两两约束来改进数据相似度的度量方法，从而提高层次聚类效果。对于"必连接"约束来说，要求对应的两个数据之间的距离为零是合理的。类似地，对于"不能连接"约束来说，要求对应的两个数据之间的距离为最大距离也是合理的。因此，可以通过以下方法确定数据之间的距离。

首先，按通常方法确定数据之间的距离，并以数据为节点、以数据之间的距离为边权值来构建一个图。然后，在图上将具有"必连接"约束的两个数据之间的边权值设定为0，进而对于任意两个数据，在图上寻找二者之间的最短路径距离作为其距离。最后，将具有"不能连接"约束的两个数据之间的距离设定为预设的最大值，便完成了数据之间距离度量的改进。

图7-7所示为一个根据两种约束来改进距离度量的例子。

（1）图7-7（a）所示为一个数据集，数据1-2，3-4之间为"必连接"约束，数据2-3之间为"不能连接"约束。

（2）图7-7（b）所示为不考虑约束时按某种距离度量方式所确定的各个数据之间的距离。

（3）图7-7（c）所示为考虑了"必连接"约束后的改进距离，其中数据1-2，3-4之间的距离相应被设定为0。在做了这样的设定后，计算各个数据之间的最短路径，则数据1-3，2-3，4-5之间的最短路径距离与原始距离不同，于是将其距离分别调整为相应的0.1，0.2和0.2。

（4）图7-7（d）所示为在图7-7（c）的基础上进一步考虑了"不能连接"约束后的改进距离，此时要求数据2-3之间的距离应为预设的最大距离0.9，于是进行相应的替换。

在按上述方法确定了数据之间的距离之后，按第5章所述的层次聚类算法的步骤进行计算即可完成约束层次聚类。

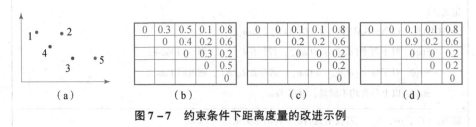

图7-7　约束条件下距离度量的改进示例

小结

本章介绍了半监督学习问题及其解决方案，包括面向监督学习任务的半监督学习方法以及面向非监督学习任务的半监督学习方法。其中要点如下。

（1）对于监督学习任务，半监督学习的必要性在于通过半监督学习，能充分利用大量未标注数据来学习输入－输出映射关系，以解决人为标注数据费时费力的困难。这里的关键问题是如何根据在少量数据上的监督学习结果（即输入－输出映射函数）对未标注数据进行自动标注。对于非监督学习任务，半监督学习的必要性在于通过标注信息的引入，可以减少非监督学习时的歧义，从而提高学习效果。这里的关键问题是如何在有少量标注信息的约束条件下获得最优的非监督学习结果。

（2）自学习算法是最简单直观的一类半监督学习方法。它根据当前已获得的输入－输出映射函数，对当前未标注数据进行自动标注，进而将可靠的自动标注数据加入数据集，继续按照监督学习方法进行学习。

（3）互学习算法利用了不同类信息之间的互补性，针对每类信息，分别学习到一个输入－输出映射函数。每类函数的输入信息为不同类型，但输出是相同类型的。在此基础上，在不同类信息对应的输入－输出映射函数之间执行交叉性自学习，即利用每一类映射函数分别对未标注数据进行标注，但由此获得的可靠的自动标注数据将用于对其他类函数而非本类函数进行学习。

（4）基于图的半监督学习方法将标注数据与未标注数据之间的相似性关联用图的形式表达出来，继而在图上确定未标注数据的归属，归属程度的度量包括离散的硬度量以及连续的软度量两种。最小割算法是一类典型的计算标注数据硬归属的方法，它利用图论中的最大流（最小割）算法将图分割为分属于不同类的子图，每个子图分别对应于一类，划分到某一类子图中的未标注数据将具有相应的类别。谐函数算法则是一类典型的计算标注数据软归属的方法，它将数据到类别的归属看作一个连续函数，而符合相应约束条件的最优连续函数则是谐函数。谐函数满足两种性质，基于这两种性质，可分别得到解析形式的直接求解算法或者迭代形式的求解算法。对于谐函数算法，还可从随机游走角度或者电路网络角度进行认识。

（5）转导 SVM 方法在原始 SVM 方法的基础上，加入了对未标注数据的最优标注结果的考虑。它既需要优化两类数据之间的分类超平面，还需要优化未标注数据的标注结果。对于此问题，通过一个两层循环算法来解决，内层循环为原始 SVM 算法，用于确定最优超平面，外层循环用于确定未标注数据的最优标注结果，该优化需要通过局部搜索来解决。比如，S^3VM 算法是采用局部贪婪搜索算法来解决的，它通过尝试两两交换未标注数据的标注结果来达到寻优的目的。

（6）半监督聚类方法利用预先提供的约束信息来提高聚类效果。约束信息有部分标注信息和两两约束信息两类，两两约束信息又包括"必连接"和"不能连接"两种。基于约束信息，可以改进聚类结果的搜索过程，也可以改进数据之间的相似性度量。相应地，有种子点归属发生变化的 k – 均值聚类算法、约束 k – 均值聚类算法、约束层次聚类算法等。

参考文献

[1] BLUM A, MITCHELL T. Combining labeled and unlabeled data with co – training [C]. Proceedings of the 11th Annual Conference Computational Learning Theory,1998:92 – 100.

[2] BOYCOV Y, FUNKA – LEA G. Graph cuts and efficient N – D image segmentation[J]. International Journal of Computer Vision,2006,70(2):109 – 131.

[3] BLUM A, CHAWLA S. Learning from labeled and unlabeled data using graph mincuts. Research Showcase, Carnegie Mellon University, Computer Science Department,Paper 163. http://repository. cmu. edu/compsci/163,2001.

[4] 王朝瑞. 图论[M]. 北京:北京理工大学出版社,2001.

[5] ZHU X, GHAHRAMANI Z, LAFFERTY J. Semi – supervised learning using Gaussian fields and harmonic functions [C]. Proceedings of the 12th International Conference Machine Learning(ICML 2003),2003.

[6] ZHU X J. Semi – supervised learning with graphs[D]. Pittsburgh:Carnegie Mellon University,2005.

[7] CÔME E, OUKHELLOU L, DENOEUX T, et al. Learning from partially supervised data using mixture models and belief functions [J]. Pattern Recognition,2009,42(3):334 – 348.

[8] NIGAM K, THRUN S, MITCHELL T. Text classification from labeled and unlabeled documents using EM[J]. Machine Learning,2000,39:103 – 134.

[9] CHAPELLE O, ZIEN A. Semi – supervised classification by low density separation[EB/OL]. http://eprints. pascal – network. org/archive/00000388/01/pdf2899. pdf.

[10] JOACHIMS T. Transductive inference for text classification using support vector machines [C]. Proceedings of International. Conference Machine Learning (ICML),1999,99:200 – 209.

[11] WANG J, SHEN X, PAN W. On transductive support vector machines [J]. Contemporary Mathematics, 2007, 443:7.

[12] BASU S, BANERJEE A, MOONEY R J. Semi - supervised clustering by seeding [C]. Proceedings of the 19th International Conference on Machine Learning, 2002:19 - 26.

[13] WAGSTAFF K, CARDIE C, ROGERS S, et al. Constrained k - means clustering with background knowledge [C]. Proceedings of the 8th International Conference Machine Learning(ICML), 2001:577 - 584.

[1] HUANG J, SHEN X, FAN W. On bridge the support vector machines [J]. contemporary Mathematics, 2007, 443.

[2] RANE S, REINER E H. a ... semi-supervised clustering by seeding [C]. Proceedings of the 19th International Conference on Machine Learning, 2002, 19-26.

第 8 章　强化学习

如第 5 章所述，强化学习（Reinforcement Learning，RL）是基于试错的学习方式，它源于行为智能，试图通过这种学习手段使机器获得正确的行为能力，在其感知到的外界环境与其应采取的行动之间建立最优的映射关系。事实上，在机器开展行动的过程中，强化学习系统将根据外界对其行动效果好坏的反馈，对机器的行为策略进行改进，从而不断提升其行为能力。这是一种终身学习方式，在机器的整个生命周期中，不断地按照上面的方式进行学习，从而使机器能不断地适应环境和提升能力。

强化学习所依赖的反馈信息不同于监督学习，外界不会给出与机器所观察到的环境状态信息（输入）相对应的正确的行动（输出），而是在机器实施其行动后，反馈该行动的对错情况。如果行动是错的，则机器将在后面的行动中避免犯同样的错误；反之，如果行动是对的，则机器将强化这一正确的行动策略，因此这种学习方法被称为强化学习。这是从技术角度来严格定义的强化学习。从应用角度，也可不严格地将在系统运行过程中不断进行自我完善的学习统称为强化学习，这时对于输入，外界反馈的可能也是所预期的正确输出，而不只是对错情况，实际上从技术原理上说，这种方法已是监督学习方法了。本书取强化学习的严格定义，即只将反馈对错而不反馈预期输出的学习方式称为强化学习，而对于反馈预期输出的学习方式，不论学习是在系统运行过程中同步进行还是在系统开始工作前异步完成，仍然将其称为监督学习。

虽然强化学习源于行为智能，并且多以行为智能的术语来表达，但强化学习方法显然可用于其他任何问题，实际上对任何问题的解决过程都可看作一种行为。因此，强化学习已被广泛应用于游戏、控制、机器人等各种领域，并且具有良好的发展前景，甚至可以认为它是一种对于真正具备智能的系统来说所必须的学习方式，其最近在 AlphaGo 等人工智能最新进展中的成功应用[1]说明了这一点。

8.1　强化学习任务与模型

在强化学习语境下，机器的行为和学习是交替进行的：机器在与外界环境的交互中表现出行为，以完成自己的任务；同时外界环境向机器反馈其行动效果（对/错），机器将这种反馈用于对自身的行为策略进行调整。图 8 – 1 显示了这种过程。如图 8 – 1 所示，机器观察环境状态（state），根据当前行动策略（policy）采取行动（action），再观察到新的状态以及机器行动所对应的收益（reward，对或错及其程度），进而根据所获得的收益对自身行动策略进行更新，如此循环往复，在机器的整个生命周期中持续进行。

图 8 – 1　强化学习过程示意

上面的过程体现了机器智能和强化学习的关键因素是机器的行为策略（policy，以下简称策略），其实质是机器从外界所获得信息（输入：state）与其所采取行动（输出：action）之间的一种特定函数关系——$P:s{\rightarrow}a$。强化学习的最终目标是获得适应环境的最优策略。在很多实际应用中，由于环境是变化的，所示这种最优策略并非一成不变，需要根据环境的变化不断调整，这也是强化学习需要始终进行的原因。

为了便于计算，通常将这种过程建模为马尔科夫决策过程（Markov Decision Process，MDP），在此基础上实现强化学习。

8.1.1　马尔可夫决策过程

上面所述的强化学习过程用马尔可夫决策过程复述如下：机器在每一步行动中根据当前观察到的环境状态 s_t，采用当前策略 π 确定一个动作 a_t 执行，该动作被执行后，将使机器获得相应的即时收益 $r_t = r(s_t, a_t)$，同时也使环境状态变化为 $s_{t+1} = \delta(s_t, a_t)$。以上即时收益也可能为 0，即不一定每一步都能得到收益，当前行动对应的收益有可能是在未来的某个时间点才会得到体现。如果 $r(s_t, a_t)$，$\delta(s_t, a_t)$ 仅取决于当前状态和动作，与历史状态和动作无关，则这种特性被称为马尔科夫性。可以想象，如果放弃马尔科夫性，考虑历史状态和动作对当前即时收益和状态变化的影响，问题将变得复杂得多。

上述马尔可大决策过程可归结为如下三个关键要素。

① agent 指能自主活动的软件或硬件实体。

1. 状态转移模型（transition model）

状态转移模型对在某一状态下，执行某一行动后，环境状态的变化进行了建模。该模型可以是确定的，则为确定型马尔科夫决策过程，也可以是随机的，则为随机型马尔科夫决策过程。以下用$f_s : T(s_t, a_t, s_{t+1}) = P(s_{t+1} \mid s_t, a_t)$来表示，其中对于确定型马尔科夫决策过程来说，$P \in \{0,1\}$，即只有0，1两种可能性；对于随机型马尔科夫决策过程来说，$P \in [0,1]$，即取0~1范围内的值。

2. 收益函数（reward function）

收益函数表达了在某一状态下，执行某一行动导致系统状态改变后，机器可能得到的收益，其可能是正的收益（奖励），也可能是负的收益（惩罚）。以下用$f_R : R(s_t, a_t) = r_t, r_t \in \Re$来表示，其中$\Re$为实数域。在实际应用中，收益往往是从环境中观察到的，而不是事先设定好的，比如下棋时，双方到最后分出输赢，便各自获得了相应的收益。

3. 策略函数（policy function）

策略函数表达了在某一状态下，机器对所采取行动的决策结果。策略函数可以是确定的，即一个状态对应一个确定的行动；也可以是随机的，即一个状态对应一个行动的分布，从该分布中产生行动，以下统一用$f_\pi : \pi(s_t) = P(a_t \mid s_t)$来表示。同上，对于确定型策略函数，$P \in \{0,1\}$；对于随机型策略函数，$P \in [0,1]$。

在以上三要素中，状态转移模型和收益函数为环境所特有，构成了机器行动的环境模型；策略函数则为机器所特有，确定了机器在环境中的行动，从而通过这三要素完整地界定了强化学习的工作环境和方式。

8.1.2　学习目标

确定了工作环境和方式后，强化学习方法便可在其中开展工作。首先，强化学习的对象为策略，其学习目标为最优策略。其次，为了确定什么是最优策略，就需要对策略的优劣进行评价，而策略的优劣并不仅反映在对当前环境状态的一次反应（行动）上，并非一次即时收益越大越好。一方面，在实际应用中，很多时候一次行动不会带来任何收益，比如下棋时只有到了最后决出输赢时才有收益，而在下棋的中间过程中所进行的任何行为中，都是观察不到对应的即时收益的。另一方面，一时的即时收益最大化并不一定保证带来总的收益最大化，比如在很多情况下，往往需要牺牲局部的收益来获得全局收益的最大化。综合这两方面因素，需要考虑机器在环境里长期生存可能得到的累计收益，我们希望累计收益值最大化。这就需要首先确定累计收益值的计算方法，作为策略评估函数。

设 $V^\pi(s_t)$ 表示策略评估函数，表示从当前状态 s_t 开始，始终按照 π 这一策略函数采取行动，最终能够获得的累计收益值。对此，有三种计算方法：①累计求和；②累计平均；③累计折扣（discounted）。设 t 表示时间（状态步），则三种计算方法分别如式（8–1）~式（8–3）所示。

$$V^\pi(s_t) = \sum_{i=0}^{H} r_{t+i} \qquad (8-1)$$

$$V^\pi(s_t) = \frac{1}{H}\sum_{i=0}^{H} r_{t+i} \qquad (8-2)$$

$$V^\pi(s_t) = \sum_{i=0}^{\infty} \gamma^i r_{t+i}, 0 < \gamma \leqslant 1 \qquad (8-3)$$

在式（8–3）中，γ 称为折扣系数，该式表明，在不同时间点所获得的收益将随着该时间点与当前时间点的距离随 γ 逐渐衰减，也就是说当前时间点所获得的即时收益的重要性最高，其后次之，依此类推。这样计算出的结果在时间总步数无穷大时仍然是有界的。同时从原理上说，采用累计折扣收益，意味着既看中总的长期收益，同时短期收益显得更重要，这样兼顾了两方面因素，这在很多应用场合下显然是更合理的，因此累计折扣收益得到更经常的应用。不过在一些机器运行总步数可控的场合下，或者更广义地说，在累计求和值或累计平均值能收敛的场合下，也可采用式（8–1）或式（8–2）。事实上，累计折扣收益也包含了另外两种收益计算方法，它们可分别认为是折扣系数为 1 或者折扣系数为时间总步数的倒数的情况下的累计折扣收益。

在上述策略评估函数的基础上，最优策略应为

$$\pi^* = \arg\max_{\pi} V^\pi(s_t), \quad \forall s_t \in \boldsymbol{S} \qquad (8-4)$$

即最优策略应使机器在任何时间点处均能获得最大的累计收益值，这便是强化学习希望获得的结果。以下按通常的习惯，简称累计收益值为 V 值，简称策略评估函数为 V 值函数。

8.2　策略、V 值与 Q 值

如前所述，最优 V 值对应于最优策略，这为确定最优策略提供了依据，但 V 值的计算需要考虑从当前时间点直到最终停止时间点，甚至到无穷时间点的情况，这在很多实际场合下是难以计算的。为了解决这一问题，可在假

设已知最优 V 值的前提下，考虑当前状态下的最优行动，从而获得所谓的 Q 值。设 $V^*(\cdot)$，$\pi^*(\cdot)$ 分别表示最优 V 值和最优策略，则 Q 值为

$$Q(s_t,a_t) = R(s_t,a_t) + \gamma \sum_{s_{t+1} \in S} T(s_t,a_t,s_{t+1})V^*(s_{t+1}) \tag{8-5}$$

其中 S 表示全部可能状态的集合。以下为叙述简单起见，仅考虑确定型状态转移模型，则不必考虑下一步所有可能的状态及其发生概率，只要考虑下一步的一个状态即可，从而有

$$Q(s_t,a_t) = R(s_t,a_t) + \gamma V^*(s_{t+1}) \tag{8-6}$$

式（8-5）和式（8-6）表明 Q 值是与当前状态和动作相关的值，是在当前状态 s_t 下采取行动 a_t 后，在接下来的行动中始终采用最优策略（未知，但可做这样的假设）所能获得的累计收益值。由于对于接下来的行动，做始终采用最优策略的假设，这就使得在计算当前状态及其动作所对应的累计收益时，可以忽略后面行动的影响，从而为计算 Q 值以及确定最优策略与最优 V 值带来了方便。具体地说，在当前状态 s_t 下，机器可有不同的行动选择，对于每一种可能的行动，均可采用式（8-6）获得相应的 Q 值，而其中最好的行动，显然是 Q 值最大的行动，即

$$\pi^*(s_t) = \arg\max_{a_t \in A_t} Q(s_t,a_t) \tag{8-7}$$

其中，A_t 表示在状态 s_t 下可能采取的所有行动的集合。同时最大的 Q 值也就是在该状态下最好的 V 值，即有

$$V^*(s_t) = \max_{a_t \in A_t} Q(s_t,a_t) \tag{8-8}$$

式（8-7）和式（8-8）建立了 Q 值、最优 V 值和最优策略之间的如下关系：①最优策略与最优 V 值一一对应；②最优 V 值等于相应状态下最大的 Q 值；③最优 V 值（最大 Q 值）定义了最优策略，反过来最优策略则导致获得最优 V 值（最大 Q 值）。图 8-2 显示了这种关系。这说明引入 Q 值后，可以根据最优 Q 值来确定最优策略，而不必再计算每个状态下的最优 V 值。基于 Q 值、最优 V 值、最优策略之间的这种关系，也可形象地称策略函数为行动者（actor），称 V 值或 Q 函数为评论家（critic）。

$$V^* = \max(Q^*) \Leftrightarrow \pi^*$$

图 8-2 Q 值、最优 V 值、最优策略的相互关系

Q 值、最优 V 值、最优策略之间的上述关系奠定了目前主要强化学习方法的基础，可以学习策略函数，或 V 值函数，或 Q 函数来达到强化学习的目的。下面首先通过一个例子说明上述概念，然后在以下各节中阐述相应的强

化学习算法。

例 8 − 1　图 8 − 3 所示为一个旅行商例子，此处每两点之间的数字表示此条路径对应的收益，目标是从 A 走到 D，选择路径收益最大的路线。

该例子中的三要素如下。

（1）状态转移模型是离散的。以 A 点为例，其状态转移模型可表达为 $T(A \to B) = 1$，$T(A \to C) = 1$，$T(A \to D) = 0$。

（2）收益函数为相应路线上的收益。以 A 点为例，其收益函数可表达为 $R(A \to B) = 1$，$R(A \to C) = 1$。

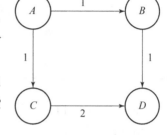

图 8 − 3　旅行商例子

（3）策略是每一位置处所选择的行走路径，此例中的最优策略是指从 A 处出发，在此问题环境中能导致最大 V 值所对应的策略，显然，该最优策略为 $A \to C \to D$。

8.3　V 值及策略迭代算法

如上节所述，V 值与策略是一一对应的。可以利用二者之间的这种对应关系来获得最优策略及最优 V 值。具体地说，可从初始策略开始，根据初始策略计算 V 值，进而根据计算得到的 V 值来更新策略，如此循环，直到策略不能再变化为止。这便是策略迭代算法。还可以将这一过程中的"策略"换成"V 值"，"V 值"换成"策略"，便得到 V 值迭代算法。两种算法分别如算法 8 − 1 和算法 8 − 2 所示。

算法 8 − 1　策略迭代算法

随机初始化 π'。

重复以下步骤：

　　$\pi := \pi'$

　　计算 V 值函数，

　　$V_\pi(s) = R(s, \pi(s)) + \gamma \sum_{s' \in S} T(s, \pi(s), s') V_\pi(s')$

　　更新策略，

　　$\pi'(s) := \arg\max_a \left(R(s, a) \right) + \gamma \sum_{s' \in S} T(s, a, s') V_\pi(s')$

直到 $\pi = \pi'$。

算法 8 – 2　V 值迭代算法

随机初始化 $V(s)$。
重复以下步骤：

　　对每一个 $s \in S$ 重复以下步骤：

　　　　对每一个 $a \in A$ 重复以下步骤：

$$Q(s,a) := R(s,a) + \gamma \sum_{s' \in S} T(s,a,s') V(s')$$

$$V(s) := \max_a Q(s,a)$$

在算法 8 – 1 和算法 8 – 2 中，关键是如何根据当前策略计算每个状态下的 V 值，以及如何根据当前 V 值获得新的策略，这里可以采用贝尔曼优化公式（Bellman optimality equation）进行相应计算。假设采用累计折扣收益，首先，类似于 Q 值的计算，对于每个状态下的 V 值，可以认为其由两部分累加后构成：第一部分是在该状态下按当前策略 π 执行行动后能够得到的即时收益；第二部分是进入新状态后按当前策略 π 执行行动所能获得的 V 值按折扣系数打折以后的值，从而得到算法 8 – 1 中所示在当前状态下计算 V 值的公式如下：

$$V^{\pi}(s) = R(s, \pi(s)) + \gamma \left(\sum_{s' \in S} T(s, \pi(s), s') V^{\pi}(s') \right) \qquad (8-9)$$

该式与 Q 值计算公式［式（8 – 5）］的区别在于第二部分中的策略评估函数值不是最优 V 值，而是当前策略对应的 V 值。

可以对系统中的每个状态，分别列出上面的式（8 – 9），则等式的数量等于状态的数量，而状态的数量即需要求解的未知数（$V^{\pi}(s)$）的数量，于是得到一个可求解的线性方程组，按线性方程组求解便可得到与当前策略对应的所有状态下的 V 值。这种计算方式虽然可行，但当状态数量很大时效率是不高的，为此可以改用局部迭代方式求解：从初始策略和初始 V 值开始进行迭代；对于 V 值的计算，不考虑全局约束，而仅根据当前策略和当前 V 值，按照式（8 – 9）计算，此时公式中右侧的 $V^{\pi}(s)$ 采用当前 V 值，而非作为未知数；对于策略的计算，在当前 V 值下计算可能的每个行动所获得的 V 值，进而选择导致 V 值最大的那个行动作为当前最优策略，即根据算法 8 – 1 中的如下公式更新策略：

$$\pi'(s) = \arg\max_a \left(R(s,a) + \gamma \left(\sum_{s' \in S} T(s,a,s') V^{\pi}(s') \right) \right) \qquad (8-10)$$

以上局部迭代计算方式当然会带来一次计算时不准确的情况，但经过多次反复迭代以后，V 值和策略均会收敛至最优结果。

例 8 – 2　图 8 – 4 所示为一种网格世界问题。在该问题中，状态转移模型是随机和离散的。图 8 – 3（b）以"向上"（up）动作为例，显示了其随机型状态转移模型，该图表示当机器在任意位置处执行"向上"的行动时，80% 可能向上，10% 可能向左，10% 可能向右，可表达为：$T(s_t, \text{up}, \text{up of } s_t) = 0.8$；$T(s_t, \text{left}, \text{left of } s_t) = 0.1$；$T(s_t, \text{right}, \text{right of } s_t) = 0.1$。其他动作（向下、向左、向右）的随机效果与此类似。另外，存在做出行动后不可达的状态，比如在起始块（START）处，如果向左行动，显然不可达，此时其将停留在原地，相应概率亦设为 0.1。这种状态转移的随机性可能来自机器的故障，也可能来自环境的突然变化（虽然在本例中不会发生）。

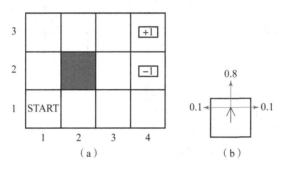

图 8 – 4　V 值及策略迭代过程示例问题[2]

（a）环境；（b）状态转移模型

针对这一网格世界问题，采用上述 V 值及策略的局部迭代方法，其优化过程如图 8 – 5 所示（按从上到下、从左到右的顺序）。首先设各个状态对应的初始 V 值均为 0，随机生成初始策略如第一行第二列所示。根据该策略和初始 V 值，采用式（8 – 9）计算各状态下的 V 值，如第一行第三列所示，其中状态转移模型采用图 8 – 4（b）所示方式。以 [3, 3] 位置处的 0.8 为例，其计算公式为：$0.8 \times 1 + 0.1 \times 0 + 0.1 \times 0 = 0.8$。其他位置处 V 值的计算依此类推。根据计算得到的新 V 值，重新确定更好的策略，如第一行第四列所示。以 [3, 2] 这一位置处的行动策略为例，针对在该位置处可能采取的每个行动（向左、向右），分别计算式（8 – 10）的右边部分，得到

$$Q^\pi(s, \text{left}) = R(s, \text{left}) + \gamma \left(\sum_{s' \in S} T(s, \text{left}, s') V^\pi(s') \right)$$

$$= 0 + 0.8 \times 0 + 0.1 \times 0 + 0.1 \times 0 = 0$$

$$Q^{\pi}(s,\text{right}) = R(s,\text{right}) + \gamma\left(\sum_{s'\in S}T(s,\text{right},s')V^{\pi}(s')\right)$$

$$= 0 + 0.8 \times 0.8 + 0.1 \times 0 + 0.1 \times 0 = 0.64$$

$Q^{\pi}(s,\text{right}) > Q^{\pi}(s,\text{left})$，说明采取"向右"的行动，相比采取"向左"的行动，能获得更大的收益值，于是相应行动策略发生改变，被调整为"向右"。

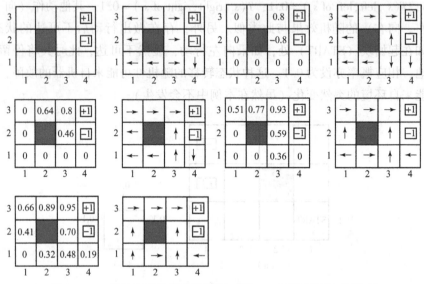

图 8-5 V 值及策略迭代过程示例（图 8-4 所示问题的求解）[①]

按照上面所述过程，不断进行 V 值和策略的迭代，便形成图 8-5 所示的过程，直到最后一行中的最后一列结果所示，此时该策略已是最优策略，采用上面的计算方法已不再能改变任意状态下的行动策略，说明算法收敛，计算停止，可输出相应结果。

应用本节所述的 V 值及策略迭代算法，需要已知收益函数 f_R 和状态转移模型 f_S，但在实际应用中，机器面对的通常是复杂和动态的环境，f_R 和 f_S 通常是事先未知的。这就需要考虑在这两种函数均未知的情况下，如何学习机器的最优策略的问题。对这一问题的解决，可有两种方案。一种方案是不关心 f_R 和 f_S，而直接学习最优策略，相应方法称为模型无关（model - free）算法。另一种方案是首先根据机器已经获得的经验对 f_R 和 f_S 进行估计，然后在此基础上搜索最优策略，相应方法称为基于模型（model - based）的算法。

---

① 图引自 Tayfun Gürel. Reinforcement Learning: Learning to Perform Best Actions By Rewards。

8.4　Q 学习算法

Q 学习算法[3]是目前最常采用的强化学习算法之一，属于模型无关算法。它基于式（8-6）~式（8-8）所表达的最优策略、最优 V 值、Q 值之间的关系，通过学习 Q 值达到获得最优策略的目的。Q 值是综合了状态转移模型和收益函数以后的结果，从而可以将状态转移模型和收益函数隐藏在相应的 Q 值背后，从而不需要显式地表达这两个因素，便可确定最优策略。

8.4.1　Q 函数及其学习

将式（8-8）代入式（8-6），得到

$$Q(s_t, a_t) = R(s_t, a_t) + \gamma \max_{a_{t+1} \in A_{t+1}} Q(s_{t+1}, a_{t+1}) \qquad (8-11)$$

该式称为 Q 函数。该函数中去掉了 V 值，因此只需要获得最优 Q 值即可确定最优策略，不必再计算每个状态下的 V 值。这样 Q 学习的目标就是获得每个状态下理想的 Q 值，达到此目标后，便可根据式（8-7）在每个状态下做出最优的行动。

式（8-11）更进一步表明 Q 值可以进行自我更新，可根据下一时刻的 Q 值来更新前一时刻的 Q 值，这就使我们可以不必事先知道状态转移模型和收益函数，而可以使机器在其生存过程中，在其生存的每一时间点，观察当前所处环境状态，并从环境中获得即时收益，在此基础上，利用式（8-11）对前一状态对应的 Q 值进行更新，继而根据当前状态下的 Q 值采取行动。这一过程周而复始，始终进行，相应算法流程如算法 8-3 所示。

算法 8-3　Q 学习算法

Step1. 随机初始化所有"（状态，行动）对"所对应的 Q 函数值。

Step2. 观察当前状态，假设其为 s。

Step3. 不断重复以下步骤。

　Step3.1. 选择当前状态 s 下的最大 Q 值对应的行动 a 来执行。

　Step3.2. 从环境中获得执行行动 a 能得到的即时收益 r。

　Step3.3. 观察执行行动 a 后环境状态的变化，假设新的环境状态为 s'。

　Step3.4. 令 $Q(s, a) = r + \gamma Q(s', a')$。

　Step3.5. 令 $s = s'$。

以上说明 Q 学习是基于前后两个时间点上 Q 函数值的差异来实现的，基于这种差异，并引入学习率 $0 \leqslant \alpha \leqslant 1$，$Q$ 学习还可进一步扩展为如下更一般的形式：

$$Q(s_t, a_t) = Q(s_t, a_t) + \alpha(R(s_t, a_t) + \gamma \max_{a_{t+1} \in A_{t+1}} Q(s_{t+1}, a_{t+1}) - Q(s_t, a_t))$$

$$(8-12)$$

显示，式（8-11）是式（8-12）在 $\alpha = 1$ 时的特例。

人们已证明当收益函数有界，且行动的选择方式可使每一个"（状态，行动）对"都能无限次被访问到时，对于确定型马尔科夫决策过程而言，上述 Q 学习算法能收敛至最优 Q 函数[4]。

8.4.2 应用示例：三阶梵塔问题

下面将 Q 学习算法应用于解决三阶梵塔问题，以更好地理解该算法及其应用。三阶梵塔问题叙述如下。如图 8-6 所示，有三根柱子（分别标注 1，2，3）和三个盘片，盘片大小不同，从大到小分别标注为 A，B，C。要求通过移动盘片，使其从图 8-6（a）所示的初始状态变换到图 8-6（b）所示的目标状态。在移动盘片时，需满足如下约束条件：①一次只能移动一个盘片；②在任何时候，大的盘片都不能覆盖在小的盘片之上。我们希望获得合法的最优解决方案，即满足上述约束条件但移动盘片次数最少的方案。

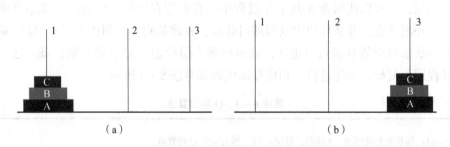

图 8-6　三阶梵塔问题

(a) 初始状态；(b) 目标状态

为了求解三阶梵塔问题，首先用图来表达问题中所有可能的状态以及状态之间的转换关系，图中节点为状态，节点之间的边为状态之间的转换关系，这样的图称为状态空间（state space）图。图 8-7（a）所示为与上述三阶梵塔问题对应的状态空间图。在该图中，从起始状态到目标状态的一条路径即一个合法的解决方案，而最短路径即最优方案。因此，该问题转变为在状态空间图中寻找从起始状态到目标状态的最短路径的问题。

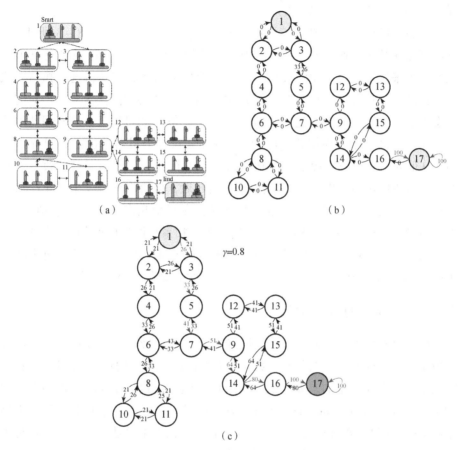

图 8 – 7　三阶梵塔问题对应的状态空间图及其到 Q 学习的转换①（书后附彩插）

（a）状态空间；（b）Q 学习的环境模型（每条边上的数值代表对应行动的收益值）；

（c）最终学习结果（每条边上的数值代表对应动作的 Q 值，

红色路径为从起始节点开始按最大 Q 值原则所确定的最优行动策略）

　　为了在状态空间图中应用 Q 学习寻找起始状态到目标状态的最短路径，可设想有一个机器人在该图中按状态转移规则游走，不断从当前状态走向其临近状态，该图即该机器所处的环境背景。按强化学习语境，环境应包括状态转移模型与收益函数。上述状态空间图实际上已经表达了状态转移模型。至于收益函数，既然该问题的求解目标是到达目标节点，则可以对到达目标节点的行动给予奖励（比如将收益值定为 100），而对其他行动不予奖励。这

　　①　图引自 Kardi Teknomo，Q - Learning Example. Tower of Hanoi，http://people.revoledu.com/kardi/tutorial/ReinforcementLearning/Tower - of - Hanoi. html.

样所获得的环境如图 8 – 7（b）所示。

现在想像机器人在图 8 – 7（b）所示的环境中，按照算法 8 – 3 所述的 Q 学习算法在其中工作，即它在自己当前所处的每个状态下，选择对应 Q 值最大的行动来执行，对于相同大小的 Q 值所对应的行动，则随机选择执行。执行完行动后，观察新的状态以及所获得的收益，然后利用式（8 – 11）对前一状态下的 Q 值进行更新。这种"行动 + 调整 Q 值"的过程会一直不间断地执行。在这一例子中，根据式（8 – 11）可知，只有当机器首次走到目标节点后，Q 值才会真正发生改变，并在机器今后的行动中不断引起新的改变。而当学习过程收敛后，即已达到最优的 Q 函数后，Q 值将不再发生变化，从而获得最优策略。从此刻起，当继续行动时，在每个状态下按最大 Q 值行动，便均能导致最优行动。图 8 – 7（c）所示当折扣系数设为 0.8 时所获得的最终学习结果，每条边上的数值是对应行动的最优 Q 值。此时，机器在每个状态下按 Q 值最大原则行动时，均能按最短路径最快地到达目标状态。

8.4.3 Dyna – Q 学习算法

Q 学习算法为模型无关算法，只需要学习 Q 函数，而无须记忆和更新环境模型（状态转移模型与收益函数），但这样就要求反复遍历整个环境，在学习效率上是存在不足的。如果能够获得环境模型，就可以在环境模型上利用动态规划（dynamic planning）等优化方法获得 V 值函数及 Q 函数，从而提高学习效率。图 8 – 8 所示为模型无关算法和基于模型的算法二者之间的这种关系。如图 8 – 8 所示，模型无关算法（如 Q 学习算法）在环境上行动获得经验（状态、行动、收益），然后基于经验对 Q 函数（或 V 值函数）进行学习；而基于模型的算法则利用在环境上行动所获得的经验来学习得到环境模型，进而基于环境模型，采用动态规划等方法获得 Q 函数（或 V 值函数）。

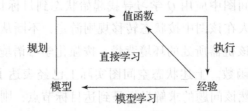

图 8 – 8 基于模型的算法与模型无关算法的关系示意

Dyna – Q 学习算法[5]将模型无关算法与基于模型的算法结合起来，通过行动所获得的经验不仅用于学习 Q 函数（V 值函数），而且用于学习环境模型，进一步在学习得到的环境模型上生成相应的经验，从而不仅利用实际经验，而且利用所生成的经验来开展 Q 学习，以加快学习速度，具体过程总结在算法 8-4 中。如该算法所示，Dyna-Q 学习算法与算法 8-3 所述的 Q 学习算法的最主要的区别在于：Dyna-Q 学习算法在按当前实际经验更新 Q 函数后，增加了基于模型的学习过程。首先将当前实际经验加入环境模型 Model (s,a) 中，然后在该环境模型下再做多次 Q 学习，只不过这次是在基于环境模型所生成的数据 (s,a,r) 上，而不是实际经验上。这样，Dyna-Q 学习算法中的每次循环包括两部分：①在一次实际经验上的学习；②在多次生成经验上的学习。其中 Q 值迭代采用了更一般意义上的更新公式，即采用式（8-12）进行更新。此外，算法 8-4 中的行动策略采用了 ε-贪婪（ε-greedy）方式[6]。不同于每次均按 Q 值最大的方式进行，ε-贪婪方式根据 Q 值为行动给予一个选择概率，Q 值最大的行动所对应的选择概率为 $1-\varepsilon$，而其他行动对应的选择概率为 ε，根据这一概率选择相应行动，因此不是每次必然选择 Q 值最大的行动，以收敛到全局最优解。

算法 8-4　Dyna-Q 学习算法

初始化 $Q(s,a)$，$\mathrm{Model}(s,a)$。
重复以下步骤：
　　$s\leftarrow$当前状态；
　　$a\leftarrow\varepsilon$-$\mathrm{greedy}(s,Q)$；
　　执行动作 a，得到 s'，r。
　　循环 N 次：
　　　　$s\leftarrow$随机选择观测状态；
　　　　$a\leftarrow$随机动作；
　　　　$s',r\leftarrow\mathrm{Model}(s,a)$；
　　　　$Q(s,a)\leftarrow Q(s,a)+\alpha\left[r+\gamma\max_{a'}Q(s',a')-Q(s,a)\right]$。

8.5　TD(λ) 算法

上节所述 Q 学习算法是利用下一时间点的 Q 值来更新上一时间点的 Q 值，体现了时间差分（Time Difference，TD）的概念，是时间差分算法的一种。本节介绍另一种更一般意义上的时间差分算法：TD(λ) 算法[7]。可通过将基于梯度的优化方法引入策略函数的学习这一思路，来获得和理解该算法。

8.5.1 算法原理

首先回顾基于梯度的监督学习方法（参见第 4 章第 4.3 节）。给定一组"输入 – 实际输出 – 期望输出"所组成的数据：$\{x_t, y_t, z\}_{t=1}^m$，其中 x_t 为输入，y_t 为实际输出，z 为期望输出（对于这组数据来说，输入不同，期望输出相同）。现要求根据该组数据学习一个输入 – 输出函数。设 ω 表示输入 – 输出函数中的未知参数，基于最小二乘学习目标和梯度下降的监督学习算法采用如下公式进行学习（即对于每个"输入 – 实际输出 – 期望输出"数据，按该公式对输入 – 输出函数参数进行调整，以修正输出误差）：

$$\omega = \omega + \sum_{t=1}^m \Delta\omega_t \tag{8-13}$$

$$\Delta\omega_t = \alpha(z - y_t)\nabla_\omega y_t \tag{8-14}$$

其中，α 为学习率（learning rate），$\nabla_\omega Y_t$ 表示输入 – 输出函数对参数的梯度。

对于强化学习来说，其与监督学习的不同在于，不是在每一步都能观察到期望输出，只有在最后一步才能得到结果。为此，可以将输出误差用前后相邻的实际输出之间的差别（时间差分）之和来表示：

$$z - y_t = \sum_{k=t}^m (y_{k+1} - y_k), \text{ where } y_{m+1} = z \tag{8-15}$$

基于式（8-15）和式（8-14），可将参数更新公式［式（8-13）］做如下转换：

$$
\begin{aligned}
\omega = \omega + \sum_{t=1}^m \Delta\omega_t &\Rightarrow \omega = \omega + \sum_{t=1}^m \alpha(z - y_t)\nabla_\omega y_t \\
&= \omega + \sum_{t=1}^m \alpha \sum_{k=t}^m (y_{k+1} - y_k)\nabla_\omega y_t \\
&= \omega + \sum_{k=1}^m \alpha \sum_{t=1}^k (y_{k+1} - y_k)\nabla_\omega y_t \\
&= \omega + \sum_{t=1}^m \alpha(y_{t+1} - y_t) \sum_{k=1}^t \nabla_\omega y_k
\end{aligned}
\tag{8-16}
$$

通过式（8-16），获得了监督学习中基于梯度的学习方法在强化学习应用中的完全对应的方法。进一步地，考虑累计折扣收益，引入折扣 λ，对于当前时间点的误差给以更大的重视，对于其他时间点的误差，则随其离当前时间点的远近给以相应折扣，越远则折扣越大，于是得到

$$\Delta\omega_t = \alpha(y_{t+1} - y_t) \sum_{k=1}^t \lambda^{t-k} \nabla_\omega y_k \tag{8-17}$$

根据式（8-17），便可得到 TD(λ) 算法的学习过程如下：在机器行动的每一时间点，根据式（8-17），基于前后两个时间点上所获收益的差别，对机器采取行动的策略函数的参数进行调整。注意在最后一步时，$y_{t+1} = z$。另外规定 $0^0 = 1$，以便适应 $\lambda = 0$ 时的情况。TD(λ) 算法通常用于对策略函数进行学习，因此也称为策略梯度（policy gradient）算法[8]。

下面通过一个具体的应用示例，辅助说明上述算法的细节以及用法。

8.5.2　应用示例：TD - Gammon

TD - Gammon[9,10] 是一种西洋双陆棋（backgammon）博弈程序，利用 TD(λ) 算法在机器自我对弈的过程中不断提高其下棋水平，是以名为 TD - Gammon。

1. 西洋双陆棋简介

西洋双陆棋又称为百家乐棋，是一类供两人对弈的版图游戏。在游戏中，每位玩家尽力把棋子移动及移离棋盘。棋子的移动由掷骰子的点数决定，最先将所有棋子移离棋盘的玩家获得胜利。由于下一盘棋所需的时间很短，比赛中通常采用计分制，下多次并累计分数，首先获得一定分数的一方为胜利者。

游戏设备包括棋盘、两套不同颜色的 15 枚棋子（每位玩家一套）、4 颗骰子（每位玩家 2 颗）或者 2 个骰子（每人 1 颗，掷两次），以及倍数方块。图 8-9 所示为棋盘和倍数方块。游戏开始时，双方各掷一颗骰子，点数较大的一方先走。双方轮流移动棋子，每次移动前先掷骰子。移动的目的是将棋子移离棋盘。如果所有棋子都回到了己方内盘［图 8-9（a）中第 1～第 6 点］，就可以开始将棋子移离棋盘。如果掷到 1，就可将位于第 1 点的棋子移离棋盘；如果掷到 2，就可将位于第 2 点的棋子移离棋盘，依此类推。首先将所有棋子移离的一方获得胜利，可得 1 分，称为常规赢法。如果此时对方玩家还未开始将棋子移离棋盘，可得 2 分，称为全胜赢法。

关于西洋双陆棋的细节，请参见文献［11］。

2. TD(λ) 算法的应用

根据上述规则，西洋双陆棋游戏中存在随机因素，这使其相比其他确定性博弈问题有特殊的难度。TD - Gammon 通过三层感知器神经网络①和 TD(λ) 学习算法的结合进行西洋双陆棋博弈。

---

① 关于三层感知器，请见本书第 10 章第 10.3 节。

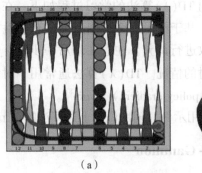

(a)   (b)

图 8 – 9   西洋双陆棋设备[11]

(a) 棋盘及其棋子移动方向；(b) 倍数方块

  TD – Gammon 中的三层感知器神经网络用于解决下棋时的策略问题。首先该网络用于根据当前棋盘状态（网络输入）预测最后的下棋结果（网络输出）。其中，棋盘状态可以用原始棋子的位置来表示，也可以从原始棋子位置中提取特征来表示，提取特征表示的效果更好。而下棋结果为四种之一：①己方常规赢；②对方常规赢；③己方全胜赢；④对方全胜赢。利用这样的三层感知器神经网络，TD – Gammon 在每一步博弈时，考虑所有可能的合法走步，分别将每一种合法走步作为三层感知器神经网络的输入，从而获得相应预测结果。根据预测结果对这些合法走步进行评价，从中选择评价值最高的作为选择结果（行动）来执行，完成当前步骤下的走步。

  显然，上述三层感知器神经网络权值的优劣将决定 TD – Gammon 的棋力。按强化学习的语境，该网络即棋盘状态到下棋动作之间的策略函数，其中未知参数为网络权值。因此，可以采用 TD(λ) 算法对这些权值进行学习。按以上 8.4.1 节所述方法，在机器博弈的每一步，采用式（8 – 17）确定其所有权值的调整量，这里 y_t，y_{t+1} 是前后两次走步时三层感知器神经网络给出的预测结果（在最后一步时，$y_{t+1} = z$，为最终的实际下棋结果），$\nabla_\omega y_k$ 是网络输出关于当前权值的梯度。

  按这一方法不断学习后，便得到了理想的 TD – Gammon 博弈程序。即使采用原始棋子的位置来表示棋盘状态，没有任何人为经验，仅依靠成千上万次的自我学习后，TD – Gammon 已能达到较高的博弈水平。而采用从原始棋子的位置中提取的特征来表示棋盘状态，经过成千上万次的自我学习后，TD – Gammon 已能战胜人类顶尖高手[9,10]。而且有趣的是，TD – Gammon 的下棋方式明显不同于传统的人类策略，却能获得更好的结果，这也反过来影响了人类的下棋思路[9,10]。

8.5.3　Sarsa(λ)算法

可以将 TD(λ) 的学习思想引入 Q 学习算法。假设存在一个连续 Q 函数（比如可类似 TD - Gammon，用神经网络来表达），其参数为 ω，根据式（8 - 12）所示 Q 值迭代规则，将其代入式（8 - 17）的 TD(λ) 学习公式中，便得到

$$\Delta\omega_t = \alpha(r(s_t, a_t) + \gamma \max_{a_{t+1} \in A_{t+1}} Q_{t+1}(s_{t+1}, a_{t+1}) - Q_t(s_t, a_t)) \sum_{k=1}^{t} \lambda^{t-k} \nabla_\omega Q_k(s, a)$$

$$(8-18)$$

如果令上式中的 $\lambda = 0$，就变成了第 8.3 节所述的 Q 学习算法，因此 Q 学习算法实际上是一种 TD(0) 算法。

但从严格的 TD(λ) 学习算法来说，式（8 - 18）存在不足，时间差分误差的累加并不能得到正确的结果。实际上，如果并非在每一时间点都采用贪婪的行动 $\max_a Q(s_t, a)$（以下简称贪婪行动），则会有

$$\sum_{k=0}^{\infty} \gamma^k \left[r(s_{t+k}, a_{t+k}) + \gamma \max_{a_{t+k+1} \in A_{t+k+1}} Q(s_{t+k+1}, a_{t+k+1}) - Q(s_{t+k}, a_{t+k}) \right]$$

$$\neq \sum_{k=0}^{\infty} \gamma^k r(s_{t+k}, a_{t+k}) - Q(s_t, a_t)$$

$$(8-19)$$

这与作为 TD(λ) 算法成立基础的公式［式（8 - 15）］是不一致的。

以上说明在行动时应采用贪婪行动，但即使如此，在学习的早期，由于 Q 函数误差较大，所以仍然存在问题。为解决此问题，改用如下方法进行学习：

$$\Delta\omega_t = \alpha(r(s_t, a_t) + \gamma Q(s_{t+1}, a_{t+1}) - Q(s_t, a_t)) \sum_{k=1}^{t} \lambda^{t-k} \nabla_\omega Q_k(s, a)$$

$$(8-20)$$

即放弃了 max 运算，改用在下一时间点上所采取的行动所对应的 Q 值，从而能使时间差分误差累加结果保持正确，而不论是否采用贪婪行动。根据式（8 - 20），对于 Q 函数的每次更新，需要经历"状态 - 行动 - 收益 - 状态 - 行动"（State - Action - Reward - State - Action，SARSA）这样的操作后才能完成，相应算法因此被简称为 Sarsa(λ) 算法[12,13]。

8.6 REINFORCE 算法

REINFORCE 算法[14]也是一种基于梯度的策略优化方法，但所计算的梯度不同于 TD(λ) 算法，它不是关于策略函数的梯度，而是关于策略似然函数的梯度。

8.6.1 算法原理

以对神经网络的学习为例，REINFORCE 算法的核心是用以下公式对网络权值进行调整：

$$\Delta\omega_{ij} = \alpha_{ij}(r - b_{ij})\sum_{t=1}^{k} e_{ij}(t) \qquad (8-21)$$

其中，t 为时间点；r 为进行到第 k 个时间点后所获得的收益（此前的收益均为 0）；α_{ij} 为学习率，通常取一个对于所有权值来说相同的常数；b_{ij} 为收益基准（可理解为所要求获得的最低收益），通常取 0；$e_{ij}(t) = \dfrac{\partial \log g_i}{\partial \omega_{ij}}$ 称为权值 ω_{ij} 在时间点 t 处的特征资格（characteristic eligibility）（g_i 为第 i 个神经元对应的输入 – 输出函数：$g_i(\xi, \boldsymbol{w}^i, \boldsymbol{x}^i) = \Pr\{y_i = \xi \mid \boldsymbol{w}, \boldsymbol{x}^i\}$，在强化学习语境下，即策略函数。）

当权值更新采用式（8-21）进行时，可证明当 α_{ij} 取一个对于所有权值来说相同的常数时，有 $E(\nabla \boldsymbol{w} \mid \boldsymbol{w}) = \alpha \nabla_\omega E(r \mid \boldsymbol{w})$[14]，这里 $E(\cdot)$ 表示期望值。这说明网络权值的变化（策略函数的变化）实际上是按 V 值函数（这里 V 值就是最后能得到的收益，在此之前的收益均为 0）相对于权值的梯度来变化的。如前所述，策略与 V 值一一对应，最优策略也就是最优 V 值，反过来也一样，因此当权值更新采用式（8-21）进行时，实际上就是梯度上升算法（求最大值时）或梯度下降算法（求最小值时）。

对于非神经网络的应用，显然只需将式（8-21）中的网络权值换成待求解的策略函数中的参数即可。

8.6.2 应用示例：AlphaGo

AlphaGo[1]是一种围棋博弈程序，是 2016 年引起轰动的人工智能成就。它通过将神经网络与监督学习、强化学习结合，极大地提高了围棋博弈程序的水平，从而战胜了人类世界冠军，这对于公众来说是极为令人兴奋的事情，引领了人工智能研究和应用的新一轮热潮。

1. 蒙特卡洛树搜索（Monte Carlo Tree Search，MCTS）

AlphaGo 采用 MCTS 方法[15]实现机器博弈。如图 8 – 10 所示，该方法包括选择、扩展、评价、倒推四个主要步骤。

（1）选择：从根节点开始，对当前节点的各个子节点计算其值［计算方法见下面第（2）部分］，选择值最大的一个向下推进，直到叶节点（节点即棋局状态）。

（2）扩展：扩展叶节点的子节点，产生新的叶节点。

（3）评价：对新产生的叶节点进行评价，评价值反映了其取胜的可能（方法见下文）。

（4）倒推：根据新产生叶节点的评价值，向上倒推，修改其上各层节点的评价值。

在蒙特卡洛树学习完后，每次行动时，即每次根据当前棋局状态选择下棋方案时，优先选择访问次数最多的下棋步。

基于 MCTS 的博弈方法实质是对博弈进行无穷多次模拟，形成对选择每个状态来说有价值的信息，如果某一状态被访问的次数多而且经过该状态后获胜的次数多，则表明通过该状态是能稳定取胜的，因此应该优先选择。

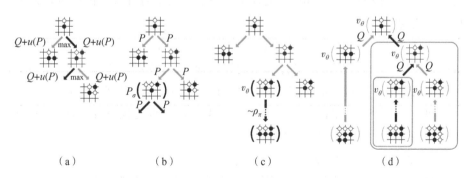

（a）　　　　　（b）　　　　　（c）　　　　　（d）

图 8 – 10　MCTS 方法示意[1]

（a）选择；（b）扩展；（c）评价；（d）倒推

2. 策略网络与估值网络

AlphaGo 中采用了两个 CNN①，分别称为策略网络（policy network）和估值网络（value network），来实现 MCTS。策略网络用于在选择步骤中选择所要

执行的动作，以减小 MCTS 的宽度，即在每一步向下进行时通过策略网络确定需要考虑的分支，使实际考虑的分支数远远小于所有的分支数。该策略网络的输出是概率 $P(s,a) = p(a|s)$，其中 a 表示动作，s 表示棋局状态。根据策略网络计算得到 $P(s,a)$ 后，对当前节点的子节点进行评价，其公式为

$$E(s,a) = Q(s,a) + u(s,a) \qquad (8-22)$$

其中，

$$Q(s,a) = \frac{1}{N(s,a)} \sum_{i=1}^{n} 1(s,a,i) V(s_L^i) \qquad (8-23)$$

$$u(s,a) \propto \frac{P(s,a)}{1 + N(s,a)} \qquad (8-24)$$

以上公式中，$N(s,a)$ 是在所有博弈游戏中通过 (s,a) 这条边（即在棋局状态 s 下，选择下棋方案 a）的次数；$1(s,a,i)$ 表示在第 i 次游戏时是否通过 (s,a) 这条边，通过为 1，不通过为 0；$V(s_L^i)$ 表示在第 i 次游戏时对叶节点的评估值（利用估值网络计算，方法见下文）。

估值网络用于对棋局状态进行评估，确定其获胜的可能（以估值形式体现），从而减小了 MCTS 的深度，可以停在所希望的深度上，而不必进行到树的最后一层。该网络用在 MCTS 的评价这一步，用于对叶节点的值进行评估，计算公式为

$$V(s_L) = (1 - \lambda) v_\theta(s_L) + \lambda z_L \qquad (8-25)$$

其中，$v_\theta(s_L)$ 是通过估值网络计算出的评估值；$z(s_L)$ 则是通过从叶节点开始利用随机策略下棋直到最终结果时的结果值（胜利为 1，失败为 -1）。

通过以上两个网络的作用，可以在下棋的每一步更快更好地搜索到最优走棋策略，从而表现出高超的棋力。

3. 对策略网络的学习

AlphaGo 首先采用监督学习方法，在所收集的大量人类高手所下棋局的基础上，学习上述策略网络。图 8-11（a）所示为棋局状态及其行动。对于白子这一方来说，在面对 "$d=1$" 的棋局状态时，可以选择下在 "$d=2$" 棋局中的白子位置。当然这只是一种可能而已。我们希望获得在当前状态下所有可能行动各自在高手下棋时出现的概率 $p(a|s)$，以之作为选择行动的依据。这一计算通过策略网络（CNN）实现。图 8-11（b）所示该策略网络。既然该网络建模了概率函数 $p(a|s)$，因此对于该网络的学习，其学习目标可以设定为 MLE（参见本书第 3 章第 3.2.3 节），其优化方法可以采用梯度上升方法

（参见第 3 章第 3.8.3 节）。相应地，设 ω 表示网络权值，则有如下权值迭代学习公式：

$$\omega = \omega + \eta \frac{\partial p_{\omega}(a \mid s)}{\partial \omega} \qquad (8-26)$$

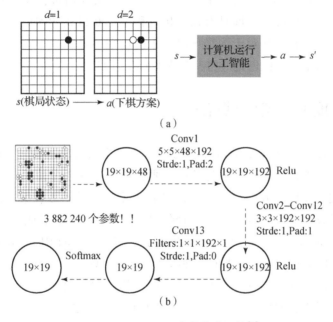

图 8-11 AlphaGo 中的策略网络[1]

（a）策略：棋盘状态与动作的对应关系；（b）作为策略函数的 CNN

在利用式（8-26）所示监督学习方法得到策略网络后，便得到初步的博弈程序，进而对该网络进行强化学习，在自我对弈过程中，不断优化其策略网络。实际上，使两个在监督学习不同迭代次数下学到的策略网络所对应的博弈程序展开对弈，对弈结束后根据结果（收益，获胜为 +1，失败为 -1），并按梯度上升方法对权值进行调整。根据 REINFORCE 算法公式〔式（8-21）〕，本应用中的权值更新公式是

$$\rho = \rho + \eta \frac{\partial \log p_{\rho}(a_t \mid s_t)}{\partial \rho} z_t \qquad (8-27)$$

这里是要获得最大值，所以采用梯度上升算法。

1. 对估值网络的学习

估值网络输出一个确定的预测结果值（与上面 TD-Gammon 中三层感知器神经网络所起的作用类似）。采用监督学习方法来学习估值网络，其学习目

标是最小化平方误差（MSE，参见本书第 3 章第 3.2.1 节），以使预测值与实际值的误差最小化；其优化方法采用梯度下降，相应地，权值更新公式如下：

$$\theta = \theta - \eta \frac{\partial v_\theta(s)}{\partial \theta}(z - v_\theta(s)) \qquad (8-28)$$

原文[1]中将该学习列为强化学习。如本章开头时所说，这是从强化学习非严格的定义上来说的，即具有在下棋过程中不断自我学习的形态。但从严格的技术角度上看，其对于网络预测结果的反馈不是对或不对，而是真正所希望的预期结果，因此还是应将其归为监督学习方法。

8.7 深度强化学习算法

如前所述，定义强化学习方法的三大要素是状态转移模型、收益函数、策略函数。另外，为了确定最优策略函数，可以考虑通过计算 V 值函数或 Q 函数来达到。如果这五个因素（状态转移模型、收益函数、策略函数、V 值函数、Q 函数）的部分或全部采用深度网络来表达，则形成深度强化学习（deep reinforcement learning）算法。事实上，前面所述的 REINFROCE 算法在 AlphaGo 中的应用，就演变成了一种深度强化学习算法。下面再介绍几种深度强化学习算法，其共同点是均基于前面所述的某种强化学习框架，在其中解决应用于学习深度网络时所出现的计算不稳定问题。这一思想方法与将 BP 等经典监督学习思想应用于解决深度网络学习时的思路是如出一辙的。

8.7.1 深度 Q 网络（Deep Q – Network，DQN）

DQN[16]是 CNN 与 Q 学习算法相结合的产物，简言之，它是用 CNN 来表达 Q 函数（以下称其为 Q 网络），然后采用 Q 学习手段来对 Q 网络中的权重进行学习。与标准 Q 学习算法相比，有两点不同：①增加利用存储的经验数据对网络进行学习，称为经验重播（experience replay），此点类似于前述 Dyna – Q 学习算法中的处理，并且对于行动的选择同样采用了 Dyna – Q 学习算法中的 ε – 贪婪方式；②采用了两个 Q 函数，一个对应于学习结果（以下称为结果 Q 函数），另一个对应于学习中的目标（以下称为目标 Q 函数），其学习目标仍然是使两个相继状态上对应的时间差分为 0，只是在这两个相继状态上所使用的 Q 函数不同，其形式化的学习目标为

$$E(\theta_i) = (r + \gamma \hat{Q}(s',a',\hat{\theta}_i) - Q(s,a,\theta_i))^2 \qquad (8-29)$$

其中，θ_i，$\hat{\theta}_i$ 分别表示 Q 函数与目标 Q 函数在第 i 时刻的参数，其他参数的意

义同前。Q 函数每次更新，目标 Q 函数则间隔一段时间更新。通过上述两种技术手段，试图使基于深度神经网络表达的 Q 函数的学习更加稳定。

基于上述原理的 DQN 学习算法的具体流程如算法 8 − 5 所示，其中要点强调如下。

（1）策略函数采用了 ε − 贪婪方式（见算法第 7 ∼ 8 行）；

（2）学习过程的核心是用梯度下降优化方法来更新结果 Q 函数（CNN）中的权重（见算法倒数第 5 行）；

（3）目标 Q 函数间隔 C 次迭代后更新为当前的结果 Q 函数（见算法倒数第 3 行）；

（4）经验重播过程见算法倒数第 8 ∼ 11 行。

算法 8 − 5　DQN 学习算法[16]

初始化容量为 N 的经验池 D。

用随机参数初始化当前动作的 Q 函数。

初始化目标 Q 函数（$\tilde{Q}$），并让 $\theta^- = \theta$。

重复以下步骤：

　　初始化 $s_1 = \{x_1\}$，$\phi_1 = \phi(s_1)$

　　从 $t = 1$ 到 T 重复以下步骤：

　　　　基于概率 ε 随机选择行动 a_t；

　　　　否则选择 $a_t = \arg\max_a Q(\phi(s_t), a; \theta)$；

　　　　执行动作 a_t，观察 r_t 和 x_{t+1}；

　　　　更新 $s_{t+1} = s_t$，a_t，x_{t+1} 和 $\phi_{t+1} = \phi_t$；

　　　　把 $(\phi_t, a_t, r_t, \phi_{t+1})$ 存储到经验池 D 中；

　　　　从经验池 D 中随机选择 $(\phi_j, a_j, r_j, \phi_{j+1})$：

$$y_j = \begin{cases} r_j & , \text{满足终止条件} \\ r_j + \gamma \max_{a'} \tilde{Q}(\phi_{j+1}, a'; \theta^-) & , \text{不满足终止条件} \end{cases}$$

　　　　对 $(y_j - Q(\phi_j, a_j; \theta))^2$ 采用梯度下降算法更新 θ 参数；

　　　　$\tilde{Q} = Q$。

8.7.2　A3C 算法

A3C 算法[17] 全称为 asynchronous advantage actor − critic（异步优势行动

者－批评家）算法，其中用深度网络表达的对象为策略函数（以下称其为策略网络）及其对应的 V 值函数（以下称其为 V 值网络）。如前所述，这二者是一一对应的，最优 V 值定义了最优策略，反过来最优策略将导致获得最优 V 值。如前所述，策略函数可以看作行动者（actor），V 值函数则可看作评论家（critic），而当前行动导致的 V 值与 V 值网络输出值之间的差距则可看作行动的优势。所谓异步则是指并非在每一步行动后均进行网络的学习，而是在经过一段时间的行动后再进行学习。学习的时点被设置为走到终点状态或者到了最大的时间步数（迭代次数），但在行动的每一步均需累加相应的梯度，到学习时点时根据累加的梯度对网络进行更新。

类似于 DQN 算法，在 A3C 算法中，同样采用了两套策略网络与 V 值网络。一套策略网络与 V 值网络称为全局网络，另一套策略网络与 V 值网络称为线程特定（thread－specific）网络。如此处理的作用与 DQN 算法中的结果 Q 函数与目标 Q 函数的分工作用是类似的。通过线程特定网络计算一段时间内每一步对应的梯度，然后到学习时点时一次性地对全局网络进行更新，以此达到使网络学习更为稳定的目的。

设 $\pi(a_t|s_t;\theta)$ 与 $\pi(a_t|s_t;\theta')$ 分别表示全局策略网络与线程特定策略网络，$V(s_t;\theta_v)$ 与 $V(s_t;\theta'_v)$ 分别表示全局 V 值网络与线程特定 V 值网络，其中 θ，θ'，θ_v，θ'_v 分别表示对应的网络权重。对于全局策略网络与全局 V 值网络的更新，分别采用如下梯度进行：

$$\nabla_{\theta'}\log\pi(a_t|s_t;\theta')A(s_t,a_t;\theta',\theta'_v) \qquad (8-30)$$

$$\nabla_{\theta'_v}[A(s_t,a_t;\theta',\theta'_v)]^2 \qquad (8-31)$$

其中，$A(s_t,a_t;\theta',\theta'_v)$ 为优势函数：

$$A(s_t,a_t;\theta',\theta'_v) = \sum_{i=0}^{k-1}\gamma^i r_{t+i} + \gamma^k V(s_{t+k};\theta'_v) - V(s_t;\theta'_v) \qquad (8-32)$$

式（8－30）与式（8－31）构成了 A3C 算法的核心，也就是说，对于策略网络与 V 值网络的学习按线程进行，每一个线程为智能体从当前时刻行动到终点状态时刻或者到指定的最大时间步的过程。在线程起始，令线程特定网络等于当前的全局网络，然后在线程内部根据线程特定策略网络，按强化学习方式进行工作，到达线程终点时，按式（8－30）与式（8－31）分别计算对应于策略网络与 V 值网络的梯度，最后根据计算得到的梯度，对全局策略网络与 V 值网络的权重进行更新。这一思想对应的具体算法流程如算法 8－6 所示。

算法 8-6 A3C 算法[17]

初始化参数 $t = 1$, $T = 0$。

重复以下步骤：

    重置梯度 $d\theta \leftarrow 0$, $d\theta_v \leftarrow 0$；

    更新线程参数 $\theta' = \theta$, $\theta'_v = \theta_v$；

    $t_{start} = t$；

    获取状态 s_t。

    重复以下步骤：

        基于策略 $a_t \pi (a_t \mid s_t; \theta')$ 执行动作 a_t；

        观察 r_t, s_{t+1}；

        $t \leftarrow t+1$, $T \leftarrow T+1$；

$$R = \begin{cases} 0, & \text{到达最终状态} \\ V(s_t, \theta'_v), & \text{未到达最终状态}。 \end{cases}$$

    对 $i \in \{t-1, \ldots, t_{start}\}$，重复以下步骤：

        $R \leftarrow r_i + \gamma R$；

        $\theta': d\theta \leftarrow d\theta + \nabla_{\theta'} \log \pi(a_i \mid s_i; \theta')(R - V(s_i; \theta'_v)) + \beta \nabla_{\theta'} H(\pi(s_i; \theta'))$；

        $\theta'_v: d\theta_v \leftarrow d\theta_v + \partial(R - V(s_i; \theta'_v))^2 / \partial \theta'_v$；

    更新 θ, $d\theta$, θ_v, $d\theta_v$。

8.7.3 DDPG 算法

DDPG 算法[18] 全称为 Deep Deterministic Policy Gradient（深度确定型策略梯度）算法，该算法是将深度网络嵌入确定型策略梯度学习算法[19] 的产物，其中采用深度网络来表示确定性策略函数及其 Q 函数。如本章第 8.1.1 节所述，确定型策略函数的输出是唯一明确的行动，而非各个可能行动对应的概率。

DDPG 算法类似于 A3C 算法，同时学习行动者与评论家，只不过评论家由 V 值函数换成了 Q 函数。另外，同样采用两套网络的学习策略，即策略网络与 Q 网络各有两套，分别对应于学习结果以及学习过程中的目标，不过目标网络不是在一段时间后再变化，而是仍然在每一步行动时变化，只是使其变化速度变慢，以稳定学习过程。此外，DDPG 算法也借鉴了 DQN 算法中学习 Q 网络的经验重播方式，即在所存储的经验上对 Q 网络进行学习。

基于上述思想的 DDPG 算法具体流程如算法 8-7 所示，其中要点强调如下。

（1）$Q(s,a\mid\theta^Q)$，$Q(s,a\mid\theta^{Q'})$，$\mu(s\mid\theta^\mu)$，$\mu(s\mid\theta^{\mu'})$分别表示结果 Q 网络、目标 Q 网络、结果策略网络、目标策略网络，这里策略网络为确定型的，即输出为具体的某个行动。

（2）对于策略网络的输出增加了一个随时扰动，如算法第 6 行所示，以使对行动的搜索更为全面。

（3）学习结果 Q 网络的经验重播过程如算法第 7~11 行所示。

（4）对结果策略网络的更新采用梯度方法，如算法第 12 行所示。

（5）对于目标网络的更新，引入一个遗忘系数 τ，使更新后的结果既有原目标网络的内容，也有新的结果网络的内容，这样使其变化放缓，如算法第 13~15 行所示。

算法 8－7　DDPG 算法[18]

随机初始化"批评家"网络 $Q(s,a\mid\theta^Q)$ 和"行动者"网络 $\mu(s\mid\theta^\mu)$。

初始化目标网络 Q'，μ'，$\theta^{Q'}\leftarrow\theta^Q$，$\theta^{\mu'}\leftarrow\theta^\mu$；初始化经验池 R。

从 1 到 M 重复以下步骤：

　　随机选择 N，得到初始化状态 s_1。

　　从 $t=1$ 到 T，重复以下步骤。

　　　　基于当前策略和随机扰动，选择行动 $a_t=\mu(s_t\mid\theta^\mu)+N_t$。

　　　　执行动作 a_t，观察 r_t 和 s_{t+1}。

　　　　把 (s_t,a_t,r_t,s_{t+1}) 存储到经验池。

　　　　从经验池中随机选择 $N(s_i,a_i,r_i,s_{i+1})$。

　　　　$y_i=r_i+\gamma Q'(s_{i+1},\mu'(s_{i+1}\mid\theta^{\mu'})\mid\theta^{Q'})$。

　　　　根据 $L=\dfrac{1}{N}\sum_i(y_i-Q(s_i,a_i\mid\theta^Q))^2$ 更新"批评家"网络。

　　　　根据 $\nabla_{\theta^\mu}J\approx\dfrac{1}{N}\sum_i\nabla_a Q(s,a\mid\theta^Q)\mid_{s=s_i,a=\mu(s_i)}\nabla_{\theta^\mu}\mu(s\mid\theta^\mu)\mid_{s_i}$ 更新行动策略。

　　　　更新目标网络：

　　　　　　$\theta^{Q'}\leftarrow\tau\theta^Q+(1-\tau)\theta^{Q'}$；

　　　　　　$\theta^{\mu'}\leftarrow\tau\theta^\mu+(1-\tau)\theta^{\mu'}$。

8.7.4　V 值迭代网络

V 值迭代网络（Value Iteration Network，VIN）[20] 是 CNN 与第 8.2 节所述 V 值迭代算法结合的产物。VIN 同时学习状态转移模型、收益函数、策略函数这三大要素，将其统一在一个大的网络结构中，由五个模块构成，分别对应于状态转移模型、收益函数、策略函数、V 值迭代过程以及注意力函数。其中最主要的部分是 V 值迭代过程，其计算效果与第 8.2 节所述 V 值迭代算法一致，但将其用 CNN 的形式表达出来，即根据第 8.2 节所述 V 值迭代算法来设计网络结构，采用一个卷积层和一个最大池化层来表达一次迭代运算，这样一个 K 层 CNN 就完成了 K 次迭代运算，从而根据当前 V 值获得了新的 V 值。有了 V 值以后，就易于确定行动策略，这就是注意力函数模块（根据 MDP 模型，获取与当前状态邻近的状态的 V 值）与策略函数模块［式（8 – 10）］所完成的任务。

将上述五个模块统一表达在一个 CNN 中，便得到了 VIN，其形式如图 8 – 12 所示，其中图 8 – 12（a）所示为完全的网络结构；图 8 – 12（b）所示为其中最关键的 V 值迭代过程模块的结构。这样从状态输入到行动输出的完整计算过程就建模在这个 CNN 中，从而可以利用反向传播算法来学习其中的参数，完成强化学习。

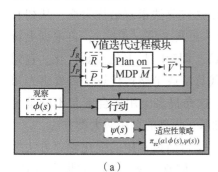
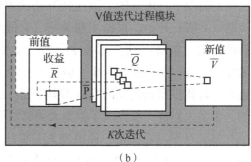

（a） （b）

图 8 – 12 V 值迭代网络结构[20]

（a）整个网络的结构；（b）V 值迭代过程模块的结构

小结

本章阐述了强化学习思想及其主要方法，其中要点如下。

（1）强化学习是一种试错学习方法，也是一种终身学习方式，在机器感知环境从而做出相应行为的过程中，基于外界环境对其行为结果对错情况的反馈（即奖励或惩罚，为叙述方便起见，通常统称为收益），使机器可以不断调整其行为策略，最终获得适应环境的最优策略。

（2）为了解决强化学习问题，通常将这一过程用马尔科夫决策过程建模，其中的三个关键要素是状态转移模型、收益函数、策略。状态转移模型描述了在任意状态下执行任意动作可能导致的下一状态；收益函数描述了在任意状态下执行任意动作可能获得的收益值。状态转移模型和收益函数共同描述了机器所处的工作环境。策略描述了在相应环境下，机器感知环境状态（输入）后执行行动（输出）的方案，从计算实质上看，它表达了环境状态与行动之间的映射关系。

（3）强化学习的目标是最优策略，而所谓最优策略是指在所有状态下均能获得最优累计收益的策略。累计收益称为 V 值，因此最优策略与最优 V 值是一一对应的。V 值只与状态有关，与行动无关。为了便于选择最优策略，应计算与状态及行动均有关的数值，从而获得 Q 值，其等于当前行动所获得的即时收益加上下一状态下的最优 V 值。根据这种定义，任意状态下的 V 值即该状态下的最大 Q 值。策略、V 值、Q 值三者之间的上述关系是强化学习算法的基础。

（4）基于策略与 V 值之间的一一对应关系，在状态转移模型与收益函数已知的情况下，可采用 V 值迭代算法或策略迭代算法求解最优策略。从初始策略（V 值）开始，根据当前策略（V 值），更新 V 值（策略）；再根据更新后的 V 值（策略），进一步更新策略（V 值），即策略与 V 值交替优化，直到策略（V 值）不再变化为止。应用 V 值迭代算法或策略迭代算法需要事先知道状态转移模型和收益函数（环境模型），这在很多应用场合下是不能满足的，于是人们进一步提出了模型无关算法和基于模型的算法两大类方法。

（5）Q 学习算法是一种模型无关算法，是目前最常用的强化学习方法之一。它在 Q 值的计算中，将下一状态的最优 V 值改为该状态下的最大 Q 值，相应的 Q 值计算公式称为 Q 函数。在 Q 值确定后，按 Q 值最大原则选择动作。这样，对策略的学习转化为对 Q 函数的学习，通过迭代减小任意状态下的 Q 值与下一状态的 Q 值之间的差异来学习 Q 函数。在 Q 学习算法的基础上，还可加入对环境模型的估计，通过估计出的环境模型生成经验，这样不仅可在实际经验上进行 Q 学习，也可以在生成经验上进行 Q 学习，从而达到加快学习速度的目的，这便是 Dyna – Q 算法。

（6）Q 学习算法利用前后两个状态上 Q 值之间的差异来完成学习，这体现了时间差分的概念，是时间差分算法的一种。可将监督学习中常用的基于梯度的学习方法按强化学习语境进行改造，基于相邻时间点时机器输出结果的差异以及结束时间点时期望输出与实际输出的差异，实现待求解参数的更新，从而形成了一种更具一般性的时间差分算法：TD(λ) 算法。该算法在西洋双陆棋博弈程序中的应用 TD – Gammon，很好地诠释了该算法。还可以将

TD(λ)算法思想与 Q 学习算法思想结合，从而得到 Sarsa(λ)算法。

（7）REINFORCE 算法与 TD(λ)算法一样，也是基于策略梯度的算法，只是这里的策略梯度是策略似然函数的梯度（称为特性资格），而不是策略函数本身的梯度。计算策略似然函数的梯度后，按梯度上升方式（最大化问题）或梯度下降方式（最小化）对策略函数中的参数进行学习。AlphaGo 中对策略网络的强化学习，是 REINFORCE 算法的一个经典应用案例。

（8）深度强化学习是深度网络与强化学习思想结合的产物，在上述强化学习算法框架（如 Q 学习、V 值迭代、策略梯度等）下，用深度网络来表达其中的构成要素，包括策略函数、V 值函数、Q 函数、收益函数、状态转移模型中的部分或全部，进而设计合适的学习算法来学习这些构成要素，具体地说，是学习这些构成要素对应深度网络中的权重。相应代表有 DQN（用 CNN 表达 Q 函数），A3C（用 CNN 表达策略函数与 V 值函数）、DDPG（用 CNN 表达确定型策略函数与 Q 函数）、VIN（用 CNN 表达 V 值迭代过程，进而构成完全的行动策略网络）。

参考文献

[1] SILVER D, HUANG A, MADDISON C J, et al. Mastering the game of go with deep neural networks and tree search[J]. Nature, 2016, 529:484 – 489.

[2] RUSSELL S J, NORVIG P. 人工智能:一种现代的方法(第 2 版)(影印版) [M]. 北京:清华大学出版社, 2006.

[3] WATKINS C J C H. Learning rom delayed rewards[D]. Cambridge:Cambridge University, 1989.

[4] SINGH S, JAAKKOLA T, LITTMAN M L, et al. Convergence results for single – step on – policy reinforcement – learning algorithms [J]. Machine Learning, March 2000, 38(3):287 – 308.

[5] SUTTON R S. Integrated architectures for learning, planning, and reacting based on approximating dynamic programming[C]. Proceedings of the 7th International Conference on Machine Learning (pp. 216 – 224). San Mateo, CA. Morgan Kaufmann, 1990.

[6] SUTTON R S, BARTO A G. Reinforcement learning: an introduction [M]. Cambridge:MIT Press, 1998.

[7] SUTTON R S. Learning to predict by the methods of temporal differences[J].

Machine Learning,1988,3:9 – 14.

[8]SUTTON R S,MACALLESTER D,SINGH S,et al. Policy gradient methods for reinforcement learning with function approximation [J]. Advances in Neural Information Processing Systems,2000:1057 – 1063.

[9]TESAURO G. Temporal difference learning and TD – Gammon[J]. Communications of the ACM,1995,38(3):58 – 63.

[10]TESAURO G. Practical issues in temporal difference learning[J]. Machine Learning,1992,8:257 – 277.

[11]https://zh. wikipedia. org/wiki/双陆棋.

[12]RUMMERY G A,NIRANJAN M. On – line Q – learning using connectionist systems[R]. Cambridge:Cambridge University Engineering Department,1994.

[13]SUTTON R S. Generalization in Reinforcement learning:successful examples using sparse coarse coding[J]. Advances in Neural Information Processing, 1996,8:1038 – 1044.

[14] WILLIAMS R J. Simple statistical gradient – following algorithms for connectionist reinforcement learning[J]. Machine Learning,1992,8:229 – 256.

[15]BROWNE C,POWLEY E,WHITEHOUSE D,et al. A survey of Monte Carlo tree search methods[J]. IEEE Transactions Computational Intelligence and AI in Games,2012,4(1):1 – 46.

[16]MNIH V,KAVUKCUOGLU K,SILVER D,et al. Human – level control through deep reinforcement learning[J]. Nature,2015,518(7540):529 – 533.

[17] MNIH V, BADIA A P, MIRZA M, et al. Asynchronous methods for deep reinforcement learning [C]. International Conference on Machine Learning (ICML),2016.

[18]LILLICRAP T P,HUNT J J,PRITZEL A,et al. Continuous control with deep reinforcement learning[C]. International Conference on Learning Representations (ICLR),2015.

[19]SILVER,DAVID,LEVER,et al. Deterministic policy gradient algorithms[C]. International Conference on Machine Learning(ICML),2014.

[20]TAMAR A,WU Y,THOMAS G,et al. Value iteration networks[C]. Annual Conference on Neural Information Processing Systems (NIPS),2016.

第9章 人工神经网络基础

人工神经网络是在模拟人脑神经系统的基础上实现人工智能的途径，因此认识和理解人脑神经系统的结构和功能是实现人工神经网络的基础。人脑现有研究成果表明人脑是由大量生物神经元经过广泛互连而形成的，基于此，人们首先模拟生物神经元形成人工神经元，进而将人工神经元连接在一起形成人工神经网络。因此，这一研究途径也常被人工智能研究人员称为"连接主义"（connectionism）。人工神经网络开始于对人脑结构的模拟，它试图从结构上的模拟达到功能上的模拟，这与首先关注人类智能的功能性，进而通过计算机算法来实现的符号式人工智能正好相反，为了区分这两种相反的途径，将符号式人工智能称为"自上而下的实现方式"，而将人工神经网络称为"自下而上的实现方式"。

人工神经网络中存在两个基本问题。第一个问题是人工神经网络的结构问题，如何模拟人脑中的生物神经元以及生物神经元之间的互连方式？确定了人工神经元模型和人工神经元互连方式，就确定了人工神经网络的结构。第二个问题是在所确定的结构上如何实现功能的问题，这一般是，甚至可以说必须是，通过对人工神经网络的学习来实现，因此这主要是人工神经网络的学习问题。具体地说，这是在人工神经网络的结构确定以后，如何利用学习手段从训练数据中自动确定人工神经网络中人工神经元之间的连接权值的问题。这是人工神经网络中的核心问题，其智能程度更多的反映在学习算法上，人工神经网络的发展也主要体现在学习算法的进步上。当然，学习算法与人工神经网络的结构是紧密联系在一起的，人工神经网络的结构在很大程度上影响着学习算法的确定。事实上，人工神经网络的结构也可以通过学习手段获得，但相比权值学习，网络结构的学习要复杂得多，因此相应工作并不多见。近年来，人们通过机器学习方式对复杂的深度网络结构进行剪枝以使其简单化的工作，体现了一定的网络结构学习特性。

本章首先阐述生物神经系统，然后说明人工神经元模型，进而介绍人工神经网络的基本结构类型和学习方式。

9.1 生物神经系统

人工神经网络是在神经细胞水平上对人脑的简化和模拟，其核心是人工神经元。人工神经元的形态来源于神经生理学中对生物神经元的研究。因此，在叙述人工神经元之前，首先介绍目前人们对生物神经元的构成及其工作机理的认识。

9.1.1 生物神经元的结构

生物神经系统是由神经细胞和胶质细胞所构成的系统。胶质细胞在数量上大大超过神经细胞，但一般认为胶质细胞在生物神经系统的机能上只起辅助作用，而将神经细胞作为构成生物神经系统的基本要素或称基本单元，因此神经细胞又称为神经元（neuron）。生物神经系统表现出来的兴奋、传导和整合等功能特征都是生物神经元的机能。

生物智能与生物神经系统的规模有着密切关系，即与生物神经系统中神经元的个数有关。一般而言，高等生物较之低等生物，其神经系统拥有更多的神经元。如海马的神经系统只有 2 000 多个神经元，而人脑大约拥有 10^{12} 个神经元。

生物神经元的形状和大小多种多样，但在组织结构上具有共性。图 9-1 所示为生物神经元的基本结构以及两个生物神经元（突触前细胞与突触后细胞）之间的信号传递过程。图中最主要的部分是树突、轴突和细胞体，它们分别起到信号输入、输出和处理的作用。有时统称树突和轴突为突起。

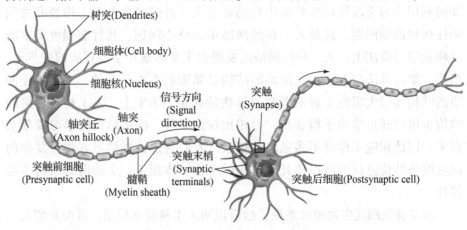

图 9-1 生物神经元的基本结构[1]

细胞体是生物神经元的主体，由细胞核、细胞质和细胞膜组成，直径为$4 \sim 150\ \mu m$。细胞体的内部是细胞核，由蛋白质和核糖核酸构成。包围在细胞核周围的细胞浆就是细胞质。细胞膜则相当于细胞体的表层，生物神经元的细胞体越大，突起越多越长，细胞膜的面积就越大。

轴突是由细胞体向外延伸出的所有神经纤维中最长的一支，用来向外输出生物神经元所产生的神经信息。轴突末端有许多极为细小的分枝，称为神经末梢（突触末梢）。每一条神经末梢可与其他生物神经元的树突形成功能性接触（为非永久性的接触），接触部位称为突触。

树突是指由细胞体向外延伸的除轴突以外的其他所有分支。树突的长度一般较短，但数量很多，它是生物神经元的输入端，用于接受从其他生物神经元的突触传来的神经信息。

生物神经元中的细胞体相当于一个处理器，它对来自其他各个生物神经元的信号进行整合，在此基础上产生一个神经输出信号。由于细胞膜将细胞体内外分开，因此，细胞体的内外具有不同的电位，通常是内部电位比外部电位低。细胞膜内外的电位之差称为膜电位。无信号输入时的膜电位称为静止膜电位。当一个神经元的所有输入总效应达到某个阈值电位时，该细胞变为活性细胞，其膜电位将自发地急剧升高，产生一个电脉冲。这个电脉冲又会从细胞体出发沿轴突到达神经末梢，并经与其他神经元连接的突触，将这一电脉冲传给相应的生物神经元。图 9 – 1 中的信号方向显示了在突触前细胞与突触后细胞之间的这种信号传递过程。

9.1.2 生物神经元的功能

生物神经元具有如下重要的功能与特性。

1. 时空整合功能

生物神经元对不同时间通过同一突触输入的神经冲动，具有时间整合功能；对于同一时间通过不同突触输入的神经冲动，具有空间整合功能。两种功能相互结合，使生物神经元对由突触传入的神经冲动具有时空整合的功能。

2. 兴奋与抑制状态

生物神经元具有兴奋和抑制两种常规的工作状态。当输入信息的时空整合结果使细胞膜电位升高，超过动作电位阈值时，细胞进入兴奋状态，产生神经冲动。相反，当输入信息的时空整合结果使细胞膜电位低于动作电位阈值时，细胞进入抑制状态，无神经冲动输出。兴奋和抑制是生物神经元活性的重要表现形式。

3. 脉冲与电位转换

突触处具有脉冲/电位信号转换功能。沿神经纤维传递的信号为离散的电脉冲信号，而细胞膜电位的变化为连续的电位信号。这种在突触接口处进行的"数/模"转换，是通过神经介质以量子化学方式实现的，其转换过程是：电脉冲→神经化学物质→膜电位。

4. 神经纤维传导速率

神经冲动沿轴突运动的速度受轴突直径、膜电导、膜电容因素的影响。由于髓磷脂（封装在髓鞘内的物质）可以降低膜电容和电导，因此在有髓磷脂的轴突上，神经冲动的传导速度可达到 100 m/s 以上；在无髓磷脂的轴突上，其传导速度可低至每秒数米。

5. 突触延时和不应期

突触对相邻两次神经冲动的响应有一定的时间间隔，在这个时间间隔内不响应激励，也不传递神经冲动，这个时间间隔称为不应期。

生物神经元的上述结构与机能是人工神经元诞生的依据，确定了人工神经元的形态。

9.2　人工神经元模型

1943 年，美国神经生理学家 McCulloch 和数学家 Pitts 合作，根据当时已知的生物神经元的功能和结构，运用自己的想象力，提出了模拟生物神经元的简化数学模型，被人们称为"McCulloch – Pitts 神经元"，或简称"M – P 神经元"。McCulloch 和 Pitts 进而通过 M – P 神经元的互连构造了世界上第一个人工神经系统。两位科学家关于该系统的论文《神经活动中固有的思想逻辑运算》（A logical calculus of the ideas immanent in nervous activity）[2] 是人工智能的经典论文之一，奠定了人工神经网络的发展基础。

M – P 神经元模型如图 9 – 2 所示。在图 9 – 2 中，$x_1, x_2, \cdots, x_n$ 表示神经元的 n 个输入，相当于生物神经元通过树突所接受的来自其他神经元的神经冲动；$\omega_1, \omega_2, \cdots, \omega_n$ 分别表示每个输入的连接强度，称为连接权值；θ 为神经元的输出阈值，相当于生物神经元的动作电位阈值，通常也称为偏离值（bias）；y 为神经元的输出，相当于生物神经元通过轴突向外传递的神经冲动。中间圆形区域表示根据输入信息获得输出信息的部分，相当于生物神经元的细胞体。

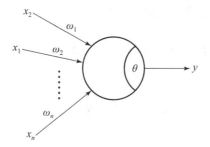

图 9 – 2　M – P 神经元模型

类似于生物神经元，M – P 神经元接受输入 $X = \{x_1, x_2, \cdots, x_n\}$，将其整合并激活神经元后产生输出。因此，人工神经元的输入 – 输出映射关系由整合函数（combination function）和激活函数（activation function）两部分构成。激活函数也常被称为转移函数或信号函数。应用不同的整合函数和不同的激活函数，可以得到不同类型的 M – P 神经元。设 $g(X)$ 表示整合函数，$f(\,\cdot\,)$ 表示激活函数，则

$$y = f(g(X))\tag{9-1}$$

令 $\xi = g(X)$，称其为激活值。

9.2.1　常用整合函数

1. 加权求和型函数

加权求和型函数形式为

$$\xi = g(X) = \sum_{i=1}^{n} \omega_i x_i - \theta\tag{9-2}$$

相应地，神经元输入 – 输出映射关系为

$$y = f(\xi) = f\left(\sum_{i=1}^{n} \omega_i x_i - \theta\right)\tag{9-3}$$

有时为了计算方便，可将阈值 θ 也视为一个输入 x_0，其权值固定为 –1，即 $\omega_0 = -1$，则式（9-3）可被简化为

$$y = f(\xi) = f\left(\sum_{i=0}^{n} \omega_i x_i\right)\tag{9-4}$$

2. 径向距离函数

以输入向量与中心向量的欧式距离作为整合后的结果，这一整合形式主要用在径向基函数网络[①]中。设中心向量为 $C = \{c_1, c_2, \cdots, c_n\}$，$\| X - C \|$ 表

①　关于径向基函数网络，请见第 10 章 10.8 节。

示输入向量与中心向量的欧氏距离，即

$$\xi = \| X - C \| = \sqrt{\sum_{i=1}^{n} (x_i - c_i)^2} \qquad (9-5)$$

相应地，神经元输入 – 输出映射关系为

$$y = f(\xi) = f\left(\sqrt{\sum_{i=1}^{n} (x_i - c)^2} \right) \qquad (9-6)$$

9.2.2　常用激活函数

激活函数有许多不同形式。常用激活函数包括阈值型函数（阶跃函数）、线性函数、分段线性函数、S 型函数和高斯函数。

1. 阈值型函数

阈值型函数是 McCulloch 和 Pitts 最初提出 M – P 神经元时所采用的形式。函数形式如下：

$$f(\xi) = \begin{cases} 1, \xi \geqslant 0 \\ 0 \text{ 或 } -1, \xi < 0 \end{cases} \qquad (9-7)$$

该函数说明采用阈值型激活函数的 M – P 神经元，当其整合后的输入信号超过输出阈值时，神经元输出 1，表示神经元处于兴奋状态，否则输出 0 或 – 1，表示神经元处于抑制状态。

2. 线性函数

采用线性激活函数的神经元，其输出结果等于输入整合结果，即

$$f(\xi) = \xi \qquad (9-8)$$

3. 分段线性函数

分段线性函数的一般形式为

$$f(\xi) = \begin{cases} 1, & \xi \geqslant 1 \\ \xi, & -1 < \xi < 1 \\ -1, & \xi \leqslant -1 \end{cases} \qquad (9-9)$$

4. S 型函数

S 型函数是具有单增性、光滑性和渐近性的非线性连续函数，目前在人工神经网络的中应用最为普遍。典型的 S 型函数包括 Logistic 函数和双曲正切（tanh）函数。

Logistic 函数的形式为

$$f(\xi) = \frac{1}{1 + e^{-\xi}} \qquad (9-10)$$

双曲正切函数的形式为

$$f(\xi) = \tanh\left(\frac{\xi}{2}\right) = \frac{1 - e^{-\xi}}{1 + e^{-\xi}} \tag{9-11}$$

5. 高斯函数

高斯函数形式为

$$f(\xi) = e^{-\xi^2/2\sigma^2} \tag{9-12}$$

其中，σ 为标准差。

6. 修正线性单元（Rectified Linear Unit，ReLU）函数

ReLU 函数形式为

$$f(\xi) = \max(0, \xi) \tag{9-13}$$

即在线性函数的基础上增加了不为负的限制。该函数在目前深度神经网络结构中得到广泛的采用，在实践中表现出优于其他常用激活函数的效果。

图 9 - 3 所示为上述五类七种激活函数的图示和符号。

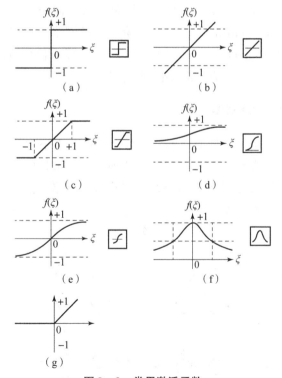

图 9 - 3　常用激活函数

（a）阈值型函数；（b）线性函数；（c）分段线性函数；（d）Logistics - S 型函数；
（e）双曲正切 - S 型函数；（f）高斯函数；（g）修正线性单元函数（ReLU）

9.3 人工神经网络的结构类型

根据图 9-1 所示生物神经元的相互关系，在上述 M-P 神经元的基础上，人工神经元互连的基本方式是将一个神经元的 n 个输入（树突）连接到其他 n 个神经元的输出端（神经末梢），同时将该神经元的输出作为其他与之存在联系的神经元的输入。这样，一个神经元的输出与其他神经元输入的连接点类似于生物神经元的突触。当然，在人工神经元里，神经元的输入/输出只是信息的通道，彼此没有结构上的区别，因此在互连后的网络中是合二为一的。

人工神经元经广泛互连后形成的人工神经网络可以用图的形式描述，图中顶点表示人工神经元的细胞体，即根据接收的输入信息产生输出信息的处理部分；有向边表示人工神经元之间的连接，即神经元之间的输入-输出对应关系。

根据对应的连接图中是否存在信息回路，人工神经网络结构可分为前馈型神经网络（feedforward network）和反馈型神经网络 [feedback network，或称循环型神经网络（recurrent network）] 两大类，没有信息回路的为前馈型神经网络，存在信息回路的为反馈/循环型神经网络。

9.3.1 前馈型神经网络

前馈型神经网络，又称前向网络，对应结构图中不含任何信息回路，也就是说神经元之间没有反馈连接。图 9-4 所示为一般性的前馈型神经网络结构。如图 9-4 所示，前馈型神经网络可看作分层网络，信息从输入层到输出层逐渐传递，传递可以逐层进行或跨层进行，但在实际中通常采用信息逐层传递的结构，信息跨层传递的结构比较少见。

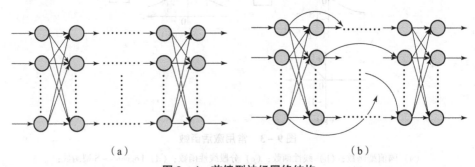

（a）　　　　　　　　　　　　（b）

图 9-4　前馈型神经网络结构

（a）无跨层传递的前馈型神经网络；（b）有跨层传递的前馈型神经网络

　　按照层数的不同，前馈型神经网络又可划分为单层、两层及多层网络等。在多层前馈型神经网络中往往将所有神经元按功能划分为输入层、隐含层（中间层）和输出层。其中，输入层上的神经元从外部环境中接受输入信息，输出层上的神经元向外部环境中产生神经网络的输出信息。隐含层则位于输入层和输出层中间，是一个中间处理层，由于它不直接与外部输入、输出打交道，因此被称为隐含层。

9.3.2 反馈型神经网络

　　反馈型神经网络对应结构图中有信息回路，这种信息回路或者存在于同层神经元之间，或者存在于不同层神经元之间。信息回路的存在导致网络具有动态特性，即神经元的信息输出有可能导致自身的信息输入发生变化，从而又引起神经元输出的变化。相反，前馈型神经网络在信息从输入层传递到输出层后，工作即告终止，不会出现循环往复的情况，因此是静态的。

　　图 9-5 所示为反馈型神经网络中的同层反馈连接和异层反馈连接以及最一般的反馈型神经网络：全互连网络或称全连接网络。在全互连网络中，所有两两神经元之间都是互连的，因此每个神经元都既可以作为输入，也可以作为输出，神经元之间没有层次的区分。在图 9-5（b）中，$X = \{x_1, x_2, \cdots, x_n\}$ 表示各个神经元的输入信号，$Y = \{y_1, y_2, \cdots, y_n\}$ 表示各个神经元的输出信号，这些输出信号被反馈给自身和其他神经元，因此也是一种反馈信号。Y 同时也代表了系统所处的状态。全互连网络可以在没有输入的情况下，从系统的当前状态开始运行，根据内部信号的反馈不断改变自己的状态。因此，在反馈型神经网络中，输入 X 不是必需的。

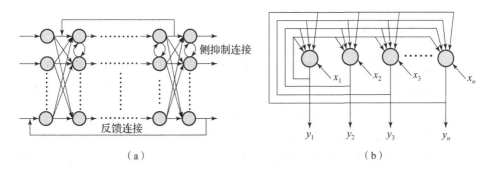

（a）　　　　　　　　　　　　（b）

图 9-5　反馈型神经网络结构

（a）同层反馈连接与不同层反馈连接；（b）全互连网络

根据以上对反馈型神经网络的介绍可知，信息要在网络中各个神经元之间反复往返传输，从而使网络处于一种不断改变状态的过程中，这种过程最终可能导致出现以下两种结果之一：①经过若干次状态变化后，网络达到某种平衡状态，产生某一稳定的输出信号；②网络进入周期性振荡或混沌状态。因此，反馈型神经网络可被认为是一种非线性动力系统，对它的分析可借助非线性动力系统的分析手段。

9.4 人工神经网络的学习方式

人工神经网络的学习算法本质上与机器学习部分所述的方法一致，同样可按监督学习、非监督学习、半监督学习、强化学习这四大类进行归纳和认识。在此基础上，由于人工神经网络可以借鉴人类大脑的学习机理，形成了一些特定的学习概念，如赫伯学习（Hebbian learning）、竞争学习（competitive learning）等，但它们仍然可以归入上面四种类别。

9.4.1 赫伯学习

赫伯学习规则[3]是：如果人工神经网络中某一神经元同另一直接与它连接的神经元同时处于兴奋状态，那么这两个神经元之间的连接强度应得到加强。设 $\omega_{ij}(t+1)$，$\omega_{ij}(t)$ 分别表示第 t 和 $t+1$ 时刻时，第 i 个神经元和第 j 个神经元之间的连接权值，$x_i(t)$，$x_j(t)$ 分别为第 t 时刻时，第 i 个神经元和第 j 个神经元的输出，则赫伯学习规则可形式化为

$$\omega_{ij}(t+1) = \omega_{ij}(t) + \eta(x_i(t) \cdot x_j(t)) \tag{9-14}$$

其中，η 是一正常数，称为学习因子。

9.4.2 竞争学习

在竞争学习[4]中，人工神经网络中的神经元之间存在竞争关系，相互竞争对外部输入的响应。在竞争中获胜的神经元，其连接权值的调整将使这一神经元在下一次竞争同样或类似的外部输入模式时更为有利。可以说，竞争获胜的神经元抑制了竞争失败的神经元对外部输入模式的响应。

竞争学习的最简单形式是在任一时刻，都只允许一个神经元被激活，更一般的形式则是允许多个竞争获胜者同时出现，与所有获胜神经元相关联的连接权值都将在学习中得到更新。

小结

本章介绍了人工神经网络的基础知识。其中要点如下。

（1）人工神经网络首先关注人类智能的神经生理基础，试图在模拟人脑结构的基础上实现对人脑功能的模拟。因此，人们对人脑神经系统结构和功能的认识是人工神经网络的实现基础。

（2）人工神经网络的基本构成单元是 McCulloch 和 Pitts 于 1943 年提出的关于生物神经元的数学模型：M－P 神经元模型。该模型用加权求和方式整合神经元的输入信号，并通过激活函数产生输出信号，可视为基于整合函数和激活函数的信息处理单元。常用的整合函数，除了加权求和形式外，还有径向基函数形式。常用的激活函数则包括阈值函数、线性函数、分段线性函数、S 型函数、高斯函数、修正线性单元函数（ReLU）等。

（3）M－P 神经元经过广泛互连便形成了人工神经网络。互连的基本方式是将一个神经元的输出端连接至其他神经元的输入端。这样获得的人工神经网络可以用图的形式描述，图中顶点表示神经元的计算部分，有向边表示不同神经元之间的输入－输出对应关系。

（4）在人工神经元的基础上，为了得到可以应用的人工神经网络，必须解决两个基本问题：网络结构问题和网络学习问题。不同人工神经网络模型的区别体现在对这样两个问题的解决方案的不同。

（5）按照人工神经网络结构的不同，人工神经网络分为前馈型神经网络和反馈/循环型神经网络两大类。前馈型神经网络中没有信息回路。反之，反馈/循环型神经网络中存在信息回路。由于这种结构的不同，在工作机制上，前馈型神经网络是静态的，反馈/循环型神经网络则是动态的。

（6）网络学习是人工神经网络应用中的关键问题，包括权值学习和结构学习两个方面，但目前主要是指权值学习。本质上，人工神经网络中的学习是机器学习部分所述监督学习、非监督学习、半监督学习、强化学习等方法在人工神经网络中的应用。不过由于人工神经网络的特点，通过借鉴人脑学习机制，人工神经网络中也形成了一些特定的学习算法，如赫伯学习、竞争学习等。

参考文献

[1]JAMES A P. Memristor threshold logic FFT circuits [M]. IntechOpen,2017.

[2]MCCULLOCH W S, PITTS W H. A logical calculus of the ideas immanent in nervous activity[J]. The Bulletin of Mathematical Biophysics, 1943, 5 (4): 115 – 133.

[3]HEBB D O. The organization of behavior: a neuropsycholocigal theory[M]. New York: Wiley & Sons,1949.

[4]GROSSBERG S. Competitive learning: from lnteractive activation to adaptive resonance[J]. Cognitive Science,1987,11,23 – 63.

第 10 章 前馈型神经网络

如第 9 章所述，前馈型神经网络（以下简称前馈网络）是结构上不包含信息回路的人工神经网络。在网络工作过程中，信息从输入层输入，经若干中间层，逐层传递到输出层产生输出。从计算角度看，前馈网络建立了输入 – 输出映射关系，是一种函数表达形式。事实上，人们已证明 4 层以上前馈网络足以表达任意的连续函数[1]。当然一个前馈网络是否能准确表达待求解的函数，除了结构以外，还依赖于相应学习算法的有效性，二者是紧密交织在一起的，前馈网络的每一次大发展，从最初的单层感知器到多层感知器，再到深度网络，都是结构和学习算法的共同进步。

前馈网络既然可以看作函数，则既可以从结构来推得其所表达的函数形式，也可以反过来从要表达的函数形式来反推网络结构，径向基函数网络是后者的一个典型代表，从中可以更好地看出前馈网络与函数之间的内在联系。

本章介绍经典的前馈网络结构及其学习算法，包括感知器（Perceptron）、自适应线性元素网络（ADAptive Linear Neuron，ADALN）、BP 网络、CNN、深度信念网络（Deep Belief Network，DBN）、自编码器（Auto – Encoder）网络、径向基函数网络。

10.1 感知器

感知器是美国学者 Rosenblatt 于 1957 年为研究人脑的记忆、学习和认知过程而提出的一种前馈网络模型[2,3]。作为最先提出的具有自学习能力的人工神经网络模型，感知器在人工神经网络发展史上占有重要地位。

10.1.1 感知器结构与学习算法

原始感知器由输入层和输出层构成，两层神经元之间采用全互连方式，其基本结构如图 10 – 1 所示。在感知器中，输入层各神经元仅用于将输入数据传送给与之连接的输出层神经元，计算仅发生在输出层，输出层各神经元中采用的整合函数为加权求和型函数，激活函数为阈值型函数。根据上一章所述的加权求和型整合函数与阈值型激活函数，设第 j 个输出神经元的连接权值为 $\boldsymbol{\omega}_j = \{\omega_{0j}, \omega_{1j}, \cdots, \omega_{mj}\}$，其中 ω_{0j} 表示神经元输出阈值，ω_{ij} 表示第 i 个输入神经元与第 j 个输出神经元之间的连接权值；输入神经元和输出神经元的个数分别为 m 和 n，$\boldsymbol{x} = \{x_1, x_2, \cdots, x_m\}$ 与 $\boldsymbol{y} = \{y_1, y_2, \cdots, y_n\}$ 分别表示任意一个输入及其所产生的输出，则有

$$y_j = \begin{cases} 1, & \sum_{i=0}^{m} \omega_{ij} x_i > 0 \\ 0, & \sum_{i=0}^{m} \omega_{ij} x_i \leqslant 0 \end{cases} \qquad (10-1)$$

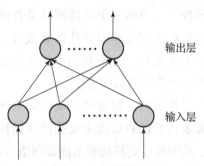

输出层

输入层

图 10 – 1　感知器结构

在感知器结构的基础上，Rosenblatt 提出了学习神经元连接权值和输出阈值的感知器学习算法。对于具有 m 个输入神经元和 n 个输出神经元的感知器来说，共有 $m(n+1)$ 个需要调整的连接权值（神经元的输出阈值作为一个连接权值）。感知器学习算法为监督学习算法，其中关键是根据输入 $\boldsymbol{x}_k$、实际输出 $\boldsymbol{y}_k$、期望输出 $\boldsymbol{d}_k = \{d_1, d_2, \cdots, d_n\}$ 对连接权值进行调整的如下公式：

$$\omega_{ij} \leftarrow \omega_{ij} + \eta x_i (d_j - y_j), \ i = 1, \cdots, m; \ j = 0, 1, \cdots, n \qquad (10-2)$$

根据式（10 – 1）和式（10 – 2），感知器学习算法如算法 10 – 1 所示。

算法 10 – 1　感知器学习算法

Step1. 初始化连接权值：给网络中各个连接权值分别赋予较小的非零随机数。

Step2. 逐个提供输入样本 $\boldsymbol{x}_k$ 和该样本对应的期望输出 $\boldsymbol{d}_k$，并执行以下步骤。

　　Step2. 1. 利用式（10 – 1）计算网络实际输出 y_k。

　　Step2. 2. 根据 $\boldsymbol{x}_k$，$\boldsymbol{y}_k$，$\boldsymbol{d}_k$，利用式（10 – 2）调整网络中的各个连接权值。

　　Step2. 3. 看是否所有训练数据已得到处理，如是则转到 Step3，否则转到 Step2. 1。

Step3. 计算在训练数据集上的总的平方误差，如果小于阈值，则结束，否则转到 Step2。

10.1.2　感知器应用示例

作为感知器的应用示例，下面讨论如何用感知器实现两个变量的逻辑运算。显然，该感知器应有两个输入单元、一个输出单元。在确定输入单元与输出单元的连接权值，以及输出单元的输出阈值后，便能得到相应的感知器。连接权值和输出阈值可通过上述学习算法学习得到。此处直接给出相应的连接权值和输出阈值，具体学习过程略。

1. "与"运算 $(x_1 \land x_2)$ 的实现

令 $\omega_1 = \omega_2 = 1$，$\theta = 2$，得到 $y = f(x_1 + x_2 - 2)$，则当 x_1，x_2 均为 1 时，y 值为 1；而当 x_1，x_2 中有一个为 0 时，y 值为 0，实现了"与"运算。

2. "或"运算 $(x_1 \lor x_2)$ 的实现

令 $\omega_1 = \omega_2 = 1$，$\theta = 0.5$，得到 $y = f(x_1 + x_2 - 0.5)$，则当 x_1，x_2 中有一个为 1 时，y 值为 1；只有当 x_1，x_2 均为 1 时，y 值才为 0，实现了"与"运算。

3. "非"运算 $(-x_1)$ 的实现

令 $\omega_1 = -1$，$\omega_2 = 0$，$\theta = -0.5$，得到 $y = f(-x_1 + x_2 + 0.5)$，则无论 x_2 为何值，当 x_1 为 1 时，y 值为 0；当 x_1 为 0 时，y 值为 1，实现了"非"运算。

10.1.3　感知器的局限性

对于上面所讨论的感知器学习算法，Novikoff 等人在 20 世纪 60 年代初期给出了严格的证明，证明该算法对于线性可分的样本是收敛的[4]。由于这种网络具有类似人那样的自学习、自组织能力，因此当时人们对它寄予了很大的期望，但不久却发现由于其结构上的简单，感知器在功能上具有很大的局限性。Minsky 和 Papert 从数学上分析了以感知器为代表的人工神经网络系统的功能和局限性，于 1969 年出版了《感知器》（*Perceptron*）一书[5]。书中指出感知器仅能解决线性问题，不能解决非线性问题。比如，"异或"（XOR）运算就不能通过感知器算法来解决。下面详细说明感知器为什么不能解决"异或"问题。首先，给出"异或"运算真值表，如表 10-1 所示。

由表 10-1 可知，只有当两个输入值相异时，输出值才为 1，否则输出值为 0。

根据感知器的输入-输出映射关系 $y = f(\omega_1 x_1 + \omega_2 x_2 - \theta)$，要用感知器解决"异或"问题，必须存在 $\omega_1, \omega_2, \theta$，满足如下方程组：

表 10-1 "异或"运算真值表

输入 x_1	输入 x_2	输出 y
0	0	0
1	0	1
0	1	1
1	1	0

$$\begin{cases} -\theta < 0 \\ \omega_1 - \theta \geq 0 \\ \omega_2 - \theta \geq 0 \\ \omega_1 + \omega_2 - \theta < 0 \end{cases}$$

但这一方程组无解，因此单层感知器无法表达"异或"函数。

"异或"函数为非线性函数，感知器不能表达非线性函数的关键在于其结构简单，仅有一层计算节点，而且该层计算节点采用加权求和型整合函数与阈值型激活函数，导致其结构本身只能表达线性函数。因此，进一步解决非线性问题，需要增加网络结构的复杂性，特别是增加网络层数。但网络层数增加以后，又带来如何有效学习的问题，这一问题直到 BP 网络提出后，才有了新的突破。下面在介绍 BP 网络之前，先看看 ADALN。

10.2 ADALN

1960 年，Widrow 与 Hoff 设计了 ADALN[6,7]。

ADALN 的结构与感知器基本一致，不同之处在于 ADALN 中输出层神经元采用了线性激活函数，而不是阈值型激活函数。相应地，对于任意一个输出神经元，ADALN 的输出函数形式为

$$y_i = f(\xi_i) = \sum_{j=0}^{m} \omega_{ji} x_{ji} \tag{10-3}$$

其中，ω_{ji} 表示第 j 个输入神经元与第 i 个输出神经元之间的连接权值；m 表示所有输入神经元的个数。

Widrow 和 Hoff 的主要贡献在于针对 ADALN，提出了最小均方误差（Least Mean Square，LMS）学习算法[6]。LMS 学习算法与下一节将要介绍的 BP 学习算法的基本思想一致，它们均为监督学习算法，均以 LMS 作为学习目

标，均以梯度下降作为优化方法，二者的区别仅在于结构上的不同导致通过梯度下降策略所推出的权值更新公式和方法不同。下面推导 LMS 学习算法中关键的权值更新规则，该规则常称为维德诺－霍夫德尔塔规则（Widrow－Hoff delta rule）[7]。首先对于给定的一个训练数据，由网络所导致的平方误差为

$$e(\omega) = \frac{1}{2} \sum_{i=1}^{n} (d_i - y_i)^2 \qquad (10-4)$$

其中，d_i 与 y_i 的含义见第 10.1 节中的相应说明；n 表示所有输出神经元的个数。在给定输入－输出数据集的情况下，误差值随人工神经网络权值的变化而变化，因此误差函数是关于网络权值的函数。

根据梯度下降优化方法[8]，权值更新公式的基本形式如下：

$$\omega = \omega - \eta \frac{\partial e(\omega)}{\partial \omega} \qquad (10-5)$$

根据式（10-3）和式（10-4），有

$$\frac{\partial e}{\partial \omega_{ji}} = x_{ji}(y_i - d_i) \qquad (10-6)$$

将式（10-6）代入式（10-5），便获得 LMS 学习算法中权值更新的维德诺－霍夫德尔塔规则如下：

$$\omega_{ji} = \omega_{ji} - \eta x_{ji}(y_i - d_i) \qquad (10-7)$$

其中，$\delta = -\eta x_{ji}(y_i - d_i)$，表示每次迭代时的变化量。用式（10-3）和式（10-7）分别替换算法 10-1 中的式（10-1）和式（10-2），便得到 LMS 学习算法。

10.3　BP 网络

如 10.1 节最后所述，感知器仅能表示线性函数的原因在于其结构过于简单，仅有一层计算单元，且其激活函数为离散的阈值型函数。人工神经网络的结构复杂性实际就是其所能表示的函数形式的复杂性。因此，为了表达非线性函数，需要增加人工神经网络结构的复杂性。对于前馈网络来说，很自然的做法是增加网络的层数，从感知器扩展到多层感知器，在输入层与输出层之间增加一些中间层，其被称为隐含层（hidden layer）。

多层感知器可以用来解决"异或"问题，Minsky 和 Papert 在《感知器》一书中已指出了这一点[5]。例如，图 10-2 所示为一个三层感知器，在输入层和输出层之间增加了一个隐含层。对于该三层感知器，如果神经元采用加权求和型整合函数，且令隐含层和输出层的神经元输出阈值都为 0.5，便得到

如下通过该网络所表达的计算函数：

$$x_{11} = f(x_{10} - x_{20} - 0.5),$$
$$x_{21} = f(x_{10} - x_{20} - 0.5), \quad (10-8)$$
$$y = f(x_{11} - x_{21} - 0.5)$$

根据式（10-8）所示的输入 – 输出映射关系，即使 f 仍然采用阈值型激活函数，该三层感知器也能实现"异或"运算。

上面所述例子说明可以通过增加前馈网络结构的复杂性来表达复杂函数。如前所述，人们已证明4层以上的前馈网络足以表达任意的连续函数[1]。但尽管如此，在实际应用中，却很难获得理想的多层感知器，这里存在的一个关键问题是如何学习到理想的网络连接权值，即多层感知器的学习问题尚待解决。解决这一

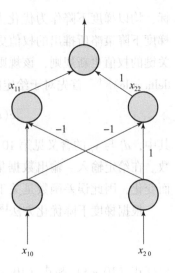

图 10-2　实现"异或"
运算的三层感知器

问题的里程碑成果是 Rumelhart、Hinton 和 Williams 提出的 BP 学习算法，相应网络简称为 BP 网络。

BP 网络对于推动人工神经网络的发展起到了重要的作用，至今仍然是得到广泛采用的前馈网络模型之一。

10.3.1　BP 网络结构

从结构上看，BP 网络是典型的多层感知器，它不仅有输入层神经元、输出层神经元，而且有一层或多层隐含层神经元，层与层之间采用全互连方式。其中计算神经元的整合函数均为加权求和型函数，激活函数均为非线性可微函数，通常采用 S 型函数（Logistic 函数或 tanh 函数，参见本书第9章9.2.2节）。图 10-3 所示为一个典型的三层 BP 网络，图中符号以及在下面推导权值更新公式中将要用到的一些符号的含义如下。

y_i——第 i 个输出神经元激活函数的输出。

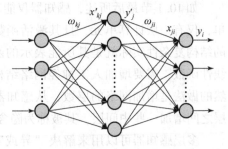

图 10-3　三层 BP 网络结构示例

σ_i——第 i 个输出神经元整合函数的输出。

x_{ji}——第 j 个隐含层神经元传输给第 i 个输出层神经元的数据。

ω_{ji}——第 j 个隐含层神经元与第 i 个输出层神经元之间的连接权值。

y'_j——第 j 个隐含层神经元激活函数的输出（即 $x_{ji} = y'_j$）。

σ'_j——第 j 个隐含层神经元加权求和型整合函数的输出。

x'_{kj}——第 k 个输入层神经元传输给第 j 个隐含层神经元的数据。

ω_{kj}——第 k 个输入层神经元与第 j 个隐含层神经元之间的连接权值。

n——输出神经元个数。

10.3.2 BP 权值更新规则

如前所述，BP 学习算法与上节所述 LMS 学习算法基本一样，其学习目标是最小平方误差，其优化方法是梯度下降。下面利用图 10-3 所示三层 BP 网络以及其中的符号，根据最小平方误差学习目标和梯度下降优化方法，推导 BP 学习算法中的权值调整公式，最后给出相应学习过程。该推导过程可推广至具有任意层数隐含层的 BP 网络。在下面的推导中没有说明的符号的含义请参见 9.2 节中关于加权求和型整合函数和 S 型激活函数的描述。

对于 BP 网络来说，其最小平方误差学习目标为

$$\omega^* = \arg \min_{\omega} e(\omega) \tag{10-9}$$

上述平方误差是在所有训练样本上计算的，这样每次迭代时都要考虑所有样本，计算量较大，实际经常采用的方法是每次用一个或一批数据（通常称为 batch）进行迭代，这样学习速度更快，但也因此给学习效果带来一定的随机性，所以这种梯度下降方法被称为随机梯度下降方法（stochastic gradient descent）[11]。注意对这种随机梯度与下面 10.7 节所述 DBN 中在输出数据分布上计算的随机梯度进行区分。

下面以每次输入一个数据进行更新为例进行推导，采用一批数据更新一次的方式可以依此类推。对于一个数据来说，BP 网络在所有输出信号上引起的误差为

$$e(\omega) = \frac{1}{2} \sum_{i=1}^{n} (d_i - y_i)^2 \tag{10-10}$$

如果是批处理方式，则还需在以上公式中加上对该批数据求和的运算。

下面运用梯度下降优化方法，根据式（10-9）求解 ω^*。设 $\nabla e(\omega)$ 表示 $e(\omega)$ 的梯度，则权值迭代公式为

$$\omega = \omega + \eta \underbrace{[-\nabla e(\omega)]}_{\delta} \tag{10-11}$$

可将式（10-11）分解到权值向量的各个分量上，设 ω 表示权值向量中的任

意分量，可得

$$\omega = \omega - \eta \frac{\partial e(\omega)}{\partial \omega} \tag{10-12}$$

接下来的任务就是为每个权值分量导出$\frac{\partial e(\omega)}{\partial \omega}$的计算公式，推导的关键在于建立连接权值与输出误差的关系，这种关系对于输出层神经元和隐含层神经元而言是不同的，因此分为输出层和隐含层两种情况处理。

1. 输出层的权值调整公式

对于输出层神经元而言，需要调整的是隐含层到输出层的连接权值。这些权值直接影响人工神经网络的输出，因此输出误差与相应连接权值的关系如下：

$$\begin{cases} e(\omega) = \frac{1}{2} \sum_{i=1}^{n} (d_i - y_i)^2 \\ y_i = \frac{1}{1 + e^{-\sigma_i}} \\ \sigma_i = \sum \omega_{ji} x_{ji} \end{cases} \tag{10-13}$$

这里采用 Logistic 激活函数，对于其他激活函数，推导过程类似。

根据式（10-13），可得

$$\frac{\partial e}{\partial \omega_{ji}} = \frac{\partial e}{\partial y_i} \cdot \frac{\partial y_i}{\partial \sigma_i} \cdot \frac{\partial \sigma_i}{\partial \omega_{ji}} \tag{10-14}$$

而

$$e = \frac{1}{2} \sum (d_i - y_i)^2 \Rightarrow \frac{\partial e}{\partial y_i} = (y_i - d_i) \tag{10-15}$$

$$y_i = \frac{1}{1 + e^{-\sigma_i}} \Rightarrow \frac{\partial y_i}{\partial \sigma_i} = y_i(1 - y_i) \tag{10-16}$$

$$\sigma_i = \sum \omega_{ji} x_{ji} \Rightarrow \frac{\partial \sigma_i}{\partial \omega_{ji}} = x_{ji} \tag{10-17}$$

所以

$$\frac{\partial e}{\partial \omega_{ji}} = x_{ji} y_i (1 - y_i)(y_i - t_i) \tag{10-18}$$

将式（10-18）代入式（10-12），即得输出层神经元连接权值的如下调整公式：

$$\omega_{ji} = \omega_{ji} - \eta x_{ji} y_i (1 - y_i)(y_i - d_i) \tag{10-19}$$

2. 隐含层的权值调整公式

对于隐含层神经元而言，需要调整的是输入层到隐含层的连接权值。这些权值通过隐含层的输出间接影响整个人工神经网络的输出，因此输出误差与相应连接权值的关系如下：

$$
\begin{cases}
e(\omega) = \dfrac{1}{2} \sum_{i=1}^{n} (d_i - y_i)^2 \\[2mm]
y_i = \dfrac{1}{1 + e^{-\sigma}} \\[2mm]
\sigma = \sum \omega_{ji} x_{ji} = \sum \omega_{ji} y'_j \\[2mm]
y'_j = \dfrac{1}{1 + e^{-\sigma'}} \\[2mm]
\sigma' = \sum \omega_{kj} x_{kj}
\end{cases}
\qquad (10-20)
$$

根据式（10-20），有

$$
\frac{\partial e}{\partial \omega_{kj}} = \sum_{i=1}^{n} \frac{\partial e}{\partial y_i} \cdot \frac{\partial y_i}{\partial \sigma} \cdot \frac{\partial \sigma}{\partial y'_j} \cdot \frac{\partial y'_j}{\partial \sigma'} \cdot \frac{\partial \sigma'_j}{\partial \omega_{kj}}
\qquad (10-21)
$$

类似于输出层神经元权值调整中式（10-15）～（10-17）的推导，有

$$
\frac{\partial e}{\partial y_i} = (y_i - t_i), \quad \frac{\partial y_i}{\partial \sigma_i} = y_i(1 - y_i), \quad \frac{\partial \sigma_i}{\partial y'_j} = \omega_{ji}, \quad \frac{\partial y'_j}{\partial \sigma'_j} = y'_j(1 - y'_j), \quad \frac{\partial \sigma'_j}{\partial \omega_{kj}} = x_{kj}
$$

$$
(10-22)
$$

综合起来，得到

$$
\frac{\partial e}{\partial \omega_{kj}} = x_{kj} y'_j (1 - y'_j) \sum_{i=1}^{n} \left[\omega_{ji} y_i (1 - y_i)(y_i - t_i) \right]
\qquad (10-23)
$$

同样，将该式代入式（10-12），便得到隐含层神经元连接权值的如下调整公式：

$$
\omega_{kj} = \omega_{kj} - \eta x_{kj} y'_j (1 - y'_j) \sum_{i=1}^{n} \omega_{ji} y_i (1 - y_i)(y_i - d_i)
\qquad (10-24)
$$

10.3.3 BP 学习过程

根据上述权值更新公式的推导，可知在 BP 学习中需根据网络输出的误差逐层调整各个神经元的连接权值，因此，BP 学习过程由信号正向传播和误差反向传播两个阶段构成。其中，信号正向传播用于获得在隐含层神经元和输出层神经元上的输出信号；误差反向传播用于将网络期望输出与实际输出的误差从输出层反向传播至隐含层再至输入层，并在此过程中更新各个神经元的连接权值。

具体地说，当给定一组训练数据后，BP 网络依次对这组训练数据中的每

个（或每批）数据按如下方式进行处理：将输入数据从输入层传到隐含层，再传到输出层，产生一个输出结果，这一过程称为信息正向传播；如果经正向传播在输出层没有得到所期望的输出结果，则转为误差反向传播过程，即把误差信号沿着原连接路径返回，在返回过程中根据误差信号修改各层神经元的连接权值，使输出误差减小；重复信息正向传播和误差反向传播过程，直至得到所期望的输出结果为止。

上述三层 BP 网络学习过程如算法 10 - 2 所示。

算法 10 - 2　三层 BP 网络学习过程

Step1. 初始化连接权值：给 ω 中各分量分别赋予较小的非零随机数。

Step2. 重复以下各步，直到满足停止条件。

　　Step2. 1. 逐个提供训练数据（X_k，D_k）。

　　Step2. 2. 正向传播过程：对给定的输入数据 X_k，计算网络的实际输出 Y_k，并与期望输出比较，若存在误差，则进行反向传播；否则，取下一个训练数据。

　　Step2. 3. 反向传播过程：从输出层反向计算，逐层更新输出层和隐含层中神经元的连接权值：

　　　　输出层神经元：按式（10 - 19）调整；

　　　　隐含层神经元：按式（10 - 24）调整。

这里需要指出两点：第一，BP 网络学习过程需要信息正向传播和误差反向传播，一旦 BP 网络经过训练之后用于实际计算，则只需信息正向传播，不需要再进行误差反向传播；第二，从网络学习的角度看，信息在 BP 网络中的传播是双向的，但从结构上看，BP 网络的层与层之间的连接仅是单向的。综上，BP 网络在结构上仍然是一种不带反馈的前馈网络。

10.3.4　BP 网络应用示例

下面给出 BP 网络的一个应用示例：Rowley 等人的人脸检测算法[12]。该算法的目标是从图像中检测出其中所包含的全部人脸区域，要求检测结果不受人脸倾斜角度的影响。为了实现这一目标，该算法中总共使用了两个 BP 网络，第一个 BP 网络用于识别人脸倾斜角度，以便校正人脸角度至正面垂直状态，从而使人脸识别精度不受人脸倾斜角度影响；第二个 BP 网络用于识别人脸，即判断某一窗口内的图像是否为人脸。在此基础上，收集人脸数据并进行标注，对两个 BP 网络分别采用以上所述 BP 学习算法进行学习。其中，第一个 BP 网络的训练数据为标注好倾斜角度的人脸图像；第二个 BP 网络的训练数据为标注好的人脸及非人脸图像。

在两个 BP 网络分别训练完成后，将其串联起来完成人脸检测任务。对于某个输入图像，首先用滑动窗口技术获得该图像中的所有小窗口，每个小窗口中可能是人脸，也可能不是人脸；然后用以上两个 BP 网络判断每个小窗口中是否是人脸，判断为人脸的所有小窗口为最终检测结果，这里，对于每个小窗口的判断，首先将该小窗口中的图像送入第一个 BP 网络，计算得到倾斜角度，然后根据该倾斜角度对图像进行倾斜校正处理；最后将倾斜校正后的图像送入第二个 BP 网络，判断其是否为人脸。

图 10 - 4 所示为上述 BP 网络和计算过程，其中图 10 - 4（a）所示为识别正面人脸的 BP 网络（上述第二个 BP 网络）；图 10 - 4（b）所示为完整的处理过程，包括计算倾斜角度的第一个 BP 网络 [图 10 - 4（b）前半部分所示网络]。

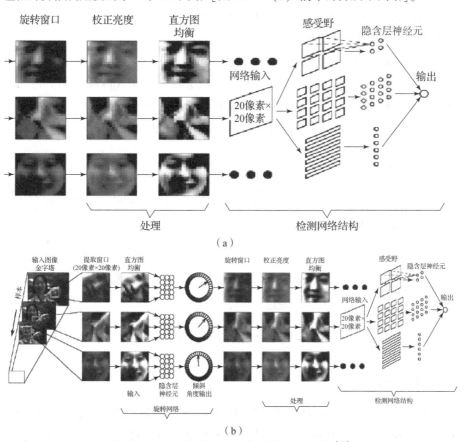

图 10 - 4　BP 网络应用示例：人脸检测算法[12]

（a）识别正面人脸的 BP 网络；（b）完整的结构：先用检测人脸倾斜角度的 BP 网络检测倾斜角度，
用于校正人脸至正面垂直状态，然后利用识别正面人脸的 BP 网络识别其是否为人脸

10.4 CNN

BP网络一般为3~4层。实际上，层数还可进一步增加，由此导致深度神经网络（Deep Neural Network, DNN）概念的出现。CNN是深度神经网络的早期代表，也是目前经常采用的深度神经网络形式之一。与BP网络相比，CNN的不同点主要体现在结构上。BP网络中两层之间的神经元是全互连的，前一层的所有神经元与下一层的所有神经元都存在连接关系。而CNN中各层之间不一定是全连接的，在其部分层次之间，前一层神经元仅与下一层的部分神经元连接；下一层的神经元也仅与上一层的部分神经元连接，这样的层称为卷积层，这也是CNN命名的原因。此外，神经元连接权值还可以在不同神经元之间共享。这些因素导致CNN的结构具有稀疏性（sparsity），这也是其能取得良好效果的重要原因之一。

CNN发端于LeCun所提出的用于字符识别的LeNet[11]，其时它还没有被冠以深度网络的概念。而CNN真正引起广泛关注则是在Alex等人将其应用于ImageNet图像分类竞赛（LSVRC – 2010）并在竞赛中获得最好识别率之后[13]，相应网络常被称为AlexNet。图10 – 5所示为AlexNet的结构[13]。

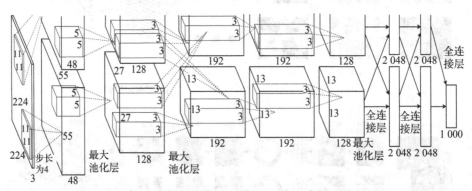

图10 – 5 CNN结构示例（AlexNet）[13]

10.4.1 何谓卷积

如图10 – 5所示，CNN的结构整体上可分为两个大的部分，第一部分是卷积层，其结构是稀疏的，后一层的一个神经元仅连接到前一层的部分神经元上。从视觉应用上看，这种局部连接关系类似于人眼神经系统的感受野（receptive field）。第二部分是判别层，在卷积层输出信息的基础上获得最终结果（比如分类结果），其结构是稠密的和全连接的，与 BP 网络的结构基本一致。因此，CNN 的特点主要在于卷积部分，该部分中每一层到下一层的连接均起到卷积运算（convolution）的作用，即将上一层一个小区域内的数据，卷积成一个值输入到下一层。从结构上说，就是上一层一个小区域内的神经元连接到下一层的一个神经元上，并采用加权求和型整合函数，这种计算方式便称为卷积，而具体卷积形式还取决于相应的权值，其称为卷积核（kernel）。

对于卷积核的构造，有三个重要参数。第一个是小窗口的大小，即卷积核的大小，或称尺度。可以在任意尺度上计算卷积，事实上，即使采用全连接方式，当采用加权求和型整合函数时，其计算性质仍然可被视为卷积，只是卷积核的尺度为整幅图像。事实上，从计算本质上说，卷积运算就是加权求和型整合运算。第二个是小窗口的间隔距离（stride），或者可以看作不同窗口之间的重叠度，显然不同窗口之间应有一定的重叠，才能保证获得良好的效果。第三个是卷积核的通道数，在图 10 – 5 中直观表现为每一层的厚度。事实上，在下一层同一位置处的卷积运算可采用不同权值重复计算多次，即下一层一个特定位置上的神经元与前一层若干个神经元之间的连接可以有多组，使得在同一位置上有多个输出，每个输出称为不同的通道（channel）。比如在图 10 – 5 中，第一层的通道数（图上直观表现是第一层的厚度）为 3，表示输入是 3 维的；而到了第二层，通道数变成了 48，其实现方式是在第二层的同一个位置上有 48 个神经元，分别连接到上一层的同样的 $11 \times 11 \times 3$ 的神经元上，但连接权值可以是不同的，从而上一层的这些数据通过 48 次卷积运算得到了一个 48 维的数据，这样的方式起到了从上一层数据中抽取数据特征的作用。

10.4.2　CNN 结构上的其他主要特点

1. 池化（pooling）

除了卷积层以外，在 CNN 中往往还有池化层（pooling），通常位于两个卷积层之间，用于对卷积层一定区域内的数据做进一步处理后输出，比如求区域内的最大值（max pooling）、平均值（average pooling）等，同时通常设置 stride 值大于 1 从而导致数据尺度缩小，因此也被称为下采样（downsampling）或子采样（subsampling）。除了池化外，也可通过卷积运算来实现下采样，事实上平均池化就是一种特定的卷积运算。

池化运算与卷积运算在基本计算形式上是相似的，都是获得小区域内的综合值，因此都有尺度和间隔距离作为参数。不同之处在于池化运算是固定的，不是通过权值学习进行的。另外，池化运算是在每个通道上分别进行的，即每个通道上分别求出一个池化值进入下一层，而卷积运算则是在所有通道上进行的。比如在图 10 - 5 中，第二层卷积层与第三层卷积层之间有一个最大池化层（max pooling），其在上一层一定区域内的所有 48 维数据中，分别求每一维的最大值，获得一个 48 维数据。而第二层卷积层到第三层卷积层的一个卷积运算则是将所有 5×5×48 的数据卷积成一个值。

池化层的主要作用在于缩小数据尺度，减少空间位置对特征的影响，实现平移不变等不变性。

2. ReLU 激活函数

在 CNN 中，激活函数经常采用 ReLU 形式，具体形式请参见本书第 9 章 9.2.2 节的介绍。实践上表现出优于 S 型激活函数的特性。

10.4.3　CNN 的学习

CNN 的学习目标和优化方法与 BP 网络可以是一致的，即都可采用最小平方误差学习目标和梯度下降优化方法，也就是说可以采用与上一节所述 BP 学习算法完全相同的算法在 CNN 结构上进行学习。LeNet 与 AlexNet 以及目前主要的 CNN 都采用这样的学习方式。

同前，运用 BP 学习算法时，主要任务变成在 BP 过程中对各层误差函数的求导。这里，相比经典的 BP 网络，有如下几点特殊的处理。

首先，ReLU 激活函数在 0 点处实际是不可导的，为了运用 BP 学习算法，人们规定 ReLU 函数在 0 点处的导数为 0，即

$$\mathrm{ReLU}'(x) = \begin{cases} 1, x > 0 \\ 0, x \leq 0 \end{cases} \qquad (10-25)$$

于是，其求导运算只需做输入值的判断即可，运算量大大低于 S 型函数的求导，从而大大加快了训练速度，这也是其实践中优于 S 型函数的一个方面。

此外，最大池化运算同样是不可导的，采用上述类似 ReLU 激活函数求导的处理策略，人为规定池化窗口中最大值位置处对应的导数为 1，其他位置处的导数为 0。

10.5　全卷积网络与 U 形网络

上节所述 CNN 主要针对分类应用，整个输入数据对应一个输出，该网络

的作用在于确定输入数据的类别。还可从另外一个角度来认识 CNN，将判别层也改为卷积层，使最后输出层的维度与输入数据的维度完全相同，使每个输入数据对应于一个输出，从而实现了所谓端到端（end‑to‑end）的分析。此类结构中的典型代表是全卷积网络（Fully Convolutional Networks，FCN）[14]与 U 形网络[15]。

10.5.1　网络结构

图 10‑6 所示为 FCN 结构示意。如图 10‑6 所示，其结构与 CNN 基本一致，只将最后的判别层变成了与原图同样大小的输出，但正是这一点变化，却使网络概念发生了根本的变化。站在输出结果的角度，CNN 是将输入数据作为一个整体来考虑，输出结果对应于整体的输入；而 FCN 则是将输入数据中的每个个体单独考虑，输出结果对应于每个个体，这样使个体之间的局部相关性得到了充分的考虑。

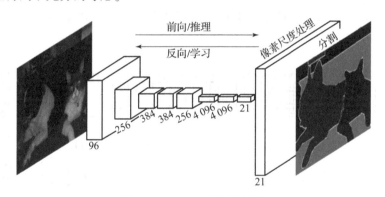

图 10‑6　FCN 结构示意[14]

实际上，FCN 中倒数第二层到最后一层的计算，是一种升维的运算，为前面降维运算的逆运算。降维运算可视为从数据中不断抽取不同维度特征信息的过程，这是一种下采样的效果，而升维运算则可视为将抽取的特征信息转换为与输入信息相对应的其他感兴趣信息的过程，是一种上采样（upsampling）的效果。如前所述，降维运算主要依靠卷积和池化两种操作，结合小窗口的间隔距离（stride）这个参数来实现。相对应地，升维操作可通过反卷积（deconvolution）和上池化（uppooling）来实现。

上池化是池化运算的逆操作，反卷积是卷积运算的逆操作，二者从网络结构上看，都是将前一层的一个神经元映射到后一层的多个神经元上，从而达到升维的效果。不同之处是上池化与池化一样不需要权值，是一种固定的运算，比如可在池化时记忆小窗口内最大值位置，在上池化时使该位置处的值为1，使其他位置处的值为0。反卷积运算则是有连接权值的，连接权值的不同将导致不同的运算，比如可得到通常的线性插值运算等。由于反卷积运算的连接权值可以通过学习得到，这就使反卷积运算比上池化运算更灵活，理论上能从训练数据中获得更合适的运算效果。

升维时面临的另一个问题是尺度问题。在原始 FCN 中，倒数第二层为下采样的最后一层，维度很低，而最后输出层的数据维度与输入数据维度一致，维度很高，这样两层之间巨大的尺度差别导致计算精度不理想，可以考虑通过融合不同尺度和将尺度逐步放大这样两条途径来提高计算精度。

所谓不同尺度的融合，是将下采样的不同尺度对接到最后的输出上，从而获得基于不同尺度特征的计算结果，最后再将不同尺度上的结果融合成一个单一的结果，比如对于不同尺度，可分别采用不同间隔（stride）尺度进行预测，再将小尺度上的预测结果通过上采样手段调整为与大尺度上的尺度一致，最后将不同尺度上的结果求和而得到最终结果[14]。图 10 - 7 所示为这种多尺度融合方式。

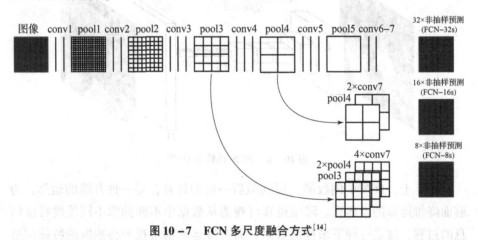

图 10 - 7　FCN 多尺度融合方式[14]

尺度逐步放大方式是指在升维过程中，不是从降维后的最后结果直接到输出结果，而是类似降维逐渐降低尺度那样，逐渐提升尺度，这样升维过程与降维过程完全对应起来，整体网络结构先是从原始输入开始逐渐降低尺度，直到所设计的最小尺度，然后再逐渐增大尺度，直到恢复成与原始输入同样大小的输出，这样整体上形成了一种 U 形结构，称为 U 形网络[15]。图 10 - 8 所示为 U 形网络的一个例子，形象地展示了 U 形网络的结构形状。在该例子中，不仅考虑了尺度逐步放大，还考虑了不同尺度的融合，其做法是将降维过程中某一尺度上的数据直接嫁接到升维过程中对应尺度的数据上去，即升维过程中某一尺度上的数据包括两部分，一部分是从较低尺度上升维得到的数据（如图 10-8 右半部分各层第一块上的绿色部分），另一部分是从降维过程中对应尺度上直接拷贝过来的数据（如图 10-8 右半部分各层第一块上的白色部分），这样在进一步增大尺度的过程中，既融入了大尺度上的相关信息，又避免了原来小尺度上信息的缺失，理论上应有更好的计算精度。

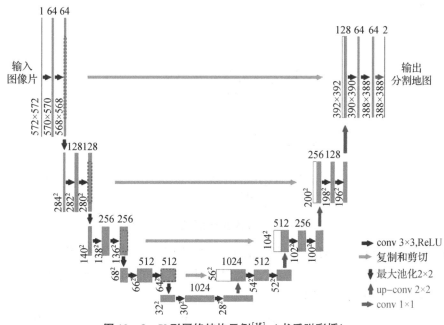

图 10-8　U 形网络结构示例[15]（书后附彩插）

10.5.2　学习方式

虽然 FCN 和 U 形网络结构上改变为端到端的模式，但学习上还是采用 BP 学习算法，将输出结果与预期结果之间的误差作为学习目标，将梯度下降方法作为优化方法，具体过程与 10.3 节所述 BP 学习算法类似。

10.6　深度残差网络

如前所述，前馈网络是一种函数表达形式，对前馈网络的学习是对函数的学习。通常直接学习相应函数，前述网络都采用这样的学习方式。而深度残差网络（Deep Residual Networks，ResNet）[16] 则将其转化为对残差函数

（Residual Function）的学习。设原始待学习的函数为 $H(x)$，令

$$H(x) = f(x) + x \qquad (10-26)$$

则可以将学习问题转变为对 $f(x)$ 的学习，而不再是对 $H(x)$ 的学习，$f(x)$ 即残差函数。可以按如下方式将这种待学习函数的转变体现在网络结构上：使之前的网络结构对应于 $f(x)$，再增加一条信息转换路径做输入信息的传递（即所谓的恒等（identity）层，最后将二者叠加起来，便得到类似于图 10-9 所示的形式。

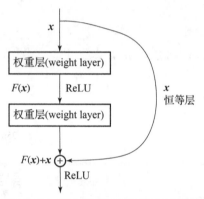

图 10-9　深度残差网络的基本形式[16]

在运用这种残差方式时，有时网络的层与层之间可能存在维数不一致的情况（比如在进行降维或升维运算时），此时可对 x 进行同样的升维或降维运算后，再叠加到残差函数上，即

$$H(x) = f(x) + Wx \qquad (10-27)$$

其中，W 是对 x 做相应升维或降维操作的权值矩阵。

　　以上残差函数形式可应用到一个完整网络的多个不同层次之间，从而得到一个完整的残差网络。例如，图 10-10 所示为一个完整的基于残差的 CNN 结构，其中恒等层的实线和虚线分别表示式（10-26）和式（10-27）所示的两种情况。

　　引入上述残差计算的目的是解决网络深度增加后所出现的学习退化现象，即网络深度增加到一定程度后，相比深度更小的网络，其训练和测试准确率反而呈现下降的现象。而采用残差方式构建网络，可以保证更深层网络的训练误差一定不高于对应的更浅层的网络，从而有利于构造尽可能深的网络。He[16] 等人的实验证明引入残差后，随着深度的增加，可带来更好的效果。目前常用的残差结构为 ResNet-101，即可达到 101 层的深度。

　　对于上述残差 CNN 的学习，同样可采用 BP 学习算法完成。

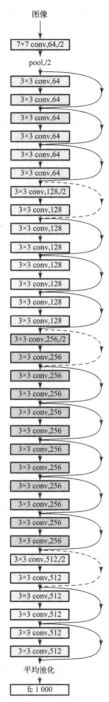

图 10-10　基于残差的 CNN 示例[16]

目前，残差学习主要用于 CNN 结构，但显然该学习思想可应用于其他的表达确定型函数的网络中。

10.7   DBN

DBN 是不同于 CNN 的另一种网络深度扩展方式，针对 BP 学习算法对于超过 4 层以上网络学习效果不理想的问题而提出①，其关键贡献在于两点：①解决 BP 学习算法仅依赖于标注数据的问题，将非监督学习方法引入前馈网络的学习，从而能使大量非标注数据得到有效利用，为了实现这一目标，DBN 使前馈网络对应于一个随机型函数，而不是确定型函数，从而能够学习到数据的分布情况；②引入逐层学习的机制，解决 BP 学习算法中网络高层易充分学习至饱和而使低层得不到有效学习的问题。

10.7.1   DBN 结构

DBN 的基本结构如图 10 – 11 所示，其由一层可见层和任意多的隐含层构成。

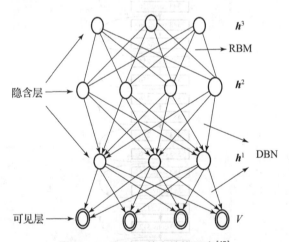

图 10 – 11   DBN 基本结构示意[17]

不论可见层或隐含层，网络中的每个神经元都是一个二值随机变量，神经元的输出是其取值为 1 的概率。网络整体表达的则是这些随机变量的联合分布。设 v 表示可见层神经元变量组成的矢量，h^i 表示第 i 层隐含层神经元变

---

①   CNN 类网络则是通过结构上的改进使 BP 学习算法在深层网络上可行。

量组成的矢量，则 DBN 对应的随机变量联合分布形式如下：

$$p(\boldsymbol{v}, \boldsymbol{h}^1, \boldsymbol{h}^2, \boldsymbol{L}, \boldsymbol{h}^l) = p(\boldsymbol{v} \mid \boldsymbol{h}^1) p(\boldsymbol{h}^1 \mid \boldsymbol{h}^2) \cdots p(\boldsymbol{h}^{l-2} \mid \boldsymbol{h}^{l-1}) p(\boldsymbol{h}^{l-1}, \boldsymbol{h}^l)$$

$$(10-28)$$

其中，设第 i 层神经元个数为 n^i，$\boldsymbol{v} = \boldsymbol{h}^0$，则有

$$p(\boldsymbol{h}^{i-1} \mid \boldsymbol{h}^i) = \prod_{j=1}^{n^i} p(h_j^{i-1} \mid \boldsymbol{h}^i) \qquad (10-29)$$

式（10-28）与式（10-29）所表达的统计分布与图 10-11 所表示出的随机变量之间的统计依赖关系是一致的，即同一层神经元变量之间彼此独立（类似于本书第 3 章讲述的朴素贝叶斯分类器），最高的两层隐含层神经元变量之间互相依赖，除最高两层之外，其他邻近的两层神经元变量之间，均是低层神经元变量依赖于其上一层神经元变量。由此可见，DBN 结构可视为一种统计分布的表示形式，从这一点来说，与本书第 3 章讲述的贝叶斯信念网是一致的，DBN 可被看作一种特定的贝叶斯信念网。

进一步地，式（10-29）中每个变量的条件分布设定为伯努利（Bernoulli）分布，即

$$p(h_j^{i-1} \mid \boldsymbol{h}^i) = \frac{1}{1 + \exp\left(-b^i - \sum_{k=1}^{n^i} w_{kj}^{i-1} h_k^i\right)} \qquad (10-30)$$

其中，b_j^{i-1} 表示神经元 h_j^{i-1} 的输出阈值，ω_{kj}^{i-1} 表示 h_j^{i-1} 与上一层第 k 个神经元的连接权值。

式（10-28）中最高两层的联合分布则采用受限玻耳兹曼机（Restricted Boltzman Machine，RBM），其形式如下：

$$p(\boldsymbol{h}^{l-1}, \boldsymbol{h}^l) = \frac{1}{z} \mathrm{e}^{E(\boldsymbol{h}^{l-1}, \boldsymbol{h}^l)} = \frac{1}{\sum_{\boldsymbol{h}^{l-1}, \boldsymbol{h}^l} \mathrm{e}^{E(\boldsymbol{h}^{l-1}, \boldsymbol{h}^l)}} \mathrm{e}^{E(\boldsymbol{h}^{l-1}, \boldsymbol{h}^l)} \qquad (10-31)$$

其中，$E(\boldsymbol{h}^{l-1}, \boldsymbol{h}^l)$ 为能量函数。设 b_i^{l-1}，b_j^l 分别表示 $\boldsymbol{h}^{l-1}$ 和 $\boldsymbol{h}^l$ 层中任意一个神经元的偏置，w_{ij} 表示 $\boldsymbol{h}^{l-1}$ 和 $\boldsymbol{h}^l$ 层中任意一对神经元之间的连接权值，则有

$$E(\boldsymbol{h}^{l-1}, \boldsymbol{h}^l) = -\sum_i b_i h_i^{l-1} - \sum_j b_j h_j^l - \sum_{i,j} h_i^{l-1} h_j^l w_{ij} \qquad (10-32)$$

10.7.2 RBM 学习算法

根据上节所述 DBN 结构，DBN 的学习任务是从数据中获得网络所表达的统计分布，确定其中的参数，这一任务正是典型的非监督学习任务，因此可用非标注数据进行学习。具体地，DBN 采用了逐层贪婪的非监督学习方法

（greedy layer – wise training），从两层开始学习，学习完这两层后，再在其上叠加一层，新叠加的该层与其邻近的下一层按同样的方法继续学习，直至达到指定的最高层数为止。

每相邻两层进行学习时，均为图 10 – 11 所示结构中的最上面两层。如上节所述，这两层对应于一个受限 RBM 分布，因此可将其作为一个独立的受限 RBM 来进行学习。其中，下层神经元对应可见变量，即可观测到的数据，令其用 v 表示（对应上一节中的 h^{l-1}）；上层神经元对应隐含变量，令其用 h 表示（对应上一节中的 h^l）。这里学习对象是下层可见变量的统计分布，因此学习准则可采用统计分布学习中常用的 MLE 准则[①]，通过使下层神经元变量的似然值最大化来获得网络参数，即有如下学习目标：

$$(\boldsymbol{W}, \boldsymbol{b}^v, \boldsymbol{b}^h)^* = \arg \max_{\boldsymbol{W}, \boldsymbol{b}^v, \boldsymbol{b}^h} \sum \log p(\boldsymbol{v}) \qquad (10-33)$$

其中，$\boldsymbol{W} = \{w_{ij}\}$，$\boldsymbol{b}^v = \{b_i^v\}$、$\boldsymbol{b}^h = \{b_j^h\}$ 为受限 RBM 分布中的参数，如式（10 – 31）所示。

可以同样采用随机梯度下降方法求解式（10 – 33），每次在一个或一批数据上进行计算，从而完成 RBM 网络的学习。根据随机梯度下降方法，核心是获得似然函数对参数的导数，令 $\boldsymbol{\theta} = (\boldsymbol{W}, \boldsymbol{b}^v, \boldsymbol{b}^h)$，结合式（10 – 31）~ 式（10 – 32），推导该导数计算公式如下。首先，根据边际概率原理，对于给定的一个可见数据 $\boldsymbol{v}_0$，有

$$\log p(\boldsymbol{v}_0) = \log \sum_h p(\boldsymbol{v}_0, \boldsymbol{h}) = \log \sum_h \frac{\mathrm{e}^{-E(\boldsymbol{v}_0, \boldsymbol{h})}}{\sum_{v,h} \mathrm{e}^{-E(\boldsymbol{v}, \boldsymbol{h})}} \qquad (10-34)$$

$$= \log \sum_h \mathrm{e}^{-E(\boldsymbol{v}_0, \boldsymbol{h})} - \log \sum_{v,h} \mathrm{e}^{-E(\boldsymbol{v}, \boldsymbol{h})}$$

则

$$\frac{\partial \log p(\boldsymbol{v}_0)}{\partial \boldsymbol{\theta}} = \frac{\partial \log \sum_h \mathrm{e}^{-E(\boldsymbol{v}_0, \boldsymbol{h})}}{\partial \boldsymbol{\theta}} - \frac{\partial \log \sum_{v,h} \mathrm{e}^{-E(\boldsymbol{v}, \boldsymbol{h})}}{\partial \boldsymbol{\theta}} \qquad (10-35)$$

其中

$$\frac{\partial \log \sum_h \mathrm{e}^{-E(\boldsymbol{v}_0, \boldsymbol{h})}}{\partial \boldsymbol{\theta}} = \frac{1}{\sum_h \mathrm{e}^{-E(\boldsymbol{v}_0, \boldsymbol{h})}} \sum_h \frac{\partial \mathrm{e}^{-E(\boldsymbol{v}_0, \boldsymbol{h})}}{\partial \boldsymbol{\theta}} = -\frac{1}{\sum_h \mathrm{e}^{-E(\boldsymbol{v}, \boldsymbol{h})}} \sum_h \mathrm{e}^{-E(\boldsymbol{v}_0, \boldsymbol{h})} \frac{\partial E(\boldsymbol{v}_0, \boldsymbol{h})}{\partial \boldsymbol{\theta}}$$

[①] 参见本书 3.2.3 节中的介绍。

$$= -\sum_h \frac{\mathrm{e}^{-E(\boldsymbol{v}_0,\boldsymbol{h})}}{\sum\limits_h \mathrm{e}^{-E(\boldsymbol{v}_0,\boldsymbol{h})}} \cdot \frac{\partial E(\boldsymbol{v}_0,\boldsymbol{h})}{\partial \boldsymbol{\theta}} = -\sum_h \frac{\frac{1}{z}\mathrm{e}^{-E(\boldsymbol{v}_0,\boldsymbol{h})}}{\sum\limits_h \frac{1}{z}\mathrm{e}^{-E(\boldsymbol{v}_0,\boldsymbol{h})}} \frac{\partial E(\boldsymbol{v}_0,\boldsymbol{h})}{\partial \boldsymbol{\theta}}$$

$$= -\sum_h \frac{p(\boldsymbol{v}_0,\boldsymbol{h})}{p(\boldsymbol{v}_0)} \cdot \frac{\partial E(\boldsymbol{v}_0,\boldsymbol{h})}{\partial \boldsymbol{\theta}} = -\sum_h p(\boldsymbol{h}\,|\,\boldsymbol{v}_0) \frac{\partial E(\boldsymbol{v}_0,\boldsymbol{h})}{\partial \boldsymbol{\theta}}$$

$$= \frac{\partial E(\boldsymbol{v}_0,\boldsymbol{h}_0)}{\partial \boldsymbol{\theta}} \tag{10-36}$$

$$\frac{\partial \log \sum\limits_{\boldsymbol{v},\boldsymbol{h}} \mathrm{e}^{-E(\boldsymbol{v},\boldsymbol{h})}}{\partial \boldsymbol{\theta}} = \frac{1}{\sum\limits_{\boldsymbol{v},\boldsymbol{h}} \mathrm{e}^{-E(\boldsymbol{v},\boldsymbol{h})}} \sum_{\boldsymbol{v},\boldsymbol{h}} \frac{\partial \mathrm{e}^{-E(\boldsymbol{v},\boldsymbol{h})}}{\partial \boldsymbol{\theta}}$$

$$= -\frac{1}{\sum\limits_{\boldsymbol{v},\boldsymbol{h}} \mathrm{e}^{-E(\boldsymbol{v},\boldsymbol{h})}} \sum_{\boldsymbol{v},\boldsymbol{h}} \mathrm{e}^{-E(\boldsymbol{v},\boldsymbol{h})} \frac{\partial E(\boldsymbol{v},\boldsymbol{h})}{\partial \boldsymbol{\theta}}$$

$$= -\sum_{\boldsymbol{v},\boldsymbol{h}} \frac{\mathrm{e}^{-E(\boldsymbol{v},\boldsymbol{h})}}{\sum\limits_{\boldsymbol{v},\boldsymbol{h}} \mathrm{e}^{-E(\boldsymbol{v},\boldsymbol{h})}} \frac{\partial E(\boldsymbol{v},\boldsymbol{h})}{\partial \boldsymbol{\theta}}$$

$$= -\sum_{\boldsymbol{v},\boldsymbol{h}} p(\boldsymbol{v},\boldsymbol{h}) \frac{\partial E(\boldsymbol{v},\boldsymbol{h})}{\partial \boldsymbol{\theta}} \tag{10-37}$$

此处计算 $p(\boldsymbol{v},\boldsymbol{h})$ 需要考虑归一化项 $\sum\limits_{\boldsymbol{v},\boldsymbol{h}} \mathrm{e}^{-E(\boldsymbol{v},\boldsymbol{h})}$ ，其中涉及的变量个数很多，直接计算通常比较困难。而式（10-37）实际是计算 $-\frac{\partial E(\boldsymbol{v},\boldsymbol{h})}{\partial \boldsymbol{\theta}}$ 的均值，可以采用马尔可夫链蒙特卡洛（Markov Chain Monte Carlo，MCMC）方法求其近似解，即从 $p(\boldsymbol{v},\boldsymbol{h})$ 中通过吉布斯采样（Gibbs sampling）得到一个数据，在该数据上计算 $-\frac{\partial E(\boldsymbol{v},\boldsymbol{h})}{\partial \boldsymbol{\theta}}$ 的均值。图 10-12 所示为在马尔可夫链上进行吉布斯采样的方法。如图 10-12 所示，从初始可见的训练数据 $\boldsymbol{v}_0$ 出发，交替更新可见变量和隐含变量，当该过程趋于无穷时，此时的 $(\boldsymbol{v}_\infty,\boldsymbol{h}_\infty)$ 可以认为是从其真实分布中 $p(\boldsymbol{v},\boldsymbol{h})$ 产生出来的，从而可用于计算式（10-37）。

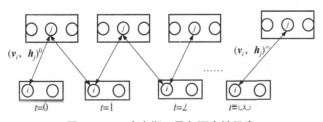

图 10-12　吉布斯-马尔可夫链示意

综上，有

$$\frac{\partial \log p(\boldsymbol{v}_0)}{\partial \boldsymbol{\theta}} = -\frac{E(\boldsymbol{v}_0, \boldsymbol{h}_0)}{\partial \boldsymbol{\theta}} + \frac{E(\boldsymbol{v}_\infty, \boldsymbol{h}_\infty)}{\partial \boldsymbol{\theta}} \qquad (10-38)$$

以上只是理论上可行的方法。在实际计算中，不太可能经过很多次的迭代来计算式（10-36），一种实际的做法是取很少的迭代次数（比如可取 1）来近似无穷远处的真实分布，采样形式如图 10-13 所示，相应处理称为对比散度（contrastive divergence）[24]，其计算公式为

$$\frac{\partial \log p(\boldsymbol{v}_0)}{\partial \boldsymbol{\theta}} = -\frac{E(\boldsymbol{v}_n, \boldsymbol{h}_n)}{\partial \boldsymbol{\theta}} + \frac{E(\boldsymbol{v}_n, \boldsymbol{h}_n)}{\partial \boldsymbol{\theta}} \qquad (10-39)$$

其中，n 表示迭代次数。$\boldsymbol{\theta} = (\boldsymbol{W}, \boldsymbol{b}^v, \boldsymbol{b}^h)$，结合式（10-32）所示能量函数，可得到

$$\frac{\partial \log p(\boldsymbol{v}_0)}{w_{ij}} = v_n^i h_n^j - v_0^i h_0^j, \quad \frac{\partial \log p(\boldsymbol{v}_0)}{b_i^v} = v_n^i - v_0^i, \quad \frac{\partial \log p(\boldsymbol{v}_0)}{b_j^h} = h_n^j - h_0^j$$

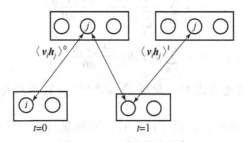

图 10-13　对比散度示意

根据以上推导，RBM 学习过程如算法 10-3 所示。

算法 10-3　RBM 学习过程

for 所有隐藏单元 i do

- 计算 $Q(h_{0i}=1 \mid v_0)$ $\left(\text{对所有的二项单元}, \text{sigm}\left(-b_i - \sum_j W_{ij} v_{0j}\right)\right)$

- 根据 $Q(h_{0i}=1 \mid v_0)$ 对 h_{0i} 进行采样

end for

for 所有可见单元 j do

- 计算 $p(v_{1j}=1 \mid h_0)$ $\left(\text{对所有的二项单元}, \text{sigm}\left(-c_j - \sum_i W_{ij} h_{0i}\right)\right)$

- 根据 $p(v_{1j}=1 \mid h_0)$ 对 v_{1j} 进行采样

end for

续表

---

for 所有隐藏单元 i do

- 计算 $Q(h_{1i} = 1 \mid v_1)$ $\left(\text{对所有的二项单元}, \text{sign}\left(-b_i - \sum_j W_{ij} v_{1j}\right)\right)$

end for

- $W \leftarrow W - \epsilon(h_0 v_0' - Q(h_1 = 1 \mid v_1) v_1')$

- $b \leftarrow b - \epsilon(h_0 - Q(h_1 = 1 \mid v_1))$

- $c \leftarrow c - \epsilon(v_0 - v_1)$

10.7.3　逐层贪婪学习

基于上节所述的 RBM 学习，如前所述，可以逐层进行 RBM 学习来得到初始的 DBN。具体地说，首先从一个两层 RBM 网络开始，对其进行 RBM 学习，其中数据为实际训练数据；完成后，在其上叠加一层，将顶部两层作为一个新的两层 RBM 网络，同样对其进行 RBM 学习，其训练数据为其下面一层 RBM 网络所生成的；完成后，在其上再叠加一层，继续同样的处理；不断这样进行，直到指定的网络层数。图 10-14 所示为这种过程的前面三次迭代，后面依此类推即可。

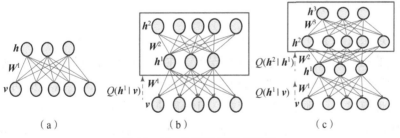

图 10-14　逐层贪婪学习示意
(a) 第一步；(b) 第二步；(c) 第三步

在上面的过程中，需要注意的是为上一层 RBM 网络生成数据时，所基于的数据分布是其下一层 RBM 网络对应的分布，而在形成该分布时尚没有考虑上一层网络向下对其的影响，因此不是足够准确的，但可以证明，采用该分布进行学习，有如下关系：

$$\log p(\boldsymbol{v}) \geqslant H_{Q(h \mid v)} + \sum_{\boldsymbol{h}} Q(\boldsymbol{h} \mid \boldsymbol{v})(\log p(\boldsymbol{h}) + \log p(\boldsymbol{v} \mid \boldsymbol{h})) \quad (10-40)$$

其中，$\log p(\boldsymbol{v})$ 为下层 RBM 网络可见数据的似然值，$\log p(\boldsymbol{h})$ 为上层 RBM 网

络可见数据的似然值。式（10-40）表明采用逐层贪婪算法时，在提升上一层网络的似然值时，也保证了下层网络的似然值是提升的，因此其学习是有效的。

上述 DBN 逐层贪婪学习过程如算法 10-4 所示，其中 RBMupdate$(g^{l-1}, \epsilon,$ $W^l, b^l, b^{l-1})$为算法 10-3 中 RBM 学习部分。

算法 10-4　DBN 逐层贪婪学习过程

初始化 $b^0 = 0$

for $l = 1$ 到 L do

- 初始化 $W^i = 0$, $b^i = 0$

while 不满足停止准则时 do

- 根据 $\hat{p}$ 对 $g^0 = x$ 进行采样

for $i = 1$ 到 $l - 1$ do

- 根据 $Q(g^i \mid g^{i-1})$ 对 g^i 进行采样

end for

- RBMupdate $(g^{l-1}, \epsilon, W^l, b^l, b^{l-1})$

end while

end for

10.7.4　反向精调

在逐层贪婪学习过程中，由于每两层均是独立训练，而没有考虑更多层次之间的相互关系，因此难免存在误差。在利用这种方法获得网络初始参数后，需要从高层再反向处理到低层，对网络权值进行精调。这种反向精调有两种处理模式。一种是非监督模式，目标是使所获得的统计分布更加准确，称为生成式（generative）精调；另一种是监督模式，称为判别式（discriminative）精调。

1. 生成式精调

在逐层贪婪学习中，有两个误差源，一个是对比散度，其交替采样次数少，与真实分布有一定差距；另一个是在上层 RBM 网络学习时，没有考虑其下面层次对上面数据的统计影响。因此，在生成式精调中，针对这两个因素，对网络连接权值进行调整，分为两个阶段。

第一阶段：在最顶层的 RBM 网络上执行多次采样，在此过程中对最顶层网络权值进行调整。

第二阶段：从顶层开始，从上到下进行调整，调整原则是使下层神经元到上层神经元的连接权值应能使上层数据得到更好的重建。

2. 判别式精调

判别式精调需要在标注数据上进行。同样可采用 BP 学习的思想进行学习。但不同之处在于：由于网络对应的是随机函数，因此计算均需要基于统计分布进行，第一层是输入值，其后每一层向外输出的都是在相应统计分布下得到的均值。以最后一层输出的均值与标注的理想输出之间的误差最小化作为学习准则，在此基础上采用随机梯度下降方法来优化每一层的参数。相应算法如算法 10-5 所示。

算法 10-5　BP 精调算法

Step1. 递归定义均值场传播（mean-field propagation）：$\mu^i(x) = E[g^i \mid g^{i-1} = \mu^{i-1}(x)]$，其中 $\mu^0(x) = x$；当 g^{i-1} 的值被均值 $\mu^{i-1}(x)$ 代替时，$E[g^i \mid g^{i-1} = \mu^{i-1}]$ 是在 RBM 条件概率分布 $Q(g^i \mid g^{i-1})$ 下的 g^i 的期望值。在 g^i 含有二项单元的情况下，$E[g^i_j \mid g^{i-1} = \mu^{i-1}] = \mathrm{sigm}(-b^i_j - \sum_k W^i_{jk} \mu^{i-1}_k(x))$。

Step2. 定义网络输出函数 $f(x) = V(\mu^L(x)', 1)'$。

Step3. 通过调整参数 W，b，V，迭代最小化关于由 $\hat{p}$ 采样的 (x, y) 对的 $C(f(x), y)$ 的期望值。这可以通过随机梯度下降方法完成，其中应使用合适的停止准则，比如在验证集上使用早期停止策略（early stopping）。

10.7.5　DBN 应用示例

下面以 MNIST 手写体数字识别问题为例，进一步了解 DBN 的原理与应用。对于该识别问题，可设计图 10-15 所示的 DBN 结构。

在 MINST 数据中，手写体数字图像的大小为 28 像素 × 28 像素，所以对应输入的可见层共有 28 × 28 个神经元。隐含层共三层，其神经元个数分别是 500，510，2 000。其与前面讲述的一般 DBN 的不同之处在于增加了 10 个数字类别对应的神经元，并且在训练过程中该神经元的值是外部输入的与图像对应的分类值，正确类别对应的神经元的值为 1，其余神经元的值为 0。除此之外，其他隐含层神经元的输入则采用与前面所述一样的方法，即由下一层 RBM 网络在其隐含层（该隐含层即上一层 RBM 网络的可见层）上生成的数据。

在图 10-15 所示结构上，运用逐层贪婪方法进行粗学习，然后运用生成

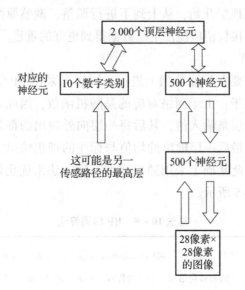

图10-15 解决 MNIST 手写体数字识别问题的 DBN 结构[17]

式精调方法或判别式精调方法完成最终的学习。网络学习完成后，分类时，在输入层输入相应图像，在类别层各神经元上形成输出，最后采用软最大（softmax）方式进行分类决策，即对应 10 类数字的神经元中，以输出值最大的作为识别结果。

Hinton 等人采用上述方法，通过生成式精调，在 MNIST 数据库上达到 1.25% 的错误率[17]；通过判别式精调，在 MNIST 数据库上达到 1.2% 的错误率[18]。

10.8 自编码器深度网络

自编码器（AutoEncoder）网络[18,19]的目标是通过网络获得能对输入数据进行重构的表示，即首先从输入数据中获得对于输入数据的表示，然后从该表示中能恢复原始的输入，使网络的输出等于其输入。图 10-16 所示为这种重构的一个例子[18]，其中输入一幅人脸图像，从该人脸图像中不断降维抽取特征［这一过程称为编码（encode）］，然后反向升维逐渐恢复原始信息［这一过程称为解码（decode）］。显然，这一过程与前述 U 形网络的工作过程是类似的，只不过此处是要得到与输入图像一致的输出，而在 U 形网络中则是要得到与所感兴趣的输出一致的输出，这个输出不一定与输入完全一样，可以是感兴趣的任何结果。

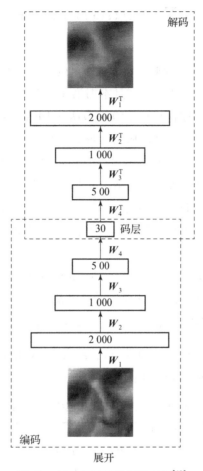

图 10 - 16　自编码器网络示例[18]

图 10 - 16 所示例子表明，自编码器网络应包括两个部分：编码部分和解码部分。最简单的自编码器网络可以仅包括两层，从输入层到隐含层为编码部分，从隐含层到输出层为解码部分。如果隐含层是线性的，且学习准则采用最小平方误差，则实际上该自编码器网络起到了主成分分析（Principal Component Analysis，PCA）的作用。当然如果隐含层是非线性的，则自编码器网络能起到更复杂的变换作用。总体来说，自编码器网络的学习目标可表达为最大化如下的负似然值：

$$-\log p(\boldsymbol{x}\,|\,c(\boldsymbol{x}))\qquad(10-41)$$

其中，$c(\boldsymbol{x})$ 表示编码函数，该式说明我们力图使由编码结果来重构原始数据的概率最大化。如果该分布服从高斯分布，则计算结果等同于按最小平方误差来进行求解的结果；如果输入为二值变量或服从二项式分布，则有

$$-\log p(\boldsymbol{x} \mid c(\boldsymbol{x})) = -\sum_i \boldsymbol{x}_i \log f_i(c(\boldsymbol{x})) + (1 - \boldsymbol{x}_i)\log(1 - f_i(c(\boldsymbol{x})))$$

$$(10-42)$$

其中，$f(\cdot)$ 为解码函数，因此 $f(c(\boldsymbol{x}))$ 即重构过程，亦即自编码器网络本身。式（10-42）所表达的形式实际就是本书第 3 章 3.2.2 节所述的交叉熵。

可将上述自编码器网络用于第 10.6 节所述 DBN 结构中，用于替换其中每一层的构成单元（RBM 网络），从而形成自编码器深度网络（stacked auto-encoder）[19]。对自编码器深度网络的学习方式可以与 DBN 一样，采用逐层贪婪方式，只不过这里构造网络的基本单元是自编码器，而不是 RBM。其网络参数与前述 DBN 一样，即 $\boldsymbol{\theta} = (\boldsymbol{W}, \boldsymbol{b}^v, \boldsymbol{b}^h)$，只是此处应将可见层到隐含层视为编码器，将隐含层到可见层视为解码器，这种将输入 $\boldsymbol{x}$ 编码然后解码的重构过程可表达为

$$p(\boldsymbol{x}) = \text{sign}(\boldsymbol{b}^h + \boldsymbol{W}\text{sign}(\boldsymbol{b}^v + \boldsymbol{W}'\boldsymbol{x})) \tag{10-43}$$

则结合式（10-42），可得到用于学习的交叉熵为

$$R = -\sum_i \boldsymbol{x}_i \log p_i(\boldsymbol{x}) + (1 - \boldsymbol{x}_i)\log(1 - p_i(\boldsymbol{x})) \tag{10-44}$$

根据式（10-43）和式（10-44），结合 DBN 的学习框架，便得到如算法 10-6 所示的自编码器深度网络学习算法。

算法 10-6　自编码器深度网络学习算法

Step1. 将第一个两层网络按自编码器进行训练。
Step2. 将第一个两层网络中隐含层的输出作为下一个两层自编码器网络的输入，对下一层自编码器进行训练。
Step3. 重复 Step2，直到达到所期望的网络层数。
Step4. 将最后一层自编码器网络的隐含层的输出作为下一层网络（比如分类网络）的输入，将其他所有层网络的权值固定，仅对最后一层网络进行监督学习，或者对整个网络进行监督学习。

10.9　径向基函数网络

如前所述，从计算的角度讲，前馈网络表达了从输入到输出的映射关系，因此网络的构造和学习问题实质上是一种函数逼近问题，而插值是解决函数逼近问题的重要途径之一。因此，插值计算和前馈网络存在本质上的联系。径向基函数（Radial Basis Function, RBF）是进行多变量插值的一种有效的工

具[20]。1988 年，Broomhead 和 Lowe 将径向基函数这一多变量插值工具应用于人工神经网络设计，提出了径向基函数（RBF）网络[21]。

通过深入了解 RBF 网络，能够更深刻地理解前馈网络与函数之间的内在联系。

10.9.1　网络结构

RBF 网络从总体结构形式上看，是一种三层感知器，与三层 BP 网络形式上是一致的，从输入层开始，经一层隐含层处理后，最后在输出层产生输出。其输入层同样仅起到信号输入的作用，输出层则采用了类似 ADALN 的输出神经元，即"加权求和型整合函数 + 线性输出函数"构成的神经元（以下简称 ADALN 神经元）。RBF 网络与其他前馈网络的主要区别在于隐含层神经元的构成方式不同，其整合函数采用径向距离函数（参见本书第 9 章第 9.2.1 节），激活函数则可以有多种不同的形式，表 10 - 2 列出了常用的几种形式。这种整合函数与激活函数的组合即 RBF。

表 10 - 2　RBF 中常用的激活函数

序号	函数名	函数形式
1	高斯函数（Gaussian）	$f(\xi) = e^{-\xi^2/2\sigma^2}$
2	二次函数（quadratic）	$f(\xi) = (\xi^2 + \sigma^2)^{1/2}$
3	反二次函数（inverse quadratic）	$f(\xi) = (\xi^2 + \sigma^2)^{-1/2}$
4	细薄板样条函数（thin plate spline）	$f(\xi) = \xi^2 \ln(\xi)$
5	三次函数（cubic）	$f(\xi) = \xi^3$
6	线性函数（linear）	$f(\xi) = \xi$

为了理解 RBF 网络为什么采用这样的设计，首先要理解怎样使用 RBF 进行函数插值，该问题可以表述如下。

给定一组输入 - 输出对：$\{x_k, d_k\}_{k=1}^K$，$x_k \in \Re^n$，$d_k \in \Re$。找到一个映射 $f: \Re^n \to \Re$，将每一个输入 x_k 映射到对应的输出 d_k 上，即使 $f(x_k) = d_k, k = 1, \cdots, K$。

这里为了简单起见，仅考虑了输出为一维的情况。相应结论可推广到一般的确定映射 $f: \Re^n \to \Re^m$ 的插值问题。

为了解决上述插值问题，可假设 $f: \Re^n \to \Re$ 为基函数的线性组合：

$$f(\boldsymbol{x}) = \sum_{i=1}^{K} w_i h_i(\boldsymbol{x}) \qquad (10-45)$$

其中，$h_i(\boldsymbol{x})\big|_{i=1}^{K}$ 为基函数，则根据插值要求，应有

$$\sum_{i=1}^{K} w_i h_i(\boldsymbol{x}_k) = d_k, k = 1,\cdots,K \qquad (10-46)$$

将式（10-46）转化为如下向量形式：

$$\underbrace{\begin{bmatrix} h_1(\boldsymbol{x}_1) & \cdots\cdots & h_K(\boldsymbol{x}_1) \\ \vdots & \vdots & \vdots \\ h_1(\boldsymbol{x}_1) & \cdots\cdots & h_K(\boldsymbol{x}_1) \end{bmatrix}}_{H} \underbrace{\begin{bmatrix} w_1 \\ \vdots \\ w_K \end{bmatrix}}_{w} = \underbrace{\begin{bmatrix} d_1 \\ \vdots \\ d_K \end{bmatrix}}_{d} \qquad (10-47)$$

其中，$\boldsymbol{H}$ 称为插值矩阵。

于是，插值问题便转化为求解方程组式（10-47）的问题。为了使该方程组有稳定的解，对于基函数 $h_i(\boldsymbol{x})\big|_{i=1}^{K}$ 的基本要求是能使插值矩阵 $\boldsymbol{H}$ 非奇异。1986 年，Micchelli 证明对于一大类 RBF（整合函数均为径向距离函数，激活函数可不同），包括表 10-2 中列出的那些激活函数，只要训练集中不存在相同的训练样本，则所获得的插值矩阵是非奇异的[22]。这正是人们采用 RBF 进行函数插值，进而采用 RBF 设计人工神经网络的理论依据。

10.9.2 学习方法

根据上述 RBF 网络结构可知，应用 RBF 网络时的两个关键问题是如何确定隐含层神经元的中心向量，以及如何确定各层神经元之间的连接权值。由于隐含层神经元的整合函数为输入向量与中心向量之间的欧氏距离，因此在输入层与隐含层之间不存在连接权值，需要确定的仅为隐含层与输出层之间的连接权值。

1. 隐含层中心向量的学习

各隐含层神经元的中心向量可通过非监督方式，从数据中学习获得。具体方式包括：①随机确定，从训练数据中随机选择若干个数据作为中心向量；②对训练数据做聚类分析，将聚类中心作为中心向量，聚类方法可采用本书第 5 章所述的各种方法；③基于最后输出结果的误差对中心向量进行选择，使输出误差最小化，比如正交最小平方（Orthogonal Least Squares, OLS）学习方法[23]等。

2. 输出层连接权值的学习

隐含层与输出层神经元之间的连接权值一般通过使输出误差最小化的监

督学习方法确定。设给定的一组标注训练数据为 $\{X_i, D_i\}_{i=1}^N$。在隐含层神经元的激活函数形式和中心向量确定以后，根据输入可得到唯一的隐含层输出向量，设隐含层输出向量集合为 $\{A_i\}_{i=1}^N$，则对于输出层神经元而言，其标注后的训练数据集合为 $\{A_i, D_i\}_{i=1}^N$。输出层各神经元如果采用 ADALN 神经元，则隐含层与输出层神经元之间的连接权值可采用第 10.2 节中所述 LMS 学习算法从训练数据集合 $\{A_i, D_i\}_{i=1}^N$ 中学习得到。

10.9.3　RBF 网络应用示例

RBF 网络可用于表达非线性函数，下面应用 RBF 网络来表达"异或"运算。图 10 – 17 所示为实现"异或"运算的 RBF 网络，其中输入层包含 2 个神经元，隐含层包含 4 个神经元，输出层包含 1 个神经元。隐含层各神经元采用高斯 RBF（即激活函数采用高斯函数），其中心向量分别是 $C_1 = (0,0)$，$C_2 = (1,0)$，$C_3 = (0,1)$，$C_4 = (1,1)$；同时其方差值 σ 足够小，使得当输入向量与中心向量不同时，隐含层各神经元输出为 0，而当输入向量与中心向量相同时，隐含层各神经元输出为 1。输出层 ADALN 神经元的输出阈值设定为 0（不参与学习）。

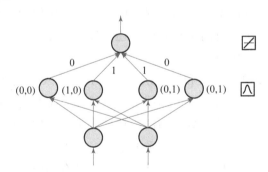

图 10 – 17　实现"异或"运算的 RBF 网络

该 RBF 网络的学习任务是确定从隐含层神经元到输出层神经元的 4 个连接权值，即 ADALN 神经元对应的加权求和型整合函数中的权值。首先根据"异或"运算性质，确定整个网络的输入 – 输出映射集合为

$$\{(0,0) \rightarrow 0, (1,0) \rightarrow 1, (0,1) \rightarrow 1, (1,1) \rightarrow 0\}$$

根据该映射集合和以上所确定的隐含层 RBF，可以得到输出层神经元的输入 – 输出映射集合如下：

$$\{(1,0,0,0) \rightarrow 0, (0,1,0,0) \rightarrow 1, (0,0,1,0) \rightarrow 1, (0,0,0,1) \rightarrow 0\}$$

最后应用 LMS 学习算法在该集合上进行学习，便得到隐含层到输出层的连接

权值向量为 $(0,1,1,0)$。显然这样得到的 RBF 网络是满足"异或"运算要求的。

需要指出的是，除了上面介绍的 RBF 网络形式外，还有其他的 RBF 网络形式也可用于实现"异或"运算。

10.10 自组织映射网

自组织映射网（self - organizing map）［或称自组织特征映射网（self - organizing feature map）[25]］是一种特殊类型的前馈网络，与前面所述多层感知器类的网络在结构和工作原理上存在根本的区别。该网络的提出受到了人脑神经系统中大脑皮层的启发。在人脑神经系统中，大脑皮层占据着重要的地位。人脑几乎完全被大脑皮层覆盖，尽管它只有 2 mm 厚，但其展开后的二维平面的表面积可达 2 400 cm²。由于外部环境对人的所有刺激均表示在大脑皮层上，而外部环境的刺激通常是复杂信息，从信息表达的角度，可以认为这是需要通过高维向量来表达的，因此大脑皮层为人们研究如何在二维空间或推广到任意的低维空间中有效地表示高维数据提供了一个参考。同时，大脑皮层上高维数据到低维数据的映射有以下特点：相似刺激通常引起相邻神经元的兴奋。自组织映射网正是利用上述原理，实现了在低维空间中有效表示高维数据的网络结构与计算方法。

自组织映射网由输入层和输出层组成，其中输入层仅起信号传递作用，输出层才是类似于大脑皮层的工作层。输出层神经元的整合函数为加权求和型函数，激活函数为线性函数。输出层神经元是彼此独立的，之间没有相互连接，但存在相互位置上的临近关系的定义。由于考虑相互位置上的临近关系，输出层神经元共同构成了一种几何结构，具有相应的几何维度。输入层的维数可以是任意的，而输出层的几何维度通常比输入层的维度低，常采用一维或二维形式。图 10 - 18 所示为二维自组织映射网的一个例子，它将多维输入信号映射到二维平面网格中的一个点（神经元）上，这体现了映射的特性，而自组织特性则体现在高维信息到低维信息的映射关系是通过学习的方式对数据进行自组织来获得的。

自组织映射网结构上的关键部分是神经元之间的相互临近关系以及在此基础上确定的神经元之间的相互影响。受神经生理学研究成果的启发，神经元之间的相互影响可建模为墨西哥草帽函数，其形状如图 10 - 19 所示。根据墨西哥草帽函数，其他神经元对一个输出层神经元的影响可根据神经元之间

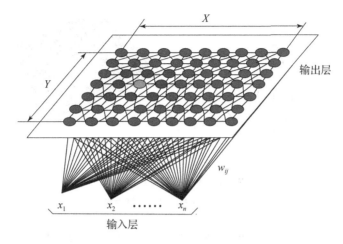

图 10 – 18 二维自组织映射网示例

的距离分为三个不同区域，分别是近距离的协同区、较远距离的侧抑制区和更远距离的弱协同区。在实际应用中，侧抑制区和弱协同区通常不予考虑，主要考虑近距离的协同区，根据这种考虑，当一个输出神经元处于兴奋状态时，将带动处于近距离协同区的其他输出神经元同样处于兴奋状态，这一神经元称为中心神经元。以此为基础，自组织映射网的运行机制包括竞争和协同两个环节。在竞争环节，各神经元将竞争对输入信号的响应，在竞争中获胜的神经元使其协同区内的神经元和自己一起兴奋。这里存在两个技术问题。第一，如何竞争？即如何确定获胜神经元？第二，如何协同？即如何确定获胜神经元的协同区域？对于第一个问题，通常是寻找与输入向量最相似的连接权值向量，比如可通过输入向量与连接权值向量的欧氏距离来度量二者的相似度，距离越小，相似度越大。对于第二个问题，是考虑协同区域的形状和大小，其形状可以是正方形、长方形、圆形、高斯形等。高斯形比其他形状更接近墨西哥草帽函数，因此在实际应用中最为常见。而对于协同区域大小来说，通常采用一开始较大而在运行过程中随时间逐渐收缩到最小仅含获胜神经元的策略。

在确定好自组织映射网的结构后，对于输入层神经元到输出层神经元的连接权值，采用自组织方式学习得到。其自组织过程是每输入一个向量，即对连接权值进行调整。设 $X(t)$ 为 t 时刻的输入向量，$\boldsymbol{\omega}_j(t)$ 表示 t 时刻输出神经元 j 对应的连接权值，$\Lambda_i(t)$ 是 t 时刻竞争获胜的输出神经元 i 的协同神经元集合，$\eta(t)$ 为学习速率，则权重调整规则为

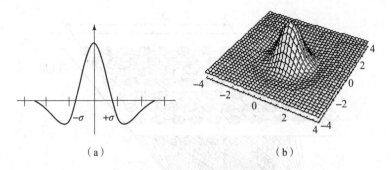

图 10 - 19　墨西哥草帽函数

（a）一维函数；（b）二维函数

$$\boldsymbol{\omega}_j(t+1) = \begin{cases} \boldsymbol{\omega}_j(t) + \eta(t)(X(t) - \boldsymbol{\omega}_j(t)), j \in \boldsymbol{\Lambda}_i(t) \\ \boldsymbol{\omega}_j(t), j \notin \boldsymbol{\Lambda}_i(t) \end{cases} \quad (10-48)$$

上述调整规则表明：只有竞争获胜的神经元及其协同神经元的权值才会得到调整，而且调整原则是使竞争获胜的神经元及其协同神经元的权值向量更靠近输入向量。基于式（10-48），相应的自组织特征映射网自组织算法如算法 10-7 所示。自组织映射网在该算法运行之前处于混沌状态或混沌结构，而在自组织算法收敛之后便形成有序的高维信息到低维信息的映射关系。

算法 10 - 7　自组织映射网自组织算法

Step1. 初始化，随机设置输入层神经元到输出层神经元的连接权值。

Step2. 随机从输入样本集合中采样，获得当前输入数据。

Step3. 计算在当前输入数据下的竞争获胜的输出神经元。

Step4. 按式（10-48）调整输入层神经元到输出层神经元的连接权值。

Step5. 更新协同区域大小。

Step6. 重复 Step2~5，直到神经元连接权值无显著变化。

例 10 -1 颜色自组织。利用自组织映射网将图 10 - 20（a）所示无序的颜色图组织成图 11 - 20（b）所示有序的颜色图。

解决方案：以 RGB 三原色值表达各种颜色，作为自组织映射网的输入，即输入为 3 维，共有 3 个输入神经元；以二维平面上的点作为自组织映射网的输出神经元。当输入某一颜色值后，各输出神经元相互竞争，竞争获胜的输出神经元上显示相应颜色，便形成图 10 - 20 所示图片。最初，输入神经元到输出神经元之间的连接权值是随机值，按竞争模式形成的在二维平面上的颜色排布因此是杂乱无章的，其结果便如图 10 - 20（a）所示。在采用算法

10 – 7，逐个输入所有颜色，对数据进行自组织后，便得到图 10 – 20（b）所示的有序颜色图。通过例 10 – 1，还可看出自组织映射网也是一种聚类手段。

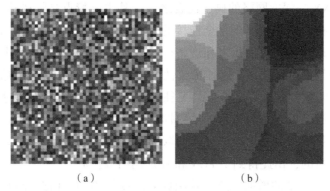

（a）　　　　　　　　　　　　（b）

图 10 – 20　自组织映射网应用示例（颜色自组织）

（a）初始无序的颜色图；（b）自组织后有序的颜色图

小结

　　本章阐述了前馈网络模型的主要形式——从感知器到 BP 网络到深度网络到 RBF 网络再到自组织映射网，其中要点如下。

　　（1）前馈网络是不包含回路的人工神经网络，数据从输入层输入，经隐含层处理后，在输出层产生输出。从计算实质上看，其表达了输入到输出的映射关系，或为确定型关系，或为随机型关系。四层前馈网络已被证明可表达所有连续函数。

　　（2）最早的前馈网络为单层感知器（实际包括输入和输出两层，但计算只有一层），是第一个具有自学习能力的机器，但其只能应用于表达线性函数，实际应用价值有限。

　　（3）ADALN 是较单层感知器稍复杂一些的单层网络，其结构上的主要特点是采用了线性输出函数，学习算法则基于最小平方误差准则，或常被称为维德诺 – 霍夫德尔塔规则，相应算法常被简称为 LMS 学习算法。

　　（4）BP 网络是第一个具有较大实用价值的前馈网络，其结构上的主要特点是引入了隐含层，使网络扩展到 3 层以上，增加了网络复杂度，以使其可表达非线性函数，同时采用 S 型激活函数（至今仍是最主要的激活函数形式之一）。其在学习上则提出了 BP 学习算法，以最小平方误差为学习准则，以梯度下降为优化方法，实现了 3~4 层网络的有效学习。但网络层数增加到 4

层以上后，BP 学习算法不再有效，由此导致深度网络和深度学习概念的形成。通常认为大于 4 层的网络为深度网络，针对深度网络的学习为深度学习。

（5）CNN 是深度网络的典型代表之一，其主要特点是将稀疏性引入网络结构，各层神经元之间不再是全连接的，而是分块部分连接的，具有卷积运算的特性（现在多采用加权求和型整合函数 + ReLU 激活函数实现），同时不同块之间的权值可以共享。这种稀疏性使得 CNN 可以用 BP 学习算法来学习深度结构。除了卷积运算之外，CNN 往往还采用另一种主要运算手段：池化。卷积和池化运算可被视为达到了从数据中抽取不同尺度特征的目的，同时还可以通过反卷积和上池化达到将所抽取的不同尺度特征转化为感兴趣的其他不同信息的目的，由此得到了 FCN 和 U 形网络等扩展。

（6）网络深度的增加，意味着函数复杂度的增加，由此导致过学习问题的恶化。深度残差网络（ResNet）通过引入残差学习的思想，将对函数的学习转化为对残差函数与输入数据之和这样一种函数的学习，保证学习结果不会随着深度的增加而变差，由此可以得到深度更大、效果更好的网络。

（7）DBN 将随机函数表达与非监督学习引入深度前馈结构，实际上这两者是相辅相成的，通过随机函数表达，使非监督的生成学习成为可能。在此基础上，通过逐层贪婪学习机制保证深度学习的效果，解决 BP 学习中高层过饱和问题。可以采用 RBM 作为逐层学习的构造单元，由此得到 DBN；也可采用自编码器作为逐层学习的构造单元，由此得到自编码器网络。

（8）RBF 网络基于用 RBF 实现插值运算的原理来构造网络结构，使人们可以更好地认识函数与人工神经网络之间的内在联系。根据该原理，隐含层采用 RBF，输出层采用 ADALN 神经元，从而得到相应的 RBF 网络。其学习主要包括 RBF 的学习和输出层连接权值的学习，分别可采用聚类方法、误差最小化学习方法来实现。

（9）自组织映射网模拟大脑皮层将高维信息转变成低维信息的机制，通过神经元之间的相互竞争和协同，以及在此基础上的数据自组织过程，在一维或二维空间中用有限点有序表达高维空间中众多的，甚至无限的数据，并且可以刻画数据的统计分布和拓扑特性，表现其内在特征。

参考文献

［1］KEN – ICHI FUNAHASHI. On the approximate realization of continuous mappings by neural networks［J］. Neural Networks,1989,2:183 – 192.

[2] ROSENBLATT F. The perceptron: a probabilistic model for information storage and organization[J]. Psychological Review,1958,65(6):386.

[3] ROSENBLATT F. Principles of neurodynamics[M]. New York:Spartan,1962.

[4] NOVIKOFF A B. On convergence proofs for perceptrons[R]. 1963.

[5] Minsky M L,Papert S A. Perceptrons[M]. Cambridge:MIT Press,1969.

[6] WIDOW B, LEHR M A. 30 years of adaptive neural networks: perceptron, madaline,and backpropagation[J]. Proceedings of the IEEE, 1990,78(9): 1415 − 1441.

[7] WIDOW B,HOFF M E. Adaptive switching circuits[J]. IRE Western Electric Show and Convention Record,1960,4:96 − 104.

[8] RUMELHART D E, HINTON G E, WILLIAMS R J. Learning internal representations by error propagation. Parallel distributed processing [M]. Cambridge:MIT Press,1986.

[9] 袁亚湘,孙文瑜. 最优化理论与方法[M]. 北京:科学出版社,1997.

[10] RUMELHART D E,HINTON G E,WILLIAMS R J. Learning representations by back − propagating errors[J]. Nature,1986,323(9):533 − 536.

[11] LECUN Y,BOTTOU L,BENGIO Y,et al. Gradient − based learning applied to document Recognition[J]. Proceedings of IEEE,1998,11:1 − 45.

[12] ROWLEY H A,BALUJA S,KANADE T. Rotation invariant neural − network based face detection [C]. Proceedings of Computer Vision and Pattern Recognition,1998.

[13] KRIZHEVSKY A,SUTSKEVER I,HINTON G E. Imagenet classification with deep convolutional neural networks[C]. NIPS,2012.

[14] LONG J, SHELHAMER E, DARRELL T. Fully convolutional networks for semantic segmentation[C]. CVPR,2015.

[15] RONNEBERGER O,FISCHER P,BROX T. U − net:convolutional networks for biomedical image segmentation[C]. International Conference on Medical Image Computing and Computer − Assisted Intervention (MICCAI),2015:234 − 241.

[16] HE K M, ZHANG X Y, REN S Q, et al. Deep residual learning for image recognition[C]. CVPR,2016.

[17] IIINTON G E,OSINDERO S,YEE − WHYE TEH. A fast learning algorithm for deep belief nets[J]. Neural Computation,2016,10(7):1527 1554.

[18] HINTON G E,SALAKHUTDINOV R R. Reducing the dimensionality of data

with neural networks[J]. Since,2006,313:504 – 507.

[19]BENGIO Y, LAMBLIN P, POPOVICI P, et al. Greedy layer – wise training of deep networks [C]. Advances in Neural Information Processing Systems (NIPS),2007.

[20]POWELL M J D. Radial basis functions for multivariable interpolation:a review [C]. IMA Conference on Algorithms for the Approximation of Functions and Data,RMCS Shrivenham,1985.

[21] BROOMHEAD D S, LOWE D. Radial basis functions, multi – variable functional interpolation and adaptive networks. Memorandum Report,No. 4148, Roval Signals & Radar Establishment,1988.

[22]MICCHELLI C A. Interpolation of scattered data:distance matrices and condi – tionally positive definite functions[J]. Constructive Approximation, 1986,2: 11 –22.

[23] CHEN S, COWAN C F N, GRANT P M. Orthogonal least squares learning algorithm for radial basis function networks[J]. IEEE Transactions on Neural Networks,1991,2(2):302 – 309.

[24] MA CARREIRA – PERPINAN, HINTON G E. On contrastive divergence learning[C]. Aistats,2005.

[25]KOHONEN T. Self – organizing maps (3rd edition)[M]. New York:Springer,2001.

第11章　反馈型神经网络

如第9章所述，反馈型神经网络（feedback neural network），或称循环型神经网络（Recurrent Neural Network，RNN），是包含回路的人工神经网络，从某一神经元输出的信息，通过网络结构的信息回路，再回到该神经元的输入。当输出回到输入后，会引起输入的变化，从而可能导致输出变化，这样网络不会经过一次信息的传递就终止运算，而是存在信息的循环往复，这是该网络被称为反馈/循环型神经网络的原因，以下简称反馈网络。在反馈网络中，网络所有输出节点值的集合通常称为网络状态，网络的变化即状态的变化。

对于反馈网络，可以从两个视角来认识。

第一个视角是稳定性。由于存在信息回路，因此反馈网络不会像前馈网络那样，只经过一次计算即停止，而是要经过多次循环往复。人们希望经过足够的循环往复后，网络输出能不再改变，停在人们所希望的结果上。是否能达到这样的效果，便是稳定性问题。可以围绕这个问题来研究和设计反馈网络。霍普菲尔德网络与玻耳兹曼机就是这样发展起来的。以下称这种类型的反馈网络为稳定型反馈网络。

第二个视角是时序性。反馈网络可视为一个随时间变化的系统，反馈网络前一时刻处在某一输出状态下，到下一时刻则变成了另一输出状态，这使反馈网络具有时序特性，同时这种时序特性还使人们可将反馈结构按时间展开成一种非反馈结构。图11-1所示为这种转换，其中图11-1（a）所示为一种反馈结构，中间隐含层上两个神经元之间形成相应的回路。对于其相邻两个时间点上的变化，可以展开成图11-1（b）所示的结构。显然，就两个相邻时间点上的网络状态序列的计算而言，图11-1（a）与（b）所示的两种结构是等效的。当然，反馈网络的动态变化通常不止两次，而可能是很多次，这样展开以后，则变成了一种深度结构，说明反馈网络与深度网络之间存在联系。而反过来看，这更说明用简单得多的反馈网络来表达等效的复杂深度网络是可行的，反馈网络是深度网络的一种可能的发展方向。此外，基于时序性来认识反馈网络，也使其适合处理与时序数据相关的应用。乔丹网络、艾尔曼网络、双向网络、LSTM 网络等即基于时序性发展起来的网络。以下称这种类型的反馈网络为时序型反馈网络。

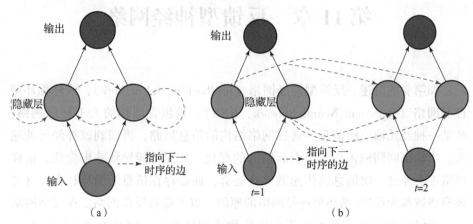

图 11 – 1　反馈网络按时序展开成非反馈结构[1]

（a）反馈网络结构示例；（b）将图（a）所示结构转化为按两次时序展开的非反馈结构

　　不论是稳定型反馈网络还是时序型反馈网络，网络所有输出节点对应输出值的组合通常称为网络的当前状态，而所有可能状态的集合则构成了网络的状态空间。反馈网络的工作过程正是从一个状态变到另一个状态，从而在网络状态空间中形成了一条特定的状态变化轨迹，不同网络（结构或权值不同）将导致不同的变化轨迹。对于稳定型反馈网络来说，它关心的是单个状态，即最后所到达的状态，而最后所达到的稳定状态称为网络的吸引子（attractor），稳定型反馈网络也因此常被称为吸引子网络（attractor network）。对于时序型反馈网络来说，它关心的则是状态变化轨迹，即按时间展开的一组状态。另外需要指出的是，反馈网络是依靠网络状态的变化来工作的，因此对于反馈网络来说，输入不是必须的，它可以在没有输入的前提下，从网络的初始状态开始，迭代演变至最终状态。当然，网络也可以在有输入的情况下工作，此时最终状态则与输入有关，不同的输入可能导致不同的最终状态或状态变化轨迹。

　　下面首先介绍稳定型反馈网络——霍普菲尔德网络与玻耳兹曼机，然后介绍时序型反馈网络——乔丹网络、艾尔曼网络、双向网络、LSTM 网络。

11.1　霍普菲尔德网络

　　霍普菲尔德网络是由美国物理学家霍普菲尔德提出的一种稳定型反馈网

络模型，其核心思想是通过能量函数来实现网络的稳定性，将网络状态值与能量函数对应起来，能量函数的最小值即对应网络的稳定输出，进而通过设计合适的有界能量函数使其值能保证随着网络状态的变化而始终下降，从而实现了网络的稳定性。同时，稳定时的网络状态即需要求解的结果。

霍普菲尔德网络分为数字和模拟两种类型，数字型霍普菲尔德网络是在计算机上以代码方式实现的[2]，模拟型霍普菲尔德网络则是采用电阻、电容、运算放大器等物理器件实现的[3]。

下面首先介绍霍普菲尔德网络的结构与基本工作原理，然后说明其两个主要应用——联想记忆［associative memory，或称内容可寻址存储器（Content - Addressable Memory，CAM）］和优化计算（optimization computation），通过这两个应用能更好地理解霍普菲尔德网络的工作原理。

11.1.1　网络结构

霍普菲尔德网络是全连接网络，其形式如图 11 - 2 所示，其中图 11 - 2（a）所示为基本形式（数字形式），图 11 - 2（b）所示为对应的模拟电路实现方式。如图 11 - 2 所示，霍普菲尔德网络的形式与第 9 章图 9 - 5（b）所示的全互连网络是一致的，其中任意两个神经元之间均有连接，即每个神经元接受从其他任意一个神经元输出的信号，同时也将其输出反馈至任意神经元。此外，每个神经元还可有一个外部输入信号。如前面所述，外部输入信号对于反馈网络来说是可选的，非必须的，霍普菲尔德网络也可以在没有任何输入信号的情况下开展工作。

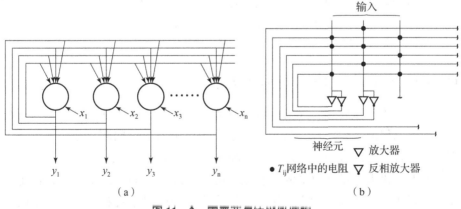

图 11 - 2　霍普菲尔德网络结构

（a）基本形式（数字形式）[2]；（b）模拟电路形式[3]

每个神经元的整合函数通常采用加权求和型函数，激活函数可采用阈值型或 S 型函数等。对于模拟型霍普菲尔德网络来说，函数形式以及边的权值均以电路形式表达。

11.1.2 网络工作原理与稳定性问题

霍普菲尔德网络利用网络状态的变化来达到所需要的计算目标，这种变化过程存在两种不同的模式，一种是让网络中的多个神经元甚至所有神经元同时变化其输出值，这种模式称为并行（synchronous）模式；另一种是每次只有一个神经元更新其输出值，这种模式称为串行（asynchronous）模式。

不论是并行模式还是串行模式，网络状态均存在随时间不断变化的现象，如果这种变化不能得到停止，即网络状态不能稳定在某个不变的状态上，则这样的霍普菲尔德网络显然是没有意义的，不能获得所需的计算结果。因此，为了使霍普菲尔德网络能够按上述工作过程实现计算目标，就需要考虑网络状态在经过一定时间的变化后能否稳定在某个不变的状态上的问题，即上面所说的网络稳定性问题。

具有稳定状态，并且能够从任意初始状态收敛至稳定状态是应用霍普菲尔德网络解决问题的基础。在此基础上，霍普菲尔德网络的基本工作流程如算法 11 −1 所示。

算法 11 −1　霍普菲尔德网络运行算法

Step1. 向网络中输入数据（当有输入时）。

Step2. 从起始状态开始，重复以下步骤，直到网络达到稳定状态。

　Step2.1. 随机选择一个神经元（串行模式）或一组神经元（并行模式）。

　Step2.2. 按照神经元的整合函数和激活函数，更新所选中神经元的输出值。

11.1.3 能量函数与网络稳定性分析

根据上述工作原理，如何分析霍普菲尔德网络的稳定性，以及如何进行网络设计以保证其稳定性，是霍普菲尔德网络中的关键问题，这一问题通过引入利亚普诺夫能量函数（Lyapunov energy function）进行解决。

利亚普诺夫能量函数来源于利亚普诺夫定理（Lyapunov theory），该定理说明：对于一个非线性动力系统，如果能找到一个以系统状态为自变量的连续可微的能量函数，该函数值能随着时间的推移不断减小，直到平衡状态为止，则系统是稳定的[4]。相应能量函数称为利亚普诺夫能量函数。这样，对于霍普菲尔德网络的设计与应用来说，主要问题就是如何确定合适的能量函数。

设 ω_{ij} 表示霍普菲尔德网络中第 i 个神经元与第 j 个神经元的连接权值，I_i 表示霍普菲尔德网络中第 i 个神经元的输入信号，$s_i(t)$ 表示 t 时刻霍普菲尔德网络中第 i 个神经元的输出值，$\xi_i(t)$ 表示 t 时刻第 i 个神经元对所有输入（包括输入信号和循环信号）的整合结果。

如果霍普菲尔德网络的权值矩阵是对称矩阵并且对角元素为零，即

$$\omega_{ij} = \begin{cases} \omega_{ji}, i \neq j \\ 0, i = j \end{cases} \tag{11-1}$$

则不论采用阈值型激活函数还是 S 型激活函数，霍普菲尔德网络都是稳定的，下面分析其原因。

（1）对于阈值型激活函数，有

$$s_i(t+1) = \begin{cases} 1, & \xi_i(t+1) \geqslant \theta_i \\ -1 \text{ 或 } 0, & \xi_i(t+1) < \theta_i \end{cases} \tag{11-2}$$

其中

$$\xi_i(t+1) = \sum_{j=0}^{n} \omega_{ij} s_j(t) + I_i \tag{11-3}$$

按此激活函数构造的网络具有离散、随机变化的特性，因此也称为离散霍普菲尔德网络，相应能量函数被设计为

$$E = -\frac{1}{2} \sum_{i=0}^{n} \sum_{j=0}^{n} \omega_{ij} s_i s_j - \sum_{i=1}^{n} I_i s_i + \sum_{i=1}^{n} \theta_i s_i \tag{11-4}$$

当没有外部输入信号时，该能量函数简化为

$$E = -\frac{1}{2} \sum_{i=0}^{n} \sum_{j=0}^{n} \omega_{ij} s_i s_j = -\frac{1}{2} \boldsymbol{S}^{\mathrm{T}} \boldsymbol{\omega} \boldsymbol{S} \tag{11-5}$$

根据式（11-4），在权值满足式（11-1）的条件下，E 值随第 i 个节点状态变化而变化的公式为

$$\Delta E = -\left(\sum_{j \neq i} \omega_{ij} s_j + I_i - \theta_i \right) \Delta s_i \tag{11-6}$$

再根据式（11-2）和式（11-3），$\sum_{j \neq i} \omega_{ij} s_j + I_i - \theta_i$ 与 Δs_i 的符号应相同，即同为正或同为负，因此 ΔE 将始终为负，同时 E 是有界的，这样能量函数值将随着网络状态的变化不断减小并最终达到最小值，满足利亚普诺夫定理的收敛条件，因此相应的霍普菲尔德网络是稳定的，从任意给定的初始状态出发，都能收敛至某一稳定状态。

（2）对于 S 型激活函数，采用模拟电路构建网络，则图 11 - 3 所示为单个神经元的输出与输入之间的函数关系，其中 $g(\cdot)$ 代表输入到输出的函数，其反函数 $g^{-1}(\cdot)$ 则表达了输出到输入的关系。

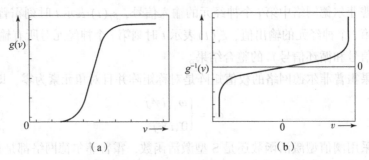

图 11 - 3　模拟霍普菲尔德网络神经元输入与输出之间的函数关系

（a）输入 - 输出关系；（b）输出 - 输入关系

按图 11 - 3 所示激活函数所构造的网络称为连续霍普菲尔德网络或模拟霍普菲尔德网络，其能量函数被设计为

$$E = -\frac{1}{2}\sum_{i=0}^{n}\sum_{j=0}^{n}\omega_{ij}s_is_j + \sum_{i=1}^{n}\frac{1}{R_i}\int_0^{s_i}g_i^{-1}(s)\mathrm{d}s + \sum_{i=1}^{n}\theta_is_i \qquad (11-7)$$

其中

$$1/R_i = 1/\rho_i + \sum_{j=1}^{n}\omega_{ij} \quad （\rho_i \text{ 为第 } i \text{ 个放大器的输入电阻}） \qquad (11-8)$$

在网络权值满足式（11 - 1）的前提下，该能量函数关于时间的导数为

$$\begin{aligned}
\mathrm{d}E/\mathrm{d}t &= -\sum_i(\mathrm{d}s_i/\mathrm{d}t)\left(\sum_j\omega_{ij}s_j - \xi_i/R_i + I_i\right)\\
&= -\sum_i(\mathrm{d}s_i/\mathrm{d}t)C_i(\mathrm{d}g_i^{-1}(s_i)/\mathrm{d}t) \qquad (11-9)\\
&= -\sum_iC_ig_i^{-1'}(s_i)(\mathrm{d}s_i/\mathrm{d}t)^2
\end{aligned}$$

上式中：①每一项均非负（C_i 为输入电容值，非负；$g_i^{-1}(\cdot)$ 如图 11 - 3（b）所示为单调递增函数，其导数值应非负），于是有 $\mathrm{d}E/\mathrm{d}t \le 0$；②若 $\mathrm{d}E/\mathrm{d}t = 0$，则所有的 $\mathrm{d}s_i/\mathrm{d}t = 0$；③$E$ 是有界的。综合上面这三个因素可知：网络能量函数将随时间下降至极小值，因此网络是稳定的。

　　式（11 - 1）给出了霍普菲尔德网络稳定的充分条件，为设计和分析霍普菲尔德网络提供了依据。但需要指出的是：这一条件只是系统稳定的充分条件，而不是必要条件，满足式（11 - 1）的霍普菲尔德网络一定是稳定的，但不满足这一条件的霍普菲尔德网络不一定是不稳定的，可能存在很多稳定但并不满足这一条件的霍普菲尔德网络。

11.1.4　联想记忆

霍普菲尔德网络能从初始状态运行到稳定状态，因此可以应用霍普菲尔德网络实现联想记忆（associative memory），也称为内容可寻址存储器。这种联想记忆能力具有容错特性，在输入模式存在变化、残缺或有噪声的情况下，仍能恢复出原来存储的稳定状态。数字型网络和模拟型网络均可实现联想记忆。

在用于联想记忆的霍普菲尔德网络中，输入样本是需要记忆的内容。这些有待记忆的数据为二值向量，向量中每个分量在两个状态间取值，对应于网络中的一个神经元（对于模拟型网络来说，需要离散化获得二值输出）。首先用外积法（out‑product）确定网络连接权值，使各输入样本成为网络的稳定状态。

设需要记忆的数据集合为 $\{X_k\}_{k=1}^{K}$，其中每个数据向量的维数为 n，$X_k = \{x_{ik}\}_{i=1}^{n}$，则记忆这些数据的霍普菲尔德网络由 n 个神经元组成，神经元之间的权值用外积法确定为

$$\omega_{ij} = \begin{cases} \sum_{k=1}^{K} x_{ik}x_{jk}, i \neq j \\ 0, i = j \end{cases}, \quad i = 1,2,\cdots,n; \; j = 1,2,\cdots,n \qquad (11-10)$$

设 I 为 $n \times n$ 的单位矩阵，则式（11‑10）可表示为如下向量形式：

$$\omega = \sum_{k=1}^{K} X_k X_k^{\mathrm{T}} - KI \qquad (11-11)$$

显然，通过外积法确定的连接权值矩阵是对称的且对角元素为零，满足式（11‑1）所定义的霍普菲尔德网络稳定性条件。

权值确定以后，从任意初始状态开始，网络按照算法 11‑1 所述过程开始运行，逐渐收敛至与该初始状态对应的稳定状态，即得到所记忆的数据，从而表现出联想记忆能力。事实上，每个被记忆的数据对应于能量函数的一个局部极小值。能量函数有多少个局部极小值，就能存储多少内容，这称为网络容量问题。下面通过一个例子进一步解释如何通过霍普菲尔德网络实现联想记忆。

例 11‑1[①]　假设需要存储两个 4 维数据：$(1,-1,-1,1)$ 和 $(-1,1,-1,$

[①]　该例引自虞台文. Feedback Networksand Associative Memories. 大同大学。

1)，则存储这两个数据的霍普菲尔德网络应有 4 个神经元，每个神经元分别对应数据中的一维分量。这 4 个神经元对应的权值矩阵通过式（11 - 10）计算如下：

$$\boldsymbol{\omega} = \begin{bmatrix} 0 & -2 & 0 & 0 \\ -2 & 0 & 0 & 0 \\ 0 & 0 & 0 & -2 \\ 0 & 0 & -2 & 0 \end{bmatrix} \qquad (11-12)$$

根据式（11 - 12）所示权值矩阵，构造霍普菲尔德网络，如图 11 - 4 所示。

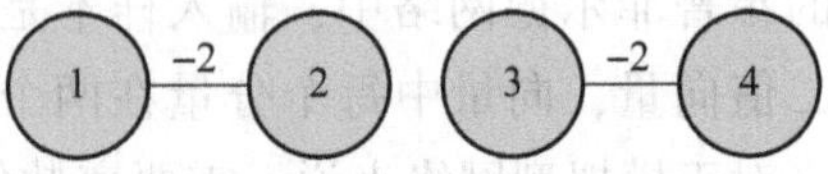

图 11 - 4　记忆 (1, -1, -1, 1) 和 (-1, 1, -1, 1) 这两个数据的霍普菲尔德网络

与图 11 - 4 所示网络对应的能量函数为

$$E = -\frac{1}{2}\sum_{i=1}^{4}\sum_{j=1}^{4}\omega_{ij}x_ix_j - \sum_{i=1}^{4}I_ix_i = 2(x_1x_2 + x_3x_4) \qquad (11-13)$$

根据式（11 - 13）可知，该能量函数的最小值为 - 4，而上面所存储的两个数据对应的能量正好为 - 4，因此其分别为两个对应于最小能量值的稳定状态，网络从任意状态出发，可收敛至相应的稳定状态，便获得了所存储的这两个数据之一。比如当输入 (1, 1, -1, -1) 时，网络的两种可能的变化过程可以如图 11 - 5 所示。从输入的初始状态开始，按算法 11 - 1 所示异步模式进行状态的更新，每次随机选择一个节点改变其状态，如果节点状态改变使能量函数下降则接受其改变，否则再选另一节点进行改变，直到不论改变什么节点都不能使能量函数下降为止。由于节点的选择是随机的，如果随机选择的节点改变顺序不同，则可能导致不同的结果，图 11 - 5 就显示了这样的随机计算效果。不管怎样，网络能够从输入的初始状态变化到最终的稳定状态，即使输入模式与存储模式有差别（如本例所示），仍能最终找到与之相关的存储结果，这便体现了联想记忆与内容可寻址存储器的概念。

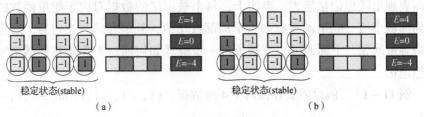

图 11 - 5　图 11 - 4 所示网络的联想记忆过程示例

(a) 一种变化过程；(b) 另一种变化过程

11.1.5　优化计算

当霍普菲尔德网络收敛到稳定状态时，其能量函数值达到最小，这使霍普菲尔德网络具备了实现优化计算的能力。如果能将一个优化问题的目标函数转变为霍普菲尔德网络的能量函数，则可以应用霍普菲尔德网络求解该优化问题。相应的处理过程是：首先将待求解的目标函数转化为与之一致的霍普菲尔德网络能量函数形式，进而根据相应能量函数，设定网络连接权值和输入信号，从而构成网络。对于所构成的网络，随机产生网络初始状态，从该状态开始，使网络状态按算法 11 – 1 所示霍普菲尔德网络工作机制不断变化，直到能量函数不能再下降为止，此时的网络状态对应于目标问题的解。

下面以著名的旅行商问题（Travel Salesman Problem，TSP）为例，说明如何应用霍普菲尔德网络实现优化计算[5]。TSP 是组合优化中经典的 NP 难问题，如果能解决该问题，则说明相应方法可有效地解决一大类组合优化问题，因此 TSP 常常被用于验证优化算法的效果与性能。下面尝试应用霍普菲尔德网络来解决该问题。

例 11 – 2　求解 TSP。假设一名旅行推销员要去各城市旅行推销产品，如果推销员从某城市出发，访问各城市一次，最后回到出发的城市，则该推销员应该怎样选择旅行线路，以使总的旅行路程最短？设 $C = \{c_1, \cdots, c_n\}$ 表示城市集合，$d_{ij} = d(c_i, c_j)$（$i = 1, \cdots, n; j = 1, \cdots, n$）表示任意两个城市之间的距离，$T: c^{(1)} \rightarrow c^{(2)} \rightarrow \cdots \rightarrow c^{(n)} \rightarrow c^{(1)}$ 表示任意一条旅行线路，则 TSP 的求解目标可表述为

$$T^* = \arg \min_T \sum_{k=1}^{n} d(c^{(k)}, c^{(k+1)}), \quad c^{(n+1)} = c^{(1)} \tag{11 – 14}$$

可以应用具有 $n \times n$ 个神经元的霍普菲尔德网络求解上述 TSP。该网络神经元排列形式如图 11 – 6 所示，其中行对应城市，列对应访问次序。当第 x 行第 j 列神经元状态为兴奋（其值等于 1）时，表示在行程的第 j 步时，旅行商访问了第 x 个城市 c_x；其状态为抑制（其值等于 0）时，表示旅行商在行程的第 j 步时没有访问第 x 个城市。按这样的表示方法，当网络中各行各列神经元有且仅有一个处于兴奋状态时，逐行取出与兴奋神经元对应的城市，并按从上到下的顺序排列，即得到 TSP 的一个可行解。

下面针对 TSP，确定图 11 – 6 所示霍普菲尔德网络的能量函数，进而得到网络中的连接权值和输入信号，从而完成网络构建。

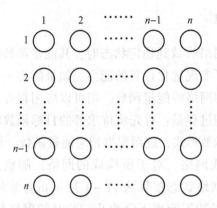

图 11 – 6 求解 TSP 的霍普菲尔德网络神经元排列示意

首先，根据图 11 –6 所示网络，设 x，y 代表行数（第几座城市），i，j 代表列数（第几步），则旅行商的旅行总路程可表示为

$$E_1 = \frac{1}{2} \sum_{i=1}^{n} \sum_{x=1}^{n} \sum_{y=1}^{n} s_{xi} d_{xy} (s_{y(i-1)} + s_{y(i+1)}) \tag{11-15}$$

于是，TSP 可表述为：在保证网络中各行各列神经元有且仅有一个处于兴奋状态的条件下使上式中定义的 E_1 最小。将这一表述中"网络中各行各列神经元有且仅有一个处于兴奋状态"的约束条件用如下一组函数表达：

$$E_2 = \frac{1}{2} \sum_{x=1}^{n} \sum_{i=1}^{n} \sum_{j=1}^{n} s_{xi} s_{xj} \tag{11-16}$$

$$E_3 = \frac{1}{2} \sum_{i=1}^{n} \sum_{x=1}^{n} \sum_{y=1}^{n} s_{xi} s_{yi} \tag{11-17}$$

$$E_4 = \frac{1}{2} \left(\sum_{x=1}^{n} \sum_{i=1}^{n} s_{xi} - n \right)^2 \tag{11-18}$$

如果同时使以上三个值最小，则式（11 – 16）保证了每一行中至多只有一个神经元处于兴奋状态；式（11 – 17）保证了每一列中至多只有一个神经元处于兴奋状态；式（11 – 18）保证了网络中正好有 n 个神经元处于兴奋状态，综合起来就满足了"网络中各行各列神经元有且仅有一个处于兴奋状态"的约束条件。

式（11 – 15）~ 式（11 – 18）所表达的为约束优化问题，可采用拉格朗日方法求解，即将这 4 个公式加权组合在一起，便得到如下待优化目标函数（其中约束条件对应的权重值应该足够大，以保证在用无约束优化方法求解该式时得到符合约束条件的计算结果）：

$$E = \frac{\lambda_1}{2} \sum_{i=1}^{n} \sum_{x=1}^{n} \sum_{y=1}^{n} s_{xi} d_{ij} \left(s_{y(i-1)} + s_{y(i+1)} \right)$$

$$+ \frac{\lambda_2}{2} \sum_{x=1}^{n} \sum_{i=1}^{n} \sum_{j=1}^{n} s_{xi} s_{xj} + \frac{\lambda_3}{2} \sum_{i=1}^{n} \sum_{x=1}^{n} \sum_{y=1}^{n} s_{xi} s_{yi} + \frac{\lambda_4}{2} \left(\sum_{i=1}^{n} \sum_{x=1}^{n} s_{xi} - n \right)^2$$

$$(11-19)$$

为了构造霍普菲尔德网络以求解式（11-19）所定义的优化问题，将其转换为如下符合霍普菲尔德网络能量函数的形式：

$$E = -\frac{1}{2} \sum_{x=1}^{n} \sum_{i=1}^{n} \sum_{y=1}^{n} \sum_{j=1}^{n} s_{xi} \omega_{xi,yj} s_{yj} - \frac{1}{2} \sum_{x=1}^{n} \sum_{i=1}^{n} I_{xi} s_{xi} \qquad (11-20)$$

其中

$$\omega_{xi,yj} = -\lambda_1 d_{xy} (\delta_{i(j+1)} + \delta_{i(j-1)}) - \lambda_2 \delta_{xy} (1 - \delta_{xy}) - \lambda_3 \delta_{ij} (1 - \delta_{xy}) - \lambda_4 (1 - \delta_{ij}) (1 - \delta_{xy})$$

$$(11-21)$$

$$\delta_{xy} = \begin{cases} 1, x = y \\ 0, x \neq y \end{cases}, \quad \delta_{ij} = \begin{cases} 1, i = j \\ 0, i \neq j \end{cases} \qquad (11-22)$$

$$I_{xi} = \lambda_4 n \qquad (11-23)$$

根据式（11-21）~式（11-23），就可以确定求解 TSP 的霍普菲尔德网络的连接权值（$\omega_{xi,yj}$）和输入信号（I_{xi}），从而构造好了相应网络。

求解时，首先给该网络随机提供一个初始状态（初始解），然后使网络按照算法 11-1 所述过程开始运行，逐渐收敛至稳定状态。由于能量函数在稳定状态下达到极小值，所以网络的稳定状态对应于 TSP 的解。在稳定状态下，取出各行中处于兴奋状态的神经元所代表的城市，并按照从上到下的顺序进行排列，便得到了 TSP 的解。图 11-7 所示为一个按照构造好的霍普菲尔德网络来寻优的计算过程的例子[6]，其中展示的待求解问题是一个 4-城市 TSP。对于该问题，采用图 11-6 所示方式表达问题的解，其中黑色和白色分别代表相应节点处于兴奋和抑制状态。一开始随机生成一个解（网络状态），其能量函数为 35 600。从该状态开始，按异步模式进行网络状态的变化，每次改变一个节点的状态，然后计算该状态对应的能量函数值，如果其值相比之前的值有下降，则接受其改变，否则再改变另一个节点的状态，直到能量函数值下降。如图 11-7 所示，在进行第 3 次状态改变尝试时，通过改变第 3 行第 1 列节点的状态，能量函数值下降到了 -30 500，则接受该改变。对于第 1 次和第 2 次状态改变尝试，由于没能导致能量函数值下降，所以不发生节点状态的变化。类似地，在第 4 次状态改变尝试时，通过改变第 4 行第 1 列节点的状态，能量函数值下降到了 -85 800。这样的过程持续进行，直到改变任何节点的状态均不能使能量函数值下降为止，如图 11 - 7 中最后的节点所示，此时已经找到了该问题的解。图中最后找到的解是：城市 1→城市 3→城市 4→城市 2→城市 1。

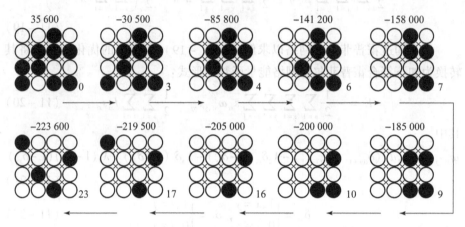

图 11 -7　霍普菲尔德网络求解 TSP 过程示例[6]

11.2　玻耳兹曼机

霍普菲尔德网络在工作时，每次改变状态并计算能量函数值，当能量函数值下降时接受改变，否则不接受改变。这是一种贪婪策略，当能量函数形状非凸时，可能获得能量函数的局部极小值，对应的稳定状态则是问题的局部最优解，而不是全局最优解。这种特性对于联想记忆是有利的，但对于优化计算来说则不理想。为了解决这一问题，人们将模拟退火（simulated annealing）算法与霍普菲尔德网络结合，构造了玻耳兹曼机[7]。

11.2.1　玻耳兹曼 – 吉布斯（Boltzmann – Gibbs）分布

为了实现全局最优，需要改变确定性的计算方法，改用随机策略，以从局部最小值中跳出。图 11 - 8 所示为通过随机策略跳出局部最小值的基本思想。该图展示了一条目标函数（能量函数）曲线，从中可知存在两个局部最小值，其中右边的一个为全局最小值。如果采用确定性策略（比如霍普菲尔德网络中采用的贪婪策略），当计算进行到左边的局部最小值时，计算将停止在这里不再变化。为了解决这样的问题，就需要引入随机机制，对于相对较差的结果，不是绝对地拒绝，而是以一定的概率确定是拒绝还是接受，这样计算就可能从局部极小点爬出来，逐步趋向全局最优解，正如图 11－8 中曲线上的空心小球所示。

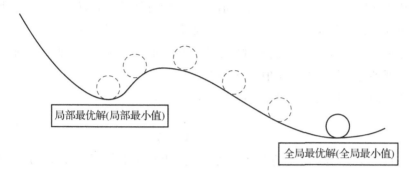

局部最优解(局部最小值)

全局最优解(全局最小值)

图 11－8　随机优化策略示意

在上述思路中，关键是如何确定随机选择接受较差结果的概率。玻耳兹曼－吉布斯分布为确定该概率提供了一种较好的选择，其形式如下：

$$P(\boldsymbol{x}) = \frac{1}{z} \mathrm{e}^{-\frac{E(x)}{T}} \tag{11-24}$$

其中

$$T = k_B T_a \tag{11-25}$$

$$z = \sum_x \mathrm{e}^{-\frac{E(x)}{T}} \tag{11-26}$$

以上 $\boldsymbol{x}$ 为问题的解（状态），$E(\boldsymbol{x})$ 为能量函数（目标函数），T 为温度（k_B 为玻耳兹曼常数，T_a 为绝对温度），z 是所有状态对应的能量函数之和，称为划分函数（partition function）。

11.2.2　模拟退火算法

模拟退火算法是以玻耳兹曼－吉布斯分布为核心的一种优化算法，其来源于对金属退火过程的模拟。在金属退火过程中，首先金属被加热至接近熔点，然后慢慢降温至室温。通过高温加热，金属晶体结构中的错位现象得到消除，同时在逐渐降温过程中又能阻止新的错位现象产生，从而得到了更理想的晶体结构。这一过程的实质是金属的能量函数能在这一过程中逐渐到达全局最小值。当然在这一过程中，温度下降的速度应该合适，温度下降太快会形成非理想的金属结构，温度下降太慢则可能始终达不到目标。在温度设定合适的前提下，无论初始条件如何、过程中间细节如何，最后都能到达几乎完全相同的能量状态，也就是说，退火能保证得到全局最优解，这是其非常好的一点。

根据金属退火过程，模拟退火算法如算法 11 - 2 所示。首先设定温度初值，从该初值开始，在每一个温度值下，不断对问题的解进行扰动，按照玻耳兹曼 - 吉布斯分布 [式 (11 - 24)] 确定是否接受解的变化，这一过程持续足够多的次数后，对温度做下降处理，然后重复上述过程。如此不断进行，直到温度到达所设定的最小值（比如 0）。

如果初始温度足够高且温度的下降满足下式：

$$T(k) \geqslant \frac{T(0)}{\log(1+k)} \tag{11-27}$$

其中，$T(k)$ 表示第 k 次时的温度，则模拟退火算法能保证收敛到全局最小状态。这种渐进收敛性是模拟退火算法的优势，但也因此使其计算效率较低。

算法 11 - 2　模拟退火算法

准备：设置常量 κ_T, A, S（其典型取值为：$0.8 < \kappa_T < 0.99$, $A = 10$, $S = 3$），根据这三个常量，设置初始温度 $T(0)$ 为较高的温度。
Step1. 按以下公式降低温度：
$$T(k) = \kappa_T T(k-1) \quad (k \text{ 为迭代次数})$$
Step2. 在当前温度下，对网络节点状态进行足够多次变换（能量下降时接受改变，能量上升时按玻耳兹曼 - 吉布斯分布所确定的概率选择接受改变），将变换次数设定为可保证在每次变换中能平均获得 A 次可接受的改变。
Step3. 如果在连续三个温度下，可接受的改变次数均未达到 A 次，则算法停止，否则重复 Step1，2。

11.2.3　玻耳兹曼机的工作原理

玻耳兹曼机是将模拟退火算法与霍普菲尔德网络相结合的产物，其结构与霍普菲尔德网络完全一致，关键区别在于对神经元输出值的改变机制不同。对于霍普菲尔德网络来说，神经元输出值是否发生变化是确定的，如果发生变化导致能量函数值下降则使其发生，否则不使其发生。而在玻耳兹曼机中，神经元输出值的改变不再是确定的，而是按照玻耳兹曼 - 吉布斯分布进行随机改变，这是其被命名为玻耳兹曼机的原因。

设 E 和 E' 分别表示神经元输出值变化前后的网络能量函数值，则根据玻耳兹曼 - 吉布斯分布，有 $P = \frac{1}{z}\mathrm{e}^{-E/T}$，$P' = \frac{1}{z}\mathrm{e}^{-E'/T}$，从而有

$$P_{\Delta E} = \frac{P'}{P' + P} = \frac{1}{1 + P/P'} = \frac{1}{1 + e^{-\Delta E/T}} \tag{11-28}$$

其中，$\Delta E = E - E'$。

　　式（11-28）的值即是否接受能量变化的概率，也就是是否接受状态变化的概率。因此，玻耳兹曼机中以该值作为神经元状态允许变化（在导致能量函数变差时）的概率。同时，该公式表明温度越高，$P_{\Delta E}$曲线越平缓，神经元因而有更多机会进行局部较差状态的选择；反之，则选择局部较差状态的机会小。当 $T\rightarrow 0$ 时，$P_{\Delta E}$ 曲线接近阈值型函数，玻耳兹曼机神经元便退化为霍普菲尔德网络神经元。可见霍普菲尔德网络是玻耳兹曼机的特例。图 11-9 所示为 $P_{\Delta E}$ 与温度值的关系。

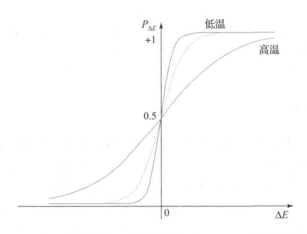

图 11-9　玻耳兹曼机神经元状态变化概率（$P_{\Delta E}$）与温度值的关系

　　在式（11-28）的基础上，可按照模拟退火算法改造霍普菲尔德网络的工作流程，从而获得玻耳兹曼机。以串行模式为例，首先设定初始温度，从该初始温度开始，总体上按照霍普菲尔德网络的工作原理进行工作，只是这里对于较差状态，不是一定拒绝，而是按照式（11-28）所计算出的概率确定是否接受。可能接受也可能不接受，随机确定，但统计结果符合该概率的规定，在具体实现方式上可生成 0~1 的随机数，当其大于该概率时接受较差状态，否则不接受。在每一温度下，按这样的工作方式循环足够多次后降低温度。在降低以后的温度上再重复上述过程。这样不断进行，直到温度足够小时（比如为 0）时停止运算。这一串行模式下的玻耳兹曼机工作流程如算法 11-3 所示。

算法 11 - 3　玻耳兹曼机工作流程

Step1. 初始化：设置 $t=0$，$k=0$ 以及初始温度 $T(0)$，随机形成网络初始状态。

Step2. 随机选择网络中的一个神经元。

Step3. 计算该神经元变化以后的能量函数值，如果能量函数值下降，则接受该神经元状态的变化；否则按式（11 - 28）计算接受概率，根据该概率使神经元状态发生翻转，否则保持原有状态。

Step4. 如果网络在温度 $T(k)$ 时达到热平衡，即以下条件之一成立：

  （1）网络所有的可能状态具有相同的出现概率；

  （2）网络中所有神经元被选中的概率相同；

  （3）所有神经元的状态不再发生改变；

  （4）能量函数达到温度 $T(k)$ 下的极小值，

则置 $k=k+1$，记录当前解，转到 Step5；否则置 $t=t+1$，转到 Step2。

Step5. 如果温度 $T(k)$ 足够低，或可接受的状态足够少，则输出当前网络状态，算法结束。

Step6. 按一定降温策略选择 $T(k+1)<T(k)$，然后转到 Step2。

11.2.4　RBM

在第 10 章所述的 DBN 结构中，曾出现过 RBM，作为 DBN 结构的逐层构造单元。此处需要强调的是，RBM 虽然同样是以玻耳兹曼 - 吉布斯分布为基础的，即同样采用式（11 - 24）所示分布形式来计算数据对应的概率，神经元的状态值也是二值的，但与本章所述玻耳兹曼机存在根本区别。RBM 网络为两层前馈网络，而非反馈网络，玻耳兹曼 - 吉布斯分布用于对两层前馈网络所表达的数据的联合分布进行建模，而不是用于计算网络状态的接受概率。

11.3　乔丹网络与艾尔曼网络

乔丹网络[8]与艾尔曼网络[9]是早期经典的时序型反馈网络，二者正是从处理时序数据的需求出发，获得了相应的结构。它们均在传统的三层感知器（参见本书第 10 章第 10.3 节）上，通过增加神经元形成回路来得到。图 11 - 10 所示为这两种结构的基本形式，其中黄色节点是在原三层感知器的基础上新增的神经元，这些节点起到了将时序信息建模到网络中的作用，分别称为状态节点（state node，乔丹网络）或上下文节点（context node，艾尔曼网络）。如图 11 - 10 所示，乔丹网络将输出信息反馈至状态节点，再送回隐含层节点，从而形成回路，同时状态节点本身还存在自回路；艾尔曼网络中的回路则是从隐含层节点到上下文节点，再回到隐含层节点。另外，需要指出的是，作为反馈网络，乔丹网络与艾尔曼网络中的输入神经元同样不是必须的。

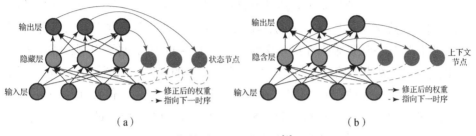

图 11-10 早期的时序型反馈网络[1]（书后附彩插）

（a）乔丹网络；（b）艾尔曼网络

在上述反馈结构基本形式上，计算神经元的构造方式通常与三层感知器类似，采用加权求和型整合函数，采用 S 型激活函数、或阈值型激活函数、或线性激活函数等。

从时序数据处理的角度来看，这些网络可用于根据输入序列获得输出序列，因此可以看作一种关于时序数据的函数。能达到这一效果的关键在于上下文节点的作用，它存储了输出层单元或隐含层单元前一次的计算结果（网络内部状态），再将其处理后回传隐含层单元，与新的输入结合后再产生新的输出，时序的效应体现在了这些内部状态上。

11.3.1 学习方法

对于上述乔丹网络与艾尔曼网络，可按时序将其展开成非反馈结构，从而形成一个有很多层次的深度结构，每个层次对应于一个时间点。这样可以采用 BP 学习（参见本书第 10 章第 10.3 节）的思想对其进行学习，在每个层次（时间点）上计算输出误差，并向后传播该误差，在传播过程中调整网络权值以减小误差，用于调整权值的优化方法仍可采用梯度下降法。这样的学习算法因此称为 BPTT（Back-Propagation Through Time）[10]。

图 11-11 清楚地显示了 BPTT 的学习过程，其中图 11-11（a）所示为一个简单的反馈网络，其中只有一个计算神经元，u_t，x_t，ε_t 则分别表示 t 时刻的输入值、计算神经元状态值以及计算神经元输出值。将该网络展开成非反馈结构，便得到图 11-11（b）所示形式，该形式从左往右可看作一个前馈网络，但与传统前馈网络不同的是在每个层次（时间点）上均有相应输出，这样在进行 BP 学习时，对于每个时间点上输出的误差，首先向下反传至当前

时刻的状态，然后再向左反传至前一时刻的状态，直到第一时刻的状态。在这个反传过程中修改相应权值。

这里，主要的问题还是推导误差反向传播的梯度计算公式。需要注意的是，这里是以展开的形态来表达学习过程，但实际需要学习的内容（边权值）对于同一条边来说是只有一个的，不断在不同时间点上根据误差对其进行调整，要按照这一认识来推导误差梯度。以图 11-11 所示网络为例，假设 ε 表示误差函数，θ 表示网络参数，包括计算神经元的 $\boldsymbol{\omega}_{\mathrm{rec}}$（循环权值）、$\boldsymbol{\omega}_{\mathrm{in}}$（输入权值）以及 b（神经元阈值）。虽然网络展开成了三层，但实际每一层上都是对同样的这三个参数进行调整。根据图 11-11（b）所示的展开结构，各个参数对应的误差导数计算公式如下：

$$\frac{\partial \boldsymbol{\varepsilon}}{\partial \boldsymbol{\theta}} = \sum_{1 \leqslant t \leqslant T} \frac{\partial \boldsymbol{\varepsilon}_t}{\partial \boldsymbol{\theta}} \qquad (11-29)$$

$$\frac{\partial \boldsymbol{\varepsilon}_t}{\partial \boldsymbol{\theta}} = \sum_{1 \leqslant k \leqslant t} \frac{\partial \boldsymbol{\varepsilon}_t}{\partial \boldsymbol{x}_t} \cdot \frac{\partial \boldsymbol{x}_t}{\partial \boldsymbol{x}_k} \cdot \frac{\partial \boldsymbol{x}_k}{\partial \boldsymbol{\theta}} \qquad (11-30)$$

$$\frac{\partial \boldsymbol{x}_t}{\partial \boldsymbol{x}_k} = \prod_{t \geqslant i > k} \frac{\partial \boldsymbol{x}_i}{\partial \boldsymbol{x}_{i-1}} = \prod_{t \geqslant i > k} \boldsymbol{\omega}_{\mathrm{rec}}^{\mathrm{T}} \mathrm{diag}(\sigma'(\boldsymbol{x}_{i-1})) \qquad (11-31)$$

根据上述导数计算公式，按 BP 学习算法流程，从后向前对误差进行反传，并相应更新网络权值，从而完成 BPTT 学习。

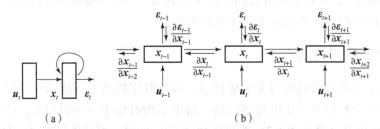

图 11-11　BPTT 学习算法示意[11]

（a）一个循环网络结构；（b）对图（a）所示结构按时序展开并展示其梯度反向传播过程

11.3.2　应用示例："异或"运算

下面通过"异或"运算，说明上述反馈网络如何工作。由于时序型反馈网络是基于时序数据展开的，所以在应用时序型反馈网络时，输入和输出均应按时序型数据考虑。在"异或"运算下，对于两位输入 00，11，01，10 来说，输出结果应是 0，0，1，1。可以根据这种运算规则构造输入序列，该序列中每两位为"异或"运算的输入，第三位为"异或"运算的结果，如

101000011110101…。将这样的输入序列向左移 1 位后得到输出序列，比如对应于前面的输入序列，输出序列为 01000011110101…。

可以利用循环网络建立这样的输入序列与输出序列之间的关系，每输入 1 位，便在输出端预测相应的输出，这样每输入两位，在输出端预测的结果便等于"异或"运算的正确结果。

为了解决这一序列数据映射问题，构造图 11 – 12 所示的艾尔曼网络，其中输入层神经元个数为 1，隐含层神经元个数为 2，输出层神经元个数为 1，上下文神经元个数为 2。每次输入 1 位数据，在输出端产生 1 位输出。两个隐含层神经元用于接受输入信号和上下文神经元传来的信号，两个上下文神经元接受隐含层神经元的输出。隐含层神经元到上下文神经元的权值（图中实线箭头所示）固定为 1，其他权值（图中虚线箭头所示）通过学习得到。

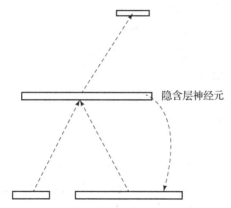

图 11 – 12　解决"异或"问题的艾尔曼网络[9]

在图 11 – 12 所示网络结构的基础上，采用上述 BPTT 算法来学习网络权值：在每个时间点，计算相应的输出误差，并做误差反向传播来修改神经网络的连接权值。经过足够多次的迭代后，该网络便具备了"异或"运算能力。每输入两个信号，便在输出端获得正确的计算结果。

11.3.3　梯度计算问题

对于时序型反馈网络的学习来说，如果将其展开成非反馈网络的形式，则可以看作在学习基于时间的变量依赖关系，如图 11 – 11（b）所示的 x_{t-1}，x_t，x_{t+1} 之间的依赖关系。根据时间间隔长短不同，依赖关系分为短时依赖和长时依赖。对于长时依赖关系来说，在采用 BPTT 算法学习时，误差会经过很多次反向传播，由此可能导致出现误差梯度的消失或爆炸现象。误差梯度的消失现象是指当时间序列增加时，误差梯度以指数级的速度迅速趋近 0；反之，误差梯度的爆炸现象是指当时间序列增加时，误差梯度以指数级的速度迅速趋近无穷大。

由式（11 - 31）可知，当 $\boldsymbol{\omega}_{rec}$ 的谱半径 < 1（最简单的情况就是只有一个权值，且其值 < 1）时，对于 t 与 k 相距较远的情况，计算值将趋近 0，从而导致由式（11 - 29）所计算的误差梯度趋近 0；反之当 $\boldsymbol{\omega}_{rec}$ 的谱半径 > 1 时，对于 t 与 k 相距较远的情况，计算值将趋近无穷大，从而导致由式（11 - 29）所计算的误差导数趋近无穷大。

为了解决上述误差梯度的消失与爆炸现象，一种思路是限制 t 与 k 之间的时间步数，称为截断 BPTT 算法（Truncated BP Through Time，TBPTT）。显然，该算法可以部分解决问题，但由于限制了时间序列的步长，长时间的依赖关系将不能得到表达，从而限制了其应用。

围绕误差梯度的消失与爆炸问题，人们进一步推动了时序型反馈网络的发展，以下所述 LSTM 网络和双向反馈网络（Bidirectional Recurrent Neural Network，BRNN）即相应的产物。

11.4 LSTM 网络

LSTM 网络[12]引入记忆神经元（memory cell）来代替传统神经元，用于构造时序型反馈网络，以解决上面所述的在利用 BPTT 算法学习时序型反馈网络时存在的误差梯度的消失与爆炸问题。

11.4.1 记忆神经元

图 11 - 13 所示为目前常用的一种记忆神经元。如图 11 - 13 所示，记忆神经元由内部状态（internal state）、输入节点（input node）、输入门（input gate）、遗忘门（forget gate）、输出门（output gate）组成，分别对应于图中的"中间带对角线的节点""底部对应于 $g_c^{(t)}$ 符号的节点""右侧下部对应于 $i_c^{(t)}$ 符号的节点""左侧对应于 $f_c^{(t)}$ 符号的节点""右侧上部对应于 $o_c^{(t)}$ 符号的节点"。此外，图中连乘符号对应的节点均表示做连乘运算。正是这种连乘运算带来了所谓"门"的意义，即如果"门"节点的输出为 0，则连乘后的结果也为 0，从而起到了开关的作用。下面分别说明各部分的作用和意义。

（1）内部状态是记忆神经元的核心，其关键特点是采用线性激活函数和有一条自循环边（权值固定为 1），这使网络误差可以随时序传递而不会出现

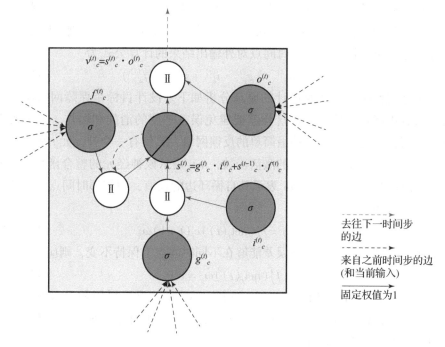

图 11 – 13　LSTM 网络的记忆神经元示意[1]

消失或爆炸现象，该节点也因此被称为常量误差传送带（constant error carousel）。具体原因请见下面的分析。

（2）输入节点用于接收从前一层（输入层）神经元来的信号以及前一时间点发来的循环信号。它采用加权求和型整合函数与 S 型激活函数。

（3）输入门与输入节点的计算一样，均是接收从前一层（输入层）神经元来的信号以及前一时间点发来的循环信号。它采用加权求和型整合函数与 S 型激活函数。输入门的输出通过连乘节点与输入节点的输出进行连乘，起到了对输入层神经元计算结果进行开关的作用。

（4）遗忘门用来消除前一时刻内部状态值的作用，其通过接收从前一层（输入层）神经元来的信号以及前一时间点发来的反馈信号，采用加权求和型整合函数与 S 型激活函数获得输出值后，再与前一时间点的内部状态值连乘。它起到了对前一时间点的内部状态进行开关的作用，当遗忘门的值为 0 时，前一时间点的内部状态不对后面的结果产生影响，因此它具有选择遗忘的特性，或者说具有对内容状态进行重置的作用。

（5）输出门用来对内部状态的输出做最后的调节，其计算方式和工作原理与上面的诸种"门"是一样的。

综合以上各部分，设 $g_c^{(t)}$ 表示时间 t 时的输入，$i_c^{(t)}$ 表示输入门的值，$f_c^{(t)}$ 表示遗忘门的值，$s_c^{(t)}$ 表示内部状态值，$o_c^{(t)}$ 表示输出门的值，则如图 11 - 13 所示，整个记忆神经元某一时间点对外输出结果的计算公式为

$$v_c^{(t)} = o_c^{(t)} \cdot (g_c^{(t)} \cdot i_c^{(t)} + s_c^{(t-1)} \cdot f_c^{(t)}) \qquad (11-32)$$

上述记忆神经元如此设计的原理分析如下。设计目标是保障网络误差在传递过程中能够保持不变，这样就能避免误差梯度的消失和爆炸。为了实现这样的目标，首先想象一种最简单的反馈网络，其仅有一个神经元 j 和一条自循环边。设 f_j 表示该神经元的激活函数，net_j 表示该神经元的整合函数，e_j 表示 t 时刻时神经元的误差，ω_{jj} 表示其自循环边的权值，则相邻时间点之间的误差传递公式为

$$e_j(t) = f_j'(net_j(t))e_j(t+1)\omega_{jj} \qquad (11-33)$$

根据上式可知，如果要使该误差能够在不同时间点上保持不变，则应有

$$f_j'(net_j(t))\omega_{jj} = 1.0 \qquad (11-34)$$

由式 (11-34) 可得 $f_j'(net_j(t)) = 1.0/\omega_{jj}$，于是利用积分规则，有 $f_j(net_j(t)) = net_j(t)/\omega_{jj}$，同时该神经元只有一条自循环边，而没有别的输入，因此有 $net_j(t+1) = \omega_{jj}y_j(t)$，于是

$$y_j(t+1) = f_j(net_j(t+1)) = f_j(\omega_{jj}y_j(t)) = y_j(t) \qquad (11-35)$$

要满足上式中的 $f_j(\omega_{jj}y_j(t)) = y_j(t)$，可令神经元的激活函数为线性函数（即 $f_j(x) = x$），并令其循环权值为 1（$\omega_{jj} = 1$），这样就得到了上述记忆神经元的核心，即采用线性激活函数且循环权值为 1 的神经元作为内部状态节点。

但以上分析仅涉及一个神经元，如果想将多个这样的神经元互连起来构造网络，则还需要解决输入权值和输出权值的冲突问题。首先考虑输入权重冲突问题，假设现在增加一个节点 i，其输出连接至上面节点 j 的输入，相应边的权值为 ω_{ji}。再假设通过使节点 j 处于兴奋状态并长时间保持，可使网络误差下降，在这种情况下，由于 j 为线性输出（输出等于输入），因此 ω_{ji} 在不同时刻将得到相互冲突的权值更新信号：一方面要保持输入，以使 j 处于兴奋状态；另一方面要阻止输入，以避免无关输入导致 j 改变为抑制状态，这就引起了输入权值冲突问题。其次考虑输出权值冲突问题，假设现在增加一个节点 k，其输入连接至上面节点 j 的输出，此时站在 k 的角度，同样会出现上面所述的输入权值冲突问题，反过来对于 j 来说，就是输出权值冲突问题。

LSTM 网络记忆神经元中的输入门和输出门设计正是用来解决输入权值冲突和输出权值冲突问题的。输入门使记忆神经元中内部节点存储的内容不受无关输入的影响；输出门则使记忆神经元中内部节点存储的内容不对其他与

其无关的神经元产生影响。这种作用通过在训练数据上进行学习获得，即通过学习获得输入门与输出门的相应权值。

早期 LSTM 网络的记忆神经元实际只有内部节点、输入节点、输入门和输出门，遗忘门则是为了进一步改进其问题而提出的[13]。在没有遗忘门的情况下，可认为式（11-32）中的 $f_c^{(t)} \equiv 1$，此时内部状态节点的值将随着时间序列的推进而不断线性增长，且没有界限。这样将在某个时间点引起输出结果值趋于饱和而不再变化，由此带来两个问题：①输出结果的导数消失了，阻止了后续误差的计算；②整个记忆神经元的输出将只由输出门的激活值决定，这样记忆神经元实际退化成为通常的 BPTT 神经元。在引入遗忘门后，通过遗忘门的作用，当记忆神经元的内部状态节点所记忆的内容已经过时和不再有用时，可以得到重置，重新从新的输入值开始。

以上记忆神经元的组成部分还可灵活组合，比如组合多个内部状态，这些内部状态共用一个输入门、一个输出门和一个遗忘门，即这些门节点同时连接到多个内部状态节点上，从而形成所谓的记忆单元块（memory cell block），以块的形式作为一个整体工作。在图 11-14 所示网络结构中，显示了两个记忆单元块，其各由 1 个输入门、1 个输出门、2 个内部状态构成。

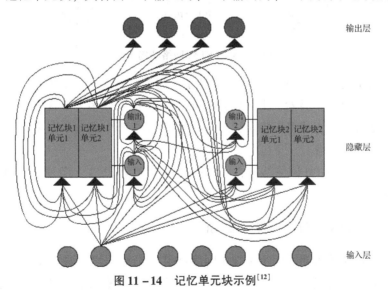

图 11-14　记忆单元块示例[12]

11.4.2　网络结构

将上节所述记忆神经元作为基本构成单元，类似之前所见的普通神经元，便可在此基础上构造神经网络。比如，可通过将第 10 章第 10.3 节所述三层感知器中的隐含层神经元替换为记忆神经元，并建立隐含层的反馈关系，便可得到一种 LSTM 网络结构。图 11 – 14 所示即这样得到的一个 LSTM 网络。图 11 – 15 所示为另一个类似的 LSTM 网络，并展现了其按 2 个时序展开后的状态。

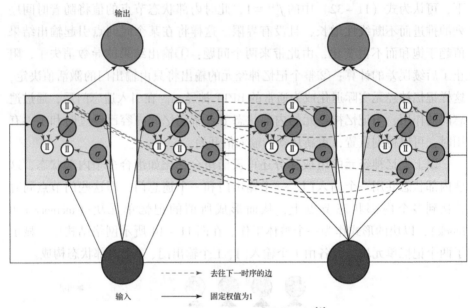

图 11 – 15　LSTM 网络结构示例[1]

通过上述结构，LSTM 网络既表达了长时记忆，又表达了短时记忆，这便是其名字的由来。显然，上述结构还可进一步扩展成多个隐含层的结构，即采用记忆神经元组成多层隐含层。下面第 11.4.3 节中的例子即采用了多个隐含层的 LSTM 网络。

对于上述 LSTM 网络结构，可用并通常采用第 11.3.1 节所述 BPTT 算法进行学习。

11.4.3　应用示例：自然语言翻译

Sutskever 等人使用两个 LSTM 网络在英语与法语之间进行翻译，取得了较好的效果[14]。第一个 LSTM 网络用于对源语言的输入语句进行编码；第二个 LSTM 网络用于解码得到目标语言对应的输出语句，总体上起到了将一个输入序列转变成另一个输出序列的效果。输入序列采用特殊符号"EOS"表示序列的结束，以处理任意长度的序列。图 11 – 16 所示为相应的翻译过程。

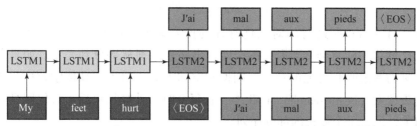

图 11 - 16   基于 LSTM 网络的语言翻译示例（英 - 法翻译）[14]

如图 11 - 16 所示，LSTM1 网络为编码器，用于接收输入语句，产生一个固定长度向量。LSTM2 网络为解码器，接收 LSTM1 网络输出的固定长度向量，产生相应翻译结果。这里，实际上只有两个 LSTM 网络，图中所示的多个 LSTM1 网络和 LSTM2 网络是按时序展开的情况，每个单词对应于一个时间点。对于 LSTM1 网络来说，每输入一个单词即进行相应计算，在其最后一个隐含层产生固定长度向量，作为该隐含层的状态。当输入 "EOS" 后，表示输入向量结束，此时将 LSTM1 网络最后一个隐含层的固定长度向量作为 LSTM2 网络的第一个隐含层节点的状态，根据输入 "EOS" 产生输出，再以当前输出作为下一个时间点的输入产生新的输出，如此不断进行，直到最后输出 "EOS"，表示翻译结束。这一过程实际上是计算将输入序列转换成输出序列的概率 $p(y_1, \cdots, y_{T'} | x_1, \cdots, x_T)$，而根据上述原理，其计算公式是

$$p(y_1, \cdots, y_{T'} | x_1, \cdots, x_T) = \prod_{t=1}^{T'} p(y_t | v, y_1, \cdots, y_{t-1}) \qquad (11-36)$$

其中，v 表示通过第一个 LSTM 网络从输入序列得到的固定长度向量。这一公式表明，在第二个 LSTM 网络中，在每个时刻根据 v 和前面已有的输出序列产生当前时刻的输出。这里采用软最大方法（softmax）计算概率 $p(y_t | v, y_1, \cdots, y_{t-1})$，即计算词典中每个单词在该时刻所产生的输出值 $y_t^k |_{k=1}^K$（K 表示词典中的单词个数），则第 k 个单词对应的概率为 $\exp(y_t^k) \big/ \sum_{k'=1}^K \exp(y_t^{k'})$。

对于上述翻译网络的学习，其学习目标是试图使对于给定的输入序列，翻译网络产生正确输出序列的概率最大化。设 S 表示训练数据集合，即由输入序列 S 和对应输出序列 T 所构成的数据集合，则学习目标是使以下值最大化：

$$1/|S| \sum_{(T,S) \in S} \log p(T|S) \qquad (11-37)$$

在这一学习目标下，通过 BPTT 算法学习得到翻译网络的参数后，则翻译结果是根据该翻译网络所获得的具有最大可能性的结果：

$$T^* = \arg \max_T p(T \mid S) \qquad (11-38)$$

按式（11-38）所进行的对最优翻译的搜索如上面的翻译过程所述，是在 LSTM2 网络中随时刻逐渐展开的，即输出序列逐渐从部分到完全。如果在每个时刻均考虑所有可能的单词，则搜索空间太大。为了提高搜索效率，可以考虑束搜索（beam search）策略[14]，在每个时刻计算结束后，只保留具有最大可能性的若干个候选的部分序列。

以上 LSTM2 网络结构如图 11-17 所示[15]，其中每个隐含层神经元为 LSTM 网络记忆神经元。LSTM1 网络与之基本相同，只是没有输出层。根据该结构可知对于每个时刻的输入 x_t，各个隐含层的输出为

$$h_t^1 = f_h(W_{ih^1}x_t + W_{h^1h^1}h_{t-1}^1 + b_h^1) \qquad (11-39)$$

$$h_t^n = f_h(W_{ih^n}x_t + W_{h^{n-1}h^n}h_t^{n-1} + W_{h^nh^n}h_{t-1}^n + b_h^n) \qquad (11-40)$$

输出层的输出为

$$\hat{y}_t = b_y + \sum_{n=1}^{N} W_{h^ny}h_t^n, \quad y_t = f_y(\hat{y}_t) \qquad (11-41)$$

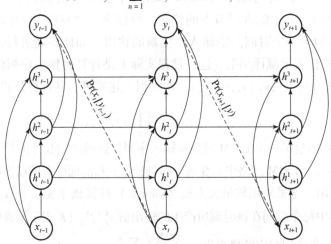

图 11-17　本应用示例中采用的 LSTM2 网络结构[15]

这里 $f_h(\cdot)$，$f_y(\cdot)$ 分别表示隐含层神经元和输出层神经元的激活函数；W_{ih^1} 表示输入层与第一层隐含层之间的连接权值，$W_{h^nh^n}$ 表示第 n 个隐含层神经元之间的循环连接权值，其余依此类推。

11.5　BRNN

BRNN[16] 是目前另一种常用的时序型反馈网络结构。

11.5.1　网络结构

图 11 –18 所示为 BRNN 基本结构示意，该例子按三个时序展开。如图 11 –18 所示，BRNN 包括两组隐含层，分别同时对接输入层和输出层。这两组隐含层的区别在于信号反馈的方向正好相反，一组是沿着时间顺序正向传输，从 $t-1$ 时刻到 t 时刻再到 $t+1$ 时刻，依此类推；另一组则反之，从 $t+1$ 时刻回到 t 时刻再回到 $t-1$ 时刻，依此类推。双向反馈这一名称形象地概括了其结构的这种特点。

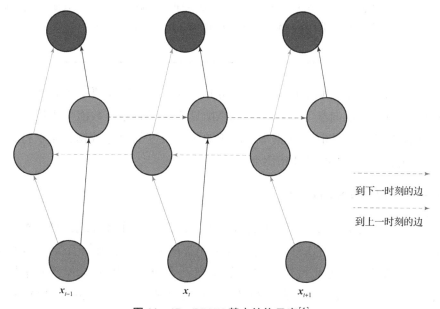

到下一时刻的边

到上一时刻的边

x_{t-1}　　　　x_t　　　　x_{t+1}

图 11 –17　BRNN 基本结构示意[1]

从结构上说，BRNN 中只存在两个隐含层节点，各自存在一条自循环边，但自循环边是有向的，这种有向主要体现在计算和学习方式上，从结构上较难区分清楚。这种对信息反馈方向的考虑，使 BRNN 与其他反馈网络存在一个根本的不同，就是其不仅考虑历史信息对未来结果的影响，而且考虑未来信息对过去结果的影响，能够使整个时序数据中不同时间点上获得的信息得到更充分的利用，因此有可能获得更好的效果。

11.5.2　学习方法

BRNN 的学习同样可采用 BPTT 算法，只不过对于前向隐含层节点和反向隐含层节点来说，需要分别在两个不同方向上计算输出结果以及误差梯度，其他方面则一致。其学习算法如算法 11 – 4 所示（考虑时间序列 $1 \leqslant t \leqslant T$）。

算法 11 – 4　BRNN 学习算法

Step1. 前向传递。

　　Step1.1. 对于正向隐含层节点，按从 $t = 1$ 到 $t = T$ 的时间顺序执行前向计算；对于反向隐含层节
　　　　　　点，按从 $t = T$ 到 $t = 1$ 的时间顺序执行前向计算。

　　Step1.2. 计算输出层节点的输出。

Step2. 反向传递。

　　Step2.1. 计算输出层节点的目标函数梯度。

　　Step2.2. 对于正向隐含层节点，按从 $t = T$ 到 $t = 1$ 的时间顺序反向计算目标函数梯度；对于反向
　　　　　　隐含层节点，按从 $t = 1$ 到 $t = T$ 的时间顺序反向计算目标函数梯度。

Step3. 更新权值。

根据 BRNN 结构和上述学习方法可知，其在学习时需要一个开始点和结束点，否则不能反向学习，这导致 BRNN 只能用于时序个数能事先确定的场合，比如固定长度的时序数据等。对于非固定长度的时序数据，需要将其转换为固定长度后，再应用 BRNN 计算。

11.5.3　双向 LSTM 网络

BRNN 的主要贡献是给出了隐含层神经元的双向连接方式，是一种结构构造方法，而上节所述 LSTM 网络则主要是提出了一种特定的记忆神经元作为网络的构造单元，因此可以将二者的思想结合起来，用记忆神经元来构造BRNN，即在 BRNN 中的隐含层神经元采用记忆神经元，从而获得 BLSTM 网络（Bidirectional LSTM）[17]，即双向 LSTM 网络。

小结

本章介绍了典型的反馈网络模型。其中要点如下。

（1）反馈网络是结构上存在信息循环回路的网络，因此也常被称为循环网络。根据对反馈网络认识视角的不同，可将反馈网络分为稳定型和时序型两类。其中稳定型反馈网络是以解决网络是否稳定和如何达到稳定为目标的，稳定时的网络各输出节点值（称为状态）即待求解问题的解答。稳定状态也称为吸引子，稳定型反馈网络也因此常称为吸引子网络。时序型反馈网络是从时间序列的角度来认识和利用反馈网络的，它记忆不同时刻的网络状态，

并将网络按时序展开，形成一种特定的非反馈网络，表达了输入时间序列与输出时间序列之间的函数关系。

（2）霍普菲尔德网络是经典的稳定型反馈网络模型，采用全互连结构。霍普菲尔德网络借用控制论中的利亚普诺夫稳定性分析理论，将网络状态与能量函数对应起来。其通过设计合适的能量函数以及合适的网络权值和输入信号，使得从任意初始状态出发，网络能量均能随时间不断下降直至达到其最小值，相应的网络状态即问题的解答。基于这种原理，霍普菲尔德网络可应用于实现联想记忆（内容可寻址存储器）和优化计算。在联想记忆中，以需要记忆的数据内容为网络稳定状态，利用外积法确定网络中的连接权值。当输入相应信号后，网络运行至与记忆内容对应的稳定状态。在优化计算中，将优化目标函数转化为能量函数，根据能量函数获得相应的网络，然后使网络从随机初始状态运行至稳定状态，即达到能量函数的最小值，从而获得优化问题的解。

（3）玻耳兹曼机是为了解决霍普菲尔德网络能量函数在优化时可能陷入局部最小值的问题而提出的，其基本特点是将模拟退火算法引入霍普菲尔德网络，通过随机策略跳出局部极小值而趋向全局最优，其中随机策略的核心是玻耳兹曼－吉布斯分布，按照玻耳兹曼－吉布斯分布所确定的概率来接受导致能量函数上升的状态（导致能量函数下降的状态仍然无条件接受）。在此基础上，根据模拟退火算法规则，玻耳兹曼－吉布斯分布中的温度参数初始被设为很高，然后逐渐降低温度，直至最后达到所设定的最低温度。在每一个温度点，均按照霍普菲尔德网络工作原理，结合玻耳兹曼－吉布斯分布所确定的概率，不断进行网络状态的变化，在达到该温度下的热平衡状态后再降温重复该过程。通过这样的计算方式，使玻耳兹曼机能够在温度较高时跳出局部最优解，同时随着温度的降低，计算结果逐渐趋于稳定，从而达到全局最优解。当温度下降策略合适时，玻耳兹曼机能保证渐进收敛至全局最优状态。

（4）乔丹网络与艾尔曼网络是早期经典的时序型反馈网络，它们通过在传统三层感知器的基础上增加节点和信息回路得到。乔丹网络的信息回路是从输出节点到新增的状态节点再回到隐含层节点，艾尔曼网络的信息回路是从隐含层节点到新增的上下文节点再回到隐含层节点。二者均用于时序型数据的处理，均按时间展开成非反馈结构后，采用 BP 算法学习，相应算法因此被称为 BPTT（BP Through Time）算法。该算法存在误差梯度的消失与爆炸问题。

（5）LSTM 网络是目前最常用的时序型反馈网络之一。它为了解决 BPTT 算法所导致的误差梯度的消失与爆炸问题，引入记忆神经元（包括内部状态、输入门、输出门、遗忘门），以记忆神经元为基本构造单位来构建网络。常用的构造方法是将多层感知器中隐含层的节点由普通神经元改为记忆神经元，同时在记忆神经元之间形成自循环。采用这样的方式后，误差保持不变，误差梯度的消失和爆炸现象得以避免。

（6）BRNN 是另一种常用的时序型反馈网络，其主要特点是考虑信息反馈的方向，既可以从过去到未来，也可从未来到过去，从而更充分地利用时间信息，但也由此造成其只能用于时间步数固定的场合。BRNN 还可以与 LSTM 的思想结合，使用记忆神经元来构造 BRNN 结构，从而获得 BLSTM 网络。

参考文献

［1］LIPTON Z C，BERKOWITZ J. A critical review of recurrent neural networks for sequence learning. arXiv,2015.

［2］HOPFIELD J J. Neural networks and physical systems with emergent collective computational abilities［J］. Proc. Natl. Acad. Sci. USA,79：2554 – 2558,1982.

［3］HOPFIELD J J. Neurons with graded response have collective computational properties like those of two – state neurons［J］. Proc. Natl. Acad. Sci. USA,81：3088 – 3092,1984.

［4］KUMAR S. Neural Networks［M］. 北京：清华大学出版社,2006.

［5］HOPFIELD J J,TANK D W. "Neural" computation of decisions in optimization problems［J］. Biol. Cybern. 52：141 – 152,1985.

［6］阮晓刚. 神经计算科学：在细胞的水平上模拟脑功能［M］. 北京：国防工业出版社,2006.

［7］HINTON G E,SEJNOWSKI T J. Learning and relearning in boltzman machines. Parallel distributed processing：explorations in the microstructure of cognition［M］. Cambridge：MIT Press,1986.

［8］JORDAN M I. Serial order：a parallel distributed processing approach［J］. Advances in Psychology,1997,121:471 – 495.

［9］ELMAN J L. Finding structure in time［J］. Cognitive Science, 1990, 14：179 – 211.

[10]WILLIAMS R J,PENG J. An efficient gradient - based algorithm for on - line training of recurrent network trajectories[J]. Neural Computation,1990,2: 490 - 501.

[11]PASCANU R,MIKOLOV T,BENGIO Y. On the difficulty of training recurrent neural networks[C]. ICML,2013.

[12]HORCHREITER S,SCHMIDHUBER J. Long short - term memory[J]. Neural Computation,9(8): 1735 - 1780,1997.

[13]GERS F A,SCHMIDHUBER J,CUMMINS F. Learning to forget: continual prediction with LSTM[R]. IDSIA - 01 - 99,1999.

[14]SUTSKEVER I,VINYALS O,LE Q V. Sequence to sequence learning with neural networks[C]. Advances in Neural Information Processing Systems (NIPS),2014:3104 - 3112.

[15]GRAVES A. Generating sequences with recurrent neural networks. arXiv:1308. 0850,2013.

[16]SCHUSTER M,PAILWAL K K. Bidirectional recurrent neural networks[J]. IEEE Transactions Signal Processing,1997,45(11): 2673 - 2681.

[17]GRAVES A,LIWICKI M,FERNANDEZ S,et al. A novel connectionist system for unconstrained handwriting recognition [J]. IEEE Transactions Pattern Recognition and Machine Intelligence,2009,31(5):855 - 868.

第12章 结 语

本书从算法实现的视角出发，对人工智能两大分支——机器学习与人工神经网络中的主要问题、解决思想与方法进行了论述。

在机器学习部分，概括了监督学习、非监督学习、半监督学习、强化学习的主要算法。其中，监督学习以该学习方式目前本质上是函数学习这一点出发，按数据点函数表示形式、离散函数形式、连续函数形式、随机函数形式四种，围绕其中的优化目标与优化算法这两个关键问题，系统阐述了相应的监督学习算法；在非监督学习部分，探讨了学习数据分布规律的聚类问题及其算法以及学习数据之间相互关系的关联规则挖掘问题及其算法，并专门阐述了作为非监督学习基础的相似性计算问题及其解决方法；在半监督学习部分，分为面向监督任务的半监督学习与面向非监督任务的半监督学习两类问题，分别介绍了相应算法；在强化学习部分，围绕学习最优行动策略这一根本目标，按照策略、V 值、Q 值这三个关键因素之间的相互关系，阐述了主要的强化学习算法，并介绍了强化学习与深度网络相结合所导致的深度强化学习算法。

在人工神经网络部分，分为前馈网络与反馈网络这两大类网络结构，概括了各自的主要计算模型及其学习算法。其中，在前馈网络部分，主要从感知器到多层感知器再到深度网络这样一个发展脉络，探讨了感知器、ADALN、BP 网络、CNN、全卷积网络、U 形网络、残差网络、DBN 与自编码器网络。此外，还探讨了与此技术路线不同但另有特色的另外两种前馈网络——RBF 网络与自组织映射网。在反馈网络部分，探讨了稳定型反馈网络与时序型反馈网络的区别，进而阐述了稳定型反馈网络——霍普费尔德网络、玻耳兹曼机，以及时序型反馈网络——乔丹网络、艾尔曼网络、LSTM 网络、BRNN。

尽管人类已在机器学习与人工神经网络技术上取得许多进展，貌似突飞猛进，尤其对于目前如日中天的深度网络以及相伴而生的深度学习，叫好之声不绝于耳，仿佛人们已经找到了机器学习与人工神经网络的突破口，站到人工智能的厅堂中，但冷静下来，客观地说，我们距离真正的人工智能尚相去甚远，智能对于我们来说还是非常神秘的存在，仅以人脑的结构为例，它就复杂到了极点。图 12 – 1 所示为人脑神经元图像与宇宙大尺度结构图像的对比[1]，从中可以看出二者存在惊人的相似性，这反映了人脑的极端复杂性。再从机器学习与人工神经网络的关系来看，人工神经网络需要依赖学习，而学习却不必然与人工神经网络发生联系，学习是独立于人工神经网络的存在，它可以是对人工神经网络的学习，也可以不是；它可以是深度学习，也可以不是。事实上，深度学习的进展主要是网络结构的进展，在学习方法上进展并不明显，目前主要采用的还是 20 世纪 80 年代提出的 BP 学习算法。而人的强大的学习能力究竟来自哪里？其物质基础是什么？对于这些深层次问题，人们不仅还没有答案，甚至还没能进入认真思考它们的阶段。

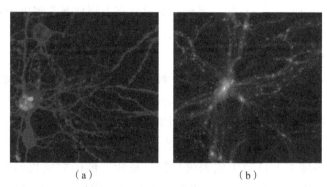

（a） （b）

图 12 –1 人脑神经元图像与宇宙大尺度结构图像的对比

（a）人脑中的一个神经元及其神经连接①；（b）通过超级计算机模拟的宇宙大尺度结构②[1]

科学技术的发展总要滚滚向前，人类认识自己的脚步永远不会停止。纵观已有机器学习与人工神经网络的算法及其发展历史，以及现有算法在面对当前实际问题时亟待解决的困境，笔者认为机器学习与人工神经网络的下一步突破，将有赖于以下几个方面的研究：①小样本学习；②相似度计算；③网络结构学习；④网络可视化；⑤传统方法与人工神经网络的合流。下面分别对这 5 个方面的发展趋势进行阐述。

12.1 小样本学习

由于深度学习的崛起，基于大数据的学习方法渐渐成为机器学习技术中的主流。但数据标注成本很高，对于某些应用来说尤其如此（如医学应用），

---

① 图来自马克·米勒，美国布兰迪斯大学。

② 图来自 visualcomplexity.com 与《时代》杂志。

因此仅依赖大数据，应用上有较大的局限性，而且即便获得了足够大量的数据，理论上目前也还不能保证一定能学到理想的结果。事实上，人类本身具有强大的小样本学习能力，可在少量样例上学习到有效的结果，甚至仅通过一个样例，人类也可获得具有很高准确性的分类器[2]，或者对于未见过的类别，也可进行有效的识别[3]。如果能使机器达到类似人这样的学习能力，自然就能使机器学习技术上升到一个新的台阶。随着深度学习技术逐渐显露疲态以及在实际应用中不断出现的不易获取大数据量的问题，如何从单一样例或极少样例中进行学习便越来越受到人们的关注。这样的学习问题称为小样本学习（small data learning）、单一样本学习（one – shot learning）、极少样本学习（few – shot learning）等。另外，通过已有类别数据来解决未见类别识别的问题称为零样本学习（zero – shot learning）。为叙述简便起见，本书将这些问题统称为小样本学习。

在小样本学习问题上，两种目前应用较多的解决手段是迁移学习（transfer learning）与数据增强（data augmentation）。迁移学习方法将某一类大数据上的学习结果迁移到其他领域的小数据集上。比如在医学应用中，可先在普通的大量图像上进行学习，再在少量的医学数据上进行学习。数据增强方法则在小样本上自动生成大量数据，在所生成的大量数据上进行学习。比如在图像应用上，采用缩放、平移、加噪声等图像处理手段生成大量与样本相似的图像等。从其工作原理可知，这两种方法从本质上说仍然是基于大数据的，最终在学习上仍然采用了大数据，因此是非根本性的解决手段。人们也开始尝试研究根本性的解决方案，目前主要途径包括相似性学习（similarity learning）和元学习（meta learning）两种。

如本书第4章所述，对于相似性的判断，是人类认识世界的关键，是归纳学习的基础。因此，如果能有好的相似度度量方法，则机器学习的效果应更理想，对于样本量的要求应更少。基于相似性学习的小样本学习途径，正是从此点出发，试图通过获得更好的数据相似度度量方法来达到在尽可能少的样本上获得好的学习效果的目的，或者说是将小样本学习目标转变成获得更好的数据相似度度量方法这一目标，而且更经常的是获得能更有效度量相似性的特征，因此也可从度量学习（metric learning）、嵌入学习（embedding learning）[1] 或表示学习（representation learning）的角度来认识。

元学习亦名关于学习的学习（learning to learn）。传统的学习方法是指对

---

① 特征所在空间称为嵌入空间（embedding space）。

具体任务（如图像分割、分类、自然语言理解）的学习，通过学习手段，使解决具体任务的方法变得越来越好，而这种学习算法本身是通过人为经验设计的，是固定不变的。元学习则使学习算法也变成可学习的对象，通过学习手段，使学习算法变得越来越好。在本书第 2 章关于机器学习基础的内容中，我们曾看到具有学习能力的智能系统结构由感知机构、执行机构、评价机构、学习机构四部分构成，学习机构根据评价的反馈对执行机构进行改进，具体如图 2 - 1 所示。而到了元学习阶段，则增加了元学习机构，用于根据对学习机构学习能力的评价结果，对学习机构进行优化，扩展后的智能系统如图 12 - 2 所示。以下分别称执行机构、学习机构与元学习机构为任务器、学习器与元学习器。简言之，学习器学习任务器，元学习器则学习学习器。显然这是一种极具吸引力和发展前景的思想，就像传统的机器学习使人们摆脱了解决具体任务时经验不足所带来的问题以及凭经验设计的烦琐性，元学习可使人们摆脱在设计学习算法时凭经验设计所面临的同样问题，一个最简单的应用例子是对学习算法参数的调整，依靠人工调整费事费力，而且难以保证达到最好的效果，而如果能够利用元学习器自动获得最优参数，则显然是理想得多的方式。实际的元学习当然不只用于自动调参，而是可以对学习机构进行任何可能的优化。

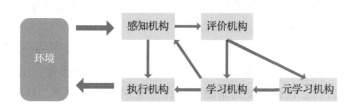

图 12 - 2　具有学习与元学习能力的智能系统结构

　　相似性学习与元学习途径也常常交织在一起使用。相似性学习是从学习对象上来说的，即所要学习的对象是相似度度量方法。而元学习是从学习机制上来说的，即对学习器进行学习。因此，可以在相似性学习中使用元学习手段：利用学习器得到更好的相似度度量方法，而这样的学习器则通过元学习器自动从学习任务数据中归纳得到。反过来，相似性作为归纳学习的基础，在元学习方法的设计中又处于中心的位置，对元学习效果的好坏发挥着重要的作用。因此，这两种学习途径是很难完全区隔的，下面以方法的思想出发点是相似性学习还是元学习来对相关方法进行划分并进行相应介绍。

12.1.1　相似性学习

如上所述，小样本相似性学习是试图在小样本上获得尽可能好的相似度度量方法，尤其是其中的数据表示方法。在这一途径上，目前已出现的主要方法如下。

1. 转导多视点（transductive multi‐view）方法[4]

该方法在图像分类问题上，不仅考虑图像的视觉特征，而且考虑其属性特征和语义特征。语义特征为类别标注文本，属性特征为组成图像语义的属性信息，如人脸由眼、耳、口、鼻这些属性构成。属性可基于问题领域的本体（ontology）来表达。首先在训练数据集上通过 SVM 获得从图像到其属性和语义空间的映射函数。对于待分类图像，利用这两个函数可提取相应的属性特征和语义特征，进而将属性特征、语义特征、视觉特征投影到一个公共的多视点嵌入空间中来表示图像；然后在多视点嵌入空间上构建超图，超图中的节点代表图像，其中有标注好类别的图像和未标注图像，边代表图像之间的关系，其权值为图像多视点特征之间的相似度，在此基础上，通过超图上的标注传播来实现未标注图像的分类。这里，关键的学习任务是三种投影矩阵，即分别从视觉、属性、语义特征到多视点嵌入空间的投影矩阵。对此，通过使同一样本任意两种视点的投影结果之间的差距最小化来实现学习。

2. 匹配网络（matching networks）[5]

该网络分为两个大的部分，第一部分是用于提取数据特征的部分；第二部分是用于对标注样本和待分类的未见样本进行匹配的部分，用于计算二者的相似度，最后在该相似度的基础上计算各类别的分类概率，从而完成分类。这里面最关键的是相似度计算的好坏，而在该网络中，这主要取决于特征的好坏，度量手段则采用余弦相似度。因此，学习还主要是对特征提取器的学习。为了在小样本下获得好的特征提取结果，该网络对于标注样本和未标注样本，分别使用了两个不同的网络来提取特征，同时这两个网络与标注样本是相关的，也就是说数据特征会随着标注样本的改变而改变，这种思路通过"CNN + LSTM 网络"来实现。通过 CNN 形成与标注样本无关的初始特征，将其作为 LSTM 网络的输入，经 LSTM 网络反馈循环后输出与标注样本相关的特征。为了学习这一特征提取网络，采用元学习机制，从学习任务中进行采样，即采样一组一组的标注样本和未标注样本，在每一组标注样本和未标注样本上，试图使上述匹配网络在未标注样本上取得最好的分类效果，以此为目标对匹配网络中的参数进行调整。

3. 原型网络（prototypical networks）[6]

该网络以同类样本在嵌入空间中的特征均值作为类别原型。对于待分类数据，根据该数据在嵌入空间中的特征与类原型的距离来确定其类别。这里，关键问题仍然是如何学习到更好的特征。对此，采用 CNN 来提取特征，对该 CNN 的学习仍然采用通常的 BP 学习算法。其与一般 CNN 学习的不同之处在于：①计算学习目标时的分类概率是基于输入样本到类原型的距离来计算的；②采用与以上匹配网络类似的元学习机制。

4. Ren 等人的方法[7]

该方法基于半监督学习思想，对以上原型网络进行了扩展。训练样本中不仅考虑标注样本，而且考虑未标注样本，利用未标注样本与标注样本之间的距离，对类别原型的计算进行修正。

5. 关系网络（relation networks）[8]

该网络的结构与匹配网络相似，包括特征提取模块与关系模块两部分，其形式均为 CNN。利用特征提取模块从标注样本与待分类的未标注样本中提取特征，然后利用关系模块分别计算未标注样本的特征与每个类别的标注样本之间的相似度来完成分类。学习时，要求正确类别对应的期望相似度为 1，错误类别对应的期望相似度为 0，以此为目标对该网络进行学习。

6. 生成对抗残差对网络（generative adversarial residual pairwise networks）[9]

该网络利用孪生网络度量图像之间的相似度，基于孪生网络所计算的相似度来完成分类。学习时，将孪生网络嵌入生成对抗网络，基于生成对抗机制对该孪生网络进行学习。

7. 基于图神经网络（graph neural network）的方法[10]

该方法将小样本学习问题视为如何将标注信息从少量标注样本传递给未标注样本的问题，利用图神经网络来解决这一信息传递问题。图神经网络每一层的输出均为图，图上的节点代表标注样本（特征及其类别标注结果）或未标注样本（特征及其分类概率，初始分类概率服从均匀分布），边权值反映样本之间的相似度。在此基础上，通过多次图卷积运算，最终获得未标注样本的分类概率。这里，相似度采用一个多层感知器来计算，因此是可学习的，采用传统的深度学习方法对其进行学习（交叉熵优化目标＋BP 学习算法）。

8. 多注意力网络（multi-attention networks）[11]

该网络考虑图像的视觉信息以及标注文本的语义信息，通过语义引导提取图像特征，以获得对于类别来说更值得关注的视觉信息，而忽略无关信息。为此，利用 CNN 从图像中提取特征，再对特征进行加权求和以得到最终特征，而其中视觉特征的权值则通过语义特征计算得到。这一计算架构中的参数，同样通过传统的深度学习方法完成（交叉熵优化目标＋BP学习算法）。

9. SSF－CNN（Structure and Strength Filtered CNN）[12]

首先，CNN中对于数据的表示可从滤波器的角度来理解。该网络将CNN中滤波器的构成划分为结构和强度两个部分，则对于CNN的学习，可分为结构学习和强度学习两个阶段。①在结构学习阶段，采用非监督的字典学习（dictionary learning）技术，可从训练数据中获取表示数据的基本要素（称为字典，或称码本）。具体在SSF－CNN中，利用分层字典学习，在CNN的每一层上获取基本要素，用于设置卷积核的权值，从而得到初始的CNN。②在强度学习阶段，对应滤波器结构的卷积核固定不动，而增加一组对应滤波器强度的卷积核，强度卷积核与结构卷积核相乘形成最终的卷积运算。在此基础上，通过传统的BP学习算法对强度卷积核进行学习。

12.1.2　元学习

如前所述，元学习是关于学习的学习，通过学习手段来获得更优的解决具体任务的学习器。在这一问题上，目前已出现的主要元学习方法如下。①

1. 模型不可知元学习方法（model－agnostic meta－learning）[13]

该方法从小样本学习问题出发，试图获得一种能通过少量数据快速适应新任务的学习模式，为此认为不同学习任务是存在共性的，因此通过元学习器来学习一个与任务无关的公共参数，该公共参数在面对新的具体任务时可根据任务特性进行快速的变化，从而快速适应新的任务。具体来说，特定任务的学习从已确定的公共参数开始，通过一次或少量几次梯度下降过程完成。而公共参数的学习则以该公共参数所导致的在不同学习任务上的测试损失之和最小化为学习目标，并同样采用梯度下降方法完成优化求解。

2. 梯度下降的梯度下降学习方法[14]

该方法对基于梯度下降的学习方法进行学习。这里，梯度下降学习方法是学习器，学习梯度下降学习方法的方法则是元学习器。元学习器的学习对象是学习器中的参数，其学习目标是使学习器的学习效果最优，即学习器学习完以后的期望损失（在不同学习任务上损失的平均值）应最小。为此，同样采用梯度下降方法对元学习器进行学习，优化学习器中的参数。具体地说，

---

① 其中部分方法并非明确针对小样本学习问题，但作为元学习方法，其思想对于发展小样本元学习仍有价值。

采用 LSTM 网络根据学习器的梯度产生对学习器参数进行变化的值，从而元学习器参数的变化将导致学习器参数的变化，进而导致学习器学习完以后的损失的变化。为了对学习器的参数进行学习，采样不同的学习任务（比如在 MNIST 手写体识别问题中，通过改变初始权值和批数据随机抽取方式这些学习参数来获得不同的手写体识别学习任务），分别在不同的学习任务下进行学习，获得相应的学习损失，并计算其损失均值，而该损失均值是关于元学习器参数的函数，从而可以根据该函数，按梯度下降方法来优化元学习器的参数。

3. 纳威－拉罗切勒（Ravi–Larochelle）方法[15]

该方法将梯度下降学习方法（学习器）中的任务器参数变化公式与 LSTM 网络中记忆神经元状态的更新公式对应起来，以学习器目标函数值、目标函数梯度、任务器参数、学习率作为 LSTM 网络的输入，用于更新其记忆神经元状态，并以其作为更新后的任务器参数。这样，LSTM 网络便成为元学习器，其自身参数的变化将影响学习器的学习效果，据此对 LSTM 网络进行训练。首先采样一组一组的学习任务，每一组学习任务均包括训练数据和测试数据。在训练数据上利用 LSTM 网络完成对任务器的训练后，在测试数据上对任务器进行测试，根据在测试数据上的损失，利用梯度下降方法对 LSTM 网络进行优化。

4. 模型回归网络（model regression networks）[16]

该网络用于使小样本上的学习结果能回归到大数据上的学习结果，即在小样本上进行学习后，再用该网络对学习结果进行变换，变换后的学习结果能接近大数据上的学习结果。为了训练该网络，在同样的学习任务上，分别利用小样本与大样本进行学习，将所得到的对应学习结果作为模型回归网络的训练数据，相应学习目标是使小样本学习结果经模型回归网络变换后与大样本学习结果之间的误差最小化，且小样本学习结果经网络变换后在原小样本数据上的误差仍然最小化。模型回归网络按这一目标训练完成后，面对小样本学习任务时，先用传统方法得到初始学习结果，再经模型回归网络变换后得到最终结果。

5. 元网络（Meta Networks）[17]

该网络中，本书所述的学习器被称为基学习器，用于解决具体任务，元学习器则尝试从各种学习任务中学习到有利于基学习器学习的共性内容，同时其将分类过程分为数据表示与分类两个阶段，分别对应于不同的处理函数。在数据表示函数与分类函数中，各有两组与具体任务有关的参数（称为快参数）以及与具体任务无关的参数（称为慢参数），相应导致两种数据表示函数与两种分类函数：其中一种仅由慢参数定义，从而得到与任务无关的函数（以下称为元函数）；另一种由快参数与慢参数同时定义，是在慢参数的基础上对具体任务快速适应后的函数（以下称为任务函数）。任务函数的学习过程如下。首先获得数据表示的快参数，由元学习器根据在训练数据上采样的数据，按照数据表示元函数的损失梯度计算得到；然后获得分类函数的快参数，由元学习器根据分类元函数在训练样本上的损失梯度计算得到，并将其按照与训练样本的对应关系存储起来，也就是说分类函数的快参数是与训练样本一一对应的。任务函数训练完成后，对于测试样本，根据测试样本与训练样本之间的相似度对存储的全部快参数加权求和后获得快参数，进而结合之前的慢参数获得针对当前样本的任务函数，利用该任务函数完成相应任务。其完成测试任务的损失便是元学习器的学习依据，基于该损失梯度，对元学习器进行学习，完成元学习器的优化。

6. 元学习自编码器（meta – learning autoencoders）[18]

该方法中，元学习器用于设置学习器（神经网络）中每层的参数，其包括两个部分，一个部分称为元识别模型（meta – recognition model），用于从所有训练数据中获得某种元知识，称为模型密码（model code），该模型由两个多层感知器再加中间的最大池化层构成；另一部分称为元生成模型（model – generative model），用于根据元识别模型输出的模型密码，产生学习器网络中各层的参数。元生成模型由两个多层感知器构成，分别用于产生连接权值以及神经元输出阈值。对于元学习器的学习，根据学习器在测试数据上的损失梯度，按梯度下降方法进行学习。

7. 记忆增强网络（memory – augmented neural networks）[19]

该网络对于样本分类及其学习过程从时序角度来认识，其过程是：首先输入样本，然后进行识别，再给定输入样本对应的类别来判断识别是否正确并进行学习，这样样本及其类别的输入有个时间差，某一时刻对应的输入信息为当前样本和前一时刻样本对应的类别，并在此时刻产生预测输出。对于上述过程，采用神经图灵机（neural Turing machine）进行建模，并完成相应分类。整个网络由控制器、存储器、读头、写头四部分构成。控制器根据输入信息产生特征，训练时通过写头向存储器中写入相应特征，识别时通过读头从存储器中取出相应信息后送入一个线性分类器进行分类（比如可用一个全连接层加软最大运算构成线性分类器）。其中：①控制器采用 LSTM 网络；②读取规则是首先计算待识别信息的特征与所存储特征的相似度，然后用软最大运算对所有相似度值进行归一化后，对所存储的信息进行加权求和，将运算结果作为读取结果；③写入规则采用最少最近使用优先方式（Least Recently Used Access，LRUA），特征将被写入最少使用的存储器或者最近使用过的存储器，按照这一原则以及待写信息与已存储信息的相似度确定每个存储器的写入权值，按该权值对待写信息进行加权后与存储位置上已存信息相加，将该结果作为写入结果。

总结起来，目前的元学习方法主要分为两大技术路径，一种是尝试找到不同学习任务之间的共性，即所谓元知识（meta‐knowledge），然后在面对具体任务时，可以基于元知识来快速适应当前学习任务，以上元网络、元学习自编码器、模型不可知元学习方法均属于这类方法；另一种是用元学习器来控制学习器的学习过程，以上纳威‐拉罗切勒方法、梯度下降的梯度下降学习方法即此类方法。另外，在元学习中应重视记忆的作用，以保存与学习有关的关键信息，以便指导后续学习，以上元网络、记忆增强网络即专门构建了相应的存储机构，而 LSTM 网络作为具有循环特性的记忆神经元，其在元学习中被大量采用也说明了记忆的重要性。同时，如上所述，相似度计算在元学习中亦发挥着重要作用，比如以上元网络、记忆增强网络的效果即明显依赖于数据相似性度量的好坏。

12.2　相似度计算

相似度计算是机器学习的基础。学习从根本上说是对已有经验的归纳总结，而如何归纳总结，正是要基于事物之间的相似性来进行的，因此如果能有更好的相似度度量方法，便可获得更好的学习效果，这正是上一节中解决小样本学习的相似性学习手段的根据。而相似度计算问题本身则是一个更大的问题，小样本学习只是它的一个应用点，对该问题的认识可以抛开小样本学习来看，甚至相似度度量可以认为是先于学习的，即应该先有相似度度量手段，然后才能进行学习，或许这是人的先定能力而非后天习得。而在我们还没有破解这个先定秘密之前，通过学习手段来获得更好的相似度度量方法也不失为一条可取的途径，在获得更好的相似度度量方法后，再对其进行观察和剖析，也许能够找到其中的先定知识。

在传统的相似度度量方法中，人们对于相似度的认识主要涉及两个事物之间的关系。事实上，相似度度量应该是有参照系的，孤立地来定义两个事物之间的相似度是不够精确的，甚至在很多场合下是没有意义的。而当存在一个或一组参照物时，两个事物之间的相似度才能得到更客观的反映。另外，相似度度量还应该是分层级的。相似度存在语义层级上的区别，大类之间的区别（比如狗和猫之间）相比小类之间的区别（比如狼狗与藏獒之间）更加显著，也就是说语义层次越低，就需要越精细的尺度来度量相似度。为了取得理想的相似度度量方法，需要考虑以上两方面因素。下面，分别阐述这两方面的最新进展。

12.2.1　基于参照系的相似度度量

基于参照系的相似度度量，是指在有其他参照物的情况下对两个事物之间的相似度进行度量。显然，从概念上来说，这能使相似度度量更为客观。两个事物之间的相似度的绝对数值可能是难以精确测定的，但"一个事物与某一事物之间的相似度"与"该事物与其他事物之间的相似度"之间的相对大小却可以更准确、更安全地给出。本书第 4 章第 4.2 节所述度量学习目标中的"相似数据之间的相似度应大于不相似数据之间的相似度"以及"两个数据之间的相似度应大于另外两个数据之间的相似度"（表 4 – 1），即基于参照系的相似度度量这一思想的体现。近年来，这一思想在与深度学习结合的过程中，逐渐受到越来越多的关注。

首先是基于三元组（triplet）的度量学习方法开始受到人们的重视。顾名思义，三元组是三个输入数据的组合，其中通常以某个数据为中心，另外两个数据中，一个与该数据相似，另一个与该数据不相似。根据目前通常按类别对数据进行标注的习惯，认为同类数据是相似的，而异类数据是不相似的，则同类数据之间的相似度应大于异类数据之间的相似度，以此为依据对度量函数进行学习。这里关键是作为学习目标的三元组损失，一种常用计算形式是

$$L_{\text{trp}} = \sum_{i,j,k}^{N} \left[s(x_i, x_j) - s(x_i, x_k) + \alpha \right]_+ \tag{12 – 1}$$

其中，x_i 表示训练样本；x_j，x_k 分别表示与其同类的正样本和异类的反样本；$s(\cdot, \cdot)$ 表示相似度度量函数；$[z]_+ = \max(z, 0)$，$\alpha > 0$ 为正样本与反样本之间的最小边界（类似 SVM 学习中的边界思想），因此通过使式（12 – 1）最小化，表明理想的度量函数应使同类样本之间的相似度大于异类样本之间的相似度加上安全边界。这里，相似度度量函数包括特征提取和度量两部分，可以同时学习这两个部分，也可以仅学习特征提取部分，而让度量部分取欧氏距离等固定形式。

以上三元组损失中，每次将一个样本拉近其正样本而推离其反样本，还可考虑一次涉及多个反样本乃至全部反样本的计算形式，以期提高收敛速度和学习效果。这实际上已经扩展到了多元组关系。在这一策略上，首先有邻域成分分析（Neighborhood Component Analysis，NCA）损失[20]，其形式如下：

$$L_{\mathrm{NCA}}(x_i, x_j, \boldsymbol{x}_K) = -\log\left(\frac{\exp(s(x_i, x_j))}{\sum_{x_k \in \boldsymbol{x}_K} \exp(s(x_i, x_k))}\right) \tag{12-2}$$

其中，$\boldsymbol{x}_K$ 表示一个与 x_i 异类的反样本的集合。该式表明学习目标是使 x_i 到其正样本的相似度要大于给定反样本集合中所有反样本的相似度。此外，Song 等人的损失函数[21]则考虑了样本集合中所有与正样本类别不同的样本，具体形式如下：

$$L_{\mathrm{song}}(x_i, x_j, \boldsymbol{x}_N) = \max\left(\max_{(i,k) \in \hat{N}} \alpha - s(x_i, x_k), \max_{(j,l) \in \hat{N}} \alpha - s(x_j, x_l)\right) + s(x_i, x_j)$$

$$\tag{12-3}$$

其中，$\boldsymbol{x}_N$ 表示与 x_i 及 x_j 异类的样本的集合；$\hat{N}$ 表示所有反样本对的集合。Chen 等人进一步将异类样本之间的关系考虑进来，其四元组损失函数形式为[22]

$$L_{\mathrm{trp}} = \sum_{i,j,k}^{N} \left[s(x_i, x_j) - s(x_i, x_k) + \alpha_1\right]_+ + \sum_{i,j,k,l}^{N} \left[s(x_i, x_j) - s(x_k, x_l) + \alpha_2\right]_+$$

$$\tag{12-4}$$

该式与以上式（12-1）~式（12-3）的区别在于最右边涉及四个数据的部分，这里考虑的是两个同类样本与另外两个与之没有关系的异类样本之间的差异。

在使用上述损失函数进行学习时，相比通常的分类学习问题来说，由于涉及多元组数据，其样本空间大大增加，所以在所有多元组数据上进行学习显然是不可行的，这样对于多元组数据的采样便成为影响学习收敛性的重要问题。对此可采用以下两种策略。

一种策略是在用随机梯度下降优化方法求解时，在微小批数据（mini-batch）的构造方法上下功夫。比如，Schroff 等人的方法[23]是从批数据中取出较难的三元组样本（安全边界以下的样本）；Song 等人的方法[21]是随机采样若干正样本对，再选择与正样本较难区分的反样本，形成批数据。而在批数据上则不做选择，考虑其上的所有正样本对与反样本对；Sohn[24]则从每类数据中各取出一对数据，形成 N 对数据（N 为类别数）。在这 N 对数据上，取出每对中的第一个数据，与所有对中的第二个数据拼成一组（$N+1$）数据，

从而得到 N 个（$N+1$）数据，在其上计算类似 NCA 的损失（与 NCA 损失本质上相同，形式上略有区别），所得结果称为多类 N 对损失（multi – class N – pair loss）。

第二种策略是在数据采样上下功夫，从原始样本中采样少量样本，从而可在少量样本上形成数量可控的三元组样本，再计算采样数据所导致的误差上界，以获得逼近原始数据的学习效果。Moveshovitz – Attias 等人[25]的采样方法基于学习方式得到，学习目标是使采样数据集能够近似原数据集。为此，对于原数据集中的每个数据，可找到在采样数据集中距离其最近的一个数据，该数据称为原始数据的代理数据。于是，用采样数据集来近似原数据集的采样误差便可以用所有原数据与其代理数据之间的最大距离来计算。而且根据该采样误差、在采样数据上进行学习后的损失，以及学习时所用的安全边界这三部分信息，可以计算出在原始数据上的损失的上界。这样通过最小化该损失上界，便能使在采样数据上的学习效果尽量逼近在原始数据上的学习效果。Thanh – Toan 等人[26]的解决思路与此类似，针对每个类给定一个代表数据（类似上面的代理数据），可视为类中心，通过数据到类中心的相似度来定义损失，避免了数据组合带来的数据量问题。该损失称为判别损失（discriminative learning），其与原始三元组损失之间的差距有理论上的上界，从而能够基于该理论上界设计相应算法来逼近基于原始三元组损失的学习效果。

12. 2. 2　反映层级关系的相似度度量

人类语义具有层级性，人们对于概念的组织是按由细到粗的树状结构方式进行的，先是具体事物，然后根据具体事物的共性形成小类，再根据小类之间的共性形成大类，再根据大类之间的共性形成更大的类，如此进行，直到形成一个最大的公共类。在此过程中，也可能发生反向的处理，就是根据对世界认识的加深，在中间增加更多的层次，以对事物做更精细的区分。在这样一棵概念树上，高层语义事物之间的差别相比低层语义事物之间的差别要更加明显，比如狗与猫之间的差别与两种不同犬种之间的差别相比要明显，狗作为动物与其他植物如树木之间的差别相比狗与猫之间的差别则要更加明显。人类对于概念的这种层级组织方式，也是以相似度度量为基础的，这说明相似度度量应能够反映事物之间差别的层级性。如果基于某种相似度度量方法，能够对给定的事物进行归纳，获得类似于人的层级组织结果，则这样的相似度度量方法将是理想的。最近，人们逐渐开始关注这一问题，尝试利用语义层次树来获得更理想的相似度度量方法。其中，语义层次树可通过两种方式获得：①根据人类知识预先给定；②基于相似度度量结果来形成。

Verma 等人[27]基于人类知识预先给定的类别层次树，来学习相似度度量方法。其中，相似度度量的基本形式为第 4 章第 4.3.1 节所述 GQD，学习对象为其中的 M 矩阵。该方法对于每一类，分别有不同的 M 矩阵，即相似度度量可随类别变化。同时，按照类别层次树定义不同层次类别对应的 M 矩阵之间的关系，使低层语义类别的 M 矩阵等于该类别在语义树上所有祖先节点对应的 M 矩阵之和，这样低层语义类别的 M 矩阵中既有自身的特殊信息，又有其祖先的公共信息，从而能有更好的度量效果。对于 M 矩阵的学习，在分类框架下进行，其学习目标是分类似然值最大化加上 M 矩阵应为半正定阵的约束，其优化方法为梯度上升方法。这里，分类似然值基于数据之间的 GQD 计算得到。

Ge 等人[28]基于相似度度量方法形成类别层次树，利用该类别层次树改进三元组损失中的边界，获得层次三元组损失，其中的原则是在类别层次树上的层次越高，则边界越大，以使学习得到的相似度度量能使高层语义之间的区分更明显。这里，相似度度量方法与类别层次树互为因果，因此可采用交替迭代方法对二者进行学习。首先，根据初始相似度度量方法形成类别层次树，然后基于类别层次树计算层次三元组损失，在此基础上利用梯度方法更新相似度度量方法，接着再基于更新后的相似度度量方法来更新类别层次树，如此迭代，直到收敛。

12.3 网络结构学习

目前，对人工神经网络的学习，主要是指对网络中连接权值的学习，而网络结构的设计则主要依靠人的经验来完成。如果能对网络结构进行学习，自动获得最好的结构，则显然是一种更为理想的方式，因此也是人工神经网络进一步发展的方向之一。尤其是随着深度网络结构复杂性的不断增加，这一问题越来越突出。一方面，从理论上来说，网络结构并非越复杂越好，这与机器学习中最为重要的"如无必要，勿增实体"的奥坎姆剃刀原则相违背；另一方面，从实用性的角度，复杂网络对计算设备的要求很高，在普通设备上无法运行，而且复杂网络计算较慢，这些因素导致复杂网络难以大规模部署和实际应用。由于这两方面原因，需要对网络结构进行简化，但依靠人工设计较难实现，有必要采用学习手段来解决。该问题成为近年来人工神经网络研究中的热点之一，反映出网络结构学习开始得到人们的重视。

随机丢弃（Drop）策略[29]是一种目前应用较多的通过简化网络结构来缓解复杂网络过学习问题的手段。该策略在网络学习时随机选择节点临时丢弃，即每次迭代时，随机选择每个节点是否保留或删除，将被删除的节点及其所有连接边从网络中移除，从而得到一种简化后的网络，在该网络上进行一次学习。但学习完成后，所有节点仍然要在网络中存在，其对应的连接权值为该节点每次被保留时的连接权值按其保留概率加权求和后的结果。因此，这种策略主要是一种更好的学习手段，而不是网络结构本身的真正简化，网络的随机简化仅在学习过程中体现。

近年来，人们已在网络结构简化问题上开展了较多的工作，该问题也被称为网络剪枝（pruning）、网络压缩（compression）或网络加速（acceleration）。解决方案总结起来，可分为权值量化、网络剪枝、权值矩阵分解与转换、知识蒸馏（knowledge distillation）、直接优化五种技术手段，而在一种具体方法中也可能综合采用这其中的几种技术手段。

12.3.1 权值量化

权值量化是指将网络数值转成整数型的表达，以明显降低其存储量，量化手段包括二值化（binarization）、基于聚类的量化、乘积量化等。

二值化思想是用二值化离散数据来近似网络中的浮点数据，包括所有网络权值以及前向和后向运算中的所有浮点数据，从而能使网络存储量大大减少，网络计算速度大大提高。为了减小近似误差，使二值化数据乘以一个系数后与原始浮点数据的误差最小化来获得从浮点数据到二值化数据的转化公式，Rastegari 等人[30]基于此思想提出了二值网络（Binary – Weights – Network，BWN）用于对权值进行二值化，又进一步提出了异或网络（XNOR – Net）对权值和输入数据同时进行二值化。但 XNOR – Net 相比 BWN 来说，在进一步加速网络的同时，却使精度迅速下降。Li 等人[31]沿着 XNOR – Net 的思路继续改进，对做完一次二值化后的残差值再用一次二值化来逼近，从而变成连续使用两次二值化来逼近原始数据，以获得更高的逼近精度。该过程还可以多次进行，即连续进行多次二值化，以不断提高逼近精度，相应方法称为高阶残差量化（high – order residual quantization）。

基于聚类的量化方法是指对网络权值进行聚类，改用聚类中心来近似原始权值，则只需存储每个权值对应聚类中心的编号即可。Wu 等人[32]采用 k – 均值聚类方法实现对网络权值的聚类，为了减少聚类近似可能带来的误差，

将网络训练与 k – 均值聚类结合在一起进行。引入 k – 均值聚类的谱松弛（spectral relaxation）技术，作为网络训练的正则项，与原学习目标（如交叉熵等）相加形成新的网络学习目标。针对该学习目标的优化，采用网络权值与聚类结果的交替优化方法来完成。在网络的每一层上用这种方法处理得到新的网络权值后，再用通常的 k – 均值聚类方法完成聚类与网络简化。相应方法称为深度 k – 均值。此外，该工作中不仅考虑压缩比，而且考虑能量消耗情况来度量网络压缩效果。

乘积量化技术将数据空间划分成若干子空间的笛卡儿积，对应于每个子空间学习一个字典，然后将原始数据在每个子空间上基于字典的表示拼起来以近似原始数据，以此获得高效的存储与计算。这里的关键问题是如何划分子空间以及如何学习子空间上的字典。Wu 等人[33]采用均匀划分获得子空间，并按照量化所导致的网络输出误差最小化原则来学习每个子空间上的字典以及权值与字典要素的对应关系，按这种方法逐层对每一层的网络权值进行乘积量化。为了减小累计误差，在计算每一层的量化误差时，该层的输入采用量化网络的结果，输出采用原始网络的结果。

12.3.2 网络剪枝

网络剪枝是指直接在复杂网络中去掉被认为是冗余或不重要的部分，类似上面的丢弃策略，但这里的丢弃是永久性的。为了判断被剪掉部分的重要性，比较简单的方法是通过权值大小或激活值大小来判断，权值太小或激活值太小被认为是不重要的反映。这一方法的优点是与训练数据无关，计算简单，但由于没有考虑剪枝误差，因此可能造成剪枝结果不够好，为此可计算"简化网络"输出结果与"原始网络"输出结果之间的误差（以下简称简化误差），通过使该误差最小化来确定剪枝对象；也有同时考虑其他目标，比如能量消耗最小化来确定简化结构的。另外，通常需要在剪枝后对权值进行重新训练求精（fine – tuning）。

具体剪枝方法如下。①He 等人[34]将剪枝对象和简化后网络的权值作为两个优化对象，在这两个优化对象之间交替迭代来使简化误差最小化，从而实现简化。首先固定网络权值，优化剪枝对象；然后固定剪枝对象（即形成新的简化网络），对网络权值进行优化。Carreira – Perpinan 与 Idelbayev 的方法[35]与此类似，同样是在网络权值优化目标与剪枝目标之间迭代，但优化函数有所不同。②Yang 等人[36]首先根据计算消耗与数据移动消耗来计算网络每层运算对能量的消耗，按能量消耗大小对网络层进行排序，优先处理能量消耗大的层；然后在每一层按"根据权重大小剪枝→根据简化误差最小恢复部分被剪掉的对象→按简化误差最小对权值重训练"的步骤进行层剪枝；最后在所有层处理完后按简化误差最小化对所有层的权值再做一次全局重训练。③Luo等人[37]通过下一层的输出结果来引导上一层的剪枝，即在对当前层进行剪枝时，观察剪枝对其下一层输出的影响，而非对本层输出的影响，这样如果剪枝对后续处理影响小，则更安全。基于这一思想，按贪婪方法每次选择影响最小的对象进行剪枝，直至达到希望的剪枝比例。最后进行全局重训练。④Dong与Chen[38]通过逐层最小化简化误差的目标在训练数据上自动学习到被剪枝的对象，并且证明了这种逐层剪枝所导致的对网络最后输出结果的累计误差是有界的。⑤Lin等人[38]将剪枝目标定义为简化误差最小化同时网络尽可能简单，这一优化目标的实现通过另一个执行剪枝决策的网络来完成，而该决策网络则通过强化学习手段在执行剪枝的过程中不断优化来获得。⑥Hu等人[40]考虑激活值为0的神经元为不重要的神经元，为此统计每个神经元在当前训练数据上激活值为0的比例，其比例较高的被剪掉；然后对剪枝后的网络重训练，这两步交替进行直到结束。⑦Srinivas与Babu[41]认识到对于一个神经元来说，如果其两组输入权值相同，则可以安全地去掉其中一组而不影响网络计算结果。相应地，如果两组权值之间的差别越小，则去掉其中一组所导致的简化误差便越小。由此认识出发，每次选择差别最小的两组权值，剪掉其中一组权值所对应的输入神经元，重复进行直到网络测试精度低于预期为止。⑧Molchanov等人[42]在按神经元重要性对其进行剪枝和剪枝后对网络进行重训练这两个步骤之间迭代来简化网络。其中关键问题是如果评价神经元的重要性，一种方法是按简化误差最小化的目标来评价，如上面的方法，但计算量较大，为此在该框架下还比较了其他简单评价准则的效果，包括权值、激活值、互信息、基于误差目标函数泰勒展开的近似误差度量等。

12.3.3　权值矩阵分解与转换

权值矩阵分解类方法对网络权值所构成的矩阵进行分解，根据分解结果取其中的主要部分，从而简化权值矩阵，相应便简化了网络结构。这里的关键问题是使简化后的权值矩阵能够尽量逼近原始矩阵，因此一般采用计算简化误差并使其最小化的方法来确定简化参数。具体方法如下。①Masana等人[43]采用奇异值（Singular Value Decomposition，SVD）分解方法对权值矩阵进行分解，然后保留其中最显著的若干奇异值向量对权值矩阵进行简化，最后通过使简化误差最小化来确定最终的简化矩阵。②Yu等人[44]将权值矩阵分解为一个低秩矩阵（low－rank matrix）和一个稀疏矩阵（sparse matrix）之和的形式，通过使简化误差最小化，同时使这两个矩阵之和与原始矩阵的误差小于指定值以及使这两个矩阵分别满足低秩性和稀疏性来获得最优的低秩矩阵与稀疏矩阵。③Lin 等人[45]对于卷积层的简化，分为通道特征简化与空间简化两部分。对于通道特征简化，将卷积层矩阵分解为两个低秩矩阵的连乘，通过使简化误差最小来得到这两个低秩矩阵。对于空间简化，仅计算输入信息上部分位置处的输出，其他位置处的输出采用插值方法获得。其中，需要计算的输入信息通过随机选择、均匀选择、重要性选择（根据网络目标函数的泰勒展开近似计算不同输入位置对网络目标函数的影响程度）等方法之一采样得到。

矩阵转换类方法将权值矩阵转换成其他简化的形式，如下所述。①Reagen等人[46]使用布隆滤波器（Bloomier filter）对网络权值进行编码和解码，以减少其所需存储量，并在此过程中与其他网络简化技术相结合，同步完成网络的简化。布隆滤波器利用哈希技术，高效存储函数，此处要存储的函数为权值编号（权值矩阵中的行列号）与其值的对应关系。布隆滤波器尤其适合表达稀疏且输出值范围有限的函数。为了获得稀疏性，可通过采用本节所述的其他各种网络简化方法对网络进行简化。为了使输出值范围有限，可先对网络权值进行聚类，聚类后单独将各个簇的均值存储起来，则通过布隆滤波器所存储的函数只需要输出聚类簇的编号即可，从而明显缩减了输出值范围。基于以上原理，采用逐层编码方式完成布隆滤波器对权值矩阵的表达以及网络的简化：在每一层上，首先对该层权值进行编码，然后根据编码重构其权值，再对该层以后直到最后层的权值进行重新学习与简化，最后度量当前网络的误差，如果该误差大于原始网络的误差，则提高布隆滤波器的精度后重复以上各步，直到误差小于等于原始网络的误差后进入下一层的处理。通过这种方法，不仅网络规模极大地被压缩，甚至其精度还略有提升。②Wang 等人[47]考虑将 CNN 卷积层输出的特征投影为更低维的特征以进行维数缩减，相应获得简化的卷积核，从而简化网络。维数缩减的目标是使简化后特征之间的冗余度最小化，同时简化后的特征还能保持原特征的判别能力（通过保持特征之间的距离度量来反映）。按照该目标，学习得到实现维数缩减的投影矩阵，根据该投影矩阵将原始卷积核投影为简化以后的卷积核。采用上述方法对每一层的卷积核简化后，重新随机初始化简化网络，并执行 BP 学习算法获得最后的简化网络。

12.3.4 知识蒸馏

知识蒸馏方法利用一个已学好的大网络来指导一个小网络的形成，即将从大网络上学到的知识迁移到小网络上，是以名为"知识蒸馏"。对于目前通常的 CNN 来说，最终分类一般用软最大运算实现，其计算结果称为软目标值，而软最大运算的输入数据则称为逻辑值（logits）。根据网络输入数据计算得到的逻辑值被认为反映了从大网络中所学到的知识，可以利用它来约束小网络的学习。具体来说，在小网络上的学习目标不仅包括对训练数据分类正确的要求，而且包括对同样训练数据下小网络软目标值与大网络软目标值一致的要求（软目标值由逻辑值确定）[48]。可在软最大运算中增加一个温度值来控制逻辑值大小差别对软目标值的影响，类似于玻耳兹曼机部分所述的模拟退火策略，温度值越大，则逻辑值差别越大才能使软目标差别越大，从而影响在小网络学习中逻辑值所起的作用[48]。Romero 等人[49]对上述思想进行了扩展，除了考虑作为分类依据的逻辑值以外，还考虑利用大网络中间层的信息对小网络的对应层进行引导学习，使小网络中从网络输入层到某一层的计算结果与大网络中从网络输入层到其对应层的计算结果（将二者变换到维度相同）之间的误差最小化。整个学习过程分为两个阶段：先进行对应层的表示学习，再进行软最大层的目标学习。Ba 与 Caruana[50]以大网络输出的逻辑值为监督信息，按最小二乘学习目标，对小网络进行学习，称为模仿学习（mimic learning）。为了加快学习速度，将输入层到隐含层之间的连接权值分解为两个低秩矩阵的连乘，进一步简化了小网络的结构。

12.3.5 直接优化

以上方法均是在复杂网络学习完以后再对其进行简化。而直接优化方法则是在网络学习的同时将网络简化的目标带进去，在原学习目标（比如常用的交叉熵）上增加使网络简化的正则项（比如增加关于网络稀疏性的要求）。这样，网络学习完以后，便可以根据其稀疏性直接完成简化。目前在这一思路上，主要采用变分推理（variational inference）方法实现，该方法简述如下。如本书第 3 章第 3.6 节中贝叶斯推理所述，最大后验概率 $p(w|D)$ 是我们希望获得的东西，应用到网络学习中，即根据标注数据 D 来得到最大化 $p(w|D)$ 的网络权值 w。根据贝叶斯公式可将该最大化问题转成使 $p(D|w)p(w)$ 最大化的问题，为了简化计算，改为等价的令 $\log p(D|w) + \log p(w)$ 最大化的问题。直接进行这样的计算实际不可行，可采用变分推理来做近似计算，它用

一个固定形式的关于权值 w 的分布 $q_\phi(w)$ 来近似 $p(w|D)$，其中 ϕ 为未知参数。计算该分布下 $\log p(D|w)$ 的均值与 $\log p(w)$ 的均值，以及 $q_\phi(w)$ 的熵，三者之和称为变分下界（variational lower bounder）。通过使该变分下界最大化，在训练数据上得到 ϕ，即得到 $q_\phi(w)$，在此基础上便可获得相应网络权值。为了实现网络简化，要求 $q_\phi(w)$ 是能导致大量权值数据为 0 的分布，这样就能使最后产生的权值矩阵成为稀疏的，相应网络便能变得足够简单。

在变分推理计算框架下，相关成果如下。①Louizos 等人[51]考虑网络权值的先验分布为零均值高斯分布，其标准差通过另一分布产生（该分布实际决定了权值大小范围），并分别假设该分布为对数均匀（log - uniform）分布或半柯西（half - Cauchy）分布以获得两种不同的变分下界目标，使其中之一在训练数据上最大化便得到相应分布，进而计算分布均值作为权值计算结果。如果分布参数低于阈值（表明所生成的权值很小，根据丢弃比例确定），则对应的成组权值被剪除。②Neklyudov[52]等人的方法与 Louizos 等人的方法相近，但不是直接计算网络权值来进行剪枝，而是考虑对各层输入数据进行剪枝（相应剪掉了对应的网络权值），为此增加一个噪声数据与输入数据相乘，这一运算可以看作一个特殊的实现丢弃的全连接层，简称 SBP 层。噪声数据的先验分布同样采用对数均匀分布，后验分布采用对数正态（log - normal）分布，相应获得变分推理公式，据此得到噪声的后验分布，根据该后验分布计算噪声数据的信噪比，信噪比低的被剪掉。③Dai 等人[53]通过减少网络中的信息冗余来实现压缩，其将网络中的信息视为随机数据，通过互信息（mutual information）反映不同信息之间的相关性，在此基础上，对于网络每一层的学习目标是最小化相邻层之间的互信息（减少其间的冗余）同时最大化当前层与最后输出结果之间的互信息（以保证网络输出精度）。这一目标通过变分推理方法实现。

除了变分推理外，也可用其他方法直接优化网络及其简化结果。Wang 等人[54]在网络学习目标中，将权值差别最小（使同一层权值中两两之间的差别最小）以及权值模长最小（使权值矩阵稀疏）的要求作为正则项，结合原目标（如交叉熵等）一起对网络进行训练，这样学习完后的网络，其权值之间的差别变小且稀疏，从而相同的权值可以仅用一个值来表达，而稀疏为零的则可以剪掉，从而完成了压缩。

12.4 人工神经网络可视化

目前的人工神经网络虽然在许多实际应用中表现出优于传统方法的性能，

但其内部工作原理却难以得到解释，就像一个内部不可见的黑匣子，人们只知道其有效，却不能解释其有效性背后的原因，这难免使人质疑其可靠性。如果能够类似 CT 扫描人体一样，对人工神经网络内部的信息流动进行扫描，使人看清其工作过程，进而分析其工作原理，则将有助于人们给出人工神经网络有效性的依据，从而增加其可信度，而且有助于人们分析网络结构与学习方法的优势与不足，为改进网络结构与学习方法提供新的思路。这一问题称为人工神经网络可视化。目前，人工神经网络可视化的技术手段主要包括四种——直接方法、基于反向传播的方法、基于决策重要性的方法、基于模型的方法，下面分别叙述。输出的可视化形式有特征图、输入信息片段、输入信息基本要素、热图（heatmap）四种形式。其中，特征图是以图像的形式将网络权值或神经元输出值显示出来；输入信息片段是将原始输入信息分成若干小部分（比如可将图像切成若干小的图像块），这些小部分称为片段，确定这些片段在网络中所起作用的不同重要性，将其显示出来；输入信息基本要素是指类似构成文本的词、构成图像的超像素等可以用来形成各种输入信息的基本要素（以下简称基元），将对网络决策起重要作用的基元展示出来；热图是以能量形式反映在网络中所学到的信息的不同重要性，并以颜色将其显示出来，重要性越高的信息，其能量越大，相应更偏向红色，反之，其能量越小，越偏向蓝色。

12.4.1 直接方法

该类方法是直接将人工神经网络的权值或神经元的激活值以特征图的形式显示出来，或者以此为基础显示重要的输入信息片段（以下简称片段）。比如，可将图像片段遮挡，显示对目标类别来说网络决策值的变化情况，以此观察图像片段所蕴含的信息对于识别目标类别是否重要[55]。Xu 等人[56]在病理图像分类问题中，采用 CNN 提取特征，采用 SVM 分类器进行分类。首先，为了可视化不同片段在分类中所起的不同作用，将各个片段按上述方法进行分类，以其分类概率作为片段重要性的反映，相应形成热图进行展示。其次，为了可视化不同片段在特征提取中所起的不同作用，对于给定类别，选择分类层中该类别与特征层连接权值中最大的若干个，将相应特征作为重要特征，进而观察不同片段在这些重要特征上引起的响应值，响应值最大的若干个片段被认为是进行分类决策的主要依据，将其显示出来。

Liu 等人[57]构建了一个完整显示 CNN 工作时的内部信息流动并能对其进行诊断和分析的可视化系统，称为 CNNVis。为了使复杂网络的可视化高效，通过层聚类与神经元聚类手段对其进行简化。利用层聚类将相邻的层聚为一组，作为一个整体看待，合并成一层，这里主要采用了按池化层来划分组的方式。神经元聚类则在聚类后的每一层上进行，按其激活值相近原则进行聚类。层聚类与神经元聚类后，以神经元簇为节点、神经元簇之间的连接为边构建有向无环图，在该图上显示如下信息：①对于某个神经元，确定能在该神经元处引起最大激活值的若干图像片段，作为该神经元处所学到特征的反映，将这些图像片段以小矩形显示，再将神经元簇上所有的图像片段打包显示在一个大矩形中；②将神经元簇的平均激活值以矩阵形式进行显示，其中矩阵行代表神经元簇，矩阵列代表类，相应激活值的大小以灰度形式显示在矩阵元素上；③以曲线显示神经元簇之间的连接，当边数非常多时，这会造成显示上的混乱，为了减少这种混乱，挖掘输入神经元簇与输出神经元簇之间关联关系的封闭项集，将同在一个封闭项集中的边捆绑在一起显示。

12.4.2　基于反向传播的方法

此类方法将人工神经网络处理后的结果向前反传，直至在输入端重建与原始输入相同大小的信息。这种反传可以从任意感兴趣的指定层开始，从而可以通过重建信息直观地看到在所感兴趣的指定层上所学到的内容[58]。这里的反传类似于网络学习中的误差反向传播，同样是对梯度的反向传播，但不是误差的梯度，而是人工神经网络输出的梯度。为了观察某个神经元输出结果所蕴含的信息，反传前可以将该神经元的输出保留，而将其他神经元的输出置零。对于 CNN 来说，常用的最大池化与 ReLU 激活函数实际不可导，因此在反向传播中需做特殊处理（详见本书第 10 章第 10.4.3 节）。这样的特殊处理可能造成信息重建不理想，为此需要调整其特殊处理手段以得到更好的信息重建效果。比如，对于 ReLU 的反向求导，在传统反向传播方法中，只有大于零的输入才可以回传梯度，可以将这种策略改为：①梯度大于零的才可以回传；②梯度与输入均大于零的才可以回传。这两种策略分别称为反卷积（deconvolution）反向传播与导向反向传播（guided - backpropagation）。图 12 - 3 所示为基于传统反向传播、反卷积反向传播、导向反向传播的不同信息重建效果。从图中可以看出，使用传统反向传播重建的图像噪声较多，基本看不出模型究竟学到了什么有用的特征；使用反卷积反向传播则可以大概看清楚物体（猫和狗）的轮廓，但仍然有大量噪声在物体以外的位置上；通过导向反向传播重建的图像基本没有噪声，可以很明显地看出所学到的特征集中在物体（猫和狗）上[59]，这就为网络特征提取的有效性提供了有力的支撑。

图 12 - 3　基于传统反向传播、反卷积反向传播、导向反向传播的不同信息重建效果

（a）原图；（b）传统反向传播的信息重建效果；（b）反卷积反向传播的信息重建效果；

（c）导向反向传播的信息重建效果[59]

12.4.3　基于决策重要性的方法

虽然借助导向反向传播能直观地看到在人工神经网络中所学到的特征，但是所展示的却是所有能提取到的特征，因此还不能用来解释网络决策（比如分类）有效的依据。比如，在图 12 - 2 所示例子中，人工神经网络经训练后给出的分类结果是猫，但是通过导向反向传播所显示的结果却反映所提取特征不仅包含猫的信息，而且包含狗的信息，从而难以判断这种特征是否是有效的。因此，需要能反映类别信息的可视化方法，类激活映射（Class Activation Mapping，CAM）与梯度加权类激活映射（Gradient - weighted Class Activation Mapping，Grad - CAM）方法起到了这样的作用。

CAM 方法[60]在传统 CNN 的特征提取（卷积层）与分类（全连接层）两部分之间加了一层全局平均池化（Global Average Pooling，GAP）运算，对所提取的特征在整个输入信息空间（比如对于图像来说，即整个图像平面）上求平均，然后将平均后的特征送入全连接层进行分类。这时，在经过网络训练后，对于某个类别来说，全连接层上对应该类别的神经元与特征单元之间的权重便能反映相应特征的重要性，于是可进一步将输入信息空间中每一点处对应的所有特征单元值按其分类权重加权求和，该值便反映了原始输入信息上每一点对于区分该类所起的重要程度，将其显示出来便得到了 CAM 图，通过该图可直观地看到对某一类别进行分类时更具判别性的区域，图 12-4 所示为这样的一个例子。

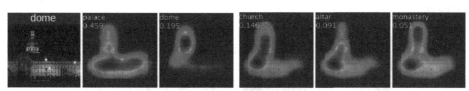

图 12-4　CAM 可视化效果示例 [对于图像类别"圆顶（dome）"，
显示了分类时排名在前的 5 个类别所对应的 CAM 图及其分类概率，
其中进行相应分类时所关注的区域清晰可见[60]。]

Grad-CAM[61] 是 CAM 方法的推广，其同样基于全局平均池化运算，但此处的全局平均池化运算是在分类层类别输出关于其输入特征的梯度上进行的，而不是在输入特征上进行的。将通过这种全局平均池化运算所得到的结果作为该类别下特征单元的权值，用来反映该特征单元的重要性，进而基于该重要性权值，对所有特征单元加权求和再经 ReLU 运算后便得到 Grad-CAM 图。这里增加 ReLU 的目的是仅关注对分类该类别有正面影响的那些信息，即能够增加该类别分类概率的信息，而过滤掉会降低该类别分类概率从而可能属于其他类的信息。

CAM 与 Grad-CAM 方法给出了原始输入数据中与类别判别相关的重要信息，但并未完全关注网络所提取的特征内容，因此在特征内容的显示精细度方面有所不足。为了解决此问题，可将导向反向传播方法与 Grad-CAM 方法结合，将通过 Grad-CAM 方法所获得的信息与导向反向传播所形成的信息乘在一起作为最后的显示结果，从而形成导向 Grad-CAM（Guided Grad-CAM）方法[61]。

12.4.4　基于模型的方法

Ribeiro 等人[62] 提出局部可解释模型无知解释（Local Interpretable Model-agnostic Explanations，LIME）算法，该法通过一个可解释模型来解释其他复杂模型。首先，可解释模型是容易为人所理解的，比如采用由构成事物的基元对事物进行分类的线性分类器。如前所述，基元是类似构成文本的词、构成图像的超像素这样可以用来组成复杂事物的要素，于是利用可解释模型来解释其他复杂模型时，输出的是在分类某个类别时主要采用了哪些基元，这可以说明其分类依据。图12-5就显示了一个这样的例子。图12-5（a）所示为输入的待分类图像；子图12-5（b）所示为用LIME算法计算出的采用Inception深度网络将该图像分类为"电子吉他"时所使用的基元，如图所示，这些基元集中在电子吉他的音柱上，这便对该图像的分类合理性给予了正面的解释。

（a）　　　　　　　　　　（b）

图12-5　LIME模型对分类依据的解释

（a）输入图；（b）将该图分类为"电子吉他"时所使用的主要基元（超像素）[62]

　　为了能按上述原理输出基元来解释给定的任意分类模型（比如某种人工神经网络）在分类某个样本时的行为，LIME算法考虑在该样本局部范围内使可解释的模型的预测结果能够逼近原始复杂模型的预测结果，于是在该样本局部范围内采样，计算采样点上原始复杂模型的预测结果与可解释的模型的预测结果之间的误差，并按采样点到样本点的距离获得所有采样点对应误差的加权和，将其作为可解释模型与复杂模型之间的误差，同时将可解释模型的复杂度作为正则项，通过使该误差加该正则项最小化，得到与复杂模型最近似的可解释模型，该模型的输出是基元存在与否，于是给出了对输入样本分类依据的解释。

12.5　传统方法与人工神经网络方法的合流

　　目前，人们主要将人工神经网络，特别是深度网络应用于各种问题，取得相较传统方法更好的结果，由此证实了人工神经网络的力量，推动了其向各个应用领域的渗透。但反过来，利用行之有效的传统方法来设计人工神经网络，也是人工神经网络发展的一条可行的途径，并且传统方法有很多较好的理论基础，这也使人工神经网络的结构和学习方法的设计更具可解释性；同时可利用人工神经网络的可学习性，解决传统方法中参数依靠人工设定所带来的鲁棒性问题，使传统方法焕发新的活力。沿着这一思路，应能形成不少成果。下面试举几例，以期读者从中获得一些启示。

例 12 - 1 条件随机场反馈网络。

条件随机场（Conditional Random Fields，CRF）是计算机视觉领域中应用广泛的一种经典统计模型，其传统计算方法是：图像中的每个点对应于一个随机变量，其取值为点的标注结果（比如图像分割中对应于前景或背景的标注），从而整个图像对应于一个标注随机场。图像与标注随机场之间的统计关系可以建模为如下条件随机场形式：

$$P(\boldsymbol{x}|\boldsymbol{I}) = \frac{1}{Z(I)}\exp(-E(\boldsymbol{x}|\boldsymbol{I})) \qquad (12-5)$$

其中，$\boldsymbol{I}$ 表示图像；$\boldsymbol{x}$ 表示标注随机场；$E(\boldsymbol{x}|\boldsymbol{I})$ 为能量函数；$Z(I)$ 是图像上所有可能的标注随机场对应能量函数的和，称为划分函数。条件随机场方法通常是通过使式（12-5）中的能量最小化，从而使对应概率最大化，来找到最符合给定图像的标注结果。但能量最小化一般计算量较大，均值场（mean-field）近似方法[63]通过朴素贝叶斯思想来简化 $P(\boldsymbol{x}|\boldsymbol{I})$ 以绕开这一问题，其用每个像素点上独立分布的连乘来近似 $P(\boldsymbol{x}|\boldsymbol{I})$，即 $P(\boldsymbol{x}|\boldsymbol{I}) \approx \prod_i Q_i(\boldsymbol{x}_i|\boldsymbol{I})$，于是对于 $P(\boldsymbol{x}|\boldsymbol{I})$ 的求解转变为对每个 $Q_i(\boldsymbol{x}_i|\boldsymbol{I})$ 的求解，这一求解可以通过对每个 $Q_i(\boldsymbol{x}_i|\boldsymbol{I})$ 的迭代更新来完成。

Zheng 等人[64]对上述均值场近似方法的迭代更新过程进行分析，发现其可以用 CNN 中的卷积与软最大函数来实现，于是将每次迭代过程转化为由 5 层 CNN 来运算的形式，而整个迭代则可以表示为以 5 层 CNN 为核心的反馈网络，上一次时刻经过 5 层 CNN 运算后产生的输出再回到输入端继续迭代，这样便将条件随机场计算转变成了一种反馈网络结构，称为 CRF-RNN。而转变成人工神经网络计算后，带来一个好处，就是原来计算过程中所存在的一些参数变成可学习的了，通过训练数据（图像及其标注结果）对其进行端到端的训练来确定这些参数，便能获得更理想的计算效果。

例 12 - 2 水平集分割反馈网络。

在图像分割方法中，水平集（level set）方法是一种经典的主动轮廓模型类方法，其采用水平集来表示物体轮廓对应的曲线，这是一种非参数化的表示形式，三维空间中的曲面与指定高度二维平面的交即被表示的曲线，通常取高度为 0 的水平面，于是取值为 0 的像素点为物体轮廓上的点，取值大于 0 的点为物体之外的背景点，取值小于 0 的点为物体内部的前景点。在这种表示形式下，通过曲线演化使能量函数最小来获得所希望的曲线，这里能量函数通常包括对分割质量、分割区域面积、曲线长度这三方面要素的考虑。能量函数的具体形式不同，便导致不同的水平集分割方法的实现，其中应用较广泛的一种称为查 – 韦赛（Chan – Vese）模型，其能量函数最小化问题如下：

$$\min_{c_1,c_2,\varphi} \mu \int_{\Omega} H(\varphi)\,\mathrm{d}x\mathrm{d}y + \nu \int_{\Omega} \delta(\varphi)\,|\nabla\varphi|\,\mathrm{d}x\mathrm{d}y$$

$$+ \int_{\Omega} \left[\lambda_1\,|I - c_1|^2 H(\varphi) + \lambda_2\,|I - c_2|^2(1 - H(\varphi))\right]\mathrm{d}x\mathrm{d}y$$

$$(12 - 6)$$

其中，φ 为水平集函数，c_1，c_2 分别为前景点和背景点的均值，这三者为待求解的对象；$H(\varphi)$ 称为海威塞得（Heaviside）函数，其当水平集函数值小于等于 0 时取值为 1，大于 0 时取值为 0，从而起到了根据水平集函数区分前/背景的作用；$\delta(\varphi)$ 为冲击函数，当水平集函数值等于 0 时取值为 1，其余取值为 0，起到了选择轮廓点的作用；μ，ν，λ_1，λ_2 分别为公式中各项因素的对应系数，根据该公式可知，当相应系数为正数时，所获得的分割结果应使物体面积小（上式中第 1 项）、轮廓长度短（上式中第 2 项）、各前景点特征到其均值的距离以及各背景点到其均值的距离小（上式中第三项），系数为负数时，所需要的结果正好相反。

根据上述能量函数公式，水平集分割方法在 φ 的更新与 c_1，c_2 的更新这两个过程之间交替迭代。根据 φ 计算 c_1，c_2；再根据 c_1，c_2，利用如下水平集的曲线演化方程计算新的 φ：

$$\varphi_{t+1} = \varphi_t + \eta\,\frac{\partial\varphi_t}{\partial t} \qquad (12 - 7)$$

其中，

$$\frac{\partial\varphi_t}{\partial t} = \delta_\varepsilon\left(\varphi_t\left[\nu\,\mathrm{div}\left(\frac{\nabla\phi}{|\nabla\phi|}\right) - \mu - \lambda_1\,|I - c_1|^2 + \lambda_2\,|I - c_2|^2\right]\right) \qquad (12 - 8)$$

Le 等人[65]将上述分割迭代过程用反馈网络来重新表达，用 LSTM 神经元表示图像上的每个点，其中所存储的为当前时刻该点的 φ，然后将式（12 – 7）改写成 LSTM 神经元的状态更新公式形式，最后在最小化分割误差的学习目标下，利用 BPTT 算法对 LSTM 网络的参数进行学习。

例 12 – 3 超分辨率卷积网络。

超分辨率是图像处理中的一个经典问题，试图使低分辨率的图像经过处理后能得到更高分辨率的更清晰的图像。基于稀疏编码的图像超分辨率方法[66]首先从低分辨率图像上提取图像块（patch），减去其均值，然后将其投影到低分辨率视觉字典上（第 1 步）；再将低分辨率视觉字典上的图像块表示转换为高分辨率视觉字典上的图像块表示（第 2 步）；最后从高分辨率视觉字典上的图像块表示恢复得到高分辨率图像块，并在每个像素点上对其所涉及的图像块在该点上的值求平均后获得计算结果（第 3 步）。

Dong 等人[66]构建了一个 4 层 CNN 来实现图像超分辨率，并建立了该网络与上述基于稀疏编码的图像超分辨率方法之间的联系。事实上，其所实现的正是上述方法，其中第 1 层为输入图像；第 2 ~ 4 层分别实现上述方法的第 1 ~ 3 步。通过这种联系，既能看到传统方法通过人工神经网络方法实现后带来了可学习的优势，降低了人为设置参数的难度；同时也为人工神经网络的设计增强了理论依据，可以利用传统方法的理论分析来设置人工神经网络的超参数，如卷积核的大小等。

例 12 – 4 大边界软最大损失函数。

如本书第 3 章和第 4 章的相应内容所述，基于边界（margin）的学习目标是 SVM 学习的精髓，它能使学习结果具有更好的推广性；而在 CNN 的学习中，目前主要采用的学习目标是交叉熵。这种学习目标没有考虑类与类之间的边界，理论上来说不如基于边界的学习目标，如能在交叉熵运算中体现边界学习的思想，则应有更好的效果。Liu 等人[67]从这一思路出发，提出了大边界软最大损失函数（Large – Margin Softmax Loss）。

在 CNN 中，通常用全连接层的卷积运算产生分类决策值，再用软最大运算将其转成概率值后，送入交叉熵计算公式获得损失值。大边界软最大损失函数对这一过程进行了改造。产生分类决策值的卷积运算实际是特征向量与权值向量之间的乘法，等于两个向量的模长相乘再乘以二者的夹角，对模长做归一化后，两个不同类别之间对应夹角的差别即可视为二者之间的边界，尝试通过增大该边界来获得更好的学习效果，具体方式如下。

设 x 表示特征向量，w_1，w_2 分别表示两个类别对应的权值向量，假设 x 的真实类别为第 1 类，则不考虑边界的学习方法要求 $\|w_1\| \cdot \|x\| \cos\theta_1 > \|w_2\| \cdot \|x\| \cos\theta_2$，而考虑边界后可要求 $\|w_1\| \cdot \|x\| \cos\theta_1 \geq \|w_1\| \cdot \|x\| \cos m\theta_1 > \|w_2\| \cdot \|x\| \cos\theta_2$，这里增加了一个整数 m，从而使得在满足该条件的情况下，两类之间的决策值的区分更加显著，显然 m 越大，区分越显著，因此 m 反映了某一类区分其他类别的分类边界。按以上学习目标，将 m 结合到基于软最大的交叉熵损失计算公式中，便得到了大边界软最大损失函数。

参考文献

[1] SIEGEL E. Ask Ethan: is the universe itself alive? [EB/OL]. https://www. forbes. com/sites/startswithabang/2016/01/23/ask – ethan – is – the – universe – itself – alive/#c549b931bbfd.

[2] LAKE B, SALAKHUTDINOV R, GROSS J, et al. One shot learning of simple visual concepts[C]. Proceedings of the Annual Meeting of the Cognitive Science Society,2011,33(33).

[3] FU Y W, XIANG T, JIANG Y G, et al. Recent advances in zero – shot recognition [J]. IEEE Signal Processing Magazine,2018:112 – 125.

[4] FU Y, HOSPEDALES T, XIANG T, et al. Transductive multi – view zero – shot learning[J]. IEEE Transactions on Pattern Analysis and Machine Intelligence, 2015,37(11):2332 – 2345.

[5] VINYALS O, BLUNDELL C, LILLICRAP T, et al. Matching networks for one shot learning[C]. Advances in Neural Information Processing Systems,2016:3630 – 3638.

[6] SNELL J, SWERSKY K, ZEMEL R. Prototypical networks for few – shot learning [C]. Advances in Neural Information Processing Systems,2017:4077 – 4087.

[7] REN M, TRIANTAFILLOU E, RAVI S, et al. Meta – learning for semi – supervised few – shot classification. arXiv:1803.00676,2018.

[8] SUNG F, YANG Y, ZHANG L, et al. Learning to compare: relation network for few – shot learning [C]. Proceedings of the IEEE Conference on Computer Vision and Pattern Recognition,2018:1199 – 1208.

[9] MEHROTRA A, DUKKIPATI A. Generative adversarial residual pairwise networks for one shot learning. arXiv:1703.08033,2017.

[10] GARCIA V, BRUNA J. Few – shot learning with graph neural networks[C]. Proceedings of the International Conference on Learning Representations,2018.

[11] WANG P, LIU L, SHEN C, et al. Multi – attention network for one shot learning [C]. 2017 IEEE Conference on Computer Vision and Pattern Recognition (CVPR). IEEE Computer Society,2017.

[12] KESHARI R, VATSA M, SINGH R, et al. Learning structure and strength of CNN filters for small sample size training[C]. 2018 IEEE/CVF Conference on

Computer Vision and Pattern Recognition（CVPR）,2018.

[13] FINN C, ABBEEL P, LEVINE S. Model – agnostic meta – learning for fast adaptation of deep networks [C]. Proceedings of the 34th International Conference on Machine Learning,2017:1126 – 1135.

[14] ANDRYCHOWICZ M, DENIL M, COLMENARAJO S G, et al. Learning to learn by gradient descent by gradient descent[C]. NIPS,2016.

[15] RAVI S, LAROCHELLE H. Optimization as a model for few – shot learning [C]. Proceedings of the International Conference on Learning Representations, 2017.

[16] WANG Y X, HEBERT M. Learning to learn:model regression networks for easy small sample learning[C]. European Conference on Computer Vision,2016.

[17] MUNKHDALAI T, YU H. Meta networks. arXiv:1703. 00837,2017.

[18] WU T, PEURIFOY J, CHUANG I L, et al. Meta – learning autoencoders for few – shot prediction. arXiv:1807. 09912,2018.

[19] SANTORO A, BARTUNOV S, BOTVINICK M, et al. One – shot learning with memory – augmented neural networks. arXiv:1605. 06065,2016.

[20] ROWEIS S, HINTON G, SALAKHUTDINOV R. Neighborhood component analysis[C]. NIPS,2004.

[21] SONG H O, XIANG Y, JEGELKA S, et al. Deep metric learning via lifted structured feature embedding[C]. CVPR,2016.

[22] CHEN W H, CHEN X T, ZHANG J G, et al. Beyond triplet loss: a deep quadruplet network for person re – identification[C]. CVPR,2019.

[23] SCHROFF F, KALENICHENKO D, PHILBIN J. FaceNet:a unified embedding for face recognition and clustering[C]. CVPR,2015.

[24] SOHN K. Improved deep metric learning with multi – class N – pair loss objective[C]. NIPS,2016.

[25] YAIR MOVSHOVITZ – ATTIAS, TOSHEV A, LEUNG T K, et al. No fuss distance metric learning using proxies. arXiv,2017.

[26] THANH – TOAN DO, TRAN T, REID I, et al. A theoretically sound upper bound on the triplet loss for improving the efficiency of deep distance metric learning. arXiv,2019.

[27] VERMA N, MAHAJAN D, SELLAMANICKAM S, et al. Learning hierarchical similarity metrics [C]. Computer Vision and Pattern Recognition

(CVPR) ,2012.

[28] GE W F, HUANG W L, DONG D K, et al. Deep metric learning with hierarchical triplet loss[C]. ECCV,2018.

[29] SRIVASTAVA N, HINTON G, KRIZHEVSKY A, et al. Dropout: a simple way to prevent neural networks from overfitting [J]. Journal of Machine Learning Research,2014,15:1929 - 1958.

[30] RASTEGARI M, ORDONEZ V, REDMON J, et al. Xnor - net: imagenet classification using binary convolutional neural networks[C]. ECCV,2016.

[31] LI Z F, NI B B, ZHANG W J, et al. Performance guaranteed network acceleration via high - order residual quantization[C]. ICCV,2017.

[32] WU J R, WANG Y, WU Z Y, et al. Deep k - Means: re - training and parameter sharing with hard cluster assignments for compressing deep convolutions[C]. ICML,2018.

[33] WU J X, LENG C, WANG Y H, et al. Quantized convolutional neural networks for mobile devices. arXiv,2016.

[34] HE Y H, ZHANG X Y, SUN J. Channel pruning for accelerating very deep neural networks[C]. ICCV,2016.

[35] MIGUEL A. CARREIRA - PERPINAN, IDELBAYEV Y. "Learning - Compression" Algorithms for Neural Net Pruning[C]. Conference on Computer Vision and Pattern Recognition(CVRP) ,2018.

[36] YANG T Y, CHEN Y H, SZE V. Designing energy - efficient convolutional neural networks using energy - aware pruning [C]. Conference on Computer Vision and Pattern Recognition(CVPR) ,2017.

[37] LUO J H, WU J X, LIN W Y. ThiNet: a filter level pruning method for deep neural network compression[C]. ICCV,2017.

[38] DONG X, CHEN S Y. Learning to prune deep neural networks via layer - wise optimal brain surgen. arXiv,2017.

[39] LIN J, RAO Y M, LU J W, et al. Runtime neural pruning[C]. NIPS,2017.

[40] HU H Y, PENG R, TAI Y W, et al. Network trimming: a data - driven neuron pruning approach towards efficient deep architectures. arXiv,2016.

[41] SRINIVAS S, BABU P V. Data - free parameter pruning for deep neural networks. arXiv,2015.

[42] MOLCHANOV P, TYREE S, KARRAS T, et al. Pruning convolutional neural

networks for resource efficient inference[C]. ICLR,2017.

[43] MASANA M,JOOST VAN DE WEIJER,HERRANZ L,et al. Domain − adaptive deep network compression[C]. ICCV,2017.

[44] YU X Y,LIU T L,WANG X C,et al. On compressing deep models by low rank and sparse decomposition[C]. CVPR,2016.

[45] LIN S H,JI R R,CHEN C,et al. ESPACE:accelerating convolutional neural networks via eliminating spatial and channel redundancy[C]. AAAI,2017.

[46] REAGON B,GUPTA U,ADOLF R,et al. Weightless:lossy weight encoding for deep neural network compression[C]. ICML,2018.

[47] WANG Y H,XU C,XU C,et al. Beyond filters:compact feature map for portable deep model[C]. ICML,2017.

[48] HINTON G, VINYALS O, DEAN J. Distilling the knowledge in a neural network. arXiv,2015.

[49] ROMERO A,BALLAS N,KAHOU S E,et al. FitNets:hints for thin deep nets [C]. ICLR,2015.

[50] BA L J,CARUANA R. Do deep net really need to be deep. arXiv,2014.

[51] LOUIZOS C, ULLRICH K, WELLING M. Bayesian compression for deep learning[C]. NIPS,2017.

[52] NEKLYUDOV K,MOLCHANOV D,ASHUKHA A,et al. Structured bayesian pruning via long − normal multiplicative noise[C]. NIPS,2017.

[53] DAI B, ZHU C, GUO B N, et al. Compressing neural networks using the variational information bottleneck[C]. ICML,2018.

[54] WANG S J,CAI H R,BILLMES J,et al. Training compressed fully − connected networks with a density − diversity penalty[C]. ICLR,2017.

[55] RIEKE J,EITEL F,WEYGANT M,et al. Visualizing convolutional networks for MRI − based diagnosis of alzheimer's disease. arXiv,2018.

[56] XU Y,JIA Z P,WANG L B,et al. Large scale tissue histopathology image classification,segmentation,and visualization via deep convolutional activation features[J]. BMC Bioinformatics,2017,18:281.

[57] LIU M C,SHI J X,LI Z,et al. Towards better analysis of deep convolutional neural networks[J]. IEEE Transactions Visualization and Computer Graphics, 2017,23(1):91 100.

[58] SPRINGENBERG J T, DOSOVITSKIY A, BROX T, et al. Striving for

simplicity:the all convolutional net[C]. ICLR,2015.

[59]宾狗. 凭什么相信你,我的 CNN 模型? (篇一:CAM 和 Grad – CAM)[EB/OL]. https://bindog. github. io/blog/2018/02/10/model – explanation/.

[60] ZHOU B L, KHOSLA A, LAPEDRIZA A, et al. Learning deep features for discriminative localization[C]. CVPR,2016.

[61] SELVARAJU R R, COGSWELL M, DAS A, et al. Grad – CAM:visual explanations from deep networks via gradient – based localization [C]. ICCV,2017.

[62] RIBEIRO M T, SINGH S, GUESTRIN C. "Why Should I Trust You?" explaining the predictions of any classifier[C]. SIGKDD,2016.

[63] KRAHENBUHL P, KOLTUN V. Efficient inference in fully connected ? crfs with gaussian edge potentials[C]. NIPS,2011.

[64] ZHENG S, JAYASUMANA S, BERNARDINO ROMERA – PAREDES, et al. Conditional random fields as recurrent neural networks[C]. ICCV, 2016.

[65] LE N, QUACH K G, LUU K, et al. Reformulating level sets as deep recurrent neural network approach to semantic segmentation[J]. IEEE Transactions on Image Processing,2017,1:1.

[66] DONG C, LOY C C, HE K M, et al. Learning a deep convolutional network for image super – resolution[C]. ECCV,2014.

[67] LIU W Y, WEN Y D, YU Z D, et al. Large – margin softmax loss for convolutional neural networks[C]. ICML,2016.

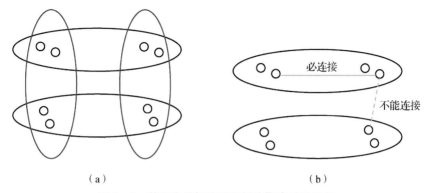

（a）   （b）

图 7 – 1 基于少量标注信息解决聚类歧义示例

（a）存在歧义的聚类结果；（b）利用关联约束解决歧义

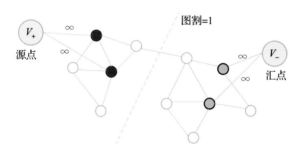

图 7 – 3 最小割算法示意

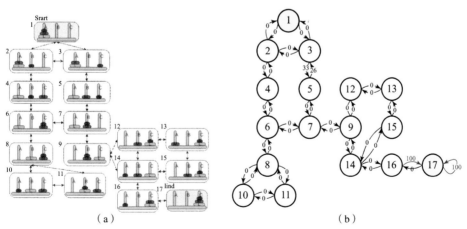

（a）   （b）

图 8 – 7 三阶梵塔问题对应的状态空间图及其到 Q 学习的转换

（a）状态空间；（b）Q 学习的环境模型（每条边上的数值代表对应行动的收益值）

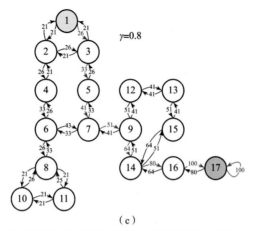

（c）

图 8-7　三阶梵塔问题对应的状态空间图及其到 Q 学习的转换（续）

（c）最终学习结果（每条边上的数值代表对应动作的 Q 值，
红色路径为从起始节点开始按最大 Q 值原则所确定的最优行动策略）

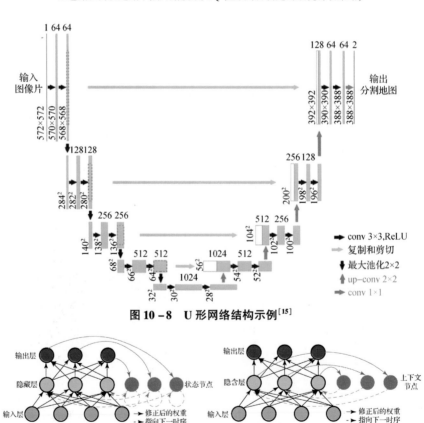

图 10-8　U 形网络结构示例[15]

图 11-10　早期的时序型反馈网络[1]

（a）乔丹网络；（b）艾尔曼网络